자동차
전자제어연료분사장치
(가솔린편)

공학박사 김 재 휘 · 著

자동차문화의 자존심
골든-벨

머리말

1991년 "자동차가솔린분사장치(전자제어 이론편)" 편을 독자 여러분들께 소개한지 16년만에 완전 개정판을 출간하게 되었습니다. 오늘날 자동차기관기술은 특히 저공해 내지는 무공해 기관, 저연비기관, 고출력/고속기관 그리고 대체에너지기술에 초점이 맞추어져 있습니다.

기화기기관이 전자제어 가솔린분사기관으로 완전히 대체되고, 이어서 가솔린직접분사기관이 발표된 지도 여러 해가 지났습니다. 그리고 자동차분야의 기술은 그 어느 분야보다도 발전 속도가 빠릅니다. "오늘 아침도 과거이다."라는 슬로건을 체감할 수 있는 분야가 바로 자동차산업입니다. 그러나 목표 독자들의 관심영역과 수준, 출판 여건 등을 감안하지 않을 수 없었음을 미리 말씀드리는 바입니다.

이 책의 목표 독자층은 전문대학이나 대학에서 자동차를 전공하는 학생들, 4년제 대학에서 기계공학을 공부하고 현장에서 자동차 관련 업무에 입문하는 기술자, 그리고 이 분야에 관심을 가지고 더욱더 깊이 공부하고자하는 사람들입니다. 따라서 이들 다양한 계층들이 모두 쉽게 이해할 수 있도록 평이하게 그리고 체계적으로 서술하는데 초점을 맞추었습니다.

이 책의 특징은 다음과 같습니다.

1. 중요한 용어는 영어와 독일어를 (영 : 독)의 순으로, 경우에 따라 독일어로만 표기할 때는 (: 독)의 형식, 예를 들면 분사(injection : Einspirtzung), 공기(: Luft)로 표기하였으며, 단위는 ISO-단위를 준용하였습니다.
2. 제1장에서는 가솔린분사장치의 역사에 대해 보다 깊이 있게 서술하였습니다.
3. 제2장과 제3장에서는 독자 여러분의 새로운 발상에 도움을 드리고자 K-Jetronic과 KE-Jetronic에 대해서, 그리고 제4장에서는 D-jetronic에서부터 최근의 MAP-n 제어방

식에 이르기까지 체계적으로 설명하였습니다.

4. 제5장과 제6장에서는 L-Jetronic에서부터 시작하여 최근의 ME-Motronic에 이르기까지, 기술변화의 추세를 체감하는데 초점을 맞추어 체계적으로 설명하였습니다. 특히 ECU의 기능적인 구조에 대해 처음으로 자세하게 소개하였습니다.

5. 제7장에서는 SPI-시스템에 대해서 BOSCH Mono-Jetronic을 중심으로 자세하게 설명하여, MPI-시스템과 SPI-시스템의 제어기술 측면에서의 차이점에 대한 독자 여러분의 이해도를 목표로 설명하였습니다.

6. 제 8장에서는 가솔린직접분사장치(GDI-system)에 대한 설명을 통해, 새로운 연소이론 및 엔진제어기술에 대한 개념의 확립에 초점을 맞추었습니다.

7. 제 9장에서는 연료와 연소, 제 10장에서는 배출가스저감기술, 특히 평판형 공기비센서, 광대역 공기비센서, De-NOx 촉매기, OBD II, 배출가스 중간검사 등에 대하여 체계적으로 설명하였습니다.

이 책이 우리나라 자동차공업 발전에 다소나마 기여할 수 있기를 기대하면서, 이 책에 뜻하지 않은 오류가 있다면 독자 여러분의 기탄없는 질책과 조언을 받아 수정해 나갈 것을 약속드립니다. 많은 성원을 부탁드리는 바입니다.

끝으로 이 책에 인용한 많은 참고문헌의 저자들에게 감사드리며, 특히 ATZ 전 편집장 Dpl.-Ing. Prof. Karl Ernst Hailer, GTZ의 Dr. Guenter Roesch, IfB의 Dpl.-Ing. Frank Stevens, BMW Korea Training center 관계자 여러분들께 깊은 감사를 드립니다.

아울러 기꺼이 출판을 맡아주신 자동차도서 전문출판사 골든벨의 社長님, 그리고 완성도 높은 책을 만드는데 심혈을 기울여 주신 골든벨 편집부 직원 여러분들의 노고에 진심으로 감사드립니다.

2006. 9. 1.

김 재 휘

Contents

차 례

제1장 가솔린분사장치 개론

제2장 기계식 가솔린분사장치

제3장 기계-전자식 가솔린분사장치

제1장

가솔린분사장치 개론

(introduction to gasoline injection ; Einführung der Benzineinspritzung)

제1장 가솔린분사장치 개론

제1절 4행정 가솔린기관의 작동원리

(working principle of 4strok SI-engine ; Arbeitsweise des Viertakt-Ottomotors)

가솔린기관(gasoline engine)은 공기와 가솔린의 혼합기를 실린더 내에서 압축한 다음, 외부로부터 공급되는 전기 불꽃(electric spark)을 이용하여 점화, 연소시켜 열에너지를 발생시키고, 이 발생된 열에너지를 기계적 일로 변화시키는 동력발생장치이다.

> 4행정기관의 1사이클은 크랭크축이 2회전(720°)하는 동안에 완성된다.
> 1사이클은 흡기, 압축, 동력 그리고 배기의 4행정으로 구성된다.

(1) 제 1 행정 - 흡기(intake : Ansaugen)

흡기행정은 피스톤이 상사점(TDC)에서 하사점(BDC)으로 운동하는 동안, 흡기밸브는 열려있고 배기밸브는 닫혀있는 상태에서 수행된다.

피스톤이 하향행정을 시작하면 실린더 체적이 커지면서 대기압과 비교할 때 실린더 내부 압력은 약 0.1bar~0.3bar 정도 낮다. 이 압력차에 의해 공기는 흡기다기관으로 밀려들어가고, 밀려들어간 공기는 흡기다기관에서 연료와 혼합되어 점화가 가능한 공기/연료 혼합기를 형성하게 된다. 형성된 혼합기는 흡기밸브를 거쳐 실린더 내부로 들어간다. 그러나 가솔린 직접 분사(GDI)방식에서는 디젤기관에서와 마찬가지로 공기만 흡입한다.

흡기밸브가 단지 피스톤이 상사점에서 하사점으로 하향하는 동안(= 크랭크각으로 180°)만 열려 있다면, 실린더 내에는 충분한 양의 새로운 혼합기 또는 공기가 충진될 수 없다.

충진률(充塡率 : charging rate)을 높여, 출력을 향상시키기 위해 흡기밸브를 상사점 전방(BTDC) 약 45°에서부터 열리게 한다. 피스톤은 계속 상향하면서 배기행정을 진행하고 있지만 연소가스가 실린더 밖으로 급속히 배출되면서 실린더 내부에 부압(vacuum : Unterdruck)

을 형성하기 때문에, 이때 흡기밸브를 열면 새로운 혼합기가 실린더 안으로 밀려 들어가게 된다.

흡기밸브는 BDC를 지나 약 35°~ 90°정도에서 닫는다. 이유는 약 100m/s의 속도로 유입되는 새 혼합기의 관성에너지와, 이미 유입된 혼합기를 피스톤이 상향하면서 압축하여 형성한 압력이 서로 평형을 이룰 때까지 혼합기가 관성에 의해 일정 시간동안 실린더 내부로 밀려들어가는 효과를 이용하기 위해서 이다. ―(과급효과, charge effect : Aufladeeffekt).

흡기밸브가 열려 있는 기간은 크랭크각으로 약 180°~315°정도이지만, 이렇게 흡기기간이 길어도 충진률은 과급기관에서는 약 120%~160%, 4행정 무과급기관에서는 약 70~90%, 2행정 무과급기관에서는 약 50~70% 정도이다.

(2) 제 2 행정 - 압축(compression : Verdichten)

압축행정은 흡배기밸브가 모두 닫힌 상태 즉, 실린더 내부가 밀폐된 상태에서 피스톤이 상향하면서 시작된다. 압축에 의해, 혼합기는 원래 체적의 약 7~12 : 1 로 압축된다. 압축되면 혼합기의 온도는 약 400~500℃ 정도로, 압축압력은 약 18bar정도까지 상승하게 된다. 흡입 시에 기화되지 않은 연료는 압축행정이 진행되는 동안에 완전히 기화, 공기와 혼합되어 연소하기에 적당한 혼합기가 된다. 즉, 동력행정에서 급격한 연소가 이루어질 준비가 완료된다.

온도가 일정할 때, 압력(P)과 체적(v)은 서로 반비례 관계가 성립한다. 예를 들면 밀폐된 상태에서 체적을 1/10로 감소시켰을 경우 압력은 10배 증가한다. 이상기체의 경우, 1K(kelvin) 가열시키면 체적은 원래 체적의 1/273배 팽창한다. 만약 273K 가열시키면 이상 기체는 원래 체적의 배(倍)로 팽창하게 된다. 이때 압축이라는 방법을 이용하여 체적이 팽창되지 않도록 하면 압력은 2배로 상승한다. 그러나 실제로는 혼합기로부터 실린더 벽으로의 열전달 때문에 압축종료 시 압축압력은 이론적으로 계산한 값보다는 다소 낮다.

(3) 제 3 행정 - 동력(power : Arbeit) 또는 폭발(explosion : Explosion)

동력행정은 압축행정 종료 직전, 스파크플러그의 중심전극과 접지전극 간에 고압전류가 흐를 때 발생되는 전기 불꽃(electric spark)에 의해 혼합기가 점화하여 폭발적으로 연소되면서 시작된다. 연소속도가 20m/s일 때, 스파크 플러그에서 불꽃이 발생하여 화염면(flame front)이 완전히 형성될 때까지는 약 1/1,000초 정도가 소요되는 것으로 알려져 있다. 이와 같은 이유에서 기관의 회전속도에 따라 점화불꽃은 상사점 전(BTDC) 0~40° 사이에서 발생되어야 한다. 그래야만 상사점을 조금 지나 폭발적인 연소가 이루어져 큰 힘을 얻을 수 있기 때문이다.

폭발온도는 약 2,000~2,500℃, 폭발최고압력은 상사점을 지난 직후(크랭크각으로 4~10°)에 40~70bar 범위가 된다. 이 폭발압력이 피스톤-헤드에 작용하여 피스톤을 하향 운동시키고, 피스톤의 하향운동은 커넥팅-롯드를 거쳐서 크랭크축의 회전운동으로 변환된다. 즉, 폭발압력에 의해 피스톤이 하향 행정을 하는 동안에 열에너지는 기계적 일로 변환된다.

동력행정은 4개의 행정 중에서 동력을 발생시키는 유일한 행정이다. 다른 3개의 행정은 플라이휠(flywheel)의 관성(inertia)에 의해 수행된다.

동력행정 말기에 연소가스의 압력은 3~5bar, 온도는 800~900℃ 정도로 낮아진다.

(4) 제 4 행정 - 배기(exhaust : Ausstoßen)

배기밸브를 피스톤이 하사점에 이르기 전 40~90°에서 미리 열어, 크랭크기구에 걸리는 부하를 감소시키고 배기가스의 유동을 최적화시킨다. 배기밸브가 열리면 아직도 약 3~5bar정도 압력상태의 연소가스는 실린더로부터 음속 또는 그에 가까운 속도로 대기 중으로 방출된다. - 블로-다운(blow down : Vorauspuff).

이 때 소음기(muffler)가 없다면 배기가스는 정지상태의 대기와 충돌하여 고음압(high sound pressure)의 음파를 발생시킬 것이다. 블로-다운이 종료되고 피스톤이 상향할 때, 잔류가스는 약 0.2bar정도의 잔압에 의해 밀려 나간다. 이때 잔류가스의 배출을 용이하게 하기 위해 배기밸브는 상사점을 지나서 닫히게 하고, 반면에 흡기밸브는 상사점 전에 열리게 한다. - 밸브 오버랩(valve overlap).

밸브-오버랩은 연소실의 가스교환과 냉각, 충진률 개선 등의 효과가 있다.

4행정 오토기관은 크랭크축이 2회전(720°)하는 동안에 흡기 → 압축 → 동력 → 배기의 4행정을 하여 1사이클을 완성하고, 흡기행정부터 다시 반복하게 된다.

행 정 (stroke)	1. 흡 기	2. 압 축	3. 동 력	4. 배 기
피스톤운동	TDC → BDC	BDC → TDC	TDC → BDC	BDC → TDC
밸브 위치 — 흡기	BTDC 10~45°에서부터 ABDC 35~90°까지 열려 있음	닫혀 있음	닫혀 있음	닫혀있음
밸브 위치 — 배기	닫혀있음			BBDC 40~90°에서부터 ATDC 5~30°까지 열려있음
가스 압력	대기압보다 낮다	10~18bar	40~70bar	대기압보다 높다
가스 온도	100℃정도까지	500℃정도	약 2,500℃정도	약 900℃까지
행정지속 기간(°)	크랭크각으로 약 230~315°	크랭크각으로 약 120~140°	크랭크각으로 약 120~140°	크랭크각으로 약 230~300°
특기사항	- 간접분사식 혼합기를 흡입. - 직접분사식 공기만 흡입.	압축비가 높을수록 열효율이 상승하나 연료의 옥탄가 때문에 압축비는 제한된다.	폭발압력이 피스톤헤드에 작용하여 크랭크축을 회전시킨다. 열에너지→기계적 일	배기에너지는 혼합기 예열, 난방 또는 과급에 이용. 배기가스에 유해물질 포함됨.

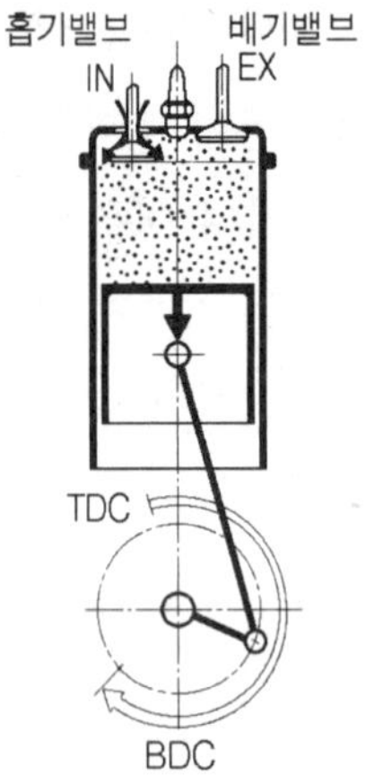

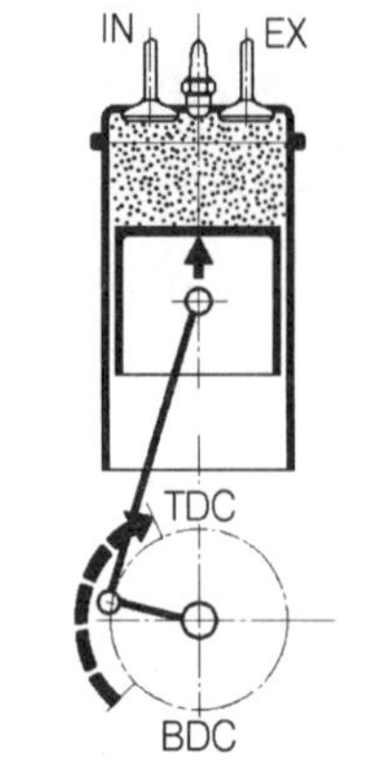

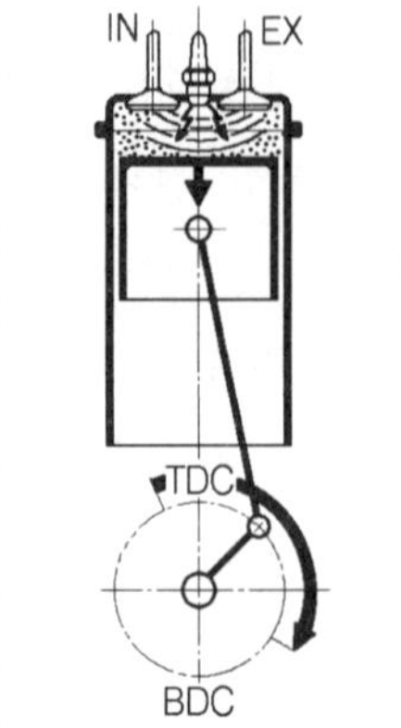

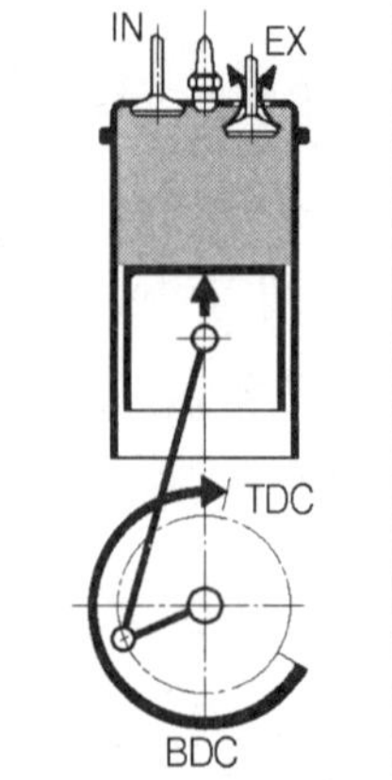

그림 1-1 4행정 SI-기관의 작동원리

제1장 가솔린분사장치 개론

제2절 스파크 점화기관에서의 혼합기형성
(mixture formation in SI-engine : Gemischbildung in Ottomotor)

스파크 점화기관(SI-engine)의 연료로는 휘발유, 알코올, LPG, CNG 등이 주로 사용된다. 이들 연료들은 실린더 외부에서 또는 실린더 내부에서 공기와 혼합, 대부분 균질(均質) 혼합기를 형성한다. 이 균질 혼합기는 압축 말에 약 400~500℃ 정도로 온도가 상승한다. 그러나 여전히 자기착화(self ignition) 온도에는 이르지 못한다. 따라서 외부로부터 공급되는 전기불꽃(electric spark)에 의해 점화, 연소된다.

오토기관에서 혼합기형성 장치는 연료와 공기를 혼합하여 기관의 각 운전상태에 적합한, 연소 가능한 균질 혼합기를 형성하는 기능을 한다.

1. 혼합비와 공기비

(1) 혼합비
(mixture-ratio : Mischungsverhältnis)

혼합비란 공기/연료의 혼합비율을 말하며, 이론 혼합비와 실제 혼합비로 구분한다.

① **이론 혼합비**(theoretical mixture ratio : theoretisches Mischungsverhältniss)
휘발유는 여러 가지 탄화수소의 혼합물이지만 액체연료의 연소를 취급할 때에는 단일 탄화수소와 같이 취급하는 것이 편리하다. 일반적으로 자동차용 휘발유는 옥탄(octane : C_8H_{18}), 경유는 도데칸(dodecane : $C_{12}H_{26}$)으로 가정한다. 휘발유를 완전 연소시키는 데

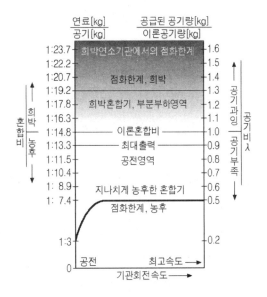

그림 1-2 휘발유의 혼합비와 공기비

필요한 연료 : 공기의 이론혼합비는 무게비로 약 1 : 14.8이다. 즉, 휘발유(옥탄) 1kg을 완전연소 시키는데 필요한 공기는 무게로 약 14.8kg, 또는 체적으로 약 10,300ℓ 이다.

② **실제 혼합비**(practical mixture ratio : praktisches Mischungsverhältniss)

실제 혼합비는 기관의 온도, 회전속도, 부하상태 등에 따라 이론혼합비와는 상당한 차이가 있다. 이론혼합비에 비해 공기가 적을 경우(예 ; 1 : 13)를 농후 혼합기, 공기가 많을 경우(예 ; 1 : 18)를 희박 혼합기라고 한다.

(2) 공기비(air ratio : Luftverhältnis)

공기비란 완전연소에 필요한 이론 공기량과 실제로 실린더 내에 유입된 공기량과의 비를 말한다. 이론 혼합비(휘발유의 경우 약 1 : 14.8)는 공기비 "λ =1"이 된다.

$$\text{공기비}(\lambda) = \frac{\text{실린더에 유입된 실제 공기량}(kg)}{\text{완전연소에 필요한 이론 공기량}(kg)} \cdots\cdots\cdots\cdots (1\text{-}1)$$

예를 들어 가솔린기관에서 실린더에 유입된 혼합기의 혼합비가 1 : 18.5라면 공기비 λ는

$$\lambda = \frac{18.5kg \ \text{공기}/1kg \ \text{연료}}{14.8kg \ \text{공기}/1kg \ \text{연료}} = 1.25$$

가 된다. 이 경우, 희박혼합기로서 공기과잉률은 25%이다.

그림 1-2에서 점화한계 공기비는 $0.5 \leq \lambda \leq 1.3 \sim 1.6$ 범위이다. 혼합기는 $\lambda \approx 0.5$보다 더 농후하면, 또 $\lambda \approx 1.3 \sim 1.6$ 보다 더 희박하면 점화되지 않게 된다. 따라서 정상작동온도 상태의 기관은 부분부하 상태에서는 희박한 혼합기로(연료 절감), 전부하시에는 농후한 혼합기로(출력성능), 그리고 공전 시에는 $\lambda \approx 1.0$로(원활한 작동) 운전되도록 설계된다. 오늘날 대부분의 SI - 기관은 촉매기의 성능을 극대화시키고 배기가스 규제수준을 쉽게 만족할 수 있도록 하기 위해 거의 전 운전영역에서 $\lambda \approx 1.0$로 운전된다.

흡기다기관에 설치된 와류(vortices)제어밸브와 유도 난류(induced turbulence)를 기본으로 하는 희박연소기관에서는 희박한계 공기비를 $\lambda \approx 1.6$ 까지 확장하여 $\lambda \approx 1.0$로 운전할 경우보다 연료를 절감하고 있다. 그러나 이 형식의 기관에서는 강화된 배기가스 규제수준을 만족시키기 위해서는 산화촉매기에 추가로 NOx - 촉매기를 보완해야 한다.

2. 혼합기의 품질과 혼합기 형성 방식

(1) 혼합기의 품질

① 균질 혼합기(homogeneous mixture : Homogenes Gemisch)

연소실의 어느 부분에서나 혼합비가 균일한 혼합기를 말한다. 공기와 연료가 균일하게 혼합되는데 필요한 시간을 충분히 확보해야 한다. 이를 위해서 연료를 흡기다기관에 분사하거나, 또는 흡기행정 초기에 실린더 내에 분사하는 방법이 사용된다.

② 불균질 혼합기(heterogeneous mixture : Heterogenes Gemisch)

압축행정 후기에 연료를 실린더 내에 분사하면, 정확하게 동조된 공기와류가 연료와 혼합하여 불균질 혼합기를 형성하게 된다. 즉, 하나의 연소실에서 혼합비가 서로 다른 영역이 다수 존재한다. → 층상급기(層狀給氣 ; stratified charge : Schichtladung)

이 경우, 혼합기의 점화를 확실하게 보장하기 위해 스파크플러그의 주위에는 $\lambda \approx 1.0$에 가까운 혼합기가 형성되도록 한다. 물론 스파크플러그에서 멀리 떨어진 연소실 가장자리에서의 혼합비는 아주 희박하다.

(2) 혼합기 형성방식

① 외부 혼합기형성

연료/공기 혼합기가 실린더 외부 즉, 주로 흡기다기관에서 형성된다. 기화기기관 그리고 간접분사방식의 가솔린 분사기관이 이에 속한다. 개방 직전의 흡기밸브 전방의 흡기다기관에 분사된 연료는 흡기행정이 진행되는 동안에 실린더 내로 공기와 함께 유입되어, 압축행정을 거치면서 균질혼합기를 형성하게 된다. → SPI, LH-Motronic 등 흡기다기관 분사방식

② 내부 혼합기형성

직접분사식 가솔린 분사기관에서는 연료/공기 혼합기가 실린더 내에서 형성된다. 흡기행정 그리고 / 또는 압축행정이 진행되는 동안에 연료를 실린더 내에 직접 분사하지만 기본적으로 균질혼합기를 목표로 한다. 그러나 기관에 따라서는 의도적으로 층상급기하여 실린더 내에서 혼합비가 서로 다른 혼합기층이 형성되도록 하기도 한다. → GDI 시스템

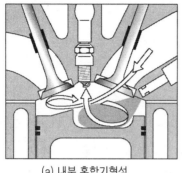
(a) 내부 혼합기형성

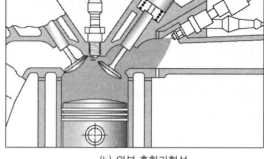
(b) 외부 혼합기형성

그림 1-3 혼합기 형성 방식

3. 출력제어 방식

(1) 양 제어(quantity control : Quantitätssteuerung)

외부 혼합기형성 방식과 균질혼합기를 사용하는 기관에서는 기관의 회전속도와 부하에 따라 대부분 스로틀밸브의 개도 또는 흡기밸브의 양정을 변화시켜 흡기량을 변화시킨다. 이를 통해 출력을 제어한다. 이 때 혼합비는 항상 $\lambda \approx 1.0$에 근접한다.

(2) 질 제어(quality control : Qualitätssteuerung)

내부 혼합기형성 방식과 불균질 혼합기를 사용하는 기관에서는 스로틀밸브를 생략하거나 전개한 상태로 하여 흡기량에는 제한을 두지 않고, 회전속도와 부하에 따라 연료분사량을 가감하여 출력을 제어한다. 이 때 실린더 내에 흡입된 공기량은 기관의 부하와 상관없이 거의 일정하다. 따라서 부하상태에 따라 혼합기의 품질 즉, 혼합비를 변화시킨다.

4. 기관의 운전상태에 적합한 혼합비

(1) 기관에서의 혼합기 형성 과정

① 미립화(atomization : Zerstäubung)

혼합기를 형성하기 위해서는 흡입(또는 과급) 공기 속에서 액상(또는 기상)의 연료를 기화시켜야만 한다. 혼합기의 형성에 허용되는 시간이 극히 짧기 때문에, 연소 가능한 혼합기를 형성하기 위해서는 먼저 연료를 아주 미세하게 미립화시켜야 한다. 일반적으로 SI - 기관에서는 입자직경 40~60㎛인 액적을 목표로 한다.

기화기기관에서는 벤투리(venturi) 부압을 이용하여 메인(main)노즐에서 분출되는 연료를 직접 미립화시키고, 분사기관에서는 연료분사압력을 이용하여 연료를 미립화시킨다. 미립화된 연료는 무화(霧化)상태를 거쳐 기화된다.

【참고】G.B.Venturi(1746~1822) 이탈리아 물리학자

② **기화**(gasification : Vergasung)

목표로 하는 균질혼합기는 미립화된 연료가 전기불꽃이 공급되기 이전에 모두 기화할 경우에만 가능하다. 안개 상태로 무화된 연료는 흡기다기관 그리고/또는 실린더 내에서 기화열을 흡수하여 완전 기화된다.

(2) 기관운전상태에 적합한 혼합비

기관은 운전상태에 따라 각기 다른 혼합기의 품질과 양을 필요로 한다.

① **냉시동**(cold start : Kaltstart) **시**

기관이 차가울 경우에는 비등점이 낮은 연료성분만 기화하고, 비등점이 높은 연료성분은 대부분 차가운 흡기다기관 벽 또는 실린더 벽에 응착되어 얇은 유막을 형성하게 된다. 이렇게 되면 기관에 연소 가능한 혼합비에 상응하는 연료를 공급해도, 실린더 내에서는 점화 가능한 혼합기가 형성되지 않는다. 또 기관의 회전속도가 낮아도 무화상태가 불량하다. 따라서 기관이 이러한 운전조건 하에 있을 때는 연료를 더 많이 공급해야한다($\lambda \approx 0.3$까지). 이 때 연료분사량은 기관온도의 함수이다.

기관이 차가울 때는 또 냉각된 엔진오일에 의한 마찰저항이 아주 크기 때문에, 더 큰 출력을 필요로 한다. 더 큰 출력을 얻기 위해서는 혼합기 공급량을 증가시켜야 한다.

② **난기운전**(warm up : Warmlauf) **시**

난기운전기간이란 기관이 시동되어 정상작동온도에 도달할 때까지의 기간을 말한다. 난기운전기간에는 기관의 온도가 상승함에 따라 연료공급량을 단계적으로 감소시킨다. 그러면 혼합기의 농후도도 점점 감소하게 된다. 이유는 온도가 상승함에 따라 흡기다기관 또는 실린더 벽에서의 응축손실이 감소하기 때문이다.

③ 가속(acceleration : Beschleunigung)시

가속 시 스로틀밸브가 급격히 열리면, 혼합기는 순간적으로 희박하게 되고, 그 순간 출력부족 현상이 발생하게 된다. 이를 피하기 위해서 즉, 매끄러운 가속을 위해서는 순간적으로 농후한 혼합기가 요구된다(연료 분사량을 증가시킨다).

④ 부하상태에 따라

전부하(full load : Vollast)란 기관의 스로틀밸브가 완전히 열려 있는 상태 또는 가속페달을 끝까지 완전히 밟은 상태를 말한다. 이 상태에서는 기관의 최대출력에 도달하기 위해 비교적 농후한 혼합기(λ = 0.9~0.95)를 필요로 한다.

부분부하(part load : Teillast)란 기관의 스로틀밸브가 완전히 열려있지 않은 상태로 운전될 때를 말하며, 이 때에도 기관의 회전속도와 출력은 운전조건에 따라 변화한다.

중부하 영역에서는 연료소비율을 저감시키기 위해서 즉, 경제운전을 위해 희박한 혼합기를 사용한다. 공기과잉률 10~30 %에서 연료의 경제성이 최대가 되는 것으로 알려져 있다. 전부하와 저속부분부하에서는 비교적 농후한 혼합기(약 10 %정도 공기부족)가 요구된다.

⑤ 타행 시 연료분사 중단(fuel cut-off at coasting : Schubabschaltung)

언덕길을 내려 갈 때 또는 고속주행 중 가속페달에서 발을 뗄 경우, 스로틀밸브는 닫혀 있으나 기관의 회전속도는 일정속도 이상인 타행 상태가 된다. 이 경우에는 연료를 절감하기 위해 기관의 회전속도가 규정속도 이하로 낮아지거나 스로틀밸브가 다시 열릴 때까지 연료분사를 중단한다.

제1장 가솔린분사장치 개론

제3절 가솔린분사장치의 역사
(history of gasoline injection ; Geschichte der Benzineinspritzung)

1893~97년 사이에 루돌프 디젤(Rudolf Christian Karl Diesel, 1858~1929, 독일)이 디젤기관을 발명하였고, 이 디젤기관에 초기에는 공기분사식 연료분사장치가, 그리고 후일에 무기분사식 연료 분사펌프가 도입되었다는 사실은 잘 알려져 있다.

이와는 대조적으로 가솔린자동차 기관에는 1940년대 말에 경주용 자동차에 연료분사펌프가 처음 사용되었고, 후에 양산(量産) 자동차에 보급되었다. 그러나 가솔린 분사장치의 역사도 디젤 분사장치의 역사와 거의 마찬가지로 오랜 역사를 가지고 있다.

가장 오래된 가솔린 분사장치는 1898년 도이츠(Deutz)사의 정치식(定置式) 가솔린기관에 사용된 것으로 알려져 있다.

가솔린 분사장치는 처음엔 항공기 기관의 혼합기 형성장치로서 큰 의미를 가지고 있었다. 1912년경부터 Bosch사는 가솔린 분사장치를 개발하였고 1914년에는 독일의 기화기 회사인 Pallas사가, 뒤이어 1925년에는 미국의 Bendix-Stromberg-기화기 회사가 가솔린 분사장치를 개발하였다. 1930년대 초에 그동안 디젤 분사펌프를 생산해 왔던 Bosch사가 실용 가능한 가솔린 분사장치를 개발하기 위한 실험에 착수하였다.

1930년대 초반, 당시에는 많은 회사들이 항공기 기관의 가솔린 분사장치를 개발하는 데 집중적인 노력을 경주하였다. 항공기 기관의 기화기는 고공에서의 빙결, 기화불량, 그리고 전투기의 경우, 자세 변화에 따른 부자실 유면(油面)의 급격한 변화 등이 애로점으로 남아 있던 시대였다. 따라서 안전을 주 목적으로 가솔린분사장치를 개발하였다.

1937년 Bosch의 가솔린분사펌프를 장착한 최초의 항공기관(1200PS)이 양산체제에 돌입하였다. 직접분사방식으로서 분사압력은 약 40bar이었다.

1939~1942년 사이에 다이믈러 – 벤즈(Daimler-Benz)사는 그림 1-4와 같은 가솔린 직접분사식, 24기통 항공기기관을 생산하였다. 배기량 48.5리터(2350PS)~50리터(3500PS)로서 엔

진길이는 2.15m였다. 이 엔진에 BOSCH사가 개발한 12기통 직렬형 분사펌프(길이 70cm)가 2대씩 설치되었다. 거의 같은 시기에 BMW는 9기통 성형엔진에 BOSCH사가 개발한 대향형 가솔린 직접분사장치를 이용하였다(그림 1-5 참조).

그림 1-4 DB 604, 24기통 항공기기관(1939~1942)

(a) 기관 외관

(b) 장착된 분사펌프

그림 1-5 BMW 성형기관(9기통)

자동차 부문에서는 1930년대에 이탈리아의 Moto-Guzzi사에서 개발한 경주용 4행정 모터 싸이클(motor cycle) 기관에 가솔린분사장치가 처음 사용된 것으로 알려져 있다. 경주용 자동차나 경주용 모터 싸이클은 배기량에 제한을 두고 있기 때문에 리터출력을 향상시킬 목적으로 가솔린분사장치를 사용하였다.

1940년대 말에서 50년대 초에는 연료소비율을 낮추고자 직접 분사방식의 가솔린분사장치를 일반 차량용으로 개발하였다. 기계식 고압 디젤분사장치와 마찬가지로 크랭크 축과 연결된 구동기구에 의해서 구동되는 고압분사펌프와 연소실 내에 설치된 분사노즐로 구성된 시스템이었다.

1950년 행정 체적 600~900cc의 Goliath 2기통 2행정기관과 같은 비교적 값싼 승용자동차 기관에 가솔린 분사장치가 장착되기 시작하여, 후에 1100cc Goliath 4행정기관에도 가솔린분사장치가 장착되었으며, 연료소비율은 5.5~7.5 l/100km로 아주 낮게 나타났다(그림1-6).

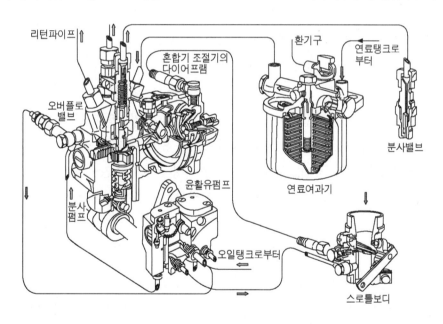

그림1-6a Galiath 2행정 가솔린 기관에 사용된 기계식 가솔린 직접분사장치(BOSCH)

1954년 다이믈러 벤즈(Daimler Benz)사는 Bosch사에서 개발한 직접 분사방식의 기계식 가솔린 분사펌프를 고가(高價)의 승용자동차인 벤즈 300SL에 도입하여, 1968년까지 계속 사용하였다. 그리고 Bosch사 외에도 Kugel Fischer/Schaefer, Simms. Scintilla. Lucas사 등이 기계식 직접 분사방식의 가솔린 분사장치를 생산하였다.

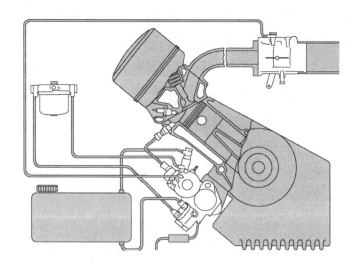

그림 1-6b 기계식 가솔린 직접 분사장치가 장착된 Goliath, 2행정기관

1957년 미국의 Bendix사는 전자제어식 가솔린분사장치를 개발하였다. Bosch사는 이 특허를 매입하여 1960년대 초에 전자제어식 가솔린분사장치를 장착한 실험기관을 생산하였다.

1967년 Bosch사는 D-Jetronic이라고 명명된 전자제어 가솔린분사장치를 Volkswagen 1600E에 공급하였다. D-Jetronic은 기관의 회전속도와 흡기다기관의 절대압력을 기본변수로 하는 공연비 제어방식으로서 연료를 실린더 내에 직접 분사하지 않고 흡기다기관내에 분사하는 간접 분사방식을 사용하였다. D-Jetronic은 비교적 단기간 내에 종래의 직접 분사장치를 압도하였다.

D-Jetronic은 전자제어 가솔린분사장치의 시초였으나 그 당시는 전자부품의 신뢰성과 가격이 문제로 남아있던 시대였다. 그러나 유해 배출가스에 대한 규제가 법적으로 강화됨에 따라 가솔린분사장치가 대안으로 부상하였다. Bosch사는 기계식 간접 분사방식인 K-Jetronic과 전자제어 방식인 L-Jetronic을 거의 동시에 발표하였다.

1973년 K-jetronic이 장착된 Porsche 911T, 그리고 L-Jetronic이 장착된 Manta GTE(Opel)가 양산(量産)을 시작하였다. 이와 동시에 D-Jetronic은 기화기와 마찬가지로 자동차 역사 속으로 퇴장하기 시작하였다.

L-Jetronic은 공기량 계량기(air flow meter)를 이용하여 흡입공기의 체적유량(volumetric flow)을 직접 계량한다. 따라서 D-Jetronic의 간접 계량방식에 비하면 공연비를 보다 빠르고 정확하게 제어할 수 있게 되었다. 그러나 이 방식도 흡입공기의 체적유량을 계량하고 흡입공기의 온도를 계측하여 흡입공기의 질량을 계산하는 절차를 거쳐야 한다.

1979년 연료분사장치와 점화장치를 1개의 마이크로 컴퓨터로 제어하는 통합제어시스템이 등장하였다. → M-Motronic의 등장

1980년 일본의 미쓰비시(Mitsubishi) 전기회사에서는 카르만 와류(Karman Vortex)를 이용하여 질량유량(mass flow)을 직접 계량하는 방식을 개발하였고,

1981년 Bosch사는 열선(hot wire)을 이용하여 질량유량(mass flow)을 계량하는 LH-Jetronic을 Volvo와 Porsche에 적용하였다.

1982년 KE-Jetronic이 메르세데스 - 벤즈(MB)에 적용되고, 전자제어점화장치와 노크제어시스템이 도입되었다.

1983년 SPI(Single Point Injection)시스템의 등장으로 기화기는 완전히 퇴장하게 되었다. 대표적인 SPI - 시스템으로는 GM의 TBI(Throttle Body Injection), 포드(Ford)의 CFI(Central Fuel Injection), 보쉬(BOSCH)의 Mono-Jetronic 등이 있다.

1994년 전자가속페달기능이 도입된 ME-Motronic이 등장하였고,

1996년 GDI(Gasoline Direct Injection) 시스템이 승용자동차에 도입되었다.

전자기술 측면에서 볼 때 트랜지스터(transister)가 집적회로(集積回路 : Integrated Circuit)로 이행되면서 아날로그(analog)시대에서 디지털(digital)시대로 전환되었다. 1971년 마이크로 컴퓨터가 발명되었으나 자동차에는 1976년 GM의 점화시기 제어 시스템(MISAR : Micro-processed Sensing and Automatic Regulation)에 처음으로 사용되었다.

오늘 날은 종래에 각각 분리하여 제어하던 시스템들을 하나의 마이크로 컴퓨터로 통합제어할 수 있게 되었다. 대표적인 통합제어 시스템은 Bosch사의 모트로닉(Motronic) 시스템이다. 이 시스템은 연료분사제어는 물론 점화시기 제어, 공전속도 제어, 노크(knock)제어, 공기비 제어(λ-control) 등을 1개의 컴퓨터로 동시에 처리하며, 자기진단(self diagnos) 기능과 다른 시스템에 간섭하는 기능도 갖추고 있다. 그리고 전자기술의 발달은 공기량 간접 계량방식(예 : D-Jetronic)도 공기량 직접 계량방식(예 : LH-Jetronic)과 동일한 수준으로 공연비를 제어할 수 있게 하였다. 따라서 오늘날은 공기량 직접계량방식과 간접계량방식이 거의

같은 빈도로 사용되고 있다.

자동차용 마이크로 컴퓨터는 8bit(8051-family)에서 출발하여 현재는 32bit가 주류를 이루고 있다. 1980년대 말에 80515 – Controller가, 이어서 Motronic – 시스템에 80C515 – Controller가, 그리고 1998년에 발표된 BOSCH ME7.0에는 C167이 사용되었다. C167은 주파수가 40MHz로서 1990년대 초기의 LH 3.2버전에 비해 처리속도가 약 40배 향상된 것이며, 2003년에 발표된 ME9.0 버전에 사용된 MPC555 컨트롤러의 주파수는 56MHz로서 처리속도는 약 50배로 상승하였다.

메모리 용량 역시 1980년대의 8kByte에서 출발하여, 1998년 ME7.0 버전에는 1-MByte-칩이, 현재는 2MByte 이상의 칩이 사용되고 있으며, 그 용량은 계속 증대될 것으로 예측된다.

전자제어 가솔린분사장치를 사용하는 주 목적은 출력의 증대, 유해 배출가스의 저감, 연료 소비율의 개선, 신속한 응답성, 기관의 탄력성 개선 등을 동시에 만족시키는데 있다.

가솔린 분사장치는 기계식 직접 분사방식, D-jetronic, K-jetronic, L-jetronic, SPI시스템, 통합제어 시스템(예 : Motronic), GDI-시스템 등의 순서로 개발되었다. 이 책에서는 이들을 시스템별로 설명하여, 독자들이 연료분사장치 및 주변장치의 발달과정을, 그리고 적용기술의 변화과정을 파악함으로서 보다 더 철저하게 가솔린분사장치를 이해하는데 기여하고자 한다.

제4절 가솔린분사장치의 분류

(classification of gasoline injection system ; Arten der Benzineinspritzung)

일반적으로 많이 사용하는 분류방식을 요약하면 다음과 같다.

1. 분사제어 기구에 따라

(1) 기계 - 유압식 : 분사기구가 모두 기계/유압장치로만 구성된 경우

　　(예) 기계식 직접 분사장치와 K-Jetronic

(2) 기계 - 유압 - 전자식 : 분사기구가 모두 기계/유압장치와 전자장치로 구성된 경우

　　(예) KE-Jetronic

(3) 전자제어식 : 분사기구가 전자시스템에 의해서 제어되는 경우

　　(예) L-Jetronic, 미쓰비시(Mitsubishi)의 ECI

2. 분사밸브의 설치위치에 따라

(1) 직접분사방식(direct injection : direkte Einspritzung)

연료를 실린더 내에 직접 분사하는 방식으로 분사노즐은 연소실마다 설치된다. 연료는 전자제어 분사밸브에 의해 약 40~50bar(최대 120bar까지)의 고압으로 직접 실린더 내에 직접 분사된다(내부혼합기 형성). 실린더 내에 분사된 연료는 기관의 설계조건 및 운전조건에 따라 연소실에서 공기와 혼합하여 균질 또는 불균질 혼합기를 형성한다.

직접분사방식은 연료가 흡기다기관 벽에 유막을 형성하지도 않으며, 또 실린더 간에 분배 불균일에 의한 부정적인 문제점도 없다. 그러나 분사밸브제어에 고도의 테크닉을 필요로 한다. 간접분사에 비해 훨씬 큰 행정체적출력을 얻을 수 있으며, 연료소비율도 개선된다.

(2) 간접분사방식(indirect injection : indirekte Einspritzung)

분사밸브는 흡기다기관에, 실린더헤드의 흡기밸브 전방에, 또는 스로틀밸브 위쪽에 설치된다. 따라서 혼합기는 연소실 외부에서 형성된다. 흡기행정과 압축행정이 진행되는 동안연소실 전체 공간에 걸쳐 균질혼합기가 형성된다. 직접분사방식에 비해 무엇보다도 분사압력을 낮출 수 있다. 분사밸브를 가능한 한 흡기밸브에 가깝게 설치하면, 기관이 차가울 때흡기다기관 벽에 유막이 형성되는 것을 억제할 수 있고 또 유해배출물의 생성을 최소화할수 있다. 분사압력은 흡기다기관 분사방식에서는 약 2.5~5 bar, 스로틀보디 분사방식에서는 약 0.6~1bar 정도가 대부분이다.

3. 분사밸브의 수에 따라

(1) MPI-방식(Multi Point Injection : Mehrpunkteinspritzung) (그림 1-7a, b 참조)

각 실린더마다 분사밸브가 1개씩 배정된다. 직접 분사방식에서는 각 실린더 내에, 간접분사방식에서는 각 실린더의 흡기밸브 전방에 분사밸브를 1개씩 설치한다. 따라서 각 실린더마다 혼합기의 이동거리 및 분배량이 서로 같아지게 된다.

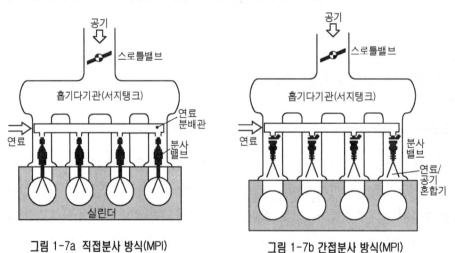

그림 1-7a 직접분사 방식(MPI)　　　그림 1-7b 간접분사 방식(MPI)

(2) SPI-방식(Single Point Injection : Einzelpunkteinspritzung)

이 시스템에서는 스로틀밸브 바로 위쪽, 중앙에 분사밸브를 1개만 설치한다. 분사밸브로부터 분사된 연료는 스로틀밸브와 스로틀밸브보디 간의 틈새를 통과하는 공기의 속도에너지에 의해 무화가 촉진되고, 흡기다기관 벽으로부터 또는 별도의 가열 - 엘리먼트로부터 기화열을 흡수, 기화하여 혼합기를 형성하게 된다. 미처 기화되지 못한 나머지 대부분의 연료는 실린더에 들어가 실린더 내에서 기화열을 흡수, 완전 기화된다.
→ 내부냉각효과

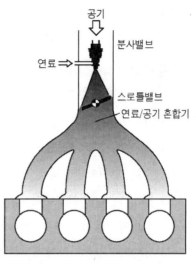

그림 1-7c SPI(TBI) 시스템

분사된 연료의 분포가 불균일하고, 연료/공기 혼합기 이동경로의 길이가 서로 다르고, 흡기다기관 분기점에서의 경계와류(boundary vortices : Randwirbelbildung) 현상 때문에 MPI - 방식에 비해 불리하다. 또 기관의 온도가 낮을 경우에는, 특히 연료의 일부가 흡기다기관 벽에 응착, 유막을 형성하며, 이로 인해 혼합기의 구성이 불균일하게 될 수 있다. SPI(또는 TBI) - 시스템은 MPI - 시스템에 비해 구성이 간단하며, 분사압력도 낮다(최대 약 1bar 정도).

4. 분사밸브의 개변지속기간에 따라

분사밸브는 연료압력에 의해 유압식으로 또는 전자적으로 개폐된다.

(1) 계속분사방식(continuous injection : kontinuierliche Einspritzung)

분사밸브는 연료압력에 의해 열리며, 연료는 기관이 운전되는 동안 계속적으로 분사된다. 연료 분사량은 시스템압력을 변화시켜 제어한다(예 : KE-Jetronic).

(2) 간헐분사방식(intermediate injection : intermittirenende Einspritzung)

분사밸브는 전자적(electro-magnetic)으로 열린 후에는 계산된 양을 분사한 다음, 다시 닫힌다. 즉, 분사밸브는 간헐적으로 분사한다. 분사밸브의 개변지속기간을 제어하여 연료 분사량을 제어한다. 세분하면 다음과 같다.
- 동시 분사(simultaneous injection : simultane Einspritzung)
- 그룹 분사(group injection : Gruppeneinspritzung)

- 순차 분사(sequential injection : sequentielle Einspritzung)
- 실린더 선택적 분사(cylinder selective injection : zylinderselektive Einspritzung)

① **동시 분사**(simultaneous injection)(그림 1-8a) → **초기의 방식**

기관에 설치된 모든 분사밸브가 동시에 분사한다. 이때 각 실린더에서 현재 진행되고 있는 행정은 고려되지 않는다. 따라서 연료의 기화에 허용되는 시간이 실린더마다 크게 차이가 나게 된다. 그럼에도 불구하고 혼합기의 조성을 가능한 한 균일하게

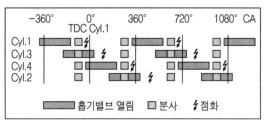

그림 1-8a 동시분사

하고 연소가 잘 이루어지도록 하기 위해, 4행정기관의 경우 크랭크축 1회전 당 필요 분사량의 1/2씩 분사한다.

② **그룹 분사**(group injection)(그림 1-8b) → **초기의 방식**

분사밸브를 그룹으로, 예를 들면 4기통 기관에서 실린더 1과 3, 2와 4로 나누어 그룹별로 1사이클마다 1회씩 분사하도록 하는 방식이다. 닫혀있는 흡기밸브 전방에 필요 분사량 전체를 한번에 분사하므로, 연료의 기화에 허용되는 시간은 서로 차이가 많이 나게 된다.

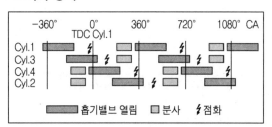

그림 1-8b 그룹 분사

③ **순차 분사**(sequential injection)(그림 1-8c)

점화순서와 동일한 순서에 따라, 흡기 행정이 시작되기 직전에 각 분사밸브가 순차적으로, 필요한 똑같은 양의 연료를 흡기다기관에 분사한다. 개별 실린더에 적합한 양질의 혼합기를 형성하며, 내부 냉각효과가 개선된다.

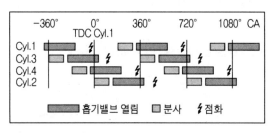

그림 1-8c 순차 분사

각 분사밸브는 고유의 출력단계를 통해 트리거링(triggering)되며, 캠축이 1회전할 때마다 1회씩 분사하므로 구성부품의 공차로 인한

분사량의 산포도가 적다. 이 외에도 분사밸브의 개/폐 반응시간이 단축되었기 때문에 공운전 품질이 개선되며, 이로 인해 연료소비율이 개선된다. 분사밸브의 출력단계가 하나 고장일 경우, 나머지 다른 실린더를 이용하여 정비공장까지 비상 주행할 수 있다는 점 등이 장점이다.

④ **실린더 선택적 분사**(cylinder selective injection : zylinderselektive Einspritzung)(그림 1-8d)

순차분사방식의 개선된 형식으로서, 분사량 및 분사시기를 기관의 작동상태(회전속도, 부하, 온도)에 따라 각 실린더별로 적합하게 조정할 수 있다. 그리고 실린더를 선택적으로 분사중단(cut-off) 시킬 수 있으며, 분사밸브를 개별적으로 진단할 수 있다. 주행 중 갑자기 가/감속할 때에도 분

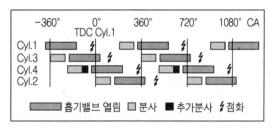

그림 1-8d 실린더 선택적 분사

사지속기간을 변경할 수 있다. 분사 대기 중인 또는 분사 중인 분사밸브에서는 분사시간의 연장/단축을 통해 또는 이미 분사를 종료한 분사밸브에서는 짧게 추가분사하여 혼합기를 수정할 수 있다. 이를 통해 기관의 응답특성을 개선시킬 수 있다. → 현재의 분사방식

5. 분사압력에 따라

(1) 간접분사방식에서

① 고압분사 : 흡기다기관 압력과 분사압력의 차가 2bar 이상인 경우

　　(예) L-Jetronic, K-Jetronic

② 저압분사 : 흡기관 압력과 분사압력의 차가 2bar 이하인 경우

　　(예) TBI

(2) 직접분사방식에서

① **고압분사** : 주로 디젤기관에 사용되는 고압분사방식, 기계식에서도 1,000bar를 상회하하며, 커먼레일 디젤분사 시스템에서는 2,000bar까지도 이용될 것으로 예상되고 있음.

② **저압분사** : 주로 가솔린 직접분사시스템에 사용되는 방식

　　대부분이 40~60bar 범위이나, 130bar까지도 선을 보이고 있다.

6. 공기량 계량방식에 따라

(1) 직접 계량방식

흡기체적 또는 흡기질량을 직접 계량하는 방식으로 체적유량(volumetric flow) 계량방식과 질량유량(mass flow) 계량방식으로 나눈다.

(예) L-Jetronic, LH-Jetronic

(2) 간접 계량방식

흡기의 질량 또는 체적을 직접 계량하지 않고 흡기다기관의 절대압력과 기관회전속도(MAP－n), 또는 스로틀밸브 개도(開度)와 기관회전속도(α－n)로부터 흡기질량 또는 흡기체적을 간접적으로 계량하는 방식이다.

(예) D-Jetronic, Mono-Jetronic, TBI(GM)

제1장 가솔린분사장치 개론

제5절 공기량 계량방식의 개요
(intake air measurement ; Arten der Luftmengenmessung)

시판되고 있는 대부분의 가솔린 분사장치가 공기량 계량방식 또는 공기량 계량장치만 다를 뿐 다른 부품들, 예를 들면 전기 구동식 연료펌프, 연료 여과기, 축압기(accumulator), 연료 압력 조절기, 분사밸브 등은 유사점이 많다. 본 장에서는 SI－기관의 공기량 계량방식을 간략히 설명하기로 한다 [SI : Spark Ignition].

1. 고정 벤투리(fixed venturi)와 가변 벤투리(variable venturi)

베르누이 정리(Bernulli principle)에 의하면 벤투리(venturi)부에서의 압력차(ΔP)는 통과 유량의 제곱(Q^2)에 비례한다.

(1) 고정 벤투리식 기화기(fixed venturi carburettor)

베르누이 정리에 따라 흡기량이 계량되고 계량된 흡기량에 대응되는 연료가 벤투리 부분에 설치된 메인-노즐에서 분출된다. 그러나 고정 벤투리는 어느 특정 속도범위 예를 들면, 중부하 고속에서는 가장 알맞은 혼합비를 형성할 수 있으나 저속 또는 전부하 고속에서는 지나치게 희박하거나 농후한 혼합기를 형성하도록 설계할 수밖에 없다.

(2) 가변 벤투리식 기화기(variable venturi carburetor)

벤투리 부분의 압력차(ΔP)가 항상 일정하므로 통과 공기량은 그림 1-9b에서 벤투리 부분의 직경(x)에 비례한다. 따라서 고정 벤투리와 비교할 때 탄력성이 크고 혼합비 제어 정밀도(精密度)도 높다.

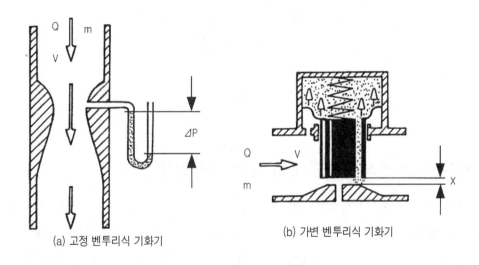

(a) 고정 벤투리식 기화기　　　　(b) 가변 벤투리식 기화기

그림 1-9 고정 벤투리와 가변 벤투리

2. MAP-n 제어방식 (흡기다기관의 절대압력과 기관의 회전속도)

Bosch사의 D-Jetronic은 흡기다기관의 절대압력(MAP : Manifold Absolute Pressure)과 기관의 회전속도(n)로부터 1사이클 당 흡입공기량을 추정하는 최초의 방식이다. 이를 MAP-n 제어방식 또는 속도 밀도(speed density) 방식이라 한다.

흡기다기관의 절대압력(MAP)과 흡입공기량이 간단한 함수관계에 있지 않으며 흡기다기관의 절대압력이 맥동적일 경우, 즉 과도상태의 경우엔 보정(補正)을 필요로 한다. 그리고 배기가스 재순환장치(EGR : Exhaust Gas Recirculation)를 사용하는 경우, 배기가스 재순환 시에는 흡기다기관의 절대압력이 변화하기 때문에 흡입 공기량의 추정이 쉽지 않다.

그러나 최근에는 흡기다기관의 절대압력을 압전소자(Piezo-sensor)를 이용하여 빠르고, 정확하게 측정할 수 있게 되었다. 그리고 연료량 제어범위의 폭이 기관회전속도의 변화 범위의 폭보다 크기 때문에 연료량을 보다 정확하게 계량할 수 있다.

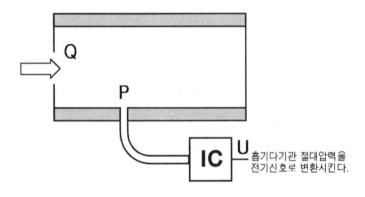

그림1-10 MAP-n 제어방식

3. K-Jetronic 방식 - 기계식 체적유량 계량방식

흡입공기량(Q)이 공기계량기의 센서 - 플레이트(air flow sensor flap)의 기계적 변위(x)에 비례하도록 하는 방식이다. 이 방식에서는 공기계량기의 센서 - 플레이트의 기계적 변위(x)가, 일정한 압력차를 유지하는 유로(流路) 중의 연료계량 슬릿(fuel metering slit)의 개구단면적을 변화시켜 공기 - 연료 혼합비를 제어한다.

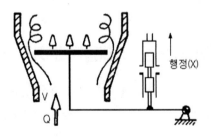

그림 1-11 K-Jetronic 방식

4. 베인식 체적유량 계량방식

공기계량기의 센서-플랩(sensor flap)의 개도 (α)가 변화하면 센서-플랩의 회전 축에 설치된 포텐시오 미터(potentio meter)의 저항이 변화하도록 하여 흡입 공기량(Q)을 측정한다. 즉 흡입 공기량(Q)을 전압(U)에 비례하도록 하는 방법을 사용한다. 대표적인 것으로는 Bosch사의 L-Jetronic이 있다.

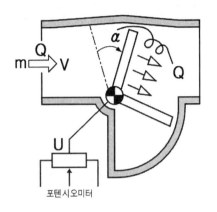

그림 1-12 베인식 체적유량 계량 방식(L-Jetronic)

5. 카르만 와류(Kárman Vortex) 방식 – 질량유량 계량방식(초음파 방식)

와류를 발생시키는 기둥(prisma)을 유동하는 공기 중에 설치하면, 공기유동에 와류가 발생되는 데 이 와류를 카르만 와류(Kárman vortex)라 한다.

발진기에 의해 생성된 초음파(ultra-sonics)가 발신기에서 발신되어 카르만 와류를 통과할 때 카르만와류에 의해 잘려져, 밀집되거나 분산된 후에 수신기에 전달된다.

수신기에서 수신된 초음파는 변조기에 의해 디지털 신호로 변환되어 ECU(Electronic Control Unit : 전자제어유닛)에 입력된다.

흡기의 질량(mass)은 초음파의 밀집 또는 분산에 의해 직접 계량되어 전기적 신호로 변환된다. 흡기의 질량(m)을 전압(U)에 비례시키는 방법이 시용된다.

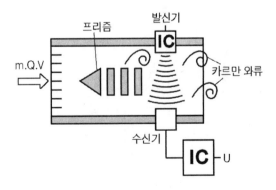

그림1-13 카르만 와류방식(질량유량 계량방식)

6. 열선(hot wire) / 열막(hot film) 방식의 질량유량 계량방식

유동하는 공기 중에 발열체(發熱體)를 놓으면 발열체
는 공기에 열을 빼앗겨 냉각된다. 발열체의 주위를 통과
하는 공기가 많으면 많을수록 발열체의 방열량도 증가하
게 된다.

열선식은 발열체로 백금선(Pt wire)을 사용한다. 이 백
금선을 전기적으로 가열한다. 흡기의 질량 유량이 많으면
많을수록 열선 가열에 소비되는 전류는 증가한다. 따라서
흡기의 질량유량(m)은 공급전류(I)에 비례하게 된다.

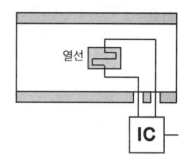

그림1-14. 열선식 질량유량 계량방식

특히 공기 온도와 압력의 변화, 즉 공기밀도 변화에 직접 대응하므로 온도와 압력변화에
따른 별도의 보정이 필요없다. 대표적인 것으로는 Bosch사의 LH-Jetronic이 있다. 현재는 열
선 대신에 열막(hot film)을 이용하는 방식이 주로 사용된다.

7. α-n 제어방식 – 스피드 스로틀 방식(speed throttle 방식)

스로틀밸브의 개도(α)와 기관의 회전속도(n)로부터 흡입 공기량을 간접적으로 추정하는
방식이다. 스로틀밸브의 개도를 주 제어량으로 하기 때문에 응답성이 좋다.

그러나 공기량은 스로틀밸브의 개도(α)와 기관회전속도에 대하여 복잡한 함수관계에 있기
때문에 공기량의 검출이 용이하지 않았으나 최근에는 O_2 센서와 학습제어(Learning control)
기능을 함께 이용하는 정밀한 시스템들이 개발, 이용되고 있다. (예 : Mono-Jetronic)

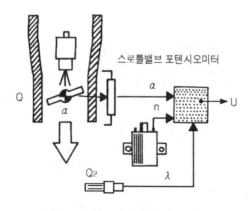

그림1-15 α-n 제어방식

제6절 가솔린분사장치의 장단점

(dis-/advantage of gasoline injection system ; Nach-/Vorteile der Benzineinspritzung

가솔린 분사장치에서는 연료펌프와 분사밸브, 또는 분사펌프와 분사밸브가 기화기의 기능을 대신한다. 가솔린분사장치는 기관의 작동상태에 따라 필요로 하는 연료량을 계량하여, 이를 미립화시킨다. 따라서 가솔린분사기관은 외부적으로 디젤기관과 비슷하다.

그러나 점화장치가 있고, 분사압력(간접분사식에서 약 2~5bar, 직접분사식에서 약 40bar~120bar)이 현저하게 낮고, 분사시기가 압축행정의 종료시점이 아니라, 흡기행정의 전/후(간접분사식) 또는 압축행정이 진행되는 동안(직접분사식에서 부분부하 시)이라는 측면에서 디젤기관과 다르다. 또 가솔린 분사장치에는 기관이 운전되는 동안 지속적으로 연료를 분사하는 형식도 사용되고 있다.

일반적으로 가솔린분사장치는 먼저 흡입공기의 체적유량(또는 질량유량)을 계량하고, 계량된 공기질량과 기관의 작동상태에 대응되는 연료분사량을 결정한다. 연료는 분사밸브로부터 스로틀보디에, 흡기다기관에, 또는 실린더 내에 미립자 상태로 분사된다. 분사된 연료는 흡기행정이 진행되는 동안 흡기와 혼합된다. 그리고 이미 분사되어 흡기밸브 전방에 대기상태에 있는 연료도 흡기행정이 진행되는 동안 공기와 함께 흡입, 혼합된다. 그러나 연료와 공기의 완전한 혼합은 압축행정 중에 실린더 내에서 이루어진다.

가솔린분사장치의 전자제어유닛(ECU ; electronic control unit)은 기관의 부하, 회전속도 그리고 작동온도 등에 따라 공기/연료의 혼합비(품질) 및 형성된 혼합기의 양을 매 순간 최적으로 제어하는 것을 목표로 한다.

기존의 기화기 방식과 비교할 경우, 다음과 같은 장·단점이 있다.

(1) 가솔린분사장치의 장점

① 흡기통로의 형상을 자유롭게 설계할 수 있어 충진효율이 개선되었다.

② 기관의 모든 운전상태에서 흡입공기량에 대응되는 연료량을 정확하게 계량할 수 있다.

③ MPI - 방식에서는 각 실린더에 연료를 균등 배분할 수 있기 때문에 전 회전속도영역에 걸쳐 각 실린더 간에 균일한 혼합기를 조성할 수 있다. → 실린더 간의 차이 약 0.5~3% 정도

④ 기화기 벤투리부에서의 압력차보다, 흡기다기관(또는 실린더 내)에서의 유효분사압력이 상대적으로 높기 때문에 연료의 미립화가 용이하다.

⑤ 연료의 미립화상태가 양호하므로 기화가 잘 되고, 혼합기가 빨리 형성된다.

⑥ 토크특성(특히 저속에서)이 크게 개선되었다.

⑦ 제동연료소비율이 낮아지고, 행정체적출력이 상승하였다.

⑧ 부하 변환 과정(예 : 부분부하 ↔ 전부하)이 매끄럽고, 기관의 탄성(elasticity of engine : Elastzität des Motors)이 개선되었다.

⑨ 가속성능이 향상되고 감속특성이 개선되었다.

　가/감속 시에 기화기에 비해 더 민감하게 반응하기 때문에

⑩ 유해 배출물의 저감

　엔진브레이크를 사용할 경우라든가, 타행 시(예 : 스로틀밸브는 공전위치이나 기관의 회전속도가 기준값(예 : 1,600min^{-1}) 이상일 경우)에는 연료공급을 완전히 차단할 수 있다. 따라서 특히 시내주행과 같이 주행속도가 낮고 가/감속을 반복하는 경우에는 연료절감 및 유해 배출물 수준을 낮추는 효과가 크다.

⑪ 시스템 간의 효과적인 간섭 가능.(예 : 트랙션 컨트롤 시스템)

(2) 가솔린 분사장치의 단점

① 누설공기에 민감하다.

　계량되지 않은 공기가 유입되면 기관의 부조현상이 심하게 나타난다.

② 고온 재시동성이 불량하다.

　기화기기관은 저온 시동성은 나쁘지만 고온 재시동성은 양호하다. 그러나 가솔린분사기관은 기화기기관에 비해 저온 시동성은 양호하나 고온 재시동성이 상대적으로 불량하

다. ECU는 분사량에 대응되는 분사밸브 개변지속기간을 결정, 제어한다. 개변지속기간으로 분사량을 제어하기 위해서는 분사될 연료에는 기포가 들어있지 않아야 한다. 더운 여름철 장거리 주행 중, 휴게소에서 잠시 쉬었다가 기관을 다시 시동할 경우, 고압연료회로에 연료기포가 많이 발생되어 있을 수 있다. 이들 기포가 고온 재시동성 불량의 원인이다.

③ ECU를 비롯한 전자부품은 고온, 고전압 그리고 습기에 민감하다.

    기화기관에서는 기계부품이 대부분이므로 고온, 고전압 그리고 습기의 영향이 크지 않지만 가솔린분사장치는 이들의 영향을 크게 받는다.

④ 값이 비싸고, 수리가 불가능한 부품이 대부분이다.

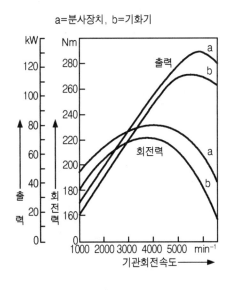

그림 1-16 출력과 회전력 비교(예)

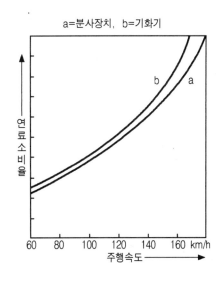

그림 1-17 연료소비율 비교(예)

제2장

기계식 가솔린분사장치
-Bosch K-Jetronic-

■ The K-Jetronic

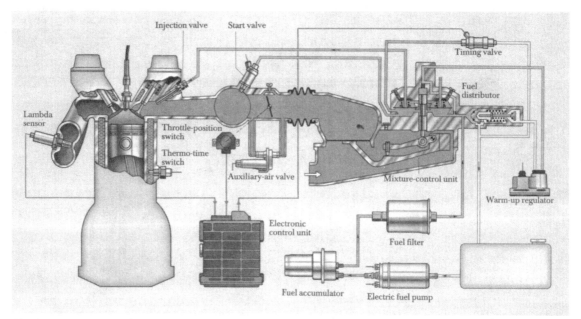

The K-Jetronic is an air-flow sensing system, and needs no mechanical drive.

In the fuel distributor, the fuel is continuously metered by means of control slits and downstream differential pressure valves, and is supplied to the individual cylinders via injection valves.

The air flow is measured by means of a sensor plate, which is deflected against a hydraulic force by the intake air flow.

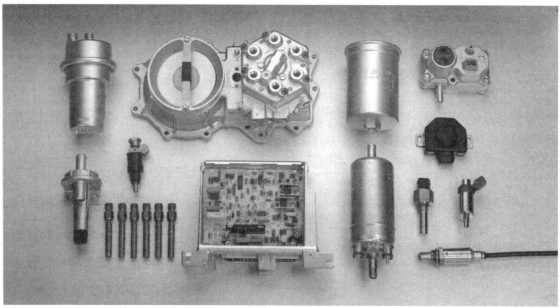

The fuel-distributor control plunger is actuated by means of a lever. Through appropriate design of the taper of the air-flow sensor, the mixture ratio can be adapted precisely to the requirements of every engine.

A hydraulic counterforce, which acts on the control plunger of the fuel distributor, permits mixture corrections during warm-up and -if necessary-under full load. The system can be supplemented with lambda closed-loop control. Through a timing valve the electronic control unit influences the differential pressure across the control slits and thus the quantity of fuel injected

제2장 기계식 가솔린분사장치

제1절 K-Jetronic의 개요
(introduction of K-Jetronic ; Einführung des K-Jetronics)

　　K-Jetronic은 기계－유압식으로 작동되는 가솔린 분사장치로서 분사장치를 작동시키는 데 디젤기관에서와 같은 기관의 구동력을 필요로 하지 않는다. 그리고 간헐 분사방식과는 달리 기관이 운전되는 동안, 중단없이 계속적으로 연료를 분사하는 연속분사방식이다.

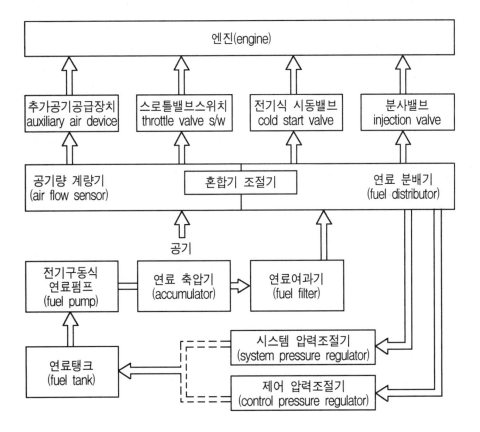

그림 2-1 K-Jetronic의 원리도

그림 2-1은 K-Jetronic의 블록선도이고, 그림 2-2는 K-Jetronic 시스템의 구성도이다. 그림 2-2에서 연료는 연료탱크 → 전기구동식 롤러-셀 펌프(roller cell pump) → 축압기 (accumulator) → 연료 여과기(fuel filter) → 혼합기 조절기(mixture control unit)로 공급된다.

혼합기 조절기는 공기계량기(air flow sensor)와 연료 분배기(fule distributor)로 구성되어 있으며 연료분사장치의 핵심 부분이다.

기관에 흡입되는 공기량은 공기계량기에 의해서 계측되고, 계측된 공기와 혼합되어야 할 연료는 연료분배기에서 계측된 다음에 각 분사밸브로 분배된다. 분사밸브는 계측, 분배된 연료를 각 실린더의 흡기밸브 전방에 연속적으로 분사한다.

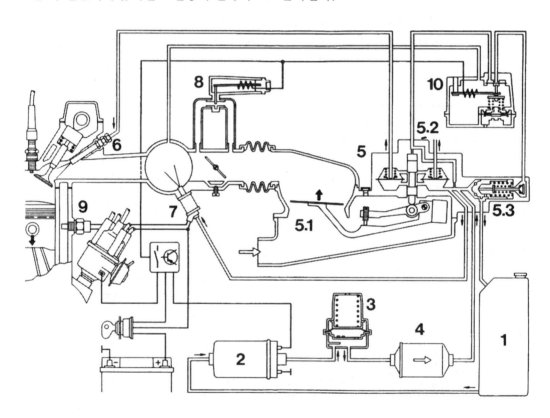

1. 연료탱크	5.1 공기량계량기	7. 냉시동밸브
2. 연료공급펌프	5.2 연료분배기	8. 추가공기공급기
3. 축압기	5.3 시스템압력조절기	9. 온도-시간스위치
4. 연료여과기	6. 분사밸브	10. 웜업 레귤레이터
5. 혼합기조절기		

그림 2-2 K-Jetronic의 구성도

제2장 기계식 가솔린분사장치

제2절 공기량 계측

(measuring of air volume : Messung der Ansaugluftmenge)

1. 공기량 계량기(air flow sensor : Luftmengenmesser)

(1) 공기량계량기의 기본 구조

　공기계량기는 연료분배기와 일체로 조립되어 있으며, 에어 퓨널(air funnel : Lufttrichter)과 플로팅 레버(floating lever : Verstellhebel), 그리고 프로팅 레버의 회전점을 기준으로 레버의 한쪽 끝에는 센서 플랩(sensor flap : Stauscheibe)이, 그 반대편 끝에는 평형추(balance weight : Gegengewicht)가 고정되어 있다. 또 센서 플랩과 레버의 회전점 사이에는 제어 플런저(control plunger : Steuerkolben)가 수직으로 설치되어 있다. 따라서 센서플랩의 변위는 레버를 통해 제어플런저 행정의 변화로 나타난다.

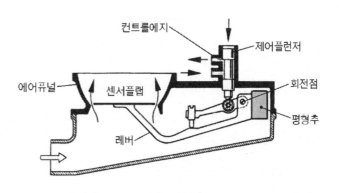

그림 2-3 혼합기 조절기(공기량 계량기 + 연료 분배기)의 구조

(2) 공기량 계량기의 작동원리

　① **현수체 원리**(suspended body principle : Schwebekoerper-Prinzip)(그림 2-4 참조)
　　기관이 작동하지 않는 상태에서는 플로팅 레버와 센서 플랩의 자체 중량(G_2)과 평형추의 중량(G_1)은 회전점을 중심으로 서로 평형을 유지한다. 따라서 작동하지 않은 상태에서

센서플랩은 기준위치에 정지상태를 유지하고 있다.

$$G_1 = G_2 \cdots\cdots\cdots\cdots\cdots\cdots\cdots\cdots\cdots\cdots\cdots\cdots\cdots \text{(2-1)}$$

　　　　여기서　G_1 : 평형추의 무게

　　　　　　　　G_2 : 센서플랩과 플로팅 레버의 자체 중량

공기가 흡입되면 센서 플랩은 원추형의 에어 퓨널(air funnel)을 통과하는 공기의 힘 (F_L)에 의해서 들어 올려지고, 연료 분배기의 제어 플런저(control plunger)의 상단에 작용하는 제어력(F_{ST})에 의해서 내려 눌러지게 된다. 따라서 센서플랩은 두 힘이 균형을 이루는 점에 위치하게 된다(그림2-4 참조).

$$F_L = F_{ST} \cdots\cdots\cdots\cdots\cdots\cdots\cdots\cdots\cdots\cdots\cdots\cdots \text{(2-2)}$$

　　　　여기서　F_L : 에어 퓨널을 통과하는 공기의 힘

　　　　　　　　F_{ST} : 제어 플런저의 상부 단면에 작용하는 제어력

　　　　　　　　（제어압력 × 제어플런저의 상단 단면적）

즉, 센서 플랩의 변위가 흡기량을 계량하는 척도가 된다. 그리고 센서플랩의 변위에 비례해서 연료 분배기의 제어플런저의 행정(stroke : Hub)이 결정된다. 이때 제어 플런저의 컨트롤 에지(control edge : steuerkante)는 플런저-배럴(plunger barrel)에 가공되어 있는 직사각형의

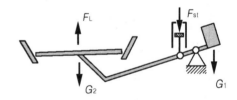

그림 2-4 공기량 계량의 기본 원리(Porsche)

미터링 슬릿(metering slit : Steuerdrossel)을 일정 비율로 열리게 한다. 미터링 슬릿의 열린 단면을 통과한 연료는 분사밸브로 공급된다.

② **에어 퓨널**(air funnel : Lufttrichter)**의 경사도와 센서플랩의 변위**(그림 2-5 참조)

에어 퓨널의 경사도에 따라 공기가 통과할 수 있는 틈새 단면적이 달라지게 된다. 이는 에어 퓨널의 경사도가 다르면, 공기가 통과할 수 있는 단면적은 같아도 센서플랩의 위치가 달라지게 됨을 의미한다.

통과 공기량은 같아도 에어 퓨널의 경사도가 완만하면(c) 센서 플랩의 변위는 작고, 에어 퓨널의 경사도가 가파르면(b) 센서플랩의 변위는 커지게 된다.

연료분사량은 센서플랩의 변위(x)에 직접적으로 비례한다.

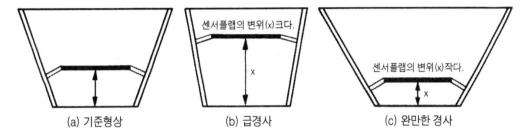

그림 2-5 동일 공기량에 대해 에어 퓨널의 경사도가 센서-플랩의 변위에 미치는 영향

③ 에어 퓨널의 형상과 기관부하

각기 다른 부하상태(예를 들면 공전, 부분부하, 전부하 등)에 알맞은 혼합비를 얻기 위해서 에어 퓨널의 경사각도를 부분적으로 달리하고 있다.

에어 퓨널의 형상이 급경사를 이루고 있는 부분에서는 경사가 완만한 부분과 비교했을 때, 똑같은 양의 공기를 흡입하기 위해서 센서 플랩이 더 높이 들어 올려져야 한다(그림 2-5 참조). 센서플랩이 더 높이 들어 올려지면 즉, 센서플랩의 변위가 커지면 이에 비례해서 제어플런저의 행정이 변화하고, 제어플런저의 행정의 증가는 미터링 슬릿의 개구 단면적의 확대로 나타난다. 따라서 분사밸브로 공급되는 연료량이 증가한다.

에어 퓨널의 일부분의 형상을 급경사로 하여 공전 및 전부하 시에 농후한 혼합기를 공급한다(그림 2-6 참조).

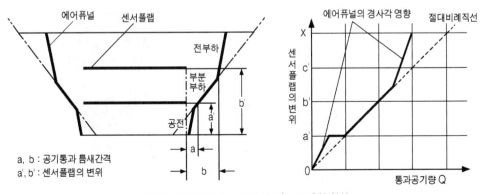

그림 2-6 공기량 계량기의 퓨널(funnel)의 형상

제2장 기계식 가솔린분사장치

제3절 연료공급시스템
(fuel delivery system : Kraftstoffversorgung)

연료공급 펌프에 의해 연료탱크로부터 흡인, 송출된 연료는 축압기와 여과기를 거친 다음, 연료 분배기(fuel distributor)로 공급된다. 연료 분배기에 공급된 연료는 공기량 계량기의 센서-플랩의 변위에 연동되는 제어 플런저 행정의 변화에 비례해서 각 분사밸브로 공급된다.

1. 연료 탱크(fuel tank : Kraftstoffbehaelter)

1973년 K-Jetronic 및 L-jetronic이 도입될 당시에는 연료탱크 내부의 압력을 대기압보다 높게 하여 연료로부터의 기포발생을 최소화하고 동시에 연료공급펌프의 펌핑(pumping)을 지원하는 기능을 목표로 하였다. 또 사고 시(예를 들면 차가 전복되었을 경우) 연료의 유출을 방지할 수 있는 구조의 중력식 환기밸브를 갖추는 정도가 대부분이었다. 그 당시만 해도 연료탱크로부터의 증발가스가 대기 중으로 방출되는 문제에 대한 규제가 엄격하지 않았기 때문이다. (그림 6-10 연료시스템 구조와 비교해 볼 것)

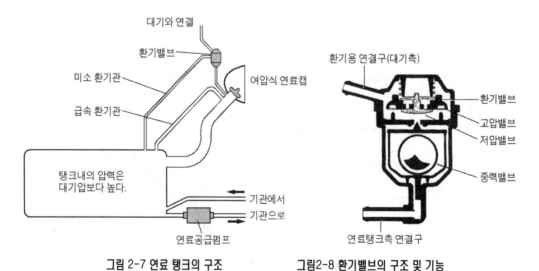

그림 2-7 연료 탱크의 구조   그림2-8 환기밸브의 구조 및 기능

K-Jetronic 뿐만 아니라 최신 가솔린분사장치에서도 가장 큰 애로사항은 연료회로 내에서 발생되는 기포를 최소화하는 문제이다. 분사밸브의 개변지속기간(또는 듀티율)으로 분사량을 제어하기 위해서는, 분사밸브의 분공으로부터 분사되는 연료에 기포가 포함되어 있어서는 절대로 안된다는 전제조건을 만족시켜야 하기 때문이다. 이 문제점은 오늘날도 역시 마찬가지이다.

초기의 연료분사장치에서는 다음과 같은 방법들을 이용하여 기포발생을 억제 또는 최소화하였다.

① 연료 공급펌프를 연료탱크보다 낮은 위치에 설치한다.
　– 위치 차이에 의한 압력이 연료공급펌프의 흡인측에 작용하도록 하기 위해서.

② 연료 공급펌프를 연료탱크 내에 설치하여 연료 흡인 관로의 길이를 최소화한다.
　– 연료 흡인 관로에는 부압이 작용하기 때문에 연료에 기포가 쉽게 발생된다.

③ 연료탱크를 압력식(여압식)으로 한다.
　압력이 높으면 증발온도는 상승한다.

④ 연료 공급펌프를 이중으로 설치한다.
　1차 공급펌프를 통과한 연료에 포함된 기포는 2차 공급펌프가 흡인하기 전에 연료탱크로 복귀시키고, 2차 공급펌프의 흡인측에도 고압이 작용하게 하여 기포발생을 방지한다.

방법 ②, ③, ④, ⑤는 오늘날에도 기포발생 억제 대책으로 여전히 유효한 방법들이다.

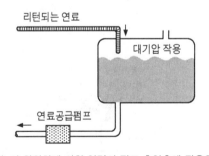

① 높이 위치차에 의한 압력이 펌프 흡입측에 작용한다.

③ 여압식 연료탱크 캡(cap)

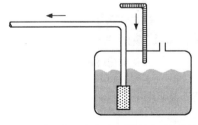

② 연료탱크 내에 연료공급 펌프를 설치

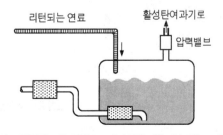

④ 연료공급펌프를 직렬로 2개 설치(1개는 연료탱크 내부에)

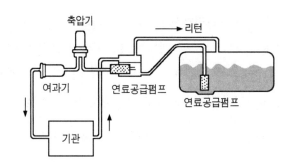

⑤ 연료공급 펌프를 2개 설치하고 중간에 저장조(reservior)를 둔다.

그림 2-9 연료 공급펌프의 설치 위치

참고로 연료 복귀회로를 사용했든 초기 간접분사방식의 연료공급 시스템의 실제 회로구성을 요약하면 그림 2-10과 같다. 그림 2-10a와 b에서는 연료공급펌프가 연료탱크 외부에 설치되어 있음을 확인할 수 있다.

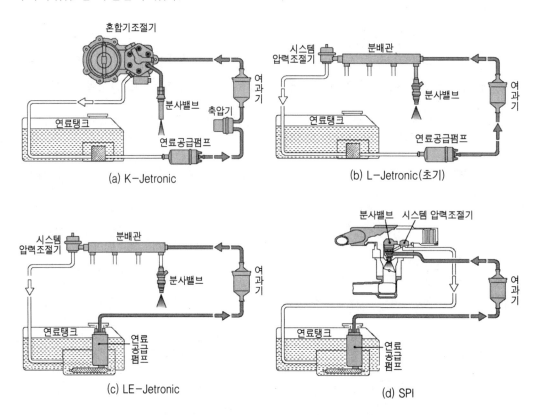

(a) K-Jetronic

(b) L-Jetronic(초기)

(c) LE-Jetronic

(d) SPI

그림 2-10 연료공급 시스템의 실제(예)

2. 연료 공급펌프(electric fuel pump : Elektrokraftstoffpumpe)

연료 공급펌프는 최초에는 연료 탱크 외부, 차체 하부에 설치하였으나, 나중에 연료탱크 내부에 설치하였다. 그리고 그 개수는 일반적으로 1개가 대부분이나 2개를 설치한 경우도 있다.

초기의 연료공급펌프는 그림 2-11과 같이 직류 모터(DC-motor) 축에 롤러 셀(roller cell) 펌프가 설치된 구조로서, 안전밸브(safety valve)와 체크밸브(check valve), 그리고 흡인구와 토출구로 구성되어 있다.

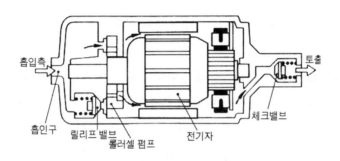

그림 2-11a 연료 공급펌프의 구조

(1) 연료공급펌프의 작동 원리

전기모터가 회전하면 롤러 셀 펌프(roller cell pump)의 로터 디스크(rotor disk)도 함께 회전한다. 그러면 로터 – 디스크의 홈에 삽입된 롤러는 원심력에 의해 편심된 펌프 하우징에 밀착되어 로터 – 디스크와 함께 회전하게 된다.(그림 2-11a, b) 참조.

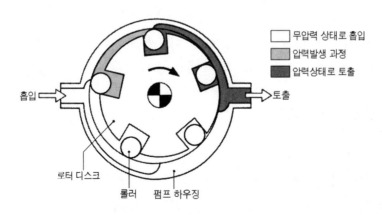

그림 2-11b 롤러 셀 펌프의 토출과정

따라서 연료는 로터 – 디스크와 펌프 – 하우징 사이의 공간이 큰 부분에서 흡입되고 공간이 작은 부분에서 토출된다. 그리고 연료 공급펌프의 전기모터는 연료(가솔린) 속에서 회전한다. 그러나 연료는 절연성이 비교적 높고, 펌프 내부에 공기 즉, 산소가 없기 때문에 화재의 위험은 없으며, 연료는 오히려 전기모터의 전기자(armature)를 냉각시키고 회전축의 부싱을 윤활하는 역할을 한다.

(2) 연료공급펌프의 성능 및 특성

분사장치의 형식이나 종류에 따라 다르지만 대체로 초기의 K – Jetronic에서 연료공급펌프의 토출유량은 약 90~165 l /h이고 소비전압은 12~14V, 소비전류는 4~5A정도이었다.

기관에 따라 실제로 소비하는 연료량에서 차이는 있으나 시간당 약 10 l 정도로 볼 때 연료 공급펌프는 소비량의 거의 10배에 달하는 연료를 토출하도록 설계하였다. 오늘날의 관점에서 보면 지나치게 많은 양의 연료를 공급함으로서 에너지 낭비를 초래하는 시스템이다. 그러나 당시로서는 연료회로 내의 기포발생을 억제하고 시스템 구성부품(예 : 분사밸브)의 냉각을 위해 불가피한 대책으로 생각되었다.

따라서 당시로서는 다음과 같은 사항을 고려하여 연료공급펌프의 토출성능을 결정하였다.
- 기관의 연료 소비율
- 연료분배기를 통해서 연료탱크로 복귀하는 연료량
- 웜업 레귤레이터(warm-up regulator)를 거쳐 연료탱크로 복귀하는 연료량
- 분사밸브 및 분사 파이프 등의 열부하를 고려한 추가량(약 20%정도)

웜업 레귤레이터나 연료분배기를 통해서 연료탱크로 복귀하는 연료는 기관에 근접한 연료관이나 연료분배기를 냉각시키는 작용을 한다. 이를 통해 연료공급시스템 내부에 기포가 발생되는 것을 최소화하고 기관의 고온 시동성(hot start)을 개선하고자 하였다.

(3) 릴리프 밸브와 체크 밸브

① **릴리프 밸브**(relief valve : Ueberdruckventil)

연료공급펌프 내에 설치된 릴리프 밸브(safety valve)는 어떤 원인으로 압력회로에 고압이 걸릴 경우, 연료의 누출이나 연료관이 파손되는 것을 방지하는 역할을 한다.

K-Jetronic의 시스템 압력은 약 4.7bar 정도이다. 따라서 약 5.7bar 정도로 압력이 상승하면 릴리프 밸브는 열리고 고압연료는 펌프의 흡인측으로 바이패스(bypass)되어, 공급펌프와 전기모터 사이를 순환하게 된다. → 안전 밸브의 기능

② 체크밸브(check valve : Rueckschlagventil)

체크밸브(check valve)는 기관이 정지하면 곧바로 닫혀 압력회로 내의 압력을 일정 시간동안 특정 수준 이상으로 유지하는 역할을 한다. 가솔린은 고온이 되면 쉽게 기화하며, 기화된 연료는 분사밸브와 연료 분배기에 잔류하므로서 고온시동성을 약화시킨다.

이와 같은 현상을 방지하기 위해서 체크밸브를 설치하여, 일정 시간 동안 회로 내에 잔압이 유지되게 한다. 그러나 회로 내의 초기 잔압은 분사밸브의 개변압력(보통 2.8~3.5bar)보다 낮게 설정된다.

연료 공급펌프에 따라서는 펌프 내부에 맥동방지용 사일런서(scilencer)를 설치한 형식도 있다. 그러나 K-Jetronic에서는 별도로 축압기(accumulator)를 설치하여 이 기능을 대신하도록 하였다.

(4) 연료공급펌프의 안전회로

기관을 기동시키면 연료공급펌프는 전기적으로 구동된다. 기관이 기동, 운전되는 동안 연료공급펌프는 계속적으로 작동된다.

점화 스위치 "ON" 상태에서 기관이 정지되었을 경우, 기계식 연료공급펌프라면 기관 정지와 동시에 곧바로 연료공급펌프도 작동을 중단하게 된다. 그러나 전기 구동식의 경우에는 별도의 안전장치가 없으면 계속해서 구동되게 된다. 초기에는 센서 플랩(sensor flap)의 위치와 연동되는 스위치를 공기계량기에 설치하였다. 그러나 자동차가 전복 또는 경사면에 위치해 있을 경우에는 센서 플랩의 위치가 기준위치로부터 벗어나는 경우를 발견하게 되었다. 따라서 연료공급펌프를 점화 1차회로의 점화 펄스(ignition pulse)와 연동시키는 방법 즉, 기관으로부터의 점화 펄스가 없으면 연료공급펌프의 작동을 정지시키는 방법이 도입되었다.(PP.74, 2-6 전기회로도 참조)

이 원리는 오늘날에도 모든 가솔린분사장치에 그대로 적용되고 있다.

3. 축압기(accumulator : Kraftstoffspeicher)

축압기는 연료공급펌프와 연료분배기 사이에 설치되며, 기관이 정지한 후, 일정 시간동안 시스템의 잔압을 유지하는 역할을 한다. 그림 2-12에서 보면 가솔린은 압력이 1bar일 때는 약 90℃ 정도에서 비등하지만 압력이 2bar이면 약 140℃에서 비등하는 것을 알 수 있다.

기관이 정지하고 회로 내의 압력이 저하하면 회로 내의 연료는 쉽게 증발하게 되어 기포를 발생시키게 된다. 이렇게 되면 기관의 고온시동성이 크게 약화되기 때문에 시스템 회로내의 압력을 일정기간 동안 일정 수준을 유지하기 위해서 축압기를 사용한다.

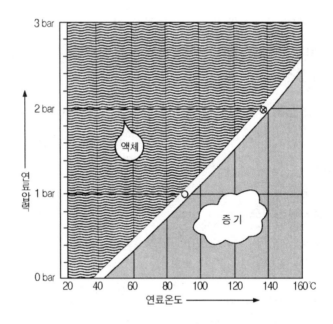

그림 2-12 가솔린의 비등온도와 압력과의 상관관계

그림 2-13은 축압기의 구조이다. 축압기는 다이어프램(diaphragm)에 의해 연료실과 스프링실로 분리되어 있다. 그리고 스프링실 하부의 연결구는 연료공급펌프의 흡입측과 연결되어 있어 다이어프램이 파손될 경우에도 연료가 외부로 누출되지 않도록 되어있다.

연료공급펌프가 구동되면 연료는 곧바로 축압기의 판 - 밸브(plate valve)를 거쳐 연료실에 채워지면서 다이어프램을 누르게 된다. 연료압력에 의해 다이어프램이 밀려가는 짧은 시간 동안은 시스템압력의 형성이 지연된다. 이 사이에 제어 플런저의 상부에 먼저 제어압력이 형성되어 제어 플런저를 아래로 내려 눌러, 제어되지 않은 연료가 미터링 슬릿(metering slit :

Steuerschlitz))을 통과하여 분사밸브로부터 분사되는 것을 방지한다.

기관이 정지되면 축압기의 연료실에 저장된 연료(약 20cc)가 스프링실의 스프링장력에 의해 판-밸브에 뚫린 작은 구멍을 통해서 천천히 밀려나가면서 일정 시간 동안 회로압력을 유지하게 된다. 이를 통해 시스템 내에서 연료의 비등을 방지하여 고온시동성을 확보하고자 하였다. 축압기는 연료공급펌프의 맥동과 소음을 감소시키는 기능도 수행한다.

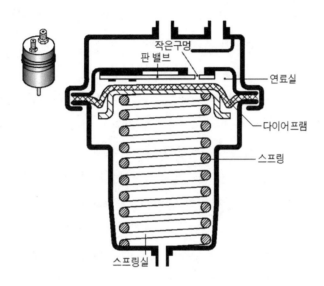

그림 2-13 축압기의 구조

4. 연료 여과기(fuel filter : Kraftstoffilter)

K-Jetronic의 연료시스템에서 연료 분배기의 제어 플런저와 플런저 배럴(plunger barrel)은 아주 정밀하게 가공되어 있다. 따라서 연료여과기는 아주 작은 불순물까지도 여과할 수 있는 능력이 있어야 한다.

여과지의 여과성능은 약 4μm 정도로서 교환시기는 35,000~40,000km 정도가 대부분이다. 그리고 여과지 끝에는 다시 약 20μm 정도

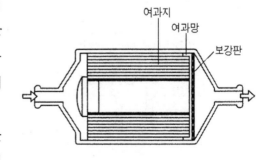

그림 2-14 연료 여과기(종이 필터)

의 여과망(strainer)을 설치하여 분해된 여과지 입자가 통과할 수 없도록 하였다(그림 2-14).

연료여과기의 한 쪽에는 플라스틱제 캡을 설치하여 고압(약 5bar)으로 유입되는 연료와 충돌하여도 여과지가 손상되지 않도록 하고 있다. 따라서 여과기에 표시된 설치방향을 반드시 준수해야 한다. 설치 방향은 보통 여과기 표면에 화살표로 표시되어 있다.

5. 시스템 압력조절기(system pressure regulator : Systemdruckregler)

시스템 압력조절기는 연료분배기에 내장되어 시스템 압력을 약 4.8bar 정도로 일정하게 유지한다. 연료 분배기에는 제어 플런저와 플런저 배럴이 있고, 그 주위에 기관의 실린더 수에 해당하는 차압 밸브(differential pressure valve : Druckdifferenzventil)가 있다. 차압밸브는 박막 철판(steel diaphragm)에 의해 상/하로 분리되어 있다. 상부의 방은 각각의 미터링 슬릿(metering slit)을 통해 각각의 분사밸브와 연결되어 있으며, 하부의 방들은 모두가 서로 연결되어 있다. 따라서 축압기, 여과기를 거쳐서 차압밸브의 아래 각 방에 작용하는 연료압력은 모두 같다. 차압밸브 아래 방까지의 압력을 시스템압력이라고 한다(그림 2-19, 2-20, 2-21 참조).

시스템 압력은 시스템 압력조절기에 의해서 약 4.8bar 정도로 일정하게 유지된다.

연료시스템의 압력과 시스템 압력조절기에 내장된 스프링의 장력이 균형을 이루는 점에서 시스템 압력조절기의 플런저는 정지한다(그림 2-15).

예를 들면, 연료공급펌프가 공급하는 연료량이 적으면 스프링장력에 의해 플런저 피스톤은 이에 대응하여 새로운 위치로 이동하고, 압력조절기를 거쳐서 연료탱크로 복귀하는 연료량은 감소한다. 기관이 정지하면 시스템압력 조절기가 신속하게 시스템 압력을 분사밸브의 개변압력 이하(예 : 2.4bar~1.8bar)로 낮추어 기관의 디젤링(dieseling) 현상을 방지한다.

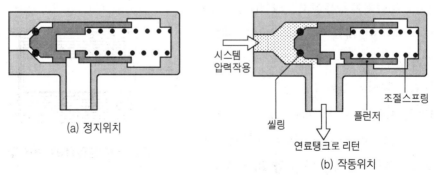

(a) 정지위치

시스템
압력작용

씰링

연료탱크로 리턴

플런저

조절스프링

(b) 작동위치

그림 2-15 시스템 압력조절기(연료분배기에 내장)

또 기관정지 시에는 시스템 압력조절기에 내장되어 있는 푸시 – 업 밸브(push-up valve)가 제어압력회로를 밀폐시켜, 제어압력회로로부터 연료가 연료탱크로 복귀되지 않도록 한다(그림 2-17참조).

6. 제어압력 회로(control pressure circuit : Steuerdruckkreis)

(1) 제어압력회로의 구성

제어압력 회로는 시스템압력이 작용하는 연료분배기의 차압밸브 입구에 뚫린 작은 구멍(restriction bore)에서부터 시작된다(그림 2-16의 ① 분기공). 이 작은 구멍을 통해서 제어회로의 압력을 조절하는 웜업 레귤레이터(warm-up regulator : Warmlaufregler)까지 연료가 공급된다. 웜업 레귤레이터를 통과한 연료는 다시 연료탱크로 복귀한다.

웜업 레귤레이터는 기관이 정상 작동온도일 경우에는 제어압력을 약 3.7bar 정도로, 시동 또는 난기운전 중에는 기관의 상태에 따라 약 0.5bar 까지로 제어한다.

제어회로 내의 제어 플런저의 상부에 설치된 작은 구멍(그림2-16의 ② 감쇄공)은 흡입 공기가 맥동할 때, 예를 들면 저속 고부하 시에 센서플랩의 진동을 감쇄시켜주는 역할을 한다.

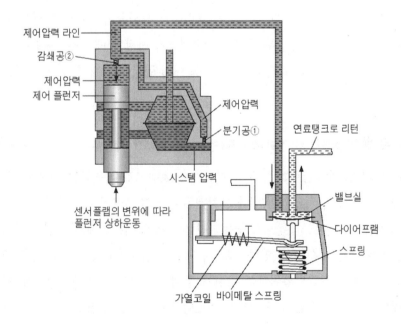

그림 2-16 제어압력회로와 웜업레귤레이터

더 나아가서 이 작은 구멍은 가속 시 흡입 공기량이 급격히 증가함에 따라 센서플랩이 얼마나 과잉 반응해야 하는지를 결정한다. 가속 시 센서플랩이 흡입 공기량에 비해 순간적으로 더 많이 변위해야만 - 과잉반응 - 가속에 필요한 농후 혼합기를 형성할 수 있다.

(2) 제어회로의 압력과 연료분배의 상관관계

제어회로의 압력이 낮으면, 제어플런저를 아래로 내려 누르는 힘이 감소한다. 역으로 제어회로의 압력이 상승하면, 제어플런저를 아래로 내려 누르는 힘이 증가한다. 따라서 센서플랩을 위로 밀어 올리는 흡기량이 일정할 경우, 센서플랩의 변위량은 제어회로압력의 영향을 받게 된다.

제어회로의 압력이 낮아지면 흡입 공기량에 비해 공기계량기의 센서플랩이 더 많이 들어올려진다. 센서플랩의 변위에 비례해서 제어 플런저(control plunger)의 상승 행정이 증가하고, 결과적으로 미터링 슬릿의 개구 단면적이 커지게 되므로 흡입공기량에 비해 연료분사량이 증가하게 된다(농후 혼합기).

반대로 제어압력이 상승하면 흡기량에 비해 센서플랩의 변위량은 감소하게 된다. 따라서 연료분사량은 감소하게 된다(희박 혼합기).

제어압력의 또 하나 중요한 기능은 제어 플런저가 센서플랩의 운동에 연동하도록 하는 것이다. 예를 들면 센서플랩이 상부 끝까지 상승했다가 하강할 때, 제어 플런저도 즉시 따라서 내려간다. 이는 플런저 상단에 작용하는 제어압력이 항상 플런저를 내려 누르는 기능을 하고 있기 때문이다.

(3) 푸쉬-업 밸브(push-up valve : Absperrventil)의 기능(그림 2-17 참조)

기관이 정지하면 제어압력회로 내의 연료가 연료탱크로 복귀하는 것을 즉시 차단해야 한다. 이 기능은 시스템 압력조절기 내에 설치된 푸시 - 업 밸브가 담당한다.

푸시 - 업 밸브는 연료공급펌프가 구동되면 시스템 압력조절기의 플런저 피스톤에 의해서 열리고, 운전 중에는 계속 열려 있다. 그러나 기관이 정지하면 먼저 시스템 압력조절기의 플런저 피스톤이 정지위치로 복귀하고 이어서 푸시 - 업 밸브도 스프링장력에 의해서 닫히게 된다. 이렇게 되면 제어회로 내의 연료가 연료탱크로 복귀할 수 없게 된다.

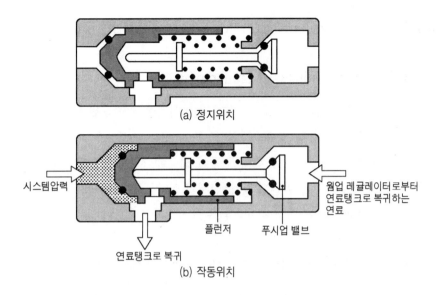

(a) 정지위치

시스템압력

플런저   푸시업 밸브

연료탱크로 복귀

웜업 레귤레이터로부터 연료탱크로 복귀하는 연료

(b) 작동위치

그림 2-17 푸쉬-업 밸브가 내장된 시스템압력 조절기

제2장 기계식 가솔린분사장치

제4절 연료분배 시스템

(*fuel distribution system ; Kraftstoff-Verteilungssystem*)

흡기량에 대응되는 연료량은 공기계량기의 센서플랩의 변위에 연동되는 연료분배기의 제어 플런저에 의해서 계량된다는 것은 앞에서 설명하였다.

제어 플런저(control plunger)는 연료분배기의 핵심 부품 중 하나이다. 연료분배기는 제어 플런저, 플런저 배럴 그리고 차압 밸브로 구성된다.

1. 흡입공기
2. 연료의 제어압력
3. 연료유입(시스템 압력상태)
4. 각 실린더로 공급되는 계량된 연료
5. 제어 플런저
6. 플런저 배럴
7. 연료분배기
8. 공기량 계량기

혼합기 조절기

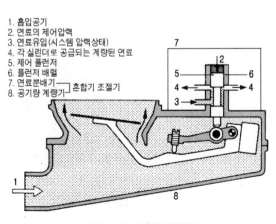

그림 2-18 혼합기 조절기

1. 제어 플런저(control plunger)와 플런저 배럴(plunger barrel)

(1) 제어 플런저(control plunger : Steuerkolben)

제어 플런저(그림 2-18 참조)는 공기계량기의 센서플랩과 연결된 레버(lever)에 의해 플런저 배럴 내에서 수직으로 상/하 왕복운동한다.

즉 흡기량의 변화에 따른 센서플랩의 운동이 레버에 전달되고, 레버의 운동은 다시 제어 플런저의 상/하 왕복운동으로 변환된다. 플런저의 상/하 왕복운동에 의해 플런저 배럴에 가공된 미터링 슬릿의 개구부 단면적이 제어된다.

(2) 플런저 배럴(plunger barrel : Schlitztraeger) [그림 2-19 참조]

플런저 배럴에는 기관의 실린더 수 만큼의 미터링 슬릿이 가공되어 있으며, 그 크기는 폭 0.1mm ~ 0.2mm, 높이 약 5mm 정도의 직사각형이다. 플런저 배럴에 가공된 미터링 슬릿의 개구부의 단면적은 제어 플런저의 행정에 비례한다. 즉, 제어 플런저의 행정이 길어지면, 개구부의 단면적도 커진다. 미터링 슬릿의 개구부 단면을 통과한 연료는 차압밸브를 거쳐서 분사밸브로 공급된다.

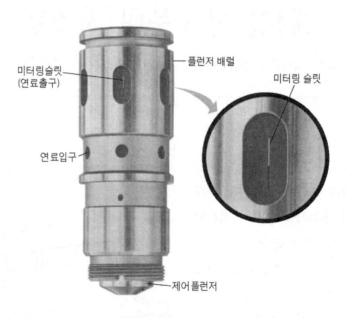

미터링슬릿
(연료출구)

플런저 배럴

미터링 슬릿

연료입구

제어 플런저

그림 2-19 플런저 배럴과 제어 플런저(확대한 것임)

(3) 제어 플런저의 위치와 기관부하의 상관관계[그림 2-20 참조]

센서 플랩의 변위가 적으면, 제어 플런저의 상/하 왕복운동도 그만큼 감소하게 되어 결국은 미터링 슬릿의 개구부 단면적이 작아지게 된다. 미터링 슬릿의 개구부 단면적이 작아지면 개구부 단면을 통과하는 연료량도 그만큼 감소하게 된다.

반대로 센서플랩의 변위가 크면 제어 플런저의 변위도 커지게 되므로 미터링 슬릿의 개구부 단면적도 커지게 된다. 따라서 커진 개구부를 통해 다량의 연료가 통과하게 된다.

센서플랩의 변위에 의해 제어 플런저의 하단에 작용하는 힘은, 제어 플런저의 상단에 작용하는 제어압력에 대항하게 된다. 따라서 제어 플런저는 항상 센서플랩의 운동에 즉시 반응하도록 설계되어 있다. 그리고 차압밸브(differential pressure valve)는 미터링 슬릿을 통과하는 유량이 변화하더라도 미터링 슬릿에서의 압력차가 항상 일정하게 유지되도록 작용한다.

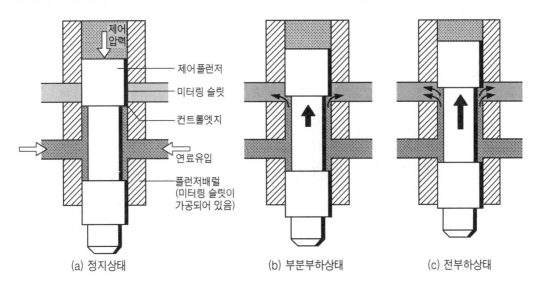

(a) 정지상태   (b) 부분부하상태   (c) 전부하상태

그림 2-20 제어플런저의 위치와 기관부하의 상관관계

2. 차압 밸브(differential pressure valve : Druckdifferenzventil)

(1) 차압밸브의 구조와 기능 [그림 2-21 참조]

차압 밸브는 일종의 막 밸브(diaphragm valve : Membranventil)로서 박막 철판에 의해 상부 체임버(upper chamber)와 하부 체임버(lower chamber)로 분리되어 있으며, 각 체임버의

갯수는 각각 기관의 기통수와 같다. 하부 체임버들은 모두 서로 연결되어 있기 때문에, 하부 체임버들에는 모두 시스템압력이 작용한다.

상부 체임버들은 하부 체임버들과는 달리 각각 완전히 분리되어 있으며, 코일 스프링이 들어 있는데 이 스프링이 압력차를 형성한다. 하부체임버로부터 각각의 미터링 슬릿을 통해 상부 체임버로 유입된 연료는 개별 분사밸브와 연결된 파이프로 공급된다.

차압밸브는 상부체임버와 하부체임버 간의 압력차(즉, 미터링 슬릿에서의 압력차)를 항상 일정하게 유지하는 기능을 한다. 공기계량기의 센서플랩의 변위가 2배로 증가하면 연료분사량도 2배 증가해야 한다. 그러나 센서 플랩의 변위와 분사밸브로 공급되는 연료량 사이에 서로 비례관계가 성립되기 위해서는 미터링 슬릿을 통과하는 유량에 관계없이 항상 상부 체임버와 하부체임버 간의 압력차(또는 미터링 슬릿에서 압력차)가 일정하게 유지되어야 한다.

차압밸브는 미터링 슬릿을 통과하는 유량과는 관계없이 항상 상/하 체임버 간의 연료압력차가 0.1bar를 유지하도록 제어한다.

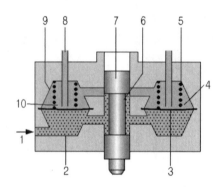

1. 연료유입(시스템압력 4.5~5.2 bar)
2. 하부 체임버
3. 다이어프램(steel diaphragm)
4. 스프링 시트
5. 스프링
6. 미터링 슬릿과 컨트롤 에지
7. 제어 플런저
8. 분사밸브와 연결된 연료관
9. 상부 체임버
10. 분배관 출구

그림 2-21 연료분배기의 차압밸브

(2) 차압밸브에서의 압력 평형의 원리[그림 2-22 참조]

차압밸브에서의 압력평형은 식(2-3)과 같다.

$$P_1 \cdot A_W = P_2 \cdot A_W + F_F \quad \cdots\cdots\cdots\cdots\cdots\cdots\cdots\cdots\cdots\cdots\cdots (2\text{-}3)$$

여기서 P_1 : 하부 체임버에서의 연료압력 P_2 : 상부 체임버에서의 연료압력

A_W : 다이어프램의 유효단면적

F_F : 상부 체임버에 들어있는 코일 스프링의 장력

식(2-3)에서 스프링의 장력(F_F)은 하부 체임버의 연료압력(P_1)이 상부 체임버에서의 연료압력(P_2)보다 항상 0.1bar 높게 유지되도록 작용한다.

미터링 슬릿을 통과하는 유량이 증가하면 다이어프램은 아래 쪽으로 휘어지기 때문에 상부 체임버와 하부 체임버의 연료 압력차가 0.1bar가 될 때까지 분사밸브와 연결된 분배관 출구와 다이어프램 사이의 간극은 커지게 된다(그림 2-22a).

미터링 슬릿을 통과하는 유량이 감소하면 다시 압력차가 0.1bar로 될 때까지 분배관 출구와 다이어프램 사이의 간극은 작아지게 된다(그림 2-22b).

즉 미터링 슬릿을 통과하는 유량이 많을 경우, 차압밸브는 분사밸브와 연결된 분배관 출구와 다이어프램 사이의 간극을 크게하고, 통과하는 유량이 적을 경우엔 간극을 작게 하는 방법으로 상부 체임버와 하부 체임버의 연료 압력차가 항상 0.1bar를 유지하도록 한다. 미터링 슬릿에서의 압력차(상부 체임버와 하부 체임버의 연료 압력차와 같은 뜻)가 항상 일정하므로 통과 유량은 미터링 슬릿의 개구부 단면적의 크기에 따라 결정된다. 그러나 다이어프램의 실제 운동범위는 수 백분의 1mm에 불과하다.

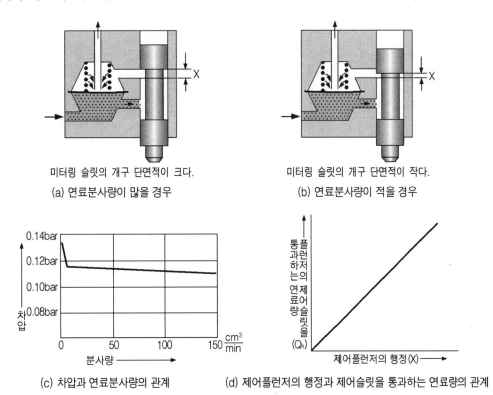

(a) 연료분사량이 많을 경우
미터링 슬릿의 개구 단면적이 크다.

(b) 연료분사량이 적을 경우
미터링 슬릿의 개구 단면적이 작다.

(c) 차압과 연료분사량의 관계

(d) 제어플런저의 행정과 제어슬릿을 통과하는 연료량의 관계

그림 2-22 차압밸브의 작동원리

3. 분사밸브(injection valve : Einspritzventil)

분사밸브는 일정한 개변압력(약 3.3bar)에서 열려, 흡기다기관 또는 흡기밸브 바로 전방에 연료를 분사한다. 연료는 분사밸브의 니들(needle)의 진동에 의해서 무화가 촉진된다. K-Jetronic의 특징은 분사밸브의 개변압력이 아주 낮으며 무화 수준도 아주 낮다. 그리고 기관의 작동이 정지될 때까지 쉬지 않고 계속적으로 연료를 분사한다.

분사밸브는 기관의 열에 의한 영향을 최소화하기 위해서 단열재인 밸브 홀더(valve holder)를 사용하여 기관에 설치한다.

K-Jetronic에서 분사밸브는 연료를 계량하는 기능이 없다. 그리고 분사밸브는 연료압력에 의해 열린다. 따라서 기관이 정지되면 연료압력은 곧바로 개변압력 이하가 되어 분사밸브가 완전히 닫히도록 설계되어 있다.

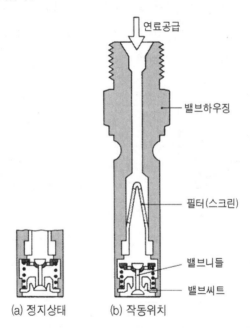

(a) 정지상태   (b) 작동위치

그림 2-23 분사밸브

분사밸브로부터 분사된 연료는 흡기밸브 전방에 모여 있다가, 흡기밸브가 열리면 공기와 함께 연소실로 들어간다. 공기와 함께 연소실에 들어 간 연료는 공기의 와류작용에 의해 압축행정 중에 공기와 혼합, 기화되어 연소 가능한 혼합기가 된다.

제2장 기계식 가솔린분사장치

제5절 보상장치
(compensation system : Ausgleicheinrichtung)

기관의 각기 다른 운전 상태에 적합한 혼합기는 앞서 설명한 기본시스템 외에 특별한 장치 또는 시스템을 필요로 한다.

예를 들면 기관의 출력을 증대시키기 위해서, 유해배출물을 저감시키기 위해서, 또는 냉간 운전 특성을 개선하기 위해서 별도의 보상장치들을 이용한다.

1. 냉시동 시스템(cold start system : Kaltstarteinrichtungen)

기관을 시동시킬 때는 기관의 온도에 따라 시동밸브(cold start valve)가 흡기다기관 내에 일정한 시간 동안, 연료를 추가로 분사한다.

냉시동 시에는 혼합기 중의 일부가 차가운 실린더 벽에 응축된다. 차가운 실린더 벽에 응축된 연료만큼 추가로 연료를 공급해야 함은 물론이고, 기관이 시동된 후에도 일정한 시간 동안은 여분의 연료를 공급하여 기관의 냉간 운전특성을 개선시켜야 한다.

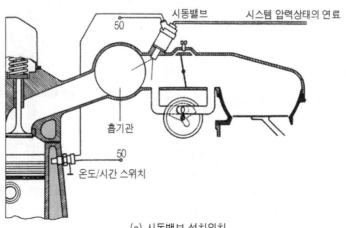

(a) 시동밸브 설치위치

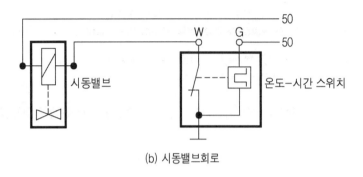

(b) 시동밸브회로

그림 2-24 시동밸브

이와 같은 목적에 사용되는 추가연료는 흡기다기관에 설치된 시동밸브로부터 분사된다.
시동밸브의 분사지속시간은 기관의 온도에 의해 제어되는 온도－시간 스위치(thermo-time
switch)에 의해서 통제된다. 물론 오늘날은 이 기능을 ECU가 대신하기 때문에, 시동밸브와
온도－시간 스위치는 더 이상 사용되지 않는다. 그러나 초기의 기계식의 작동원리를 잘 이해
하게 되면 최신 ECU의 제어기능을 보다 더 쉽게 이해할 수 있을 것이다.

(1) 시동 밸브(cold start valve : Kaltstartventil)

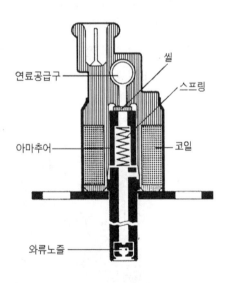

시동밸브는 내부에 전자 마그넷(electro magnet)
코일이 조립되어 있는 일종의 솔레노이드(solenoid)
밸브이다. 시동밸브가 작동하지 않을 때는 전자 마그
넷의 가동(可動) 아마추어(movable armature)는 스
프링장력에 의해서 밸브－시트에 밀착되어 기밀을
유지한다.

전자 마그넷이 여자(勵磁 : energizing)되면 가동
아마추어는 스프링 장력을 극복하고 밸브－시트로
부터 들어 올려지고 연료는 분사된다. 그리고 시동
밸브의 선단의 형상은 와류 노즐(swirl nozzle)이다.
연료는 와류노즐에 접선 방향으로 유입되어 회전운
동을 하면서 분사, 무화가 촉진된다. 추가 분사된 연
료는 농후혼합기 형성에 기여한다.

그림 2-25 시동밸브

(2) 온도-시간 스위치(thermo-time switch : Thermozeitschalter)

온도-시간 스위치는 기관의 온도에 따라 시동밸브의 개변지속기간을 결정한다. 온도-시간 스위치는 온도에 따라 전기 접점을 개폐하는 전기 가열식 바이메탈 스위치이며, 기관의 냉각수온도를 잘 감지할 수 있는 위치에 설치된다(그림 2-26).

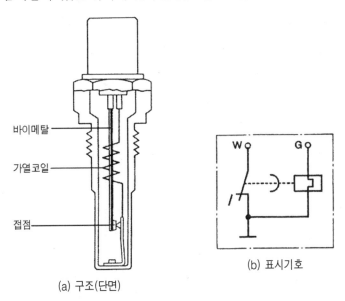

(a) 구조(단면)

바이메탈
가열코일
접점

(b) 표시기호

그림 2-26 온도-시간 스위치의 구조

온도-시간 스위치의 바이메탈 스프링은 기관의 열 그리고 스위치에 내장된 가열코일에서 발생되는 열에 의해 가열된다. 스위치에 내장된 가열코일은 시동밸브의 최대 개변지속기간을 제한한다. 냉간시동 시의 개변지속기간은 주로 가열코일에 의해서 결정된다(예를 들면 −20℃에서는 약 4초 후에 스위치 "OFF"된다.). 반면에 기관이 정상 작동온도에 도달했을 경우엔 기관의 열에 의해서 바이메탈이 가열되어 접점이 계속 열려있게 된다. 따라서 기관이 정상작동온도에 도달한 후에는 시동 시에도 시동밸브는 연료를 분사할 수 없게 된다.

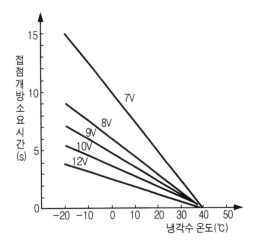

그림 2-27 온도-시간 스위치의 특성곡선(예)

2. 난기 운전(warm-up : Warmlauf) 시스템

난기운전 시의 농후혼합기는 웜-업 레귤레이터(warm-up regulator)에 의해서 제어된다. 기관이 냉간상태일 때는 웜-업 레귤레이터가 제어압력을 감소시킨다. 그러면 흡입 공기량이 똑같아도 기관이 정상 작동온도일 때에 비해 미터링 슬릿(metering slit)의 개구부 단면은 더 크게 열리게 된다.

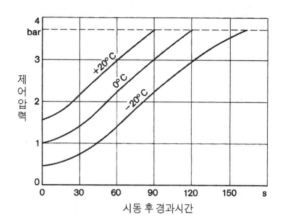

기관이 시동된 다음, 난기운전 초기에도 분사된 연료 중 일부는 흡기다기관이나 실린더 벽에 응축된다. 따라서 혼합기가 희박해져 연소불능(combustion miss)이 유발될 수 있다. 이런 이유에서 난기운전 중에도 약간 농후한 혼합기를 공급해야 한다. 그러나 기관의 온도가 상승함에 따라 농후한 혼합비는 차츰 이론 혼합비에 근접되어야 한다. 기관의 온도가 상승함에 따라 웜-업 레귤레이터는 제어압력을 상승시켜 난기운전 시의 혼합비를 제어한다.

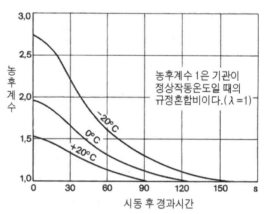

그림 2-28 웜-업 레귤레이터의 특성곡선도

(1) 웜-업 레귤레이터(warm-up regulator : Warmlaufregler)

웜-업 레귤레이터는 기관의 온도를 잘 감지할 수 있는 위치에, 주로 물 자켓(water jacket)에 설치된다.

① 웜-업 레귤레이터의 기본 구조 [그림 2-29]

웜-업 레귤레이터 내부에는 다이어프램 밸브가 있고, 이 다이어프램 밸브에 고정된 롯드(rod)는 코일 스프링의 장력에 의해 다이어프램 밸브가 닫히도록 밀고 있다.

그러나 코일 스프링 위에 설치된 바이메탈 스프링은 코일 스프링의 장력에 대항해서 다이어프램 밸브가 열리도록 작용한다. 그리고 바이메탈 스프링에 감겨 있는 전기식 히터는 기관의 특성에 정밀하게 대응하는 기능을 한다.

② 웜-업 레귤레이터의 기본 작동 과정

⊙ 기관이 차가울 때(그림 2-29a)

기관이 차가운, 난기운전 중에는 바이메탈 스프링의 장력이 코일 스프링의 장력보다 크기 때문에 다이어프램 밸브는 아래로 잡아 당겨지고, 리턴 - 포트(return port)는 크게 열리게 된다. 리턴 - 포트가 크게 열리면 제어회로 내의 연료가 연료탱크로 복귀하기가 쉽기 때문에, 결과적으로 제어 플런저 상단에 작용하는 제어압력이 낮아지게 된다. 제어 플런저 상단에 작용하는 제어압력이 낮아지면 똑같은 공기량이 유입될 경우라도 공기계량기의 센서플랩은 더 많이 들어 올려지게 되어 미터링 슬릿의 개구 단면적이 커지게 된다. 결과적으로 농후한 혼합기가 공급되게 된다(그림 2-16 참조).

⊙ 기관이 정상 작동온도일 때(그림 2-29b)

기관이 기동되고 나면 바이메탈 스프링은 가열되기 시작하여 장력이 점점 약화되게 된다. 이렇게 되면 코일 스프링의 장력에 의해서 다이어프램 밸브가 위로 밀어 올려진다. 다이어프램 밸브가 위로 밀어 올려지면 리턴 - 포트가 거의 닫히게 된다. 리턴 - 포트가 거의 닫히면 제어회로의 압력은 상승하여 정상 제어압력에 도달하게 된다.

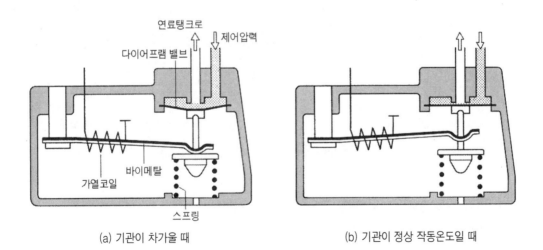

(a) 기관이 차가울 때   (b) 기관이 정상 작동온도일 때

그림 2-29 웜-업 레귤레이터

(2) 전부하 다이어프램이 설치된 웜-업 레귤레이터[그림 2-30]

제어압력은 냉간시동 시에 약 0.5bar, 정상 작동온도에서 약 3.7bar 정도로 제어된다.

부분부하 시에 기관은 희박한 혼합기로 운전되지만, 전부하 시에는 농후한 혼합기로 운전되어야 한다. 공기계량기의 에어－퓨널(air funnel)의 경사도를 달리하여 전부하 농후 혼합기가 형성되도록 한다는 사실은 앞에서 설명하였다. 이제 제어압력을 변화시켜 농후한 혼합기를 형성시키는 방법에 대하여 설명하기로 한다.

① 흡기다기관의 진공도가 높을 때(그림 2-30a) → 공전

웜업 레귤레이터에 설치된 전부하 다이어프램(full-load diaphragm : Vollastmembran)의 하부에는 대기압이 작용하고 상부에는 흡기다기관의 부압이 작용한다. 부분부하 시와 같이 스로틀밸브의 개도가 작을 경우에는 흡기다기관의 진공도가 높아지게 된다. 흡기다기관의 진공도가 높아지면, 전부하 다이어프램은 위쪽으로 흡착되므로 리턴－포트는 적게 열리게 된다. 그러면 제어압력이 상승하므로 동일한 공기량에 대해 센서플랩의 변위가 작아져 결과적으로 혼합기는 희박해지게 된다.

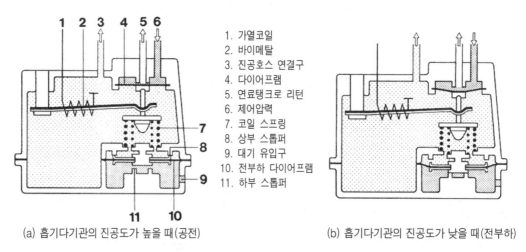

1. 가열코일
2. 바이메탈
3. 진공호스 연결구
4. 다이어프램
5. 연료탱크로 리턴
6. 제어압력
7. 코일 스프링
8. 상부 스톱퍼
9. 대기 유입구
10. 전부하 다이어프램
11. 하부 스톱퍼

(a) 흡기다기관의 진공도가 높을 때(공전) 　　　　　(b) 흡기다기관의 진공도가 낮을 때(전부하)

그림 2-30 전부하 다이어프램이 설치된 웜-업 레귤레이터

② 흡기다기관의 진공도가 낮을 때(그림 2-30b) → 전부하

전부하 다이어프램을 위로 밀어올리는 힘(대기압 + 흡기다기관 부압)과 큰 코일스프링 장력의 합은 전부하 다이어프램을 아래로 내려 누르는 힘(작은 코일스프링의 장력과 제어압력의 합)과 대항하고 있다. 스로틀밸브의 개도가 커지면 커질수록 흡기다기관의 진공도

가 낮아지므로, 전부하 다이어프램은 아래로 내려 눌러지고, 그렇게 되면 리턴 - 포트가 크게 열리게 된다. 리턴 - 포트가 크게 열리면 제어압력이 감소하게 되고, 제어압력이 감소하면 같은 공기량이 유입될 경우라도 공기계량기의 센서플랩의 변위가 커지게 되어 연료가 많이 분사되므로 결과적으로 농후한 혼합기가 형성되게 된다.

(3) 추가 공기 공급기(auxiliary-air device : Zusatzluftschieber)

냉간시동 시나 난기운전 중에는 기관이 정상작동온도에 도달했을 때에 비해 마찰저항이 아주 크다. 공전 시에도 기관은 마찰저항을 극복해야 한다.

추가공기 공급기는 시동 시와 난기운전 중의 큰 내부 마찰저항에 대응하여 기관의 원활한 운전이 가능하도록 하기 위해서 스로틀밸브의 개도에 비하여 더 많은 연료 - 공기 혼합기를 공급하는 역할을 한다. 전기식, 수냉식 또는 복합식 등이 있다.

추가공기 공급기는 공기계량기에서 계량된 공기를 스로틀밸브를 거치지 않고 바이패스(bypass)를 통해서 실린더 내에 공급한다(그림 2-2참조).

기관이 차가울 때는 바이패스(bypass) 통로가 크게 열려 추가공기를 많이 공급하고, 기관이 정상작동온도에 도달하면 바이패스를 차단하여 추가공기를 공급하지 않는다.

바이패스(bypass)되는 공기도 공기계량기를 통과하기 때문에 센서플랩은 바이패스되는 공기량에 대응하여 들어 올려지고, 그러면 센서플랩의 운동에 대응하여 제어 플런저는 미터링 슬릿이 더 열리도록 작용한다. 따라서 추가 공기량에 대응하는 추가연료가 공급되므로 스로틀밸브가 공전위치에 있더라도 기관의 회전속도는 상승하게 된다.

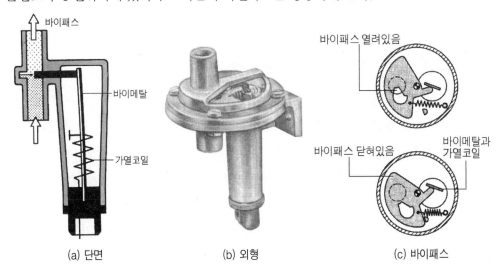

(a) 단면   (b) 외형   (c) 바이패스

그림 2-31 추가 공기 공급기(복합식)

3. 가속 응답(acceleration response : Reaktion fuer Beschleunigung)

정속주행을 하다가 가속페달을 밟으면 가속페달과 연동된 스로틀밸브가 동시에 열리게 된다. 흡기다기관의 진공도는 스로틀밸브가 닫혀있을 때는 높으나 스로틀밸브가 열리면 낮아진다. 따라서 연소실 내에 유입되어야 할 공기와 또 흡기다기관 내의 압력을 새로운 수준으로 끌어 올리는데 필요한 공기가 동시에 공기계량기를 통과, 계량되게 된다.

이때 공기계량기의 센서플랩은 순간적으로 과진동(overswing)을 하게 된다. 결과적으로 센서플랩의 과진동에 의해서 가속에 필요한 농후 혼합기가 공급된다.

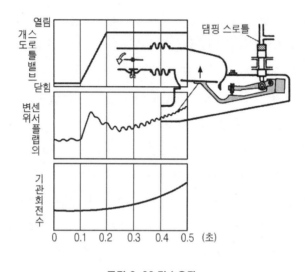

그림 2-32 가속응답

4. 연료 공급 차단(fuel cut-off : Kraftstoff-unterbrechung)

타행운전을 하거나 엔진 브레이크(engine brake)를 사용할 때에 분사밸브에서 연료가 분사되지 않도록 하면 연료도 절약될 뿐만 아니라 유해배출물도 저감된다. 오늘날은 ECU가 간단히 분사중단을 명령하면, 분사밸브로의 전류공급이 차단되어 연료공급을 차단한다. 그러나 전자제어시스템을 사용하지 않고 기계적으로 연료공급을 차단하는 방법도 궁금하지 않는가!

기관의 작동온도가 35℃ 이상일 경우, 가속페달에서 발을 떼면 온도 - 시간 스위치, 스로틀밸브 스위치, 회전속도 릴레이 등이 연료공급 차단밸브를 제어한다. 기관의 회전속도가 약

1500min^{-1} 이상이고 스로틀밸브가 닫혀 있으면 먼저 연료공급 차단밸브의 마그넷에 전류가 흘러 흡기다기관의 진공통로를 막고 있는 플레이트를 흡인하게 된다(그림 2-33참조). 그러면 흡기다기관의 진공이 연료공급 차단밸브의 다이어프램을 흡인하여, 흡입공기가 공기계량기의 센서 플랩을 통과하지 않고 곧바로 흡기다기관으로 유입되게 한다. 이렇게 되면 평상시와는 반대로 센서플랩을 아래로 잡아 당기는 효과가 발생하여 센서플랩은 완전히 닫히게 된다. 센서플랩이 완전히 닫히면 제어 플런저는 미터링 슬릿을 완전히 밀폐시켜 연료공급을 차단한다.

기관의 회전속도가 약 1500min^{-1} 이하로 낮아지면 회전속도 릴레이는 연료공급 차단밸브의 마그넷으로 흐르는 전류를 차단하여 흡기다기관의 진공이 연료공급 차단밸브의 다이어프램에 작용하지 못하게 한다. 이렇게 되면 공기는 다시 센서플랩을 통해서만 기관에 공급되게 된다. 따라서 센서플랩이 들어 올려지고, 연료는 다시 분사되게 된다.

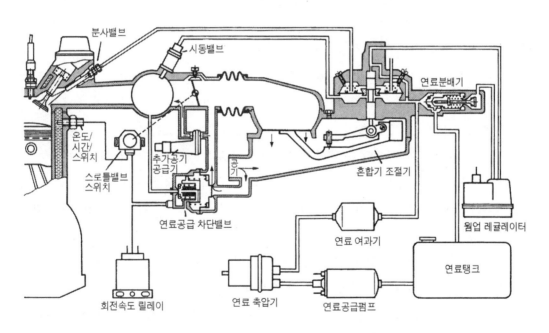

그림 2-33 연료공급 차단밸브의 작동

제6절 전기회로
(electrical circuitry)

순수한 기계식 분사시스템인 K-Jetronic에도 연료공급 펌프, 웜업 레귤레이터, 추가공기 공급기, 시동밸브, 온도 - 시간 스위치 등이 사용된다. 이들의 전원은 컨트롤 릴레이(control relay)에 의해서 제어된다. ECU가 도입되기 전의 제어방법에 대한 이해를 통해 분사장치의 발전과정을 보다 더 폭 넓게 파악할 수 있기를 바란다.

(1) 냉시동 및 난기시동 회로

차가운 기관을 시동할 때 전압은 점화 스위치의 단자 50번을 통해서 온도 - 시간 스위치에 작용한다. 크랭킹(cranking) 과정이 8~15초 이상 소요되면 온도 - 시간 스위치는 접점이 열려 시동밸브가 작동되지 않도록 한다. 이는 기관에 너무 많은 연료가 공급되어 점화불능이 되는 것을 방지하기 위해서이다. 이 경우 온도 - 시간 스위치는 타이머(timer)의 기능을 한다.

시동 시에 기관의 온도가 35℃ 이상이면 온도 - 시간 스위치의 접점은 이미 열려있어 시동 밸브는 연료를 분사하지 않는다. 이 경우 온도 - 시간 스위치는 온도 스위치의 기능을 수행한다.

전압은 점화(ignition) - 스위치로부터 컨트롤 릴레이에 전달된다. 시동모터가 기관을 크랭킹할 때 발생되는 기관의 회전속도 신호는 점화코일의 (一)단자(1번 단자)로부터 컨트롤 릴레이에 입력된다. 이 점화신호(또는 펄스)는 컨트롤 릴레이 내부의 전자회로에서 처리되어 첫 번째 펄스 후에 컨트롤 릴레이의 스위치가 "ON"되어 전장품 - 연료공급 펌프, 추가공기 공급기, 웜 - 업 레귤레이터에 전원을 공급한다.

컨트롤 릴레이는 점화스위치가 "ON"위치에 있고 동시에 기관이 회전하고 있을 경우에만 "스위치 ON" 상태가 계속된다.

(2) 안전회로

점화 스위치가 "ON" 되어 있을지라도 점화 코일의 (−)단자로부터 점화 펄스가 없으면, 예를 들면 사고가 발생하여 기관이 정지되었을 경우, 컨트롤 릴레이는 최종 점화펄스를 받은지 1초 후에는 자동적으로 "스위치 OFF" 된다. 이 안전회로는 점화스위치는 "ON"되어 있으나 기관이 정지해 있을 경우에 연료공급 펌프의 작동을 중단시키는 기능을 한다.

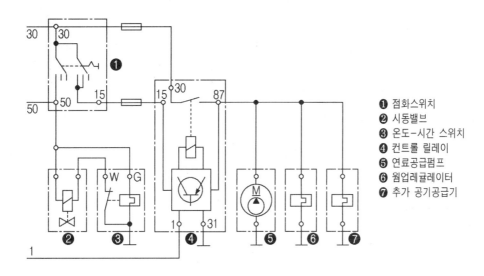

❶ 점화스위치
❷ 시동밸브
❸ 온도−시간 스위치
❹ 컨트롤 릴레이
❺ 연료공급펌프
❻ 웜업레귤레이터
❼ 추가 공기공급기

그림 2-34 전압이 작용되지 않은 회로

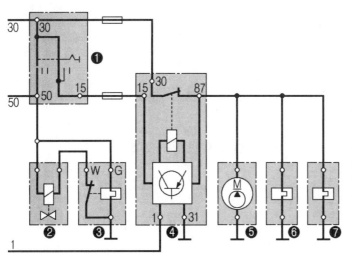

시동밸브와 온도−시간 스위치가 "ON" 되어 있다. 점화코일(−) 단자로부터 점화펄스가 컨트롤 릴레이에 입력되면 컨트롤 릴레이 접점이 "ON"이 되어 연료공급 펌프, 웜업레귤레이터, 추가공기 공급기 등에 전원이 공급된다. (굵은 실선=전압인가)

그림 2-35 냉시동 회로

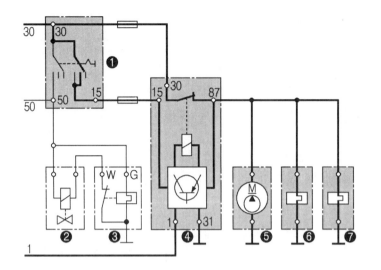

점화스위치는 "ON" 위치에 있고 기관은 작동중이다. 연료 공급 펌프, 추가공기공급기, 웜업 레귤레이터는 컨트롤 릴레이로부터 전원을 공급받는다.(굵은 실선=전압인가)

그림 2-36 기관 정상작동 중의 회로

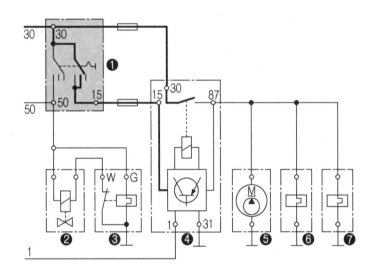

점화코일로부터 점화펄스가 발생되지 않으므로 컨트롤 릴레이에 점화펄스가 입력되지 않는다. 따라서 컨트롤 릴레이 접점이 열려, 연료공급펌프, 추가공기공급기 그리고 웜업 레귤레이터에 전원공급이 중단된다.
(굵은 실선=전압인가)

그림 2-37 점화 스위치는 "ON" 되어 있으나 기관이 정지되었을 경우의 회로

제2장 기계식 가솔린분사장치

제7절 K-Jetronic의 점검/정비

(test & repair of K-Jetronic : Prüfung und Wartung des K-Jetronics

K-Jetronic을 점검, 정비하기 전에 먼저 기관의 모든 상태가 정상이어야 한다. 특히 다음 사항을 사전에 점검하여 규정값으로 수정해야 한다. 오늘날의 점검/정비 방법과는 차이가 많지만 기본은 마찬가지이다.

① 점화시기와 드웰각

② 각 실린더의 압축압력과 실린더 간의 압력차

③ 밸브 간극

④ 스파크 플러그의 전극 간극

⑤ 흡기계의 기밀도

특히 공기계량기 이후의 흡기계와 연결된 호스나 개스킷 등으로부터 누설이 있는지의 여부를 철저히 점검한다.

만약 공기계량기로부터 흡기밸브에 이르기까지의 흡기계에 외부 공기가 유입되면 기관의 작동상태가 불량해 진다. 그 이유는 공기계량기를 거치지 않는 공기가 누설부위를 통해 연소실로 유입될 수는 있으나, 이 공기에 상응하는 연료는 계량되지도, 공급되지 않으므로 혼합비가 불균일하게 되기 때문이다.

1. 공전속도와 공전 혼합비 조정

조정작업을 하기 전에 먼저 회전속도계와 배기가스 테스터를 접속한다.

(1) 공전속도 조정

공전속도는 스로틀밸브 근방의 공전속도 조정스크루(그림 2-38의 A)로 조정한다.

스크루(screw)를 우측으로 돌려 잠그면 : 공전속도는 하강한다.

스크루(screw)를 좌측으로 돌려 풀면   : 공전속도는 상승한다.

(2) 공전혼합비 조정

배기가스 테스터를 관찰하면서 공기계량기의 센서플랩 레버(sensor flap lever)에 위치한 공전혼합비 조정스크루(그림 2-38의 B)를 좌/우로 돌려 조정한다.

공전 혼합비 조정 스크루를 우측으로 돌리면 일산화탄소(CO)의 배출량이 증가하고
좌측으로 돌리면 일산화탄소(CO)의 배출량이 감소한다.

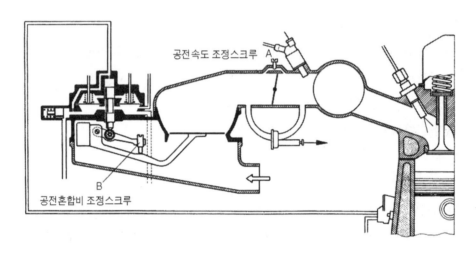

그림2-38 공전속도 조정스크루와 공전혼합비 조정스크루의 위치

2. 흡기 계통의 누설 점검

흡기계통에 누설이 있으면 공전속도 조정이 어렵다. 특히 다음에 열거하는 부분들에 대해서는 잘 점검하여야 한다.

① 공기량 계량기와 흡기다기관을 연결하는 중간 호스의 연결 부분
② 공전혼합비 조정스크루를 조작하기 위한 구멍의 캡
　(하향식 공기량 계량기일 경우만)
③ 추가공기 공급기와 흡기관을 연결하는 호스 부분
④ 윔 - 업 레귤레이터와 연결된 진공 호스
⑤ 시동밸브의 설치부 씰 - 링(seal ring)

⑥ 분사밸브의 설치부 씰 - 링(seal ring)

⑦ 흡기다기관 개스킷

육안으로 점검하거나 소리를 들어서 판별이 불가능한 경우엔, 의심이 가는 부분에 비눗물을 발라서 누설을 판별하는 것이 좋다.

3. 추가공기 공급기 점검

추가공기 공급기는 기관이 차가운 상태에서 점검한다. 추가공기 공급기의 양쪽 호스를 분리한 다음, 공기통로(bypass)를 들여다본다. 직접 들여다 볼 수 없을 경우엔 손전등과 거울을 이용하여 점검한다.

기관이 차가울 때는 공기통로가 약간 열려 있어야 한다. 그렇지 않을 경우엔 추가공기 공급기를 교환해야 한다.

공기량 계량기에 설치된 스위치에서 단자를 분리하고 점화스위치를 "ON"시킨다. 늦어도 10초 후에는 추가공기 공급기의 공기통로는 닫혀야 한다.

기관의 냉각수에 의해서 가열되는 형식의 추가공기 공급기는 기관이 차가울 때 점검한 다음에 호스를 다시 접속시키고, 기관을 난기운전한다. 기관이 정상작동온도에 도달한 다음에 다시 호스를 점검한다. 이때 공기통로는 완전히 닫혀 있어야 한다.

4. 연료공급 펌프 점검

① 점화 코일에서 배전기로 연결되는 고전압 케이블을 배전기에서 분리하여 접지시킨다.

② 연료분배기에서 연료탱크로 복귀하는 연료관을 분리하여 계량컵에 연결한다.

③ 시동모터를 정확히 30초 동안 가동하고, 이 기간 동안에 공급된 연료량을 측정한다. 최소한 350cc/30초가 되어야 한다. 이때 연료공급 펌프에 공급된 전압은 최소한 11.5V 이상이어야 한다. 시동모터를 사용하는 대신에 릴레이(relay)에서 전원회로를 연결하여 연료공급 펌프를 작동시키는 방법을 사용해도 된다.

④ 배전기 캡의 중앙 고전압 케이블을 접지한다.

⑤ 연료공급펌프 릴레이를 뽑아낸 다음 단자 15번과 단자 87번을 점프 케이블로 연결한다. 즉, 안전장치와 상관없이 연료공급펌프가 작동되도록 한다.

⑥ 공기계량기, 윔 - 업 레귤레이터 그리고 경우에 따라서는 추가공기 공급기의 단자를 분

리하고 정확히 30초동안 점화 스위치를 "ON"시킨다.

⑦ 차종에 따라 차이가 있으나 30초 동안에 최소한 약 750cc 정도를 토출할 수 있어야 한
  다(750cc/30초=1.5 l /분 = 90 l /시간).

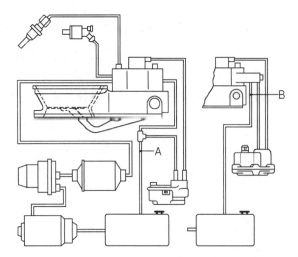

【측정위치】
A점 : push-up 밸브가 없는 형식의
       시스템 압력 조절기의 경우
B점 : push-up 밸브가 내장된 형식
       의 시스템 압력 조절기의 경우

그림 2-39 **연료공급펌프의 토출량 측정**

5. 분사밸브 점검

점검하려는 분사밸브를 빼내고 그 자리에 대신 다른 분사밸브를 설치하여 외부 공기가 유
입되지 않도록 한다. 그리고 빼낸 분사밸브는 연료분배기와 연결된 그대로 계량컵이나 다른
용기에 넣는다.

기관을 2000min^{-1} 정도의 속도로 운전하면
서 분사되는 연료의 분사각도와 분사형태 등을
점검한다.

별도의 분사밸브 측정기를 이용할 경우엔 개
변압력, 분사각도(최소한 35°), 분사형태, 분무
상태, 후적여부, 소음 등을 측정하거나 관찰할
수 있다. 점검방법은 디젤기관의 분사밸브 점
검방법과 거의 유사하다.

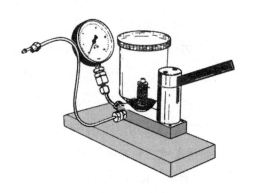

그림2-40 **분사밸브시험기**

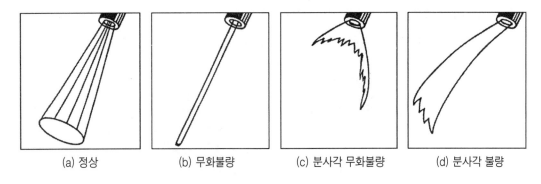

(a) 정상   (b) 무화불량   (c) 분사각 무화불량   (d) 분사각 불량

그림2-41 분사밸브의 분사형태

6. 시동밸브의 점검

시동밸브에서 전선 단자를 분리한 다음에 시동밸브를 탈착한다. 배전기의 중앙 고전압 케이블을 분리, 접지시킨다. 연료공급 펌프의 안전회로가 작동되지 않도록 점프 케이블을 이용하여 결선한다. 탈거한 시동밸브를 다시 결선한다. 점화스위치를 "ON"시킨다.

시동밸브는 계속적으로 연료를 분사해야 하고 분무속의 형태는 원추형이어야 한다.

시동밸브와 연결된 (+)선을 분리한다. 이때 시동밸브는 즉시 닫혀 후적(after drop)이 발생되지 않아야 한다. 이와 같은 요구를 만족시키지 못할 경우엔 시동밸브를 교환한다.

7. 온도-시간 스위치의 점검

온도 - 시간 스위치의 육각 부분에는 접점이 완전히 열리는 온도와 −20℃에서 접점이 열리기까지 소요되는 시간이 각인되어 있다.

예를 들어 45℃/9.5s라고 각인되어 있다면 이는 −20℃에서 접점이 열리기까지는 9.5초가 소요되고, 접점이 열릴 때의 온도는 45℃라는 의미이다.

대부분의 경우에 W단자와 접지단자(스위치 하우징)간의 저항, G단자와 접지단자 간의 저항 그리고 W단자와 G단자 간의 저항을 측정하여 점검한다(그림 2-26 참조).

8. 연료압력 점검

연료압력은 3 - 방향 밸브가 부착된 마노미터(Mano-meter)로 점검한다.

① 기관이 차가운 상태에서의 제어압력을 점검한다.
  - 연료 분배기와 웜업 레귤레이터 사이에 연료압력 측정계를 설치한다.

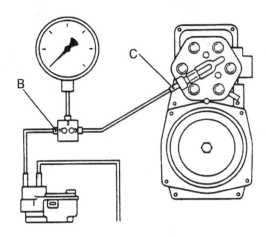

그림 2-42 연료압력 측정계 설치

그림 2-42에서 B점이 열려 웜 - 업 레귤레이터로 연료가 공급되는 상태에서 공기계량기
와 웜 - 업 레귤레이터에서 단자를 분리한 다음에 측정한다. 측정된 압력은 대기온도에 따
라 그림 2-43의 빗금 친 범위 내에 들어야 한다.

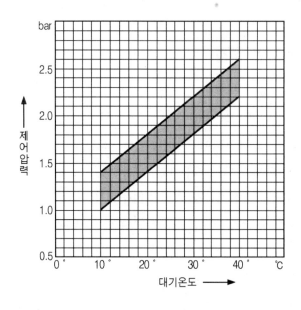

그림 2-43 제어압력과 대기온도의 상관관계

② 기관이 정상 작동온도일 때의 제어압력은 웜 - 업 레귤레이터의 단자가 연결된 상태에
   서 점검한다. 최대값은 3.4bar~3.8bar 정도가 되어야한다. 전부하 보상장치가 부착된
   형식에서는 진공호스를 분리하고 측정한다.
③ B점을 막고 시스템압력을 점검한다(그림 2-42참조).
   기동속도 또는 공전속도에서 측정한다. 규정값은 4.5bar ~ 5bar 정도이다. 시스템압력
의 편차가 크면 연료공급 펌프의 토출량 시험을 시행한다. 연료공급 펌프의 성능에 이상이
없으면 시스템압력 조절기, 또는 연료분배기를 교환한다.

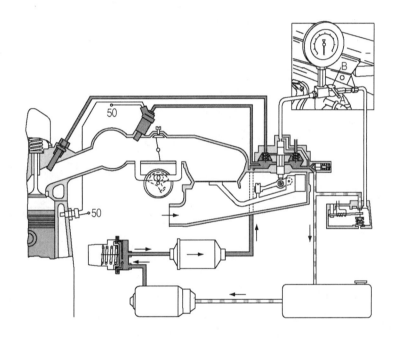

그림 2-44 시스템 압력점검 방법

④ 잔압 측정
   기관의 운전을 중단한 다음, 레버위치 a에서 측정한다(그림 2-44 참조). 기관정지 10분
후에 약 2.6bar~6bar 범위가 유지되어야 정상이다.

9. K-Jetronic 고장진단표 (예 : BMW323i)

기관 각 부분의 기계적 결함이 없고, 점화장치가 정상이며, 연료탱크에 충분한 양의 연료가 있을 때에 다음 표에 따라 진단한다.

고장 현상 (가로 번호)

1. 기관의 냉시동 불능
2. 기관의 난기시동 불능
3. 차가운 상태에서 기관 시동상태가 불량하다.
4. 정상 작동온도에서 시동상태가 불량하다.
5. 고온운전 시 공전상태 불량
6. 정상 작동온도에서 공전상태 불량
7. 역화(back fire) 현상
8. 후화(after burn) 현상
9. 주행 중 실화(miss fire)
10. 출력 부족
11. 기관의 디젤링 현상
12. 연료 소비율이 너무 높다.
13. 공전 시 CO-값이 너무 높다.
14. 공전 시 CO-값이 너무 낮다.
15. 공전속도 조정불능(너무 높다)

1	2	3	4	5	6	7	8	9	10	11	12	13	14	15	원인
•	•														1. 연료공급 펌프가 작동되지 않는다.
•	•	•	•	•	•		•								2. 연료공급 펌프의 접점 접촉불량.
•		•		•											3. 차가울 때의 제어압력이 규정범위를 벗어난다.
			•	•		•	•				•				4. 정상 작동온도일 때의 제어압력이 너무높다.
	•		•		•		•				•	•			5. 정상 작동온도일 때의 제어압력이 너무낮다.
												•			6. 추가공기 공급기가 닫히지 않는다.
•		•		•											7. 추가공기 공급기가 열리지 않는다.
•		•													8. (35℃이하에서) 시동밸브가 열리지 않는다.
•	•	•	•	•	•		•				•	•			9. 시동밸브로부터 누설이 있다.
			•	•	•		•				•	•	•		10. 시스템압력이 규정값을 벗어난다.
			•		•							•			11. 공기계량기의 센서플랩의 스토퍼 조정 불량
•	•	•	•		•		•	•	•		•				12. 센서플랩, 또는 제어플런저가 잘 움직이지 않는다(끼인다).
			•	•		•					•	•	•		13. 진공 시스템의 누설
•	•	•	•		•		•	•			•				14. 연료 시스템의 누설
	•	•	•					•							15. 분사밸브에서의 누설, 개변압력이 너무 낮다.
			•		•						•	•			16. 공전 혼합비 기본조정이 너무 농후하다.
			•	•									•		17. 공전 혼합비 기본조정이 너무 희박하다.
								•							18. 스로틀밸브가 완전히 열리지 않는다.
•	•	•	•						•		•				19. 온도-시간 스위치 점점이 닫히지 않는다.
	•	•	•						•		•				20. 온도-시간 스위치가 너무 오래 닫혀있다.
•		•													21. 제어 플런저가 전부하 위치에 있다.
•	•	•	•				•								22. 안전회로의 릴레이 결함

제3장

기계-전자식 가솔린분사장치
-BOSCH KE-Jetronic-

제3장 기계-전자식-가솔린분사장치

제1절 KE-Jetronic 시스템 개요
(overview of KE-Jetronic ; Übersicht des KE-Jetronics)

KE-Jetronic은 K-Jetronic과 마찬가지로 기본적으로는 기계 – 유압식 가솔린분사장치이다. KE-Jetronic은 K-Jetronic에 ECU(Electronic Control Unit)와 전자–유압식 압력조절기(electro-hydraulic pressure actuator)가 추가된 형식이다.

기관이 흡입하는 공기가 공기계량기의 센서플랩을 변위시키고, 이 변위에 의해서 제어 플런저의 위치가 결정된다. 제어 플런저의 움직임에 따라 미터링 슬릿의 개구 단면적이 변화하여 연료를 계량하게 된다. 여기까지는 K-Jetronic과 KE-Jetronic이 똑같다.

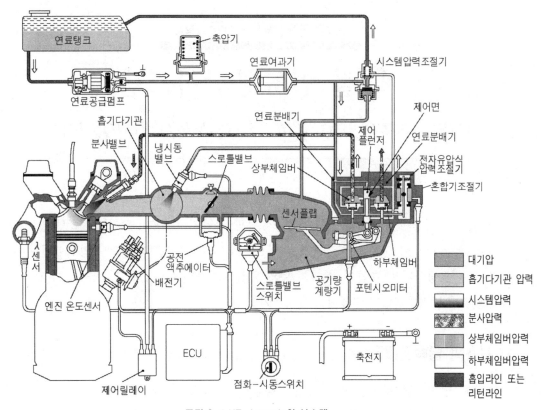

그림 3-1 KE-Jetronic의 시스템

그러나 KE-Jetronic은 K-Jetronic과 비교할 때 기관의 작동상태에 관한 여러 가지 정보를 각종 센서로부터 수집, 처리하여 전자 – 유압식 압력조절기를 제어하는 ECU를 가지고 있다는 점이 가장 큰 차이점이다. 전자 – 유압식 압력조절기는 기관의 작동상태에 따라 적정량의 연료가 분사되도록 하기 위해 차압밸브의 하부 체임버의 압력을 ECU의 지시에 따라 제어한다. KE-Jetronic은 ECU나 다른 전자부품에 고장이 있을 경우에는, 비상운전 프로그램에 의해 기본 시스템(λ=1 기준)으로 작동되도록 설계되어 있다.

K-Jetronic과 비교할 때, KE-Jetronic은 다음과 같은 장점이 있다.
   ① 연료 소비율의 저감(lower fuel-consumption)
   ② 기관 응답성의 개선(rapid adaptation to operating condition)
   ③ 유해 배출가스의 저감(cleaner exhaust gases)
   ④ 리터출력의 증가(higher power output per liters)

제3장 기계-전자식-가솔린분사장치

제2절 연료공급시스템
(fuel supply system : Kraftstoffversorgung)

KE-Jetronic의 연료공급 시스템은 연료공급펌프, 축압기, 여과기, 그리고 시스템 압력조절기(primary-pressure regulator)로 구성된다. K-Jetronic과 비교할 때 시스템 압력조절기 만이 다를 뿐, 연료공급펌프, 축압기, 여과기 등은 구조나 기능면에서 모두 K-Jetronic과 같다. 따라서 시스템 압력조절기에 대해서만 설명하기로 한다.

1. 시스템 압력조절기(primary-pressure regulator : Kraftstoffsystem-Druckregler)

시스템 압력조절기(그림 3-2)는 연료공급압력을 일정하게 유지하는 역할을 한다. K-Jetronic에서는 웜 – 업 레귤레이터가 제어 플런저의 상단에 작용하는 제어압력을 조절하였으나 KE-Jetronic에는 웜-업 레귤레이터가 없다. 따라서 KE-Jetronic에서는 제어 플런저의 상단에 작용하는 제어압력은 시스템압력과 같다.

그러나 제어 플런저의 상단에 작용하는 제어압력(공급압력)은 연료공급펌프의 공급량과 분사밸브로부터 분사되는 연료의 양이 급격히 변화하더라도 항상 일정하게 유지되어야 한다. 그 이유는 이 제어압력이 변화하면 곧바로 공기-연료 혼합비가 변화하기 때문이다.

시스템압력 조절기는 다이어프램을 사이에 두고 흡기다기관의 진공이 작용하는 스프링실과, 시스템압력이 작용하는 연료실로 분리되어 있다. 이는 시스템압력을 흡기다기관의 진공도와 연동시키기 위해서 이다.

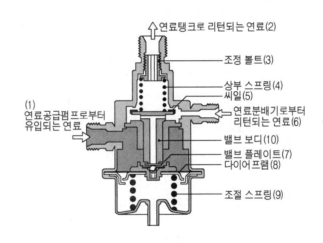

그림 3-2 시스템압력 조절기의 단면 구조

그림 3-2에서 연료분배기로부터 연료탱크로 복귀하는 연료는 우측 입구(6)로 유입된 다음, 밸브보디의 씰(5)이 열려 있을 때, 상부의 출구(2)를 통해 연료탱크로 복귀한다.

연료공급 펌프로부터 곧바로 좌측 입구(1)로 유입된 연료는 다음과 같은 과정을 거쳐서 연료탱크로 복귀한다(그림 3-1도 참조할 것).

연료공급펌프가 작동되면 연료압력이 형성되고 이 압력에 의해서 다이어프램(8)이 아래쪽으로 내려 눌려진다. 그러면 상/하 운동을 할 수 있는 밸브 보디(valve body)(10)도 상부 스프링(4)의 장력에 의해 동시에 아래쪽으로 내려 눌려진다. 밸브 보디(10)는 곧바로 스토퍼에 닿아 정지하게 되고 압력 조절기능이 시작된다. 즉 이 때부터 연료 공급펌프로부터의 공급압력이 높으면 밸브 플레이트(valve plate)(7)가 많이 열리게 되어 연료탱크로 복귀하는 연료량을 증가시켜 압력을 조절하게 된다. 그리고 연료분배기에서 시스템압력 조절기로 유입되는 연료(1)도 밸브보디 씰(5)이 열려있기 때문에 연료 탱크로 복귀하게 된다.

기관이 정지하면 연료공급 펌프도 정지되고 시스템 압력(=1차압력)도 강하한다. 따라서 조절 스프링(9)의 장력에 의해 밸브 플레이트(7)가 다시 닫히고 이어서 밸브 보디(10)가 밀려 올려가 밸브보디 씰(5)이 리턴-포트를 닫게 된다. 그러면 시스템의 연료는 연료탱크로 되돌아 갈 수 없게 된다.

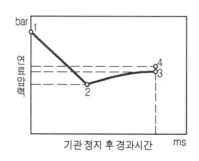

그림3-3에서와 같이 기관이 정지하면 연료압력은 시스템의 정상압력(1)에서 압력 조절기의 폐변압력(2)까지 급격히 낮아진다.
그 다음 연료 축압기의 작용에 의해서 시스템 압력은 점점 상승한다. 그러나 시스템 압력(3)은 분사밸브의 개변압력(4)보다는 낮다.

그림 3-3 기관정지 시 시스템압력의 변화

2. 분사 밸브(injection valve : Einspritzventil)

KE-Jetronic의 분사밸브 역시 K-Jetronic에서와 마찬가지로 기계식 분사밸브로서 기관시동 시부터 중단없이 계속적으로 분사한다.

K-Jetronic과 다른 점은 분사밸브 주위에 시라우드(shroud)를 설치, 흡기가 통과하도록 하여 연료의 무화를 촉진시키는 시라우드형 분사밸브가 도입되었다는 점이다.

에어 시라우드 형식의 분사밸브는 특히 공전영역에서 효과가 크며, 기존의 분사밸브에 비해 연료의 무화상태가 양호하기 때문에 유해배출물이 저감되고 연료도 절감된다.

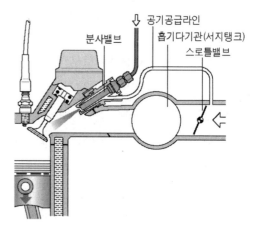

그림 3-4 시라우드형 분사 밸브

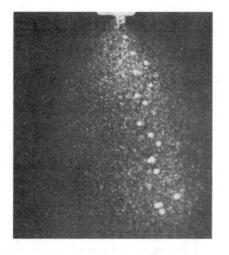

(a) K-Jectronic 분사밸브   (b) 시라우드형 분사밸브(KE-Jectronic)

그림 3-5 분사 밸브의 형식에 따른 무화상태

제3장 기계-전자식-가솔린분사장치

제3절 공기계량 및 연료계량
(air and fuel measuring : Luft- und Kraftstoff-mengen Messung)

연료의 계량은 공기계량기와 연료분배기의 기본 작동에 의해서 이루어진다.

기관에 흡입되는 공기는 K-Jetronic에서와 마찬가지로 센서플랩의 변위에 의해 측정된다. 그리고 센서플랩에 고정된 레버에 의해서 제어 플런저는 플런저-배럴 내에서 상/하 왕복운동을 하면서 미터링 슬릿의 개구 단면적을 변화시켜 기본 분사량을 각 실린더로 공급하는 기능도 K-Jetronic에서와 같다.

따라서 K-Jetronic과 다른 부분에 대해서만 간단하게 설명하기로 한다.

1. 연료 분배기(fuel distributor : Kraftstoffmengenteiler)

플런저 - 배럴 내에서 상/하 왕복운동하는 제어 플런저의 위치에 따라 미터링 슬릿의 개구
단면적이 변화되고 이에 따라 분사량이 결정된다.

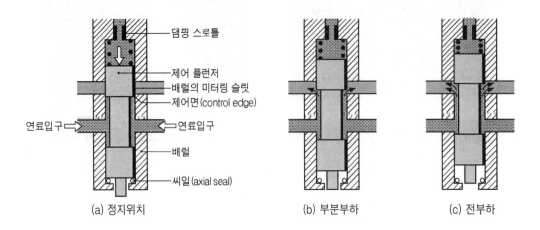

(a) 정지위치   (b) 부분부하   (c) 전부하

그림 3-6 제어 플런저와 배럴 그리고 미터링 슬릿

K-Jetronic에서는 제어 플런저의 상단에 시스템압력보다 낮은 제어압력이 작용하고, 이 제
어압력은 웜 - 업 레귤레이터에 의해서 0.5bar~3.3bar 사이로 제어되었다.

그러나 KE-Jetronic에서는 제어 플런저의 상단에 시스템압력이 그대로 작용하고 형식에
따라서는 제어 플런저의 상단에 스프링을 설치하여 "시스템 압력＋스프링장력"이 함께 작용
하도록 하고 있다(그림 3-6, 7 참조).

따라서 공기계량기의 센서플랩의 변위는 제어 플런저 상단에 작용하는 힘(시스템 압력＋
스프링 장력)과 균형을 이루는 점에서 결정된다.

제어 플런저 상단에 들어있는 스프링은 연료분배기가 냉각 되었을 때, 내부에 형성되는 부
압에 의해 제어 플런저가 위쪽으로 흡인되는 것을 방지하는 역할도 한다. 그리고 제어 플런
저 위쪽에 설치된 댐핑 스로틀(damping throttle)은 센서플랩의 진동에 의한 제어 플런저의
맥동을 흡수하는 역할을 한다.

시스템압력의 맥동적인 변화는 공기 - 연료 혼합비에 영향을 미치므로 시스템압력은 정확
하게 제어되어야 한다. 기관이 정지하면 제어 플런저가 플런저 - 배럴 하부에 설치된 씰 - 링
(seal ring)에 밀착되어 미터링 슬릿이 완전히 닫히도록, 플런저 상단의 스프링장력을 조정
스크루로 조정한다.

K-Jetronic에서는 공기계량기의 센서플랩의 위치에 의해 제어 플런저의 기준위치(zero position)가 결정된다. 그러나 KE-Jetronic에서는 제어 플런저의 상단에 작용하는 힘(시스템 압력+스프링 장력)에 의해서 제어 플런저의 하단이 씰-링(seal ring)과 밀착된다. 이를 통해 플런저-배럴과 플런저 사이로부터의 누설에 의한 압력손실을 방지하게 된다. 따라서 연료시스템 내의 압력은 일정 기간동안 기포발생 압력보다 높게 유지되어 기관의 고온 재시동성이 보장된다.

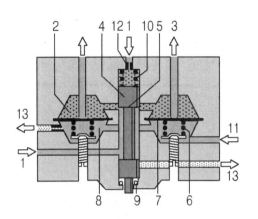

1. 연료입구(시스템 압력)
2. 상부 체임버
3. 분사 밸브로
4. 제어 플런저
5. 제어면과 미터링 슬릿
6. 스프링
7. 다이어프램
8. 하부 체임버
9. 씨일 링
10. 압력 스프링
11. 전자-유압식 액추에이터로부터
12. 댐핑 스로틀
13. 리턴 라인(연료 탱크로)

그림 3-7 차압밸브와 연료분배기의 구조

2. 차압밸브(differential pressure valve : Differenzdruckventil)

차압밸브는 K-Jetronic에서와 마찬가지로 미터링 슬릿(metering slit)에서의 압력 강하를 일정하게 유지시키는 기능을 한다.

즉 공기계량기의 센서플랩의 변위와 제어 플런저의 변위는 레버의 지렛대 비에 비례한다. 따라서 미터링 슬릿에서의 압력강하가 항상 일정하게 유지되어야만 미터링 슬릿의 개구 단면적과 통과 연료량이 비례하게 된다는 점은 K-Jetronic에서와 마찬가지이다.

KE-Jetronic에서는 차압밸브의 상부 체임버(chamber)와 하부 체임버의 연료압력차는 0.2bar로 유지된다. 즉 미터링 슬릿을 통과하는 연료량에 관계없이 상부 체임버의 연료압력과 하부 체임버의 압력(연료압력+스프링 장력)이 서로 평형을 이루게 된다(그림 3-7 참조).

차압밸브는 K-Jetronic에서와 마찬가지로 다이어프램에 의해 상부 체임버와 하부 체임버로 분리되어 있고, 하부 체임버는 연료통로를 통하여 서로 연결되어 있으며 전자-유압식 압력조절기와도 연결되어 있다.

그러나 K-Jetronic에서는 상부 체임버에 스프링이 들어 있으나 KE-Jetronic에서는 하부 체임버에 스프링이 들어있고 이 장력을 조절할 수 있는 구조로 되어있다. 그리고 상부 체임버 끼리는 서로 차단되어 있으며, 각각의 미터링 슬릿을 통과하여 각각의 상부 체임버에 유입된 연료는 연료출구와 분사파이프를 거쳐 분사밸브로 공급된다.

미터링 슬릿에서의 압력차는 하부 체임버의 스프링장력과 다이어프램의 유효직경, 그리고 전자-유압식 압력조절기에 의해서 결정된다. 상부 체임버에 유입된 연료량이 많아지면 다이어프램은 아래 쪽으로 휘어지고, 따라서 압력차가 다시 0.2bar로 될 때까지 출구가 크게 열려, 분사밸브로 공급되는 연료량이 증가한다. 미터링 슬릿을 통과하는 연료량이 감소하면 압력차가 0.2bar로 될 때까지 상부 체임버 내의 연료출구는 좁아지게 된다. 즉 상부 체임버에서 분사밸브로 통하는 출구와 다이어프램 간의 간극을 제어하여 다이어프램에서의 압력평형을 유지하게 된다(그림 3-7, 3-8 참조).

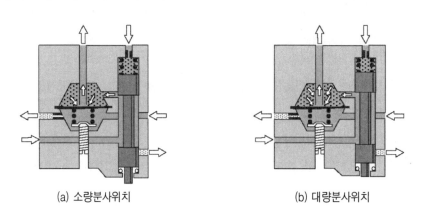

(a) 소량분사위치　　　　　　　　(b) 대량분사위치

그림 3-8 분사량에 따른 차압밸브 다이어프램의 상태

제4절 혼합비 보정
(mixture adaptation : Gemischanpassung)

1. 기본 혼합비 보정(basic mixture adaptation : Grundgemischanpassung)

기관의 작동상태 - 공전, 부분부하, 전부하 - 에 따른 기본혼합비는 K-Jetronic에서와 마찬가지로 공기계량기의 에어 퓨널(air funnel)의 형상에 의해서 결정된다(K-Jetronic참조).

그러나 K-Jetronic에서는 공전 시와 전부하 시에는 농후한 혼합기가, 부분부하 시에는 희박한 혼합기가 형성되도록 에어 퓨널(air funnel)이 설계된 반면에 KE-Jetronic에서는 전 운전영역에 걸쳐서 공연비 λ=1을 목표로 에어 퓨널을 설계하였다. 연료소비율 및 유해배출가스 측면에서 볼 때, K-jetronic에 비해 보다 발전된 개념의 적용으로 볼 수 있다.

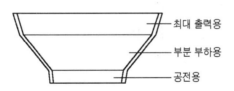

최대 출력용
부분 부하용
공전용

그림 3-9 공기계량기의 에어 퓨널의 형상

2. ECU(Electronic Control Unit : elektronische Steuergeraet)

전자제어 유닛(ECU)은 기관의 작동 상태에 따라 다수의 센서들이 전송해 오는 정보를 처리하여 전자 - 유압식 압력조절기에 공급되는 전류를 제어한다.

(1) 센서(sensors : Sensoren)

공기계량기로부터의 흡입공기량에 관한 정보는 ECU에 입력되는 가장 중요하면서도 기본

적인 정보이다. ECU는 이 외에도 다수의 센서들로부터 입력되는 정보들을 종합, 처리하여
기관의 운전조건 및 상태에 적합한 공연비가 형성되도록 한다. 주요 센서들은 다음과 같다.

표 3-1 주요 센서들과 운전특성값

운전 특성값	센 서
전부하, 공전	스로틀밸브 스위치(throttle valve s/w)
기관의 회전속도	배전기 또는 점화코일
기관의 시동 여부	점화/시동 스위치(ignition/start s/w)
기관의 온도	기관온도 센서(engine temperature sensor)
대기압	대기압 센서(aneroid-box sensor)
공연비	공기비 센서(Lambda sensor)

(2) ECU의 구조와 작동원리

초기의 KE-Jetronic의 ECU에는 기능적인 측면에 따라 아날로그 기술 또는 아날로그/디지
털 기술이 사용되었다. 그리고 기본적인 기능 외에 공기비제어(Lambda closed loop control)
기능과 공전속도제어 기능이 추가되었다.

그러나 완전 디지털화 됨에 따라 많은 기능을 추가시킬 수 있게 되었다. PC - 보드(board)
에 설치된 전자부품들은 IC [직접회로 : 예를 들면 증폭기(operational amplifiers), 비교기
(comparator), 전압 안정기(voltage stabilizer)], 트랜지스터(transistors), 다이오드(diodes),
저항(resistors) 그리고 캐퍼시티(capacitors) 등이다.

PC-보드는 ECU 하우징 안에 내장되어 있다. 또 ECU 하우징 안에 압력보상 소자를 내장
하는 기법도 도입되었다.

ECU 단자들은 축전지, 센서 그리고 전자 - 유압식 압력조절기와 연결되어 있다. ECU는 센
서들로부터의 입력정보를 처리하여 전자 - 유압식 압력조절기로 공급되는 전류를 제어한다.

그림 3-10은 아날로그 기술을 이용한 KE-Jetronic의 ECU 블록선도이다.

각 블록(block)으로부터의 보정신호(compensation signal)는 연산단계에서 종합된다. 연
산 결과는 출력단계에서 증폭되어 전자 - 유압식 압력조절기에 전달된다.

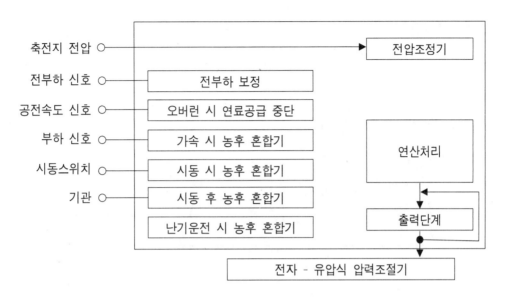

그림 3-10 KE-Jetronic ECU(아날로그식)의 블록선도

3. 전자 - 유압식 압력조절기(electro-hydraulic pressure actuator : elektro-hydraulischer Druckregler)

전자-유압식 압력조절기는 기관의 작동조건과 ECU로부터의 전류신호에 따라 차압밸브의 하부 체임버의 연료압력을 제어한다. 하부 체임버의 연료압력이 변화하면 분사밸브로 공급되는 연료량이 변화하게 된다.

(1) 구조

전자-유압식 압력조절기는 연료분배기에 내장되어 있으며, 노즐/배플(nozzle/baffle) 원리에 따라 작동하는 일종의 차압 제어기(differential-pressure controller)이다. 압력조절기에서의 압력조절은 ECU로부터 공급되는 전류에 의해서 통제된다.

비 자성체(non magnetic)인 하우징 내에는 2개의 자석(double magnetic poles) 사이에 자성체인 1개의 아마추어(armature)가 설치되어 있다. 아마추어는 탄성이 있는 금속재질의 배플-플레이트(baffle plate)이다(그림 3-11, 3-19 참조). - 참고로 전자-유압식 압력조절기에 사용되는 볼트들도 모두 비자성체이다.

ECU로부터의 제어신호는 배플-플레이트(2)의 위치에 영향을 미친다. 배플-플레이트의 위치가 변화하면 상부 체임버(5)의 압력이 변화하고 결과적으로 분사밸브에 공급되는 연료량이 변화한다. 이 원리를 이용하여 공연비를 보정한다.

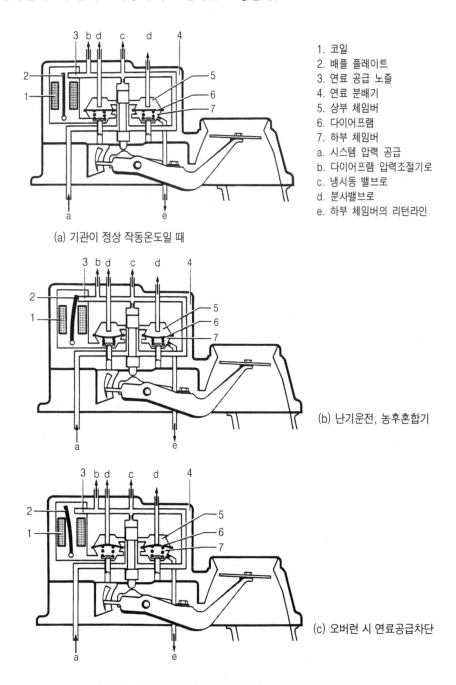

1. 코일
2. 배플 플레이트
3. 연료 공급 노즐
4. 연료 분배기
5. 상부 체임버
6. 다이어프램
7. 하부 체임버
a. 시스템 압력 공급
b. 다이어프램 압력조절기로
c. 냉시동 밸브로
d. 분사밸브로
e. 하부 체임버의 리턴라인

(a) 기관이 정상 작동온도일 때

(b) 난기운전, 농후혼합기

(c) 오버런 시 연료공급차단

그림 3-11 연료 분배기에 내장된 전자 - 유압식 압력조절기

(2) 전자-유압식 압력조절기의 작동원리

그림 3-12에서 점선으로 표시된 영구자석의 자속(magnetic flux)과 실선으로 표시된 전자석의 자속은 자석과 공극(air gap)에서 서로 중복된다. 영구자석은 그림에서와는 달리 실제로는 90° 옵셋되어 있다(그림 3-11참조).

두 쌍의 자석을 통과하는 자속(magnetic flux)의 경로는 서로 대칭이며 그 거리도 같다. 자속은 그림 3-12에서와 같이 자석에서 공극을 거쳐 아마추어(=배플-플레이트에 고정)로, 그 다음엔 다시 공극을 거쳐 영구자석으로 흐른다. 그리고 서로 대각선 방향의 공극(air gap)에서 살펴보면, 공극 L_2, L_3에서는 영구자석의 자속과 전자석의 자속이 서로 더해지므로 그 크기가 증가하고, 반면에 공극 L_1, L_4에서는 2개의 자속이 서로 반대 방향이므로 그 크기가 감소한다. 또 배플-플레이트에 고정되어 배플-플레이트에 힘을 가하는 아마추어는 각 공극에서 자속의 제곱에 비례하는 인력(force of attraction)을 받는다.

영구자석의 자속은 항상 일정하고 반면에 전자석의 자속은 ECU로부터 공급되는 제어전류(0.2mA~150mA)에 비례하므로 결과적으로 아마추어에 작용하는 토크(torque)는 ECU로부터 전자석에 공급되는 전류에 비례한다.

그리고 아마추어에 작용하는 기본 모멘트(basic moment)는 ECU로부터 전자석에 전류가 공급되지 않을 때 기본 차압(basic differential pressure)이 공기비 $\lambda=1$을 만족시키도록 설정되어 있다. 이유는 제어전류 공급 시스템에 고장이 발생하였을 경우에도 비상운전이 가능하게 하기 위해서이다.

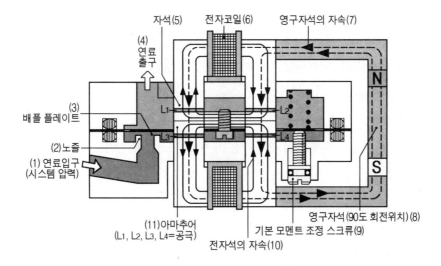

그림 3-12 전자-유압식 압력조절기의 단면

노즐(그림 3-11의(3), 그림 3-12의 (2))로부터 압력조절기에 분출되는 연료는 배플-플레이트가 가지고 있는 힘(기계적인 힘과 자속에 의한 힘의 합)에 대항해서 배플-플레이트를 밀어내려고 한다. ECU가 코일(6)에 흐르는 전류를 제어하면 배플-플레이트가 노즐(그림 3-11의 3, 3-12의 2)을 막는 정도가 변화하여 하부 체임버에 공급되는 연료량을 제한하고, 동시에 압력조절기와 직렬로 연결된 고정 스로틀[그림 3-11의 e(하부 체임버 리턴 라인)]을 통해 연료가 탱크로 리턴을 계속하면, 하부 체임버의 압력은 낮아진다. 이와 같은 방법으로 그림 3-11에서 연료분배기의 연료입구(a)와 연료출구(e) 사이의 압력차는 ECU로부터 압력조절기에 공급되는 전류의 양과 방향에 따라 변화하게 된다. 또 노즐(그림 3-11의(3), 그림 3-12의 (2))에서의 압력강하도 ECU로부터 공급되는 전류에 비례한다. 결과적으로 하부 체임버에서의 압력변화도 ECU가 압력조절기에 공급하는 전류에 비례함을 의미한다. 이렇게 되면 상부 체임버의 압력도 하부 체임버의 압력이 변화하는 만큼 동시에 변화하게 된다. 따라서 미터링 슬릿에서는 시스템압력과 상부 체임버의 압력 사이에 차이가 나게된다. 이와 같은 현상이 분사밸브로 공급되는 연료량을 변화시키는 기능을 한다.

4. 냉시동 시스템(cold start system : Kaltstrateinrichtungen)

기관의 온도에 따라 시동 시에 특정한 시간동안 추가적으로 연료를 분사하는 것은 K-Jetronic에서와 마찬가지이다. 따라서 시동밸브와 온도-시간 스위치의 구조와 기능도 K-Jetronic에서와 동일하다(K-Jetronic 참조).

그러나 KE-Jetronic은 K-Jetronic에 없는 별도의 기능이 있다.

(1) 시동 후 농후혼합기(post-start enrichement) 공급 기능

기관을 시동할 때 뿐만아니라 기관이 시동된 후에도 기관의 온도가 낮으면 추가연료를 공급하는 시동 후 농후혼합기 공급기능이 추가되었다. 이 기능은 어떤 온도하에서도 연료 소비율을 최소화하면서도 스로틀밸브의 응답성을 개선하는 이점이 있다.

시동 후 농후혼합기 공급기능은 온도와 시간에 따라 좌우된다. 즉 시동 후 농후혼합기 공급 지속기간은 초기온도의 함수이다.

ECU는 시동 후 농후혼합기가 약 4~5초 동안 최대 수준을 유지하도록 한 다음, 점점 감소시켜 제로(zero)수준에 도달하게 한다. 예를 들면 20℃에서 감소되기 시작하면 제로(zero)수준에 도달하기까지는 약 20초가 소요된다(그림 3-18b).

(2) 기관 온도센서(engine-temperature sensor)

기관온도센서는 기관의 냉각수온도를 측정하여 이를 전기저항으로 변환시켜 ECU에 전송한다. 그러면 ECU는 전자 - 유압식 압력조절기에 신호를 보내고, 이어서 전자 - 유압식 압력조절기는 시동 후 난기운전기간 동안에 분사되는 연료량을 제어한다. 온도센서로는 NTC-서미스터(NTC thermister)가 주로 사용된다. NTC란 온도가 상승함에 따라 저항은 감소하는 특성을 말한다 [NTC : Negative Temperature Coefficient, 부(−)의 온도계수].

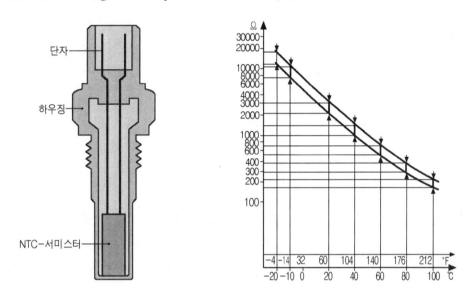

그림 3-13 온도센서

5. 난기 운전(warm-up : Warmlauf)

난기운전기간이란 냉간 시동에서 시작하여 시동 후 농후혼합기 공급과정을 거쳐, 기관이 정상작동온도에 도달할 때까지의 기간을 말한다.

시동 후 농후혼합기 공급과정을 거친 후에도 실린더 벽에 연료가 응축되기 때문에 기관은 별도의 추가연료를 필요로 한다. 그러나 KE-Jetronic은 K-Jetronic에 있는 웜 - 업 레귤레이터가 없다. KE-Jetronic은 K-Jetronic에 비해 보다 더 개선된 방식으로 이 기능을 ECU가 대신한다. 기관 온도센서가 기관의 냉각수온도에 관한 정보를 ECU에 전송하면, ECU는 전자 - 유압식 압력조절기로 공급되는 전류를 제어하여 분사밸브에서 분사되는 연료량을 변화시킨다(그림 3-18c 참조).

6. 가속(acceleration : Beschleunigung)

기화기기관과 마찬가지로 KE-Jetronic이 장착된 가솔린분사기관에서도 스로틀밸브가 갑자기 열리면 공연비는 순간적으로 희박해진다. 따라서 이때 기관의 회전속도를 매끄럽게 변화시키기 위해서는 순간적으로 농후한 혼합기를 필요로 한다. KE-Jetronic은 전자－유압식 압력조절기에 의해서 가속 시 농후혼합기가 공급된다.

ECU는 스로틀밸브 개도의 급격한 변화(=각속도의 변화)로부터 기관의 부하상태 변화의 속도를 감지하여 가속 여부를 판정한다. 가속일 경우에 ECU는 전자－유압식 압력조절기를 제어하여 가속 시 농후혼합기를 공급한다. 가속 시 농후혼합기를 결정하는데 가장 큰 요소는 기관의 온도이다. ECU는 기관의 온도가 80℃ 이하이면 니들(needle)모양의 전압펄스를 1초 동안 발생시킨다. 가속 시에 기관의 온도가 낮으면 낮을수록 더욱더 농후한 혼합기가 공급되며 또 부하가 크면 클수록 더 농후한 혼합기가 공급된다.

가속 시 공기계량기의 센서플랩의 변위속도는 스로틀밸브의 운동에 비해 약간 지연될 뿐이다. 기관이 흡입하는 공기량이 변화하면 공기계량기에 부착된 포텐시오미터(potentiometer)가 ECU에 전송하는 공기량에 관한 신호정보도 변화한다(그림 3-1, 3-14 참조).

공기계량기에 사용되는 포텐시오미터의 특성곡선은 비선형(non-linear)이므로 가속신호는 공전속도로부터 가속될 때 최대가 되며, 기관의 출력이 증가할수록 가속신호는 점점 감소한다(그림 3-18d 참조).

(1) 공기계량기의 센서플랩과 포텐시오미터(potentiometer)

공기량 계량기의 포텐시오미터(그림 3-14)는 세라믹 기판에 필름 테크닉(film technique)을 적용하여 제작하였다. 브러쉬 형의 와이퍼(brush-type wiper)가 포텐시오미터의 트랙(track)에 접촉된 상태로 운동하도록 설계되어 있다. 마치 윈도우－와이퍼 브러쉬가 윈드쉴드에 밀착된 상태로 작동하는 것과 같다.

브러쉬는 와이퍼 레버(3)에 용접된 다수의 가는 철선으로 구성되어 있다. 각 철선은 포텐시오미터의 트랙에 매우 낮은 압력으로 밀착되기 때문에 마모가 거의 없다. 그리고 철선의 갯수가 많기 때문에 트랙의 표면이 거칠거나 또 와이퍼의 운동속도가 빨라져도 전기적 접촉은 잘 유지된다.

포텐시오미터의 레버는 센서플랩의 축에 설치되어 있으나 전기적으로는 절연되어있다. 와이퍼 전압은 메인-브러쉬(main brush)(2)와 전기적으로 연결된 픽업-브러쉬(pick off brush)(1)에 의해서 전달된다. 그리고 와이퍼는 역화(back fire)가 발생할 때도 손상을 방지하기 위해서 포텐시오미터의 트랙의 양단을 지나서도 운동할 수 있도록 설계되어 있다.

와이퍼와 직렬로 연결된 박막저항(film resistor)은 단락(short circuit) 시에 포텐시오미터를 보호하는 역할을 한다.

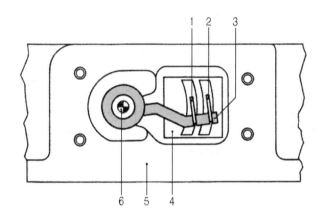

1. 픽업 브러시
2. 메인 브러시
3. 와이핑 레버
4. 포텐시오미터 기판
5. 공기량 계량기 하우징
6. 공기량계량기의 센서 플랩 축

그림 3-14 센서플랩의 위치를 알려주는 포텐시오미터

7. 전부하(full load : Vollast)

부분부하 시에는 연료소비율을 낮추고 유해배출가스를 저감시키기 위해서 혼합비를 희박하게 하지만, 전부하 시에는 큰 출력이 요구되므로 혼합비를 농후하게 한다. KE-Jetronic에서 전부하 농후혼합기는 기관의 회전속도에 따라 변화하도록 프로그래밍되어 있다. 따라서 전 속도영역에서 최대회전력을 얻을 수 있으며 동시에 전부하 시에도 연료소비율을 최적화시킬 수 있다.

KE-Jetronic에서는 전부하 시에, 예를 들면 $1500min^{-1}$부터 $3000min^{-1}$까지, 그리고 $4000min^{-1}$ 이상으로 구분하여 농후혼합기를 차등 공급한다. 전부하 신호는 스로틀밸브 스위치 내의 전부하 접점 또는 가속페달 링케이지(linkage)에 부착된 마이크로 스위치에서 ECU로 전송되고, 회전속도 신호는 점화코일의 (−)단자로부터 ECU에 입력된다. ECU는 이들 정보를 처리하여 전자-유압식 압력조절기에 공급되는 전류를 제어함으로서 부하변동에 따른 추가 연료량을 결정하게 된다(그림 3-18d 참조).

스로틀밸브 스위치(throttle valve switch : Drosselklappenschalter)는 스로틀보디에 설치되어 있으며 스로틀밸브 축에 의해서 작동된다. 이 스위치는 2개의 접점, 즉 공전접점과 전부하 접점이 있어서 공전일 때와 전부하일 때는 해당 접점이 접촉되어 ECU에 공전 또는 전부하 정보를 전송한다. 2개의 접점이 모두 접촉되지 않은 상태는 부분부하로 판정된다.

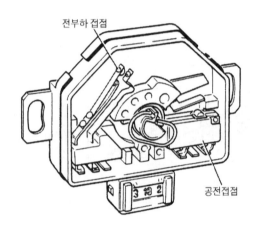

전부하 접점

공전접점

그림 3-15 스로틀밸브 스위치

8. 공전 제어(idle control : Leerlaufsteuerung)- 공전속도제어 액추에이터

K-Jetronic에서는 고속 공전(fast idle) 시에 추가공기 공급기를 통해 추가공기를 공급하였다. KE-Jetronic에서도 초기에는 K-Jetronic과 마찬가지로 추가공기 공급기를 이용하기도 하였으나, 공전속도제어 액추에이터(idle actuator)로 곧바로 대체되었다(그림 3-16).

ECU는 규정 공전속도와 실제 공전속도 간의 차이에 따라 공전속도제어 액추에이터가 스로틀밸브를 바이패스(by pass)하는 공기량을 제어한다.

즉 KE-Jetronic의 공전속도제어 액추에이터는 제어신호를 ECU로부터 받는다. 제어신호는 기관의 회전속도와 기관의 온도에 따라 변화하며, 제어신호에 따라 공전제어 액추에이터는 바이패스 통로의 크기를 변화시킨다. 액추에이터는 약 60° 정도 좌/우로 회전할 수 있으며 그 구조는 그림 3-16과 같다.

공전속도제어 시스템은 기관의 실제 회전속도를 규정 공전속도(ECU에 기억되어 있는)와 비교하여 공전 액추에이터의 회전 슬라이더의 열림각을 변화시켜서 공전 속도를 제어한다.

회전 슬라이더의 열림각이 변화하면 스로틀밸브를 바이패스하는 공기량이 변화하게 된다.

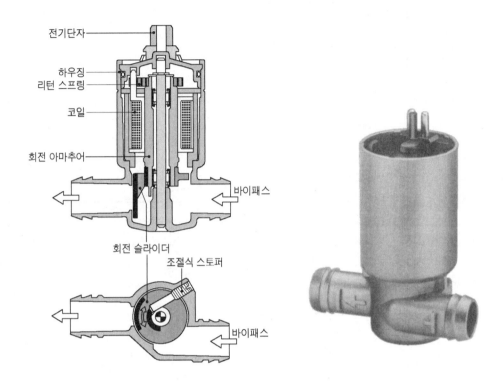

그림 3-16 공전속도제어 액추에이터

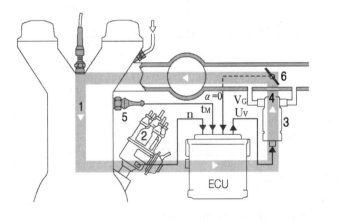

1. 기관
2. 배전기
3. 공전 액추에이터
4. 바이패스
5. 온도센서
6. 스로틀밸브
n : 회전속도
t_M : 기관온도
$\alpha = 0$ 스로틀밸브개도
U_V : 제어전압
V_G : 바이패스 공기량

그림 3-17 공전속도제어 회로

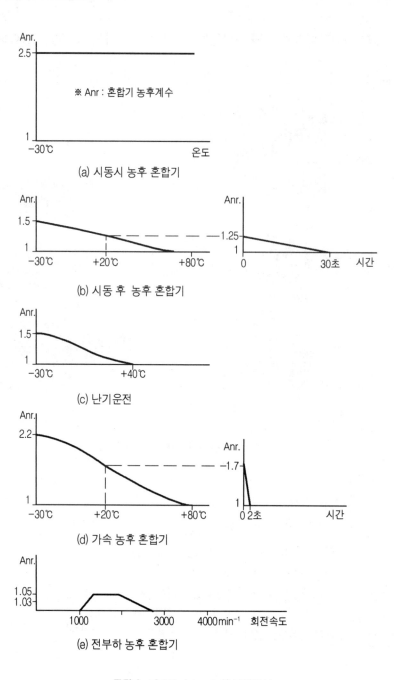

(a) 시동시 농후 혼합기

(b) 시동 후 농후 혼합기

(c) 난기운전

(d) 가속 농후 혼합기

(e) 전부하 농후 혼합기

그림 3-18 KE-Jetronic의 보정특성

제5절 추가 기능
(supplementary functions : Hilfsfunktionen)

1. 오버 런(over run) 시의 연료공급 중단(fuel cut-off) 기능

이 기능은 엔진 브레이크를 이용하거나 감속할 때 분사밸브에 공급되는 연료를 완전히 차단하는 기능을 말한다. 이 기능을 추가함으로서 긴 언덕길에서 엔진 브레이크를 이용할 때 뿐만아니라 시내 주행시에도 연료절감 효과를 얻을 수 있게 되었다.

운전자가 가속페달에서 발을 떼면 스로틀밸브는 공전 위치가 된다. 이때 스로틀밸브 스위치는 ECU에 스로틀밸브가 닫혀있다는 신호를 보낸다. 그리고 동시에 점화코일의 (−)단자로부터 기관의 회전속도에 관한 정보가 ECU에 입력된다.

ECU는 입력된 이들 자료를 처리하여 오버 런(over run)이라고 판단되면 전자-유압식 압력변환기에 역방향으로 전류를 공급한다. 그러면 전자-유압식 압력 변환기의 배플 플레이트(12)는 노즐(10)로부터 밀려나게 되어 시스템압력 상태의 연료가 그대로 연료 분배기 하부 체임버(9)에 유입된다. 이렇게 되면 하부체임버(9)의 연료 압력은 시스템압력과 거의 같은 수준이 되기 때문에 하부 체임버 내의 스프링 장력에 의해 차압밸브의 다이어프램(8)은 분사밸브와 연결된 상부 체임버의 연료출구(3, 5)를 완전히 막아버리게 된다(그림3-19 참조). 이렇게 되면 분사밸브로부터 연료분사가 중단되게 된다(PP.73, 그림 2-33참조).

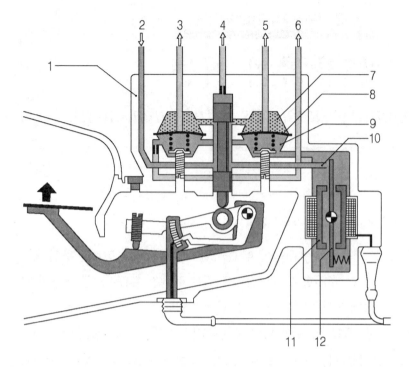

1. 연료분배기
2. 연료입구
3.5. 연료출구(분사밸브로)
4. 시동밸브로
6. 시스템 압력조절기로
7. 상부 체임버
8. 다이어프램
9. 하부 체임버
10. 노즐
11. 자석
12. 배플 플레이트

그림 3-19 연료공급 중단 시의 연료분배기 상태

연료공급 중단기능이 작동되는 기관 회전속도를 가능한 한 낮추는 경향이 있다. 이는 연료 소비를 최대한 낮추기 위해서이다. 그리고 그림 3-20에서와 같이 이 기능의 응답성은 기관온도의 영향을 크게 받는다.

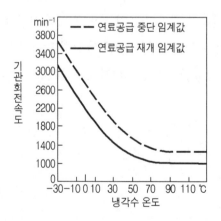

그림3-20 연료공급 차단 시의 기관회전속도와 기관온도와의 관계

2. 기타 기능

이 외에도 추가 기능으로는 공기비제어 기능과 기관회전속도 제한기능, 그리고 고도(altitude)보상 기능을 들 수 있다.

기관회전속도 제한기능은 기관이 미리 정해진 최고속도에 도달하면 ECU는 자동적으로 연료분사를 제한하거나 중단하는 기능을 말한다.

그리고 고도가 높은 산악지대에서는 공기밀도가 낮기 때문에 평지에서 보다도 희박한 혼합기를 필요로 하게 된다. 고도에 따라 혼합비를 제어하는 기능이 바로 고도 보상기능이다.

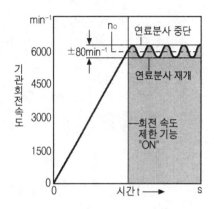

그림 3-21 연료공급중단에 의한 최고속도제한 기능

공기비 제어(Lambda control)에 대해서는 유해배출가스 저감기술을 설명할 때 자세히 설명하기로 하고 여기서는 생략한다.

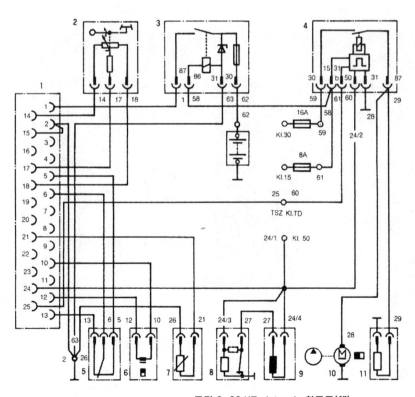

1. ECU
2. 공기량계량기의 포텐시오미터
3. 릴레이 (전압제한 장치부)
4. 회전속도 릴레이
5. 스로틀밸브위치센서
6. 시스템 압력조절기
7. 온도센서(NTC)
8. 온도-시간 스위치
9. 냉시동밸브
10. 연료공급펌프
11. 추가공기공급기

그림 3-22 KE-Jetronic 회로도(예)

■ The KE-Jetronic

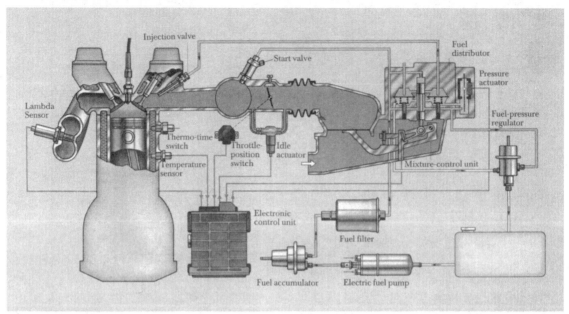

The KE-Jetronic has been developed to improve mixture adaptation particularly during warm-up and for changes of load. The basic principle of the K-Jetronic has been retained. In the KE-Jetronic, warm-up control and additional control functions are performed by an electro-hydraulic pressure actuator which replaces the warm-up regulator of the K-Jetronic and which is mounted directly on the fuel distributor. It varies the differential pressure across the control slits, thus influencing the quantity of fuel injected.

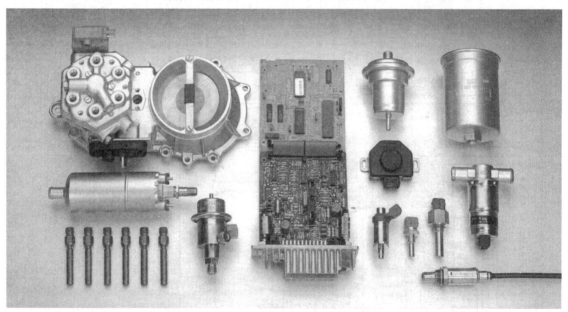

The system features an electronic control unit which processes information on engine temperature, engine speed, air flow and throttle position as well as air-fuel ratio and atmospheric pressure. The "limp-home" properties of the K-Jetronic also apply to the KE-Jetronic. The pressure actuator of the KE-Jetronic also has the capability to perform additional functions, such as acceleration enrichment, overrun cutoff, lambda closed-loop control and altitude compensation.

The electronic control unit can also perform idle-speed control as well as further functions. The control unit employs analog or digital technology with a microcomputer, depending on the scope of functions.

MAP-n 제어방식의 가솔린분사장치

-Bosch D-Jetronic부터-

 양산(量産) 가솔린 자동차에 전자제어 연료분사장치가 처음 사용된 것은 1966년 9월 폭스바겐 1600E(Volkswagen 1600E)에 D-Jetronic 시스템이 사용되면서부터이다.

 D-Jetronic은 이미 구시대의 시스템이 되어버렸으나 D-Jetronic의 공기계량 방식의 원리인 MAP-n(흡기다기관 절대압력 – 기관 회전속도) 제어방식은 오늘날도 여전히 사용되고 있다. 다만 오늘날 사용되는 MAP-n제어 방식은 MAP센서가 전자식이며, 제어 ECU의 용량이 크게 커졌으며, 신호처리 속도도 크게 향상되었다는 점이 다를 뿐이다.

 따라서 본장에서는 전자제어 가솔린 분사장치를 체계적으로 이해하는데 도움을 주기위해서 먼저 D-Jetronic을 소개하고, 이어서 오늘날 사용되고 있는 MAP-n제어 방식을 설명하기로 한다. 오늘날 MAP-n제어 방식은 MPI시스템과 SPI시스템 모두에 사용된다.

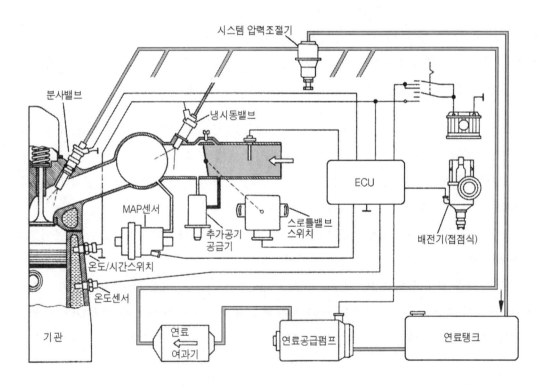

그림 4-1 BOSCH D-Jetronic의 시스템 구성(예)

제1절 BOSCH D-Jetronic

1. D-Jetronic 시스템의 개요

D-Jetronic이란 용어는 BOSCH사의 상표명으로서 D는 독일어 Druck(압력)에서, Jetronic 은 영어 Injection(분사)과 Electronic(전자)의 합성어이다.

D-Jetronic은 간접 분사방식이며 동시에 간헐 분사방식이다. 그리고 분사밸브 수에 따라 분류하면 MPI방식에 해당한다. D-Jetronic은 크게 연료 계통(fuel system), 공기 계통(air system), 그리고 전자제어 계통(electronic control system)으로 구성되어 있다.

그림 4-1에서 보는 바와 같이 D-Jetronic의 연료공급 시스템은 연료 탱크 → 연료공급 펌프 → 연료 여과기 → 시스템 압력조절기 → 분사밸브와 냉시동 밸브로 구성된다. 연료시스템 압력은 시스템압력 조절기에 의해서 조절되며, 시스템압력 조절기에서 리턴 (return)되는 연료는 다시 연료탱크로 복귀한다.

흡기는 공기여과기를 거쳐서 흡기관의 서지탱크(surge tank)에 유입되고, 스로틀밸브의 개도에 따라 실린더로 유입되는 양이 제어된다.

흡기다기관 절대압력(MAP : Manifold Absolute Pressure)은 그림 4-1에서와 같이 스로틀 밸브 하부의 흡기다기관에 설치된 MAP-센서에 의해서 감지되어 ECU에 전송된다. 그리고 기관의 회전속도는 배전기 내에 설치된 별도의 릴리스(release) 접점에 의해서 ECU에 입력 된다.

ECU는 각 센서로부터의 입력신호를 처리하여 분사밸브의 분사지속기간을 결정한다. 분사 밸브는 ECU로부터 간헐적으로 공급되는 전류에 의해서 솔레노이드 코일이 여자되면 밸브니 들이 열려 연료를 분사하게 된다.

2. D-Jetronic의 연료 시스템(fuel system)

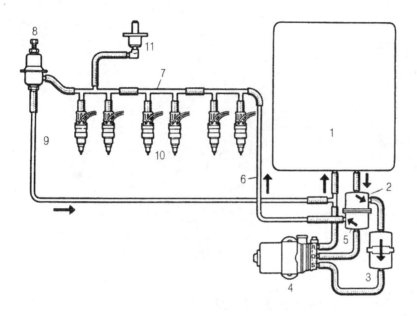

1. 연료탱크
2. 압력댐퍼(상부실)
3. 연료 여과기
4. 연료공급펌프
5. 압력댐퍼(하부실)
6. 연료공급라인
7. 연료 분배관
8. 시스템 압력조절기
9. 연료 리턴 라인
10. 분사 밸브
11. 시동 밸브

그림 4-2 D-Jetronic의 연료 시스템

D-Jetronic의 연료시스템은 그림 4-2와 같다. 그리고 시스템압력은 약 2.0bar 정도로 제어된다. 그리고 연료탱크와 연료공급 펌프사이 또는 연료공급펌프의 압력 측에 연료공급펌프의 소음을 감소시키는 댐퍼(damper : Daempfer)가 설치된 것도 있다.

연료탱크, 연료공급펌프, 연료여과기 그리고 댐퍼는 K-Jetronic에서 설명한 내용과 같은 원리에 의해서 작동되며 구조도 비슷하다(참고 K-Jetronic편). 따라서 여기서는 설명을 생략한다.

연료공급펌프는 기관작동 중 릴레이에 의해서 전류가 공급되어야 작동되며, 기동 시에는 기관의 회전속도가 약 $100m^{-1}$ 이상이어야 작동된다.

(1) 시스템 압력조절기

시스템 압력 조절기(fuel pressure regulator)는 차종에 따라 다르나 시스템압력을 약 2.0~2.2bar 사이에서 제어한다.

시스템압력 조절기의 구조는 그림 4-3과 같으며 스프링실의 스프링 장력을 변화시켜 시스템압력을 조절할 수 있도록 되어있다.

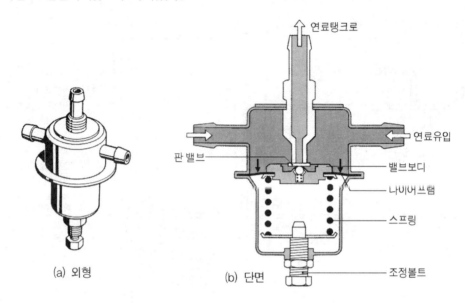

(a) 외형   (b) 단면

그림 4-3 시스템압력 조절기

(2) 분사밸브

연료는 솔레노이드에 의해서 작동되는 분사밸브로부터 흡기밸브 전방에 분사된다.

연료는 분사밸브 내의 여과기를 거친 다음, 밸브 내부의 통로를 따라 출구(calibrating throttle)에 이르게 된다.

기관정지 시에 밸브 끝 부분의 출구는 상부에 설치된 스프링의 장력에 의해서 밸브 니들(valve needle)과 밀착되어 있다. ECU로부터의 제어 전류에 의해 분사밸브의 솔레노이드 코일이 여자되면 스프링 장력을 이기고 밸브 니들을 흡인하여 밸브의 출구가 열리게 된다. 분사밸브의 솔레노이드 코일에 작용하는 전압은 3V이고 밸브 니들의 행정은 0.15±0.05㎜정도이다. 연료분사량은 분사밸브의 개변지속기간에 따라 변화한다.

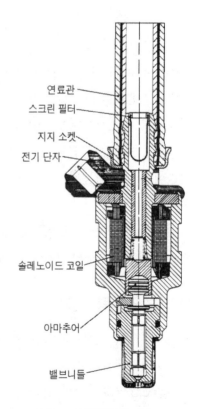

그림 4-4 분사밸브의 단면

(3) 시동밸브(electro-start valve)

그림 4-5는 시동밸브의 단면이다. 시동밸브는 온도-시간 스위치 또는 온도 스위치와 전기적으로 연동되도록 되어있다. 작동 방법은 앞서 K-Jetronic에서 설명한 내용과 같다.

3. D-Jetronic의 공기계

(air-system of D-Jetronic)

공기여과기를 거친 공기는 스로틀밸브를 지나서지 탱크(surge tank)에 모여 있다가, 흡기밸브가열리면 실린더 내로 유입된다. 그리고 흡기다기관

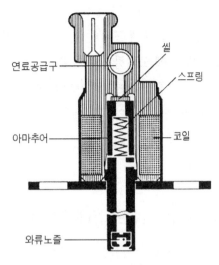

연료공급구
씰
스프링
아마추어
코일
와류노즐

그림 4-5 시동밸브(전기식)

에는 MAP-센서와 연결되는 구멍이 가공되어 있다. 기관이 공전상태일 때, 즉 스로틀밸브가닫혀있을 경우에는 스로틀밸브를 바이패스(bypass)하는 통로로 공기가 공급된다. 그리고 냉시동 시나 난기운전 기간 중에는 추가공기 공급기를 통해서 추가공기가 공급되며, 이때 필요연료량은 ECU가 계산한다(그림 4-7 참조).

(1) 추가공기 공급기

추가공기 공급기(auxiliary air device)로는 초기에는 왁스(wax)형을, 나중에는 전기식을 사용하였다.

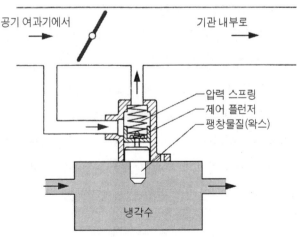

공기 여과기에서
기관 내부로
압력 스프링
제어 플런저
팽창물질(왁스)
냉각수

그림 4-6 추가공기 공급기의 작동원리

왁스형 추가공기 공급기의 경우, 추가공기는 기관이 차가울 때는 많이 공급되나, 기관이 정상작동온도에 도달하면 왁스가 팽창하여 바이패스 통로를 차단한다. 따라서 기관이 정상작동온도에 도달하면 추가공기는 더 이상 공급되지 않는다.

폭스바겐 1600E(VW 1600E)에 사용되었던 D-Jetronic에서는 추가공기 공급장치가 크랭크케이스 내부온도와 기관윤활유 온도에 의해서 제어되는 방식을 사용하였다.

전기식 추가공기 공급장치는 K-Jetronic에서와 동일한 구조 및 원리로 작동한다(K-Jetronic 참조).

4. D-Jetronic의 MAP센서와 ECU

ECU에는 흡기다기관의 절대압력(MAP), 기관회전속도(n), 흡기온도(T_L) 냉각수온도(T_W)와 실린더헤드 온도(T_H), 스로틀밸브 위치(α), 시동 신호(start signal), 분사시기($°$) 등에 관한 정보들이 입력된다.

ECU는 이들 입력된 정보를 처리하여 분사밸브의 개변지속시간을 결정한다. 그러나 분사밸브의 개변지속기간은 기본적으로는 흡기다기관 절대압력(MAP)과 기관회전속도(n) – (MAP – n) – 에 의해서 결정된다. 다른 입력 정보들은 보정변수에 불과하다.

(1) 흡기다기관 절대압력(MAP) 센서 – 기계식

흡기다기관에서 스로틀밸브를 기준으로 할 때 스로틀밸브 전방에는 대기압이 작용하지만 스로틀밸브를 지나서 기관 쪽으로 가면 압력이 낮아진다. 즉 스로틀밸브 후방의 흡기다기관 압력은 스로틀밸브의 개도에 따라 변화한다.

대기압(P_0)과 흡기다기관 절대압력(P_1)과의 차이가 기관이 흡입한 공기량을 계량하는 척도로 사용된다(그림 4-7참조). MAP센서의 설치 위치 및 구조는 그림 4-7, 4-8과 같다.

기계식 MAP센서는 밀폐된 금속 케이스에 내장되어 있다.

센서에는 2개의 다이어프램형 기압계가 내장되어있는 데, 이들 기압계는 흡기다기관 절대압력의 변화에 따라 아마추어(armature)가 여자코일 중심부에서 직선 왕복운동을 하도록 작용한다. 아마추어가 여자코일의 중심부에서 왕복운동하면 인덕턴스(inductance)가 변화하게 된다. 즉, 흡기다기관의 절대압력의 변화는 이 인덕턴스의 변화로, 인덕턴스의 변화는 전기적 신호로 변환된다.

【참고】 인덕턴스(inductance) → 전선이나 코일에는 그 주위나 내부를 통과는 자속의 변화를 방해하는 성질
이 있다. 이 성질의 크기를 나타내는 값을 인덕턴스라 한다. 자기 - 인덕턴스와 상호 - 인덕턴스가 있으
며, 단위로는 H(henry)가 사용된다.

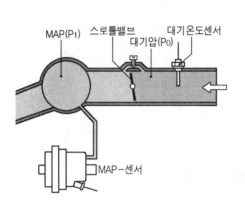

그림 4-7 MAP센서의 설치위치

1. 전부하 다이어프램
2,3. 기압계
4. 판 스프링
5. 코일
6. 아마추어
7. 철심
8. 부분부하 스토퍼
9. 전부하 스토퍼

그림 4-8 MAP센서의 구조

① 공전 시 $(P_1 \ll P_0)$ (그림 4-9)

스로틀밸브가 닫혀있을 때 즉, 공전 시 대기압 P_0는 흡기다기관의 절대압력 P_1보다 아
주 높다. 따라서 전부하 다이어프램(그림 4-9의 ①)은 부분 부하 스토퍼(part load stopper)
(그림 4-9의 ⑧)까지 우측으로 이동한다. 동시에 기압계(그림 4-9의 ②와 ③)는 팽창하므
로, 아마추어(그림 4-9의 ⇨부분)는 여자 코일 기준으로 우측으로 이동하고, 그렇게 되면
여자코일의 인덕턴스는 감소하게 된다.

여자코일의 인덕턴스가 감소하면 분사밸브로 전송되는 분사펄스(injection pulse)가 짧
아진다.

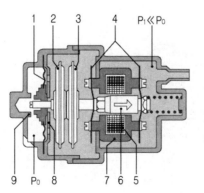

1. 전부하 다이어프램
2,3. 기압계
4. 판 스프링
5. 코일
6. 아마추어
7. 철심
8. 부분부하 스토퍼
9. 전부하 스토퍼
P_1 : MAP
P_0 : 대기압

그림4-9 공전 시 MAP센서의 상태도

② **부분부하 시**($P_0 < P_1$)(**그림** 4-10)

　부분부하 시에는 대기압 P_0와 흡기다기관 절대압력 P_1 간의 압력차는 여전히 전 부하 다이어프램을 부분 부하 스토퍼까지 이동시킬 수 있을 만큼 크다. 그러나 기압계의 팽창도가 적어 아마추어는 공전 시와 비교할 때 우측으로의 이동량이 적기 때문에 여자코일과 겹치는 부분이 많아진다. 따라서 여자코일의 인덕턴스는 공전 시에 비해 증가한다. 인덕턴스가 증가하면 증가하는 만큼 분사 밸브로 전송되는 분사펄스는 길어진다. 분사펄스가 길어지면 연료분사량은 증가한다.

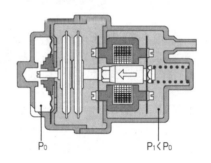

그림 4-10 부분부하 시 MAP센서의 상태도

③ **전 부하 시**($P_0 \approx P_1$)(**그림** 4-11)

　전 부하 시에는 대기압 P_0와 흡기다기관 절대압력 P_1과의 압력차가 아주 작다. 따라서 전 부하 다이어프램은 반대편의 스프링에 의해서 전부하 스토퍼(그림4-9의 ⑨)에 밀착된다. 기압계(그림4-9의 2와 3)도 스프링 장력에 의해 압축된다. 따라서 아마추어는 여자코일의 인덕턴스가 최대가 되는 지점으로 이동하게 된다. 인덕턴스가 최대가 되면 분사밸브의 개변지속기간도 최대가 되게 된다.

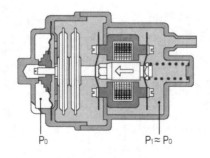

그림 4-11 전부하 시 MAP센서의 상태

강화된 유해 배출물 규제수준을 만족시키기 위한 방법의 하나로 전부하 다이어프램이 생략된 MAP센서를 사용하는 경우도 있다. 그림 4-12에서 보면 대기압 P_0는 개방된 기압계(1)의 내부에 직접 작용한다. 그리고 흡기다기관의 절대압력 P_1은 밀폐된 기압계(2)에 직접 작용한다. 그리고 대기압 P_1도 개방된 기압계(1)에 의해 밀폐된 기압계(2)에 직접 작용한다. 이 형식의 MAP-센서는 기관의 부분부하 상태에 아주 민감하게 반응한다.

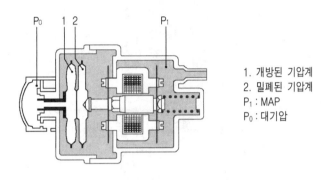

1. 개방된 기압계
2. 밀폐된 기압계
P_1 : MAP
P_0 : 대기압

그림4-12 전부하 다이어프램이 생략된 MAP센서

(2) 배전기 내에 설치된 릴리스 접점(release point in distributor)

MAP-센서는 기관의 부하상태에 관한 정보를 생성하는 반면에, 배전기 내에 설치된 릴리스 접점(release point)은 기관의 회전속도에 관한 정보를 ECU에 공급한다. D-Jetronic이 발표될 당시로서는 별도의 부품이나 센서를 사용하지 않고 배전기로부터 기관회전속도신호를 얻는 방법이 가장 용이한 방법으로 생각되었다.

릴리스 접점은 기관의 회전속도에 관한 정보를 ECU에 공급하는 일, 이외에도 연료공급 펌프를 작동시키는 멀티 바이브레이터(multi-vibrator)를 제어하며, 분사시기를 결정하고, 분사 밸브 그룹(injection valve group, 예:(1.3) (2.4))을 결정한다.

분사는 분사밸브의 그룹별로 이루어진다. 4기통 기관의 경우를 예로 들면, 점화순서에 따라 1번 실린더와 4번 실린더, 2실린더와 3번 실린더가 각각 그룹이 된다.

4기통 기관에서 2개의 분사밸브를 동시에 분사하도록 하면 전자장치가 아주 간단해진다.

6기통 기관에서는 3개의 분사밸브를 1조로 하여 2개의 그룹으로, 8기통 기관에서는 접점이 2개인 릴리스 접점을 설치하고 2개의 분사 밸브를 1조로 하여 총 4개의 그룹으로 나누어 분사하도록 하였다. 오늘날의 선택적 순차분사와는 거리감이 있다. 그러나 초기의 8bit‑기술로는 최선의 선택이었을 수 있다.

배전기 내에 설치된 릴리스 접점은 배전기와는 절연되어 있으며 조정이 필요없다. 접지(earth connecting)는 ECU에서 이루어진다.

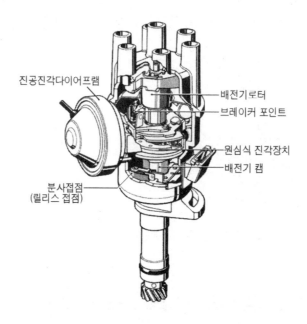

그림 4-13 릴리스 접점이 설치된 배전기

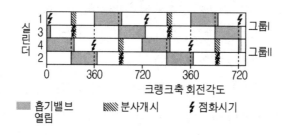

그림 4-14 4기통 기관의 분사선도(D-Jetronic)

(3) 온도센서(temperature sensor)

기관의 부하(=MAP센서)와 기관의 회전속도(=배전기의 릴리스 접점)에 의해 결정된 기본분사량을 기관의 운전상태에 따라 보정한다. 기관의 작동온도에 따른 보정은 온도센서로부터의 정보에 근거하여 이루어진다. 온도센서로는 NTC-서미스터가 사용된다.

NTC-서미스터는 온도가 증가함에 따라 전기적 저항이 감소하는 반도체 소자이다. 기관의 형식에 따라 1개 또는 2개의 온도센서가 사용된다. 온도센서 1은 흡기온도 측정용이고 온도센서 2는 수냉식 기관에서는 냉각수 온도, 공랭식 기관에서는 실린더-헤드의 온도를 측정한다. NTC-서미스터는 오늘날도 많이 사용되는 센서이다.

여기서 흡기온도는 기관온도에 비해 연료분사량의 보정에 미치는 영향이 적다. 그러나 흡기온도가 아주 낮으면(예 : 0~ -10℃), 흡기밀도가 높기 때문에 혼합기가 희박하게 되어 실화를 유발할 수 있다. 이를 방지하기 위하여 흡기온도에 따라 분사량을 보정한다.

VW1600E에 사용된 1세대 D-Jetronic에서는 연료분사량에 영향을 미치는 온도보정변수로 기관 오일온도를 측정하였고 또 추가공기 공급기를 작동시키기 위해서는 흡기 온도센서를 이용하였다.

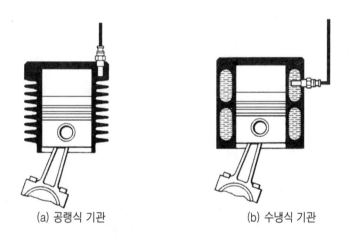

(a) 공랭식 기관   (b) 수냉식 기관

그림 4-15 온도센서의 설치위치

(4) 스로틀밸브 스위치(throttle valve position sensor : Drosselklappenschalter)

스로틀밸브 스위치는 다음과 같은 기능을 담당한다.
- 스로틀밸브의 개도에 대한 정보를 ECU에 공급한다.
- 가속 시 농후혼합기
- 전 부하 농후혼합기
- 타행 주행 시 연료공급 중단 기능(D-Jetronic 1세대에서 만)

스로틀밸브가 열릴 때 스로틀밸브 스위치의 와이퍼(wiper)는 와이퍼 트랙(wiper track) 위를 미끄럼운동 하면서 가속신호를 ECU에 공급한다.

ECU는 전달된 가속신호 중 1/1000 초 이상 지속되는 신호에 대해서만 반응한다. 그리고 가속펄스에 의해 이미 분사가 진행 중일 때 ECU에 전달된 가속펄스는 모두 무시된다.

가속 시 분사는 스로틀밸브가 공전위치에서 전부하 위치까지 완전히 열릴 때 시작되며, 최대 20회의 분사펄스가 지속된다.

스로틀밸브가 열릴 때 흡기다기관 절대압력의 변화에 대응하여 MAP센서가 반응하는 데 시간적 지연이 발생하기 때문에 가속 시 농후혼합기를 공급해야 할 필요가 있다. 1세대 스로틀밸브 스위치에는 가속 시 농후혼합기 공급기능이 없었다. 따라서 급가속 초기에 자동차의 주행상태가 매끄럽지 못했다.

가속펄스는 스로틀밸브 축에 설치된 와이퍼(wiper)에 의해서 ECU에 전달되며 와이퍼는 스로틀밸브 축이 움직이면 동시에 작동한다. 스로틀밸브가 열리면 가속 스위치는 닫히고, 스로틀밸브가 닫히면 가속 스위치는 열리게 된다. 이는 가속페달에서 발을 뗌과 동시에 가속펄스가 발생되지 않도록 하기 위해서이다.

강화된 배기가스 규제수준을 만족시킬 목적으로 스로틀밸브 스위치 내에 추가로 전부하 접점을 설치하였다(그림 4-17).

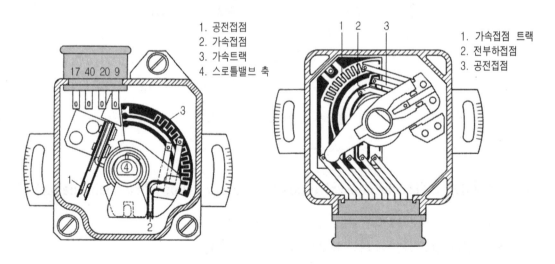

1. 공전접점
2. 가속접점
3. 가속트랙
4. 스로틀밸브 축

1. 가속접점 트랙
2. 전부하접점
3. 공전접점

그림 4-16 전부하 접점이 없는 스로틀밸브 스위치   그림 4-17 전부하 접점이 있는 스로틀밸브 스위치

그리고 1973년부터 스로틀밸브 스위치를 이용하여 연료공급을 중단(fuel cut-off)할 수 있게 되었다. 타행주행 시 기관의 회전속도가 1800min^{-1} 이상이면 분사밸브에서 연료가 분사되지 않도록 하였다. 그러나 기관이 공전상태 –"스로틀밸브가 닫혀있다"– 이고 기관의 회전속도가 1200min^{-1} 이하가 되면 분사밸브는 다시 연료를 분사하여 기관은 운전을 계속하도록 하였다.

(5) D-Jetronic의 ECU

D-Jetronic의 ECU는 250~300개 가량의 전자부품으로 구성되어 있으며 트랜지스터 약 30개와 다이오드 약 40개 정도가 사용되었다. 오늘날의 수준에서 보면 부품수는 많고 크기는 크지만 기능은 제한된 ECU이다. ECU의 블록선도는 그림 4-18과 같다.

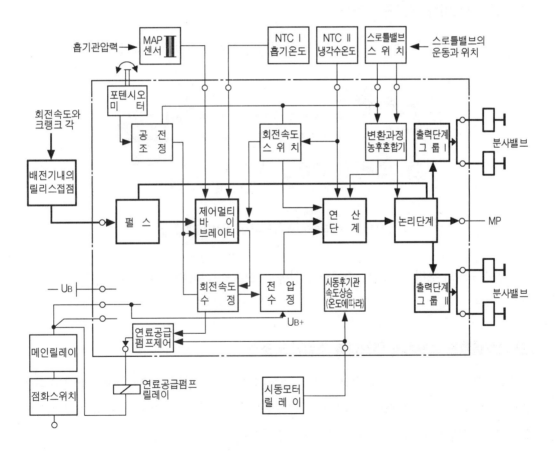

그림 4-18 D-Jetronic의 블록선도

5. D-Jetronic의 점검 및 조정

D-Jetronic에서의 조정작업은 공전속도, 공전속도에서의 CO량, 연료공급압력 그리고 스로틀밸브 스위치의 조정 등이다. 오늘날의 기관에는 배전기가 없고, 밸브간극도 자동조정되며, 스파크플러그 교환주기도 길지만 당시로서는 그렇지 못했다. 따라서 D-Jetronic을 조정하기 전에 먼저 기관 각부의 기계적 기능이 정상인지를 확인하는 것이 필수작업이었다.

예를 들면 • 드웰각과 점화시기

• 흡/배기 밸브의 간극

• 압축 압력

• 스파크 플러그의 간극 점검 및 조정 등을 먼저 수행해야 한다.

(1) 공전 혼합비와 공전속도 조정

① 공전혼합비 조정 - ECU에서 포텐시오미터의 저항을 조정하여 조정한다(B).

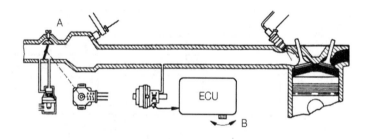

그림4-19 D-Jetronic의 공전속도와 공전혼합비 조정

② 공전속도의 조정 - 그림4-19에서 공전속도 조정 스크루(A)를 돌려서 조정한다.

(2) 스로틀밸브 스위치와 연료압력 조절기의 조정

스로틀밸브 스위치는 스로틀밸브가 열린 위치에서 저항 무한대($\infty\Omega$), 스로틀밸브가 완전히 닫힌 위치에서 저항이 0(0Ω)이 되도록 조정한다. 연료압력 조절기는 기관이 정상 작동온도일 때, 연료압력이 2.1 ± 0.1bar가 되도록 조절나사를 돌려 조정한다.

제4장 MAP-n 제어방식의 가솔린분사장치

제2절 최근의 MAP-n 제어시스템
(modern MAP-n system : Moderne MAP-n Benzineinspritzung)

오늘날 사용되고 있는 MAP-n 제어방식은 D-Jetronic과 비교할 때 MAP센서가 전자식으로 바뀌었고, 기관회전속도 신호를 점화코일의 (−)단자로부터, 또는 별도의 회전속도 센서로부터 얻는다는 점이 다를 뿐이다. 물론 ECU도 아날로그 방식에서 디지털 방식으로 변경되었으며, 기능면에서는 비교할 수 없을 정도로 확장되었다. 따라서 여기서는 전자식 MAP센서에 대해서 먼저 설명하고 이어서 연료분사량 계산 방법을 소개하기로 한다.

1. 전자식 MAP-센서

일반적으로 흡기다기관 절대압력(MAP)의 변화를 전압변화로 바꾸어 검출하는 센서로서, 최대압력 1~5bar 정도를 측정할 수 있는 센서들이 주로 사용된다. 많이 사용되는 형식으로는 후막-압력센서와 반도체-압력센서가 있다.

(1) 후막 압력센서(Thick-film pressure sensor : Dickschicht-Drucksensor)

이 센서는 직접 흡기다기관에 설치되거나, ECU에 설치된다. ECU에 설치된 경우에는 호스를 통해 센서에 흡기다기관의 부압이 작용하는 구조로 되어 있다.

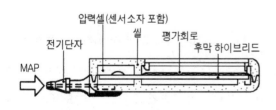

그림 4-20a 후막-압력센서의 구조(외형)

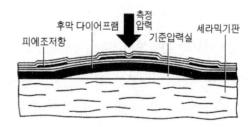

그림 4-20b 후막-압력센서의 센서 셀의 구조

2개의 센서－엘리먼트가 설치된 압력실 그리고 평가회로가 설치된 부분으로 구성되어 있다. 센서－엘리먼트와 평가회로는 1개의 공통 세라믹 기판에 설치되어 있다. 그리고 압력실에는 흡기다기관 절대압력(MAP)이 작용한다.

MAP－센서의 압력실에는 세라믹기판 위에 약간 볼록한 두꺼운 막이 접착되어 있고, 막 안에는 기준압력이 밀폐되어 있다. 그리고 막 외부에는 압전저항소자가 부착되어 있다. 이 압전저항소자는 흡기다기관의 압력이 변화할 때, 막의 기계적 팽창도의 변화에 따라 저항값이 변화한다. 저항값이 변화함에 따라 전압신호도 변화한다.

K－계수(상대 저항변화/팽창도)가 12∼15범위일 경우, 최대 약 20bar까지 측정할 수 있다. 평가회로는 전압신호를 증폭시키고, 온도영향을 보상하여, 선형화된 전압신호를 생성한다.

MAP－센서의 특성곡선은 공전 시 약 0.4V 그리고 고속에서 약 4.6V의 신호전압을 발생시킨다. 바로 이 두 전압값의 사이가 MAP－센서의 선형 작동영역이다. 엔진 ECU의 평가회로는 흡기압력신호 외에도 엔진회전속도 그리고 다른 여러 가지 신호들을 종합, 평가하여 필요한 분사시간을 결정한다.

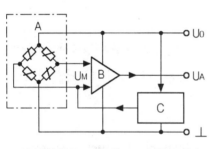

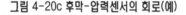

A : 압력측정셀   B : 증폭기   C : 온도보상회로
U₀ : 전원전압   Uₘ : 측정전압   Uₐ : 출력전압

그림 4-20c 후막-압력센서의 회로(예)

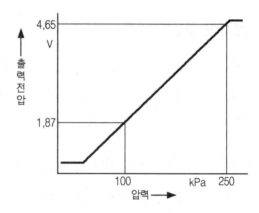

그림 4-20d 후막-압력센서의 특성곡선(예)

(2) 반도체 압력센서(Semi-conductor pressure sensor : Halbleiter-Drucksensor)

이 센서는 대부분 압력변환 소자(素子)와 소자의 출력신호를 증폭하는 하이브리드 IC(hybrid IC)가 1개의 하우징 안에 집적되어 있으며, 압력변환 소자로는 반도체의 압전저항효과(Piezo effect)를 이용한 실리콘 다이어프램 형식(silicon diaphragm type)이 주로 사용된다. 단결정 실리콘에 투입, 확산된 저항의 K－계수는 K=100 정도로 아주 높다. 센

서의 교정 및 보정은 지속적으로 또는 단계적으로, 부가된 하이브리드 IC 또는 동일한 칩 (chip)에서 이루어진다. 0점 교정 및 특성값의 기울기 교정을 위한 값은 PROM에서 디지털 적으로 계산된다. 실리콘 다이어프램의 한쪽에 진공실이 있고 다른 한쪽에는 흡기다기관 내의 압력이 작용한다(그림 4-21a 참조).

센서는 흡기다기관에 직접, 또는 ECU나 엔진룸에 설치된다. 어떠한 경우에도 600℃ 이상의 온도에 직접적으로 노출되어서는 안되며, 작동온도범위가 150℃ 이하가 되는 위치에 설치하여야 한다. 압력이 작용하는 부분인 실리콘 다이어프램의 한 쪽은 진공 때문에 검출 압력이 높을수록 실리콘 다이어프램의 변형(10 ~ 1000μm)이 크게 된다.

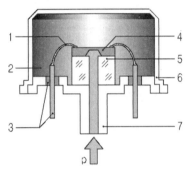

1.3. 전기단자 및 부싱
2. 기준진공
4. 측정셀(칩), 평가 일렉트로닉 포함
5. 유리 받침대
6. 캡
7. 측정압력 입구

(a) 센서의 구조

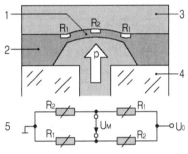

1. 다이어프램   2. 실리콘 칩
3. 기준 진공   4. 유리(파이렉스)
5. 브릿지회로   P. MAP
U_0 : 전원전압 U_M : 측정전압
R_1 : 팽창저항(수축상태)
R_2 : 팽창저항(팽창상태)

(b) 작동원리

그림 4-21 반도체 압력센서와 작동원리

이 수축을 실리콘 다이어프램에 부착되어 있는 저항에 의해 휘스톤 브릿지(wheastone bridge)에서 전기 신호로 변환시킨다. 이 전압신호는 미소하므로 하이브리드 IC를 이용하여 증폭시킨다.

반도체 압력센서는 그림4-21c와 같이 흡기다기관 절대압력의 변화에 대하여 직선적으로 비례하는 전압을 발생시킨다.

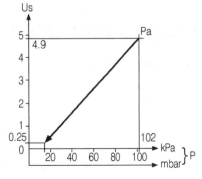

그림4-21c 반도체(Si-chip) 압력센서의 출력특성(예)

2. 연료 분사량의 계산방법

MAP-n 제어 방식의 분사시간 계산식은 다음과 같이 계산할 수 있다.

$$T_i = T_p \times F_c + T_v \quad \cdots\cdots\cdots\cdots\cdots\cdots\cdots (4\text{-}1)$$

여기서 T_i : 분사밸브의 분사지속시간[ms] T_p : 기본 분사시간[ms]

F_c : 기본 분사시간의 보정계수 T_v : 분사밸브의 무효분사시간[ms]

보정계수(F_c)는 기본분사시간(T_p)을 수정할 때 이용되는 계수이다. 그리고 보정계수에는 일반적으로 다음과 같은 항목들이 포함된다.

$$F_c = f(F_{ET}, F_{AD}, F_O, F_L, F_H, F_{IS}) \quad \cdots\cdots\cdots\cdots\cdots (4\text{-}2)$$

여기서 F_{ET} : 기관온도에 따른 보정계수

F_{AD} : 가/감속에 따른 보정계수

F_O : 이론 공연비에 접근하기 위한 보정계수

F_L : 학습제어에 의한 보정계수

F_H : 고부하, 고회전 시의 보정계수

F_{IS} : 공전 안정화 보정계수

다른 항목은 모두 직접 계량방식에서와 마찬가지이나 F_{IS}(공전 안정화 보정계수)는 MAP-n 제어방식 특유의 보정계수이다.

(1) MAP-n 방식에서의 공기량 계량

흡기다기관 내의 공기밀도를 ρ라고 하면, 1회의 흡기행정에서 충진된 공기의 질량(m_a)은 다음 식으로 표시된다.

$$m_a = \rho \cdot V_h \cdot \eta_V \quad \cdots\cdots\cdots\cdots\cdots\cdots\cdots\cdots (4\text{-}3)$$

여기서 ρ : 흡기다기관 내의 공기밀도[kg/m^3]

V_h : 행정체적[m^3] η_V : 체적효율

이상기체의 상태방정식으로부터 유도한

$$\rho = \frac{1}{v} = \frac{p}{RT}$$ 를 식(4-3)에 대입하면

$$m_a = \frac{p}{RT} \cdot V_h \cdot \eta_V$$

$$= \frac{V_h}{R} \cdot \frac{P}{T} \cdot \eta_V$$

$$\therefore m_a = C \cdot \frac{P}{T} \cdot \eta_V \ \cdots\cdots\cdots\cdots\cdots\cdots\cdots\cdots\cdots\cdots\cdots \text{(4-4)}$$

여기서 C : 정수($C = \frac{V_h}{R}$)

P : 흡기다기관 절대압력[kPa] T : 흡기다기관 내 공기온도[K]

식 (4-4)에서 체적효율(η_V)을 알면 흡기다기관 절대압력과 온도로부터 흡입공기의 질량을 구할 수 있다.

체적효율(η_V)은 기관 회전속도, 밸브 타이밍, 배기압력, EGR 가스량 등의 함수이다. 이들 변수들은 자동차를 사용함에 따라 대부분 그 특성이 변하지만, 마이크로-컴퓨터의 도입으로 이러한 특성변화를 정밀하게 보정할 수 있게 되었다.

(2) 3차원 맵(map)-기본 분사시간 특성도

MAP-n 제어방식의 기본 분사시간(T_p)은 그림 4-22 와 같이 3차원 특성도를 사용하여 ECU에 저장하는 방식이 많이 사용되고 있다.

기관의 회전속도(n)와 흡기다기관의 절대압력(MAP) 을 알면, 흡입공기 질량을 계산할 수 있다. 이때 이론 공연비를 만족하는 분사지속시간을 실험적으로 구한 다. 기관의 운전조건이 격자점(格子點)의 사이에 위치 할 때는 직선 보간법으로 분사지속기간을 구한다.

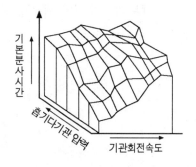

그림 4-22 기본분사시간의 3차원 특성도

그림 4-22와 같은 3차원 특성도의 기본분사시간을 흡기다기관 절대압력(MAP)과 기관 회전속도(n)에 관하여 정리하면 그림 4-23, 그림 4-24의 특성이 얻어진다.

즉, 기본분사시간은 MAP에 강하게 의존하며, MAP에 대해서 거의 직선적인 관계를 보인다. 반대로 기관 회전속도(n)는 극히 복잡한 파형으로 나타난다. 이유는 기관의 회전속도에 대한 체적효율(η_V)의 변화가 반영되기 때문이다.

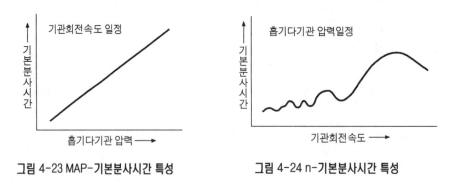

그림 4-23 MAP-기본분사시간 특성　　　　그림 4-24 n-기본분사시간 특성

(3) 대기압 변화에 따른 수정

대기압이 하강하면 배기다기관의 압력도 따라서 하강한다. 이 때문에 배기행정 종료시점에 실린더 내의 잔류 가스량이 감소하여 체적효율(η_V)이 증가한다. 따라서 동일한 MAP과 기관 회전속도(n)에서도 고지대(高地帶)에 오를수록, 흡입공기의 질량이 상대적으로 증가하게 되어 공연비는 희박해지게 된다.

대기압의 변화에 따른 체적효율의 변화비율은 배기압력이 낮은 운전조건일수록 크게 된다. 이 때문에 공연비가 희박해지는 정도는 흡입공기 질량이 적은 공전속도에서 가장 크게 된다(그림 4-25 참조).

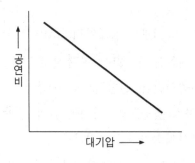

그림 4-25 대기압의 변화에 따른 공연비의 변화

(4) 공전 안정화 보정계수(F_{IS})

MAP-n 제어 방식에서는 공전 안정화 보정을 실행하지 않으면 기관의 공전속도에 주기적인 맥동이 발생한다.(hunting) 이 현상은 공기량을 직접 계량하는 방식(mass flow 방식)에서는 발생하지 않는다. 이와 같은 현상이 발생하는 원인은 다음과 같다.

기본 분사시간에 가장 큰 영향을 미치는 흡기다기관 절대압력(MAP)이 과도기(過度期)에 기관 회전속도에 대하여 지연을 일으키는 경우가 있다.

이 지연시간은 스로틀 보디(throttle body) 아래 쪽의 흡기다기관 체적이 클수록, 또 공전시 기관의 회전속도가 낮을수록 길어지게 되어 회전속도 변동폭을 크게 한다. MAP이 변하면 기관에서 발생되는 회전력(torque)도 변화한다.

MAP은 기관 회전속도와 비교할 때 반응지연이 있으므로, 결과적으로 회전력의 변동은 기관 회전속도의 변동과 비교할 때 늦게 나타난다. 따라서 기관의 회전속도가 상승하고 있을 때 회전력도 상승하고, 반대로 기관의 회전속도가 하강할 때 회전력도 하강하는 영역이 발생하여 기관의 회전력이 주기적으로 계속해서 변화를 반복하게 된다. 이와 같은 종류의 주기적인 회전력 변화(hunting of engine)를 방지하기 위해서 회전력의 변화와는 역위상(逆位相)으로 공연비를 수정하여 회전력의 맥동을 최소화한다.(그림 4-26 참조)

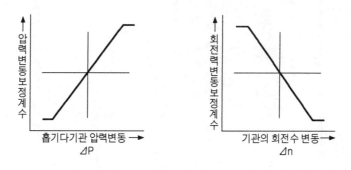

그림 4-26 공전 안정화 보정계수(예)

3. 최근의 MAP-n 제어시스템(예)

그림4-27은 Siemens Bendix Automotive Electronics 社의 FENIX 3B시스템으로 푸조 605(PEUGEOT 605)에 장착된 통합제어 방식으로 부속 시스템은 MAP-n 제어방식의 가솔린

분사장치와 전자제어 점화장치, 노크제어, 공기비 제어, 변속기 제어 그리고 이 외에도 다수
의 시스템 간섭기능과 자기진단기능 등이 추가된다.

ECU는 점화시기와 연료 분사를 동시에 제어하며, 연료 분사량(정확히는 분사밸브 개변 지
속기간)은 흡기다기관에 설치된 압력센서(MAP센서)와 온도센서, 그리고 스로틀밸브 위치센
서와 기관 회전속도 센서로부터의 신호를 종합 처리하여 간접적으로 흡입 공기량을 계량하
여 연산한다. 즉 앞서 설명한 D-Jetronic과 똑같은 원리와 방법으로 흡입 공기량을 계량하여
연료 분사량을 결정한다. 다만 MAP센서가 기계식이 아닌 전자식이며, 컴퓨터의 용량이 증대
됨에 따라 그룹분사가 순차분사로 바뀌고, 시스템 간섭기능들이 추가되었을 뿐이다.

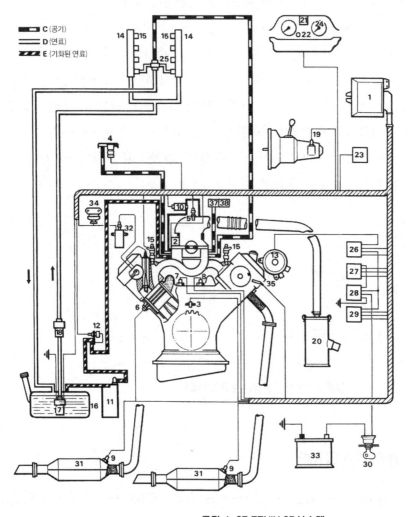

C (공기)
D (연료)
E (기화된 연료)

1. ECU
2. 스로틀밸브위치센서
3. 엔진 rpm센서
4. 흡기압력센서(MAP)
5. 흡기온도센서
6. 냉각수온도센서
7.8. 노크센서
9. 공기비(λ)센서
10. 공전제어 액추에이터
11. 활성탄 캐니스터
12. 퍼지밸브
13. 카쿨러 컴프레서
14. 연료 분배관
15. 분사밸브
16. 연료탱크
17. 연료공급펌프
18. 연료여과기
19. 차속센서
20. 에어 클리너
21. 트립 컴퓨터
22. 경고등
23. 테스터 커넥터
24. 속도계
25. 시스템 압력조절기
26. 컴프레서 릴레이
27. 공연비센서 릴레이
28. 분사 릴레이
29. 연료펌프 릴레이
30. 시동 스위치
31. 3원촉매기
32. 점화코일
33. 축전지
34. 점화 모듈
37.38. 충진제어밸브

그림 4-27 FENIX 3B시스템

제5장

공기량 직접계량방식의 가솔린분사장치

- Bosch L-Jetronic을 중심으로-

■ The L-Jetronic

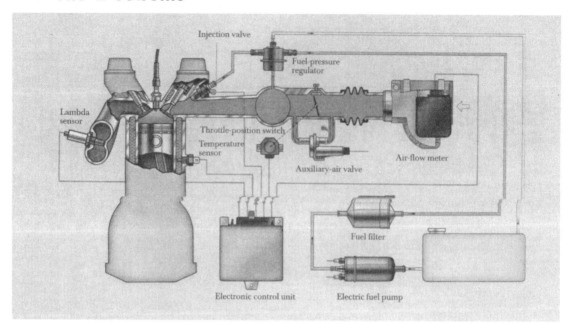

Injection valve

Fuel-pressure regulator

Lambda sensor

Throttle-position switch

Temperature sensor

Auxiliary-air valve

Air-flow meter

Fuel filter

Electronic control unit

Electric fuel pump

The L-Jetronic gasoline-injection system also operates in accordance with the airflow sensing principle. The fuel is distributed by means of solenoid-operated injection valves. The pressure drop at the metering point in the injection valve is kept at a constant level by means of a pressure regulator, thereby making the injected volume dependent solely on the opening period of the injection valves.

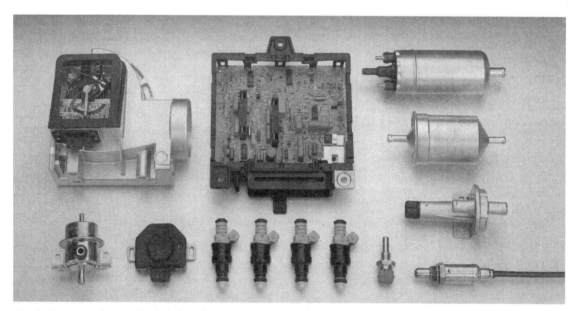

The electronic control unit receives signals from various sensors which characterize the operating condition of the engine. The control unit employs analog or digital technology depending on the scope of functions. An air-flow meter, located in the engine's intake air flow, provides a signal as a function of the intake air volume.

The injection valves are actuated twice per camshaft revolution. Corrections to the air-fuel ratio are carried out by changing the opening period of the injection valves according to the dynamic engine requirements and additional control functions, e.g. cold-start control, warm-up enrichment, acceleration enrichment, idle correction, overrun cutoff, engine-speed limitation and lambda closed-loop control.

제1절 BOSCH L-Jetronic

1. L-Jetronic의 시스템 개요

L-Jetronic도 앞서 설명한 D-Jetronic과 마찬가지로 크게 연료계, 공기계, 그리고 각종 센서와 전자제어 유닛(ECU)으로 구성되어 있다. L-Jetronic의 "L" 은 독일어 Luftmengenmessung의 머리글자로서 "공기량 계량"을 의미한다.

주요변수는 흡입공기량과 기관회전속도이다. 이들 두 변수로부터 1행정 당 흡기량이 측정되고, 이 정보가 기관의 부하에 대한 직접적인 척도로 사용된다. L-Jetronic은 D-Jetronic과는 달리 공기계량기가 흡기의 체적유량(volumetric flow)을 직접 계량한다.

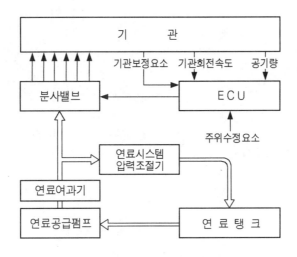

그림 5-1 L-Jetronic의 시스템 블록선도

각종 센서는 기관의 운전 상태에 적합한 연료분사량을 계산하는데 필요한 각종 정보를 수집하여 이를 ECU에 전송한다. ECU에는 흡입 공기량과 기관회전속도신호 외에도, 흡입 공기온도, 스로틀밸브의 개도(α), 기관(냉각수)온도, 가속 여부, 시동 여부 등에 관한 정보가 ECU에 입력된다. ECU는 입력된 정보를 처리하여 필요한 분사밸브의 개변지속기간을 계산하여, 이를 전기적 신호로 바꾸어 분사밸브에 전달한다.

분사밸브는 연료펌프 릴레이→ 전기 구동방식의 연료공급 펌프→ 연료 여과기→ 압력 조절기→ 연료분배 파이프를 거쳐 공급, 분사대기 중인 연료를 개변지속기간 동안 흡기밸브 전방의 흡기다기관에 분사한다.

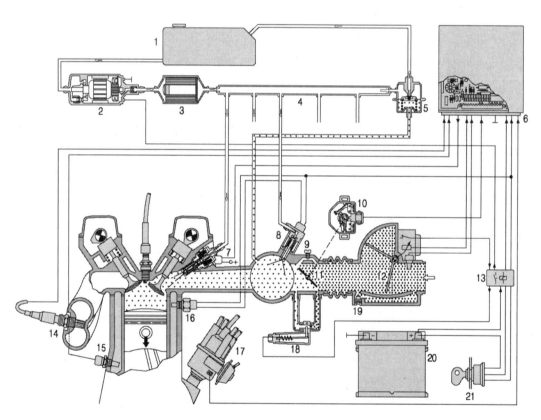

1. 연료탱크
2. 연료공급펌프
3. 연료여과기
4. 연료분배관
5. 시스템압력조절기
6. ECU
7. 분사밸브
8. 냉시동밸브
9. 공전속도조정스크루
10. 스로틀밸브스위치
11. 스로틀밸브
12. 공기량 계측기
13. 릴레이
14. 공기비센서
15. 엔진온도센서
16. 온도-시간-스위치
17. 배전기
18. 추가공기공급기
19. 공전혼합비 조정스크루
20. 축전지
21. 점화/시동스위치

그림 5-2 초기의 L-Jetronic 시스템(예)

L-Jetronic 시스템은 크게 1, 2세대와 LE-Jetronic(3세대), 그리고 4세대와 LU-Jetronic 등으로 구분된다. 1~2세대는 짧은 시간 내에 사라져 버렸고 3세대와 4세대가 비교적 오랜 기간 동안 사용되었다.

LE-Jetronic은 L-Jetronic für Europa의 뜻으로 유럽모델 L-Jetronic을 말한다. LE-Jetronic은 냉시동 밸브와 온도-시간 스위치의 기능을 분사밸브가 대신하도록 한 것으로 1984년 9월 이후의 모델이다.

LU-Jetronic은 미국시장을 겨냥한 모델(L-Jetronic für U.S.A)로서 LE-Jetronic에 공기비 센서(λ-sensor)와 촉매기가 부가된 시스템을 말한다.

따라서 본 장에서는 LE-Jetronic 이후의 시스템에 대하여 종합적으로 설명하기로 한다. 그리고 연료공급장치에 대해서는 앞서 K-Jetronic편에서 설명된 내용과 중복되는 부분은 제외한다. 그림 5-2는 초기의 L-Jetronic의 시스템의 개략도이다.

2. 연료계(fuel system : Kraftstoffsystem)

연료는 연료 공급펌프에 의해 연료탱크로부터 토출되어 연료분배관에 공급된다. 여기서 연료압력은 압력조절기에 의해 흡기다기관의 압력보다 약 2.5bar 정도 높은 압력으로 조정된다. 연료 분배관의 연료는 개별 라인을 통해 각 분사밸브와 냉시동 밸브에 공급된다. 과잉 공급된 연료는 리턴 라인(return line)을 통해 다시 연료탱크로 되돌아간다.

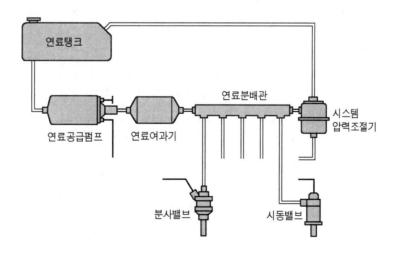

그림 5-3 L-Jetronic의 **연료공급시스템**

(1) 연료 공급펌프(fuel pump : Kraftstoffpumpe)

초기에는 K-jetronic에서 이미 설명한 롤러 - 셀 펌프가 주로 사용되었다(pp.50, 그림 2-10 참조). 설치 위치도 차종에 따라 다르나 앞서 K-Jetronic에서 설명한 바와 같이 초기에는 연료탱크 외부의 연료탱크 근처에 설치하였으나, 나중에는 연료탱크 내부에 설치하였다. 연료공급펌프의 개수는 1개가 대부분이지만 2개를 설치한 차종도 있었다.

연료공급펌프의 성능은 차종이나 기관의 출력에 따라 다르지만 초기에는 대체로 토출유량 90~165 l /h 정도, 정격전압 12~14V, 소비전류 4~5A정도가 대부분이었다.

기관시동 시에는 점화 스위치가 시동(start)위치에 있을 때만 연료공급펌프가 작동된다. 기관이 시동되고 나면 연료공급펌프는 ECU와 연결되어 ECU에 의해서 ON - OFF된다.

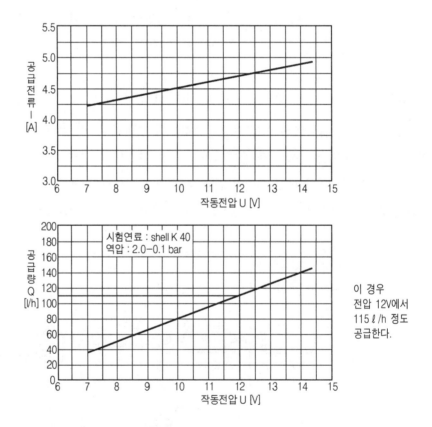

이 경우
전압 12V에서
115 l /h 정도
공급한다.

그림 5-4 연료공급펌프의 특성곡선(예)

ECU에 의해서 연료공급펌프가 ON - OFF되도록 하는 이유는 앞서 K-Jetronic에서 설명하였으나, 다시 한번 설명하기로 한다.

첫째, 점화 스위치는 "ON"위치에 있으나 기관이 작동되지 않을 경우, 예를 들면 주행 중 사고에 의해 기관은 정지하였으나 점화스위치는 "ON"위치에 그대로 있을 경우에는 고려되어야 할 문제가 있다.

기화기 기관에서는 연료공급펌프가 기관에 의해서 구동되므로 기관의 운전이 정지되면 연료공급펌프도 동시에 작동되지 않는다. 그러나 가솔린 분사기관에서는 연료공급펌프가 기관의 운전여부와는 관계없이 전기적으로 구동된다. 초기의 가솔린분사장치에서는 연료 시스템 내의 증기 폐쇄현상을 방지하기 위해서 실제로 기관이 소비하는 연료량의 약 5~10배 정도로 많은 연료를 송출하도록 연료시스템을 설계하였다.

따라서 기관이 정지한 상태에서 연료공급펌프만 계속적으로 연료를 송출하게 되면 단 시간 내에 다량의 연료를 외부로 펌핑하게 되는 위험이 따르게 된다. 이런 이유에서 점화 스위치가 "ON"위치에 있을 때, 기관의 작동이 중단되면 연료공급펌프도 작동하지 않도록 해야 한다.

둘째로, 분사밸브에 고장이 발생하여 연료가 계속적으로 분사될 경우, 해당 실린더에 과도한 연료가 분사되어 점화 불능 또는 윤활유 희석의 원인이 되기 쉽다. 따라서 이와 같은 고장이 발생하였을 경우에도 ECU는 연료공급펌프의 작동을 자동적으로 중단시켜야 한다.

(2) 연료 여과기(fuel filter : Kraftstoffilter) (K-Jetronic P.55, 그림2-14 참조)

연료 여과기는 연료 공급펌프의 토출측과 연료 분배관(fuel distributor pipe) 사이에 설치되며 항상 연료압력(약 2.5bar~3.0bar)에 노출되어있다. 따라서 약 5.0bar에도 충분히 견딜 수 있어야 하며 여과 효율이 좋아야 한다. 그리고 일반적으로 약 10㎛ 정도의 오염물질까지도 여과할 수 있는 능력이 있어야 한다.

연료 여과기의 수명은 연료에 포함된 이물질이나 금속입자 등의 크기와 양, 그리고 연료 여과기의 체적에 따라 다르나 약 30,000~80,000km 정도가 대부분이다.

【참고】K-Jetronic에서는 여과성능 4㎛까지, 교환주기는 35,000~40,000km 정도이다.

(3) 연료압력 조절기(fuel pressure regulator : Kraftstoffdruckregler)

연료압력 조절기는 연료시스템의 압력을 제어한다. 연료압력 조절기는 그림5-6과 같이 연료 분배관(distributor pipe)의 끝 또는 중앙에 설치하였다. 그리고 반드시 흡기다기관의 부압이 작용하는 구조로 설계되어 있다. 그 이유는 다음과 같다.

ECU는 분사밸브로부터 분사되는 연료량을 직접 제어하는 것이 아니라 분사밸브의 분사 지속기간을 제어할 뿐이다. 따라서 흡기다기관분사방식인 초기의 L-Jetronic은 유효분사압력 (=흡기다기관의 절대압력과 연료 분사압력 간의 압력차)이 항상 일정하게 유지되지 않으면 분사지속기간이 같더라도 연료분사량이 다르게 나타나는 시스템이었다.

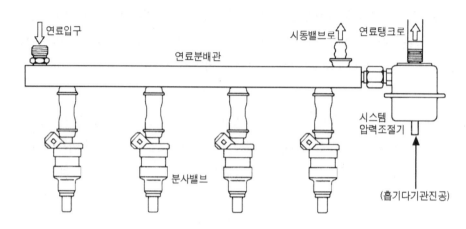

그림 5-6 연료압력 조절기의 설치 위치

예를 들면 연료압력은 일정하게 2.4bar를 유지하고, 흡기다기관의 부압이 0.4bar와 0.5bar 일 경우를 생각하자. 흡기다기관의 부압이 0.4bar일 경우에 압력차는 2.8bar가 되고 흡기다 기관의 부압이 0.5bar일 경우에는 압력차가 2.9bar가 된다. 따라서 연료 시스템의 압력은 2.4bar로 일정하지만 흡기다기관의 부압에 따라 분사유효압력은 변화하게 된다.

바꿔 말하면 분사밸브가 연료를 분사하는 곳은 흡기다기관이기 때문에 연료압력을 대기압 에 대해 일정하게 유지하면 흡기다기관의 부압이 낮을 경우에는 연료분사량이 감소하고, 흡 기 다기관의 부압이 높을 경우에는 연료분사량이 증가한다. 그러므로 분사밸브가 위치한 흡 기다기관의 부압력과 연료분사압력과의 압력차가 항상 일정하게 유지되지 않으면 분사 지속 기간으로 분사량을 제어할 수 없다.

【참고】오늘날은 유효분사압력이 일정하지 않아도 ECU가 흡기다기관에 설치된 MAP-센서로부터의 정보를 근거로 분사밸브의 개변지속기간을 보정하는 방법이 주로 사용된다.

연료압력 조절기의 구조는 그림 5-7과 같다. 연료는 입구로 들어와서 연료실에 가득 채워 진 다음, 다이어프램과 다이어프램에 고착되어 있는 판 - 밸브를 스프링실의 스프링 장력과 평형을 이루는 위치까지 밀어낸다.

연료 압력에 의해 판 – 밸브가 열리면 연료는 출구를 통해서 연료탱크로 되돌아간다.

연료압력조절기의 스프링실에 흡기다기관의 절대압력이 작용하도록 되어있기 때문에 연료압력은 흡기다기관 부압에 대해 항상 일정한 압력차(약 2.5bar)가 유지되며 동시에 대기압이 변화하더라도 이 압력차는 항상 일정하게 유지된다(고도 보상작용).

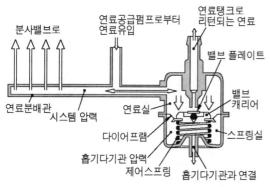

그림 5-7 시스템 압력조절기

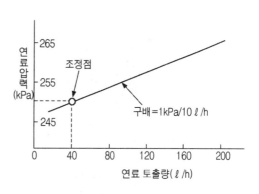

그림 5-8 연료압력 조절기의 기본특성(예)

(4) 연료 분배관(fuel distributor pipe : Kraftstoffverteilerrohr)

연료 분배관은 연료를 저장하는 기능을 한다. 연료 분배관의 체적은 기관의 매 싸이클 마다 분사되는 연료의 체적에 비해서 대단히 크기 때문에 연료분사에 의한 연료시스템 압력의 맥동을 방지한다. 따라서 연료분배관에 연결된 각 분사밸브에 공급되는 연료압력은 항상 서로 똑같게 된다(그림 5-6참조). 그리고 분배관은 분사밸브의 설치를 용이하게 한다.

(5) 연료 분사밸브(fuel injection valve : Kraftstoff-Einspritzventil)

분사밸브의 구조와 설치위치는 각각 그림 5-9, 5-10과 같다. 초기에는 분사밸브의 위쪽에서 아래쪽으로 연료가 공급되는 "top feed" 방식이 주로 사용되었다.

흡기밸브 전방에 분사된 연료는 흡기밸브가 열리면 안개 상태로 실린더 내에 흡입되어 압축행정이 진행되는 동안에 공기와 완전히 혼합, 기화된다. 분사각은 10~40° 정도가 대부분이다. 흡기밸브가 2개인 기관의 경우엔 분공이 2개인 2공 – 분사밸브(two – hole injection valve)를 사용하였다.

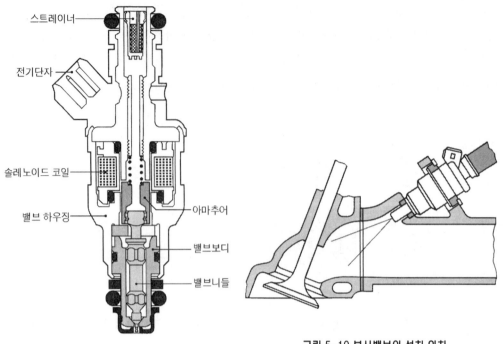

스트레이너

전기단자

솔레노이드 코일

밸브 하우징

아마추어

밸브보디

밸브니들

그림 5-10 분사밸브의 설치 위치

그림 5-9 분사밸브의 구조와 명칭

① 분사밸브의 작동원리

분사밸브는 ECU로부터 단속적으로 공급되는 전류에 의해 작동된다. 그림 5-9에서 솔레노이드 코일에 전류가 흐르지 않을 경우, 밸브 니들(valve needle)은 코일 스프링에 의해 분사밸브의 분공에 밀착된다.

솔레노이드 코일에 전류가 흐르면 아마추어(armature)가 흡인되고 아마추어와 일체로 되어있는 밸브 니들도 밸브 니들의 플랜지(flange)부분이 스토퍼(stopper)에 접촉할 때까지 흡인되어 최대 양정(max. lift)에서 안정된다. 이렇게 되면 분사밸브의 분공으로부터 연료가 분사된다. 연료 분사량은 밸브 니들의 양정(lift), 분공의 크기, 유효분사압력 등에 따라 변화하지만 이들 요소들이 결정되면 밸브 니들(valve needle)이 열려있는 시간, 즉 솔레노이드 코일의 통전시간(通電時間), 소위 듀티율(duty rate)에 비례한다.

② 분사밸브의 저항값과 작동특성

최초의 L1-Jetronic에서는 저항값이 낮은 분사밸브(예 : 2.5 Ω/20℃)를 사용하였으나

L2-Jetronic부터는 저항값이 높은 분사밸브(예 : 16.2 Ω/20℃)를 사용하였다.

일반적으로 저항값이 낮은 분사밸브(예 : 0.6~3 Ω/20℃)는 전압 구동회로 또는 전류 구동회로와 연결되어 사용된다. 저항값이 낮은 분사밸브를 전압 구동회로와 함께 사용할 경우엔 별도의 저항이 있어야 한다.

솔레노이드 코일의 권수(卷數)를 적게하면 인덕턴스(inductance)가 감소되어 분사밸브의 응답성이 개선된다. 그러나 솔레노이드 코일의 권수가 적으면 전류가 증가하여 코일이 쉽게 발열되게 된다. 솔레노이드 코일에 많은 열이 발생하면 단락(short)의 위험이 따르므로 이를 방지하기 위해서 전류 제한기의 역할을 하는 외부저항을 설치해야 한다.

저항값이 높은 분사밸브는 저항값이 약 12~17 Ω/20℃ 정도이며 외부저항을 분사밸브 내에 내장한 것으로 생각해도 무방하다. 가격 및 설치 상의 이점 때문에 많이 사용한다.

● 전압 구동회로

회로 구성은 간단하지만 외부 저항을 이용하므로 회로 임피던스(impedance)가 증가하고 분사밸브로 흐르는 전류가 감소하여 분사밸브에 발생하는 전자(電磁)흡인력이 감소하는 만큼 동특성 범위(dynamic range) 측면에서 불리하다.

● 전류 구동회로

외부저항을 사용하지 않기 때문에 회로구성은 복잡하지만 회로 임피던스(impedance)가 낮고, 동시에 분사밸브에 전류가 공급되면 곧바로 밸브 니들이 기동될 수 있어 분사밸브의 동특성 범위(dynamic range) 측면에서 유리하다. 그리고 니들밸브가 전개된 후에는 전류 제어회로를 가동하여 니들밸브 전개에 필요한 전류를 제한하여 분사밸브의 솔레노이드 코일의 발열을 방지한다.

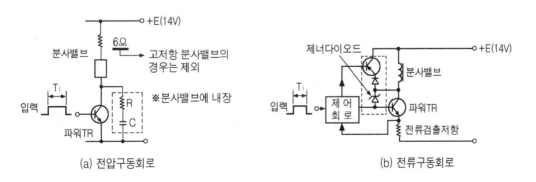

(a) 전압구동회로   (b) 전류구동회로

그림 5-11 분사밸브의 구동회로

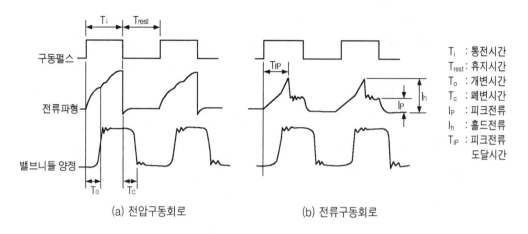

(a) 전압구동회로   (b) 전류구동회로

T_i : 통전시간
T_{rest} : 휴지시간
T_0 : 개변시간
T_c : 폐변시간
I_P : 피크전류
I_h : 홀드전류
T_{iP} : 피크전류
　　　도달시간

그림 5-12 구동회로에 따른 전류파형

③ 분사밸브의 작동

분사밸브의 저항값에 상관없이 분사밸브 내의 밸브 니들은 그림 5-13과 같이 거동한다.

ECU로부터 분사밸브에 전류가 공급되면 밸브 니들이 -
• 최대 양정에 도달하는 데 일정한 시간(T_0)이 소요된다.
• 최대 양정에 도달한 다음에는 스토퍼에 밀착되어 그 상태를 얼마간 지속한다.

ECU로부터 공급전류가 차단되면 -
• 스프링 장력에 의해 밸브 니들이 닫히는 데는 일정한 시간(T_C)이 소요된다.
• 밸브 니들이 닫힌 후에는 다음 구동펄스(operating pulse)가 공급될 때까지
　이 상태를 계속 유지한다.

분사밸브는 위와 같은 작동과정을 반복한다.
따라서 전류펄스의 ON - OFF와 분사밸브의 밸브 니들의 실제 작동 사이에는 시간차가 발생한다.

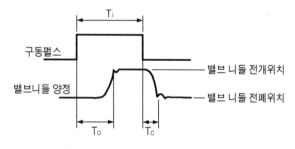

T_1 : 통전시간　　　T_0 : 개변시간　　　T_c : 폐변시간

그림 5-13 ECU로부터의 구동펄스와 분사밸브의 밸브니들의 거동

④ 구동펄스 지속기간 제한

앞에서 설명한 바와 같이 ECU로부터의 구동펄스와 분사밸브의 밸브 니들의 실제 작동 사이에 시간적 지연이 발생하기 때문에 구동펄스의 최소 지속기간은 무한히 작게 할 수 없고 반대로 구동펄스의 최대 지속기간은 무한히 크게 할 수 없다.

● **구동펄스 최소 지속기간($T_{i\min}$)**

분사밸브의 밸브 니들이 최대 양정에 도달할 때까지 일정한 시간이 소요되고, 또 최대 양정에 도달한 다음에 니들의 플랜지가 스토퍼와 충돌하여 안정될 때까지 일정한 시간을 필요로 한다. 따라서 구동펄스 최소 지속기간을 무한히 작게 할 수 없다.

구동펄스 최소 지속기간은 밸브 니들이 최대양정에 도달하는 시간과 그 다음 밸브 니들의 거동이 안정될 때까지 소요되는 시간의 합으로 표시된다. 또 이때의 분사량이 최소 분사량($q_{\min}$)이 된다. 분사밸브의 종류에 따라 다르나 대부분 1.2~1.8ms이다.

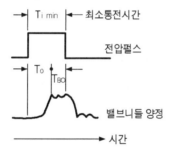

그림 5-14 구동펄스 최소 지속기간과 니들의 거동

● **구동펄스 최대 지속기간($T_{i\max}$)**

분사밸브의 밸브 니들이 정확한 동작을 반복하기 위해서는 매번 밸브 니들의 동작이 순간적으로 정지하여 안정되어야 한다. 즉, 펄스와 펄스 사이에는 일정한 시간 간격이 필요하다. 이를 휴지시간(rest interval : T_r)이라 하며 약 0.6ms 정도가 필요하다. 펄스 주기(pulse cycle)를 $T_{p-cycle}$이라 할 때, 구동펄스 최대 지속기간($T_{i\max}$)은 다음 식으로 표시된다.

$$T_{i\max} = T_{p-cycle} - T_r \quad \cdots\cdots (5\text{-}1)$$

그리고 이때의 분사량이 최대 분사량(q_{max})이 된다.

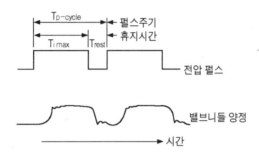

그림 5-15 **구동펄스 최대 지속기간과 밸브니들의 거동**

⑤ 분사밸브의 분사량 특성 및 성능표시

분사밸브의 분사량 특성은 정적 분사량(q_{st}) 및 동적 분사량(q_{dyn})으로 표시한다.

● 정적 분사량(static injection volume : q_{st})

정적 분사량(q_{st})은 규정 압력하에서 밸브 니들이 최대 양정을 유지하고 있을 때, 단위 시간당의 분사량으로 보통 [cm^3/min]으로 표시한다.

● 동적 분사량(dynamic injection volume : q_{dyn})

동적 분사량(q_{dyn})은 임의의 분사펄스의 지속기간 T_i에서의 분사량으로서, 일반적으로 펄스 지속기간 2.5ms 동안에 밸브 니들의 1회 작동 분사량으로 표시하며 단위는[mm^3/lift] 를 사용한다.

$$q_{dyn} = \frac{Q}{60} \cdot (T_i - T_v) \quad \cdots\cdots\cdots\cdots\cdots\cdots\cdots\cdots\cdots\cdots\cdots\cdots\cdots\cdots\cdots (5\text{-}2)$$

여기서 Q : 정적 분사량 [cc/min]
T_i : 통전시간 [ms]
T_v : 무효분사시간 [ms]

● 분사밸브의 동특성 범위(dynamic range)

펄스 주기 $T_p = 10ms$ 동안의 최대 분사량(q_{max})과 최소 분사량(q_{min})의 비를 분사밸브 의 동특성 범위(dynamic range)라 하고 이를 분사밸브의 성능을 나타내는 표준으로 사용한다. 이를 식으로 표시하면 다음과 같다.

$$\text{dynamic range} = \frac{q_{\max}}{q_{\min}} = \frac{q_{st}(T_{i\max} - T_v)}{q_{st}(T_{i\min} - T_v)} = \frac{(T_{i\max} - T_v)}{(T_{i\min} - T_v)} \quad \cdots\cdots\cdots (5\text{-}3)$$

여기서　T_v : 무효 분사시간

q_{st} : 정적 분사량

(6) 시동밸브(start valve)

시동밸브는 초기의 L-Jetronic에서 볼 수 있는데 그 구조는 그림 5-16과 같으며 온도-시간 스위치와 연동되도록 되어있다. 시동밸브는 대부분 스로틀밸브 아래의 서지탱크(surge tank)에, 각 실린더 간에 연료분배가 양호한 위치에 설치된다.

시동밸브는 저온시동 시에 작동되어야 하므로 작동전압이 낮아야 하며 또 기관의 시동성을 개선하기 위해서는 무화성능이 좋아야하고 동시에 분무각이 커야한다.

솔레노이드 코일에 전류가 흐르면 아마추어는 여자되어 스프링장력과 평형을 이루는 위치까지 흡인된다. 이때 연료는 아마추어 주위를

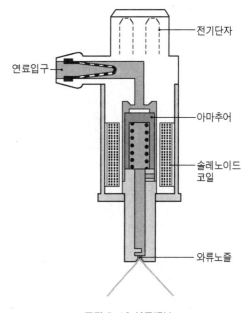

그림 5-16 시동밸브

거쳐 시동밸브 선단의 와류노즐(swirl nozzle)을 통과하면서 와류유동을 하기 때문에 미립화가 촉진되며 동시에 분사각이 증대된다.

제 4세대 L-Jetronic에서부터는 시동밸브가 생략되고, 시동밸브의 기능은 ECU의 명령에 따라 분사밸브가 연료를 추가로 더 분사하는 방법으로 대체되었다.

3. 공기계(air system : Luftsystem)

공기계는 공기계량기(air flow sensor), 스로틀보디(throttle body), 추가공기 공급기 (auxiliary air device), 서지 - 탱크(surge tank) 등으로 구성된다(그림 5-17).

공기 여과기를 통과한 공기는 공기계량기를 통과하면서 계측되고, 이어서 스로틀밸브를 지나 서지 - 탱크에서 각 실린더의 흡기관으로 분배된다.

공기는 흡기관에서 분사밸브로부터 분사되는 연료와 혼합되어 실린더 내에 유입된다. 기관의 온도가 정상 작동온도 이하일 경우에는 고속 공전(fast idle)기구에 의해 스로틀밸브를 바이패스(bypass)하는 추가공기가 서지 - 탱크에 공급된다.

제 4세대 L-Jetronic부터는 추가공기 공급기의 기능을 공전제어 액추에이터(idle adjust actuator)가 대신한다.

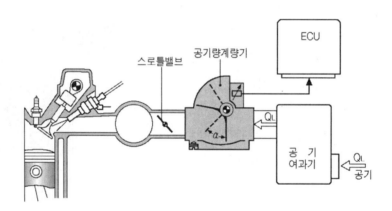

그림 5-17 L-Jetronic의 공기계

(1) 공기량 계량기(air flow sensor : Luftmengenmesser) - 베인(vane)식

기관에 의해 흡입된 공기의 체적은 공기계량기에 의해 계량, 전기적 신호로 변환되어 ECU 에 입력된다. 흡입공기의 체적유량에 관한 정보는 배전기로부터 전송된 회전속도 신호와 함께 기본 분사량을 결정하는 주 요소가 된다.

① 베인식 공기계량기의 구조 및 작동원리

공기계량기의 구조는 그림 5-18과 같다. 공기계량기에는 스프링 장력에 의해서 닫혀지도록 되어있는 베인(vane) 형식의 센서 플랩(sensor flap)이 설치되어 있다.

이 센서 플랩은 흡입 시에 공기의 유동력과 스프링의 장력이 서로 평형을 이루는 위치까지 일정 각도로 열리게 된다. 센서 플랩의 개도가 흡입공기의 체적유량에 대한 정보로 사용된다.

센서 플랩의 축에 설치된 포텐시오미터가 센서 플랩의 개도를 전기신호로 변환시켜 ECU에 전송한다. 센서 플랩과 일체로 되어 있으며, 센서플랩과 연동하는 보상 플랩(compensation flap)은 댐핑 – 체임버(damping chamber : Daempfungskammer)에 들어 있는 공기와 상호 작용하여 기관의 기계적 진동과 흡입 맥동으로 인한 센서 플랩의 진동을 억제, 최소화한다.

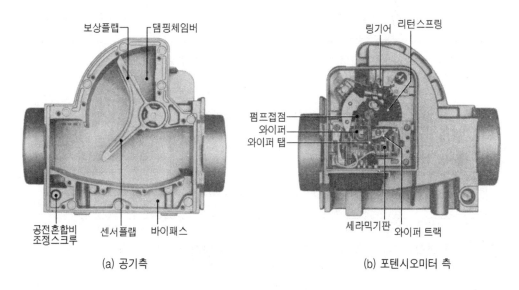

(a) 공기측 (b) 포텐시오미터 측

그림 5-18 공기계량기의 구조

공기계량기는 흡입공기의 체적유량을 계측한다. 따라서 이 정보를 질량유량으로 변환시키기 위해서 흡기온도센서를 공기계량기에 설치하였다. 그리고 공전혼합비는 공기계량기의 바이패스 통로에 설치된 혼합비 조정스크루를 좌/우로 돌려 공전 시 센서플랩을 바이패스하는 공기를 조절하여 조정한다(시계방향 → 농후, 반 시계방향 → 희박).

② 공기계량기의 계측 원리 – 베인(vane) 형식

그림 5-19에서 센서 플랩의 전방 A점과 센서 플랩의 후방 B점을 기준으로 베르누이 정리와 연속 방정식을 적용하면 단위시간 당 통과유량($\dot{m}$)은 다음과 같이 계산된다.

【참고】 Daniel Bernoulli(1700~1782) : 스위스 수학자

베르누이 정리로부터

$$\frac{1}{2} \cdot \rho \cdot v_a^2 + P_a = \frac{1}{2} \cdot \rho \cdot v_b^2 + P_b = 일정 \quad \cdots\cdots\cdots\cdots\cdots\cdots\cdots\cdots\cdots\cdots \text{(5-3)}$$

연속방정식으로부터

$$\rho \cdot A_a \cdot v_a = \rho \cdot A_b \cdot v_b = 일정 \quad \cdots\cdots\cdots\cdots\cdots\cdots\cdots\cdots\cdots\cdots\cdots \text{(5-4)}$$

계측 유량은

$$\dot{m} = \rho \cdot \dot{Q} = \rho \cdot A_a \cdot v_a \quad \cdots\cdots\cdots\cdots\cdots\cdots\cdots\cdots\cdots\cdots\cdots\cdots\cdots\cdots \text{(5-5)}$$

여기서 ρ : 공기밀도 [kg/m^3] v_a, v_b : A, B점에서의 유속 [m/s]

$\dot{m}$: 질량 유량 [kg/s] A_a, A_b : A, B점의 통로 단면적 [m^2]

$\dot{Q}$: 체적 유량 [m^3/s] P_a, P_b : A, B점의 압력 [Pa]

식 (5-3)을 변형하면

$$\rho^2 \cdot v_b^2 - \rho^2 \cdot v_a^2 = 2\rho \, (P_a - P_b) \quad \cdots\cdots\cdots\cdots\cdots\cdots\cdots\cdots\cdots\cdots \text{(5-6)}$$

식 (5-4)를 변형한 "$v_a = \dfrac{A_b}{A_a} \cdot v_b$"를 식 (5-6)에 대입하여, 정리하면

$$\rho^2 \cdot v_b^2 \left[1 - \left(\frac{A_b}{A_a}\right)^2\right] = 2\rho \, (P_a - P_b) \quad \cdots\cdots\cdots\cdots\cdots\cdots\cdots\cdots ①$$

식 ①의 각 항에 A_b^2 을 곱하면

$$\rho^2 \cdot v_b^2 \cdot A_b^2 \left[1 - \left(\frac{A_b}{A_a}\right)^2\right] = 2\rho \cdot A_b^2 \, (P_a - P_b) \quad \cdots\cdots\cdots\cdots\cdots ②$$

식 ②의 각 항의 제곱근을 구하면

$$\rho \cdot v_b \cdot A_b \sqrt{\left[1 - \left(\frac{A_b}{A_a}\right)^2\right]} = A_b \sqrt{2\rho \, (P_a - P_b)} \quad \cdots\cdots\cdots\cdots\cdots ③$$

$$\rho \cdot v_b \cdot A_b = \frac{1}{\sqrt{\left[1 - \left(\dfrac{A_b}{A_a}\right)^2\right]}} \cdot A_b \cdot \sqrt{2\rho \, (P_a - P_b)} \quad \cdots\cdots\cdots\cdots ④$$

따라서

$$\dot{m} = \rho \cdot v_b \cdot A_b = C \cdot A_b \cdot \sqrt{2\rho \, (P_a - P_b)} \quad \cdots\cdots\cdots\cdots\cdots\cdots\cdots (5\text{-}7)$$

여기서 $C = \dfrac{1}{\sqrt{\left[1 - \left(\dfrac{A_b}{A_a}\right)^2\right]}}$: 유량계수

$\dot{m}$: 단위시간 당 질량유량[kg/s] $\dot{Q}$: 단위시간 당 체적유량[m³/s]

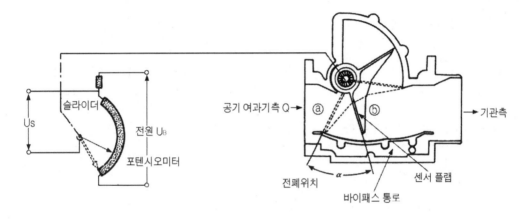

그림 5-19 베인식 공기량 계량기의 계측원리

공기계량기는 각 점에서의 흡기밀도가 일정($\rho = \rho_a = \rho_b$)할 경우, 센서 플랩 전방/후방의 압력차($P_a - P_b$)가 거의 일정하도록 설계되어 있다.

따라서 식 (5-7)에서의 단위시간 당 질량유량($\dot{m}$)은 교축부의 면적 A_b와 공기밀도 ρ에 의해서 결정된다. 그리고 여기서 교축부 면적 A_b는 센서 플랩의 열림각 α로 표시된다.

기관에 흡입되는 공기량은 기관 운전상태에 따라 크게 변화한다. 최대 흡입 공기량과 최소 흡입 공기량의 비율이 100이상이 되기 때문에 센서 플랩의 열림각 α에 해당하는 계량부 통로면적 A_b의 특성은 식 (5-8)로 표시된다.

$$A_b = k \cdot e^{\alpha} \quad \cdots\cdots\cdots\cdots\cdots\cdots\cdots\cdots\cdots\cdots\cdots\cdots\cdots\cdots\cdots\cdots\cdots (5\text{-}8)$$

여기서 k : 상수

식(5-8)에서 계량부 통로면적 A_b의 특성은 센서플랩의 열림각 α가 변화하여도 계측 정밀도가 변화하지 않는 특징을 가지고 있기 때문에, 항상 일정한 수준 이상의 계측 정밀도를 유지할 수 있다. 그 이유는 다음과 같다.

계측부의 통로 면적 A_b가 센서플랩의 열림각 α에 대한 변화 정도는

$$\frac{dA_b}{d\alpha} = k \cdot e^\alpha = A_b \quad\text{(5-9)}$$

식 (5-9)를 변형하면

$$\frac{dA_b}{A_b} = d\alpha \quad\text{(5-10)}$$

식 (5-10)은 식 (5-11)과 같다고 볼 수 있다.

$$\frac{\Delta A_b}{A_b} = \Delta\alpha \quad\text{(5-11)}$$

여기서 ΔA_b : A_b의 미소 변화량

$\Delta\alpha$: α의 미소 변화량

식 (5-11)은 센서 플랩의 열림각 α가 어떠한 값이 되더라도 미소변화량 $\Delta\alpha$에 대해서 계측부의 통로 단면적의 변화율 $\Delta A_b/A_b$는 항상 일정하다는 것을 의미한다.

ΔA_b가 아주 작다고 하면 식(5-7)은

$$\dot{m} \propto A_b \quad\text{(5-12)}$$

로 되기 때문에 식(5-11) $\dfrac{\Delta A_b}{A_b} = \Delta\alpha$에 의해

$$\frac{\Delta \dot{m}}{\dot{m}} \propto \frac{\Delta A_b}{A} = \Delta\alpha \quad\text{(5-13)}$$

여기서 $\Delta\dot{m}$: 계측 유량의 미소 변화량

즉 계측 유량의 변화율은 센서 플랩의 열림각 α에 대하여 항상 일정하게 되고 따라서 센서플랩의 열림각α가 변화하여도 계측 정밀도는 변하지 않게 된다.

그리고 계측된 공기량에 상응하는 전기신호는 센서 플랩의 축에 설치된 포텐시오-미터(potentio-meter)에 의해서 전압비(센서 플랩의 개도에 따라 변화하는 전압 U_s와 전원전압 U_b와의 비)의 변화로 나타난다. 전압비 U_s/U_b의 변화와 계측 공기량 $\dot{Q}$와의 관계는 식 (5-14)로 표시된다.

$$\frac{U_s}{U_b} = \frac{C}{\dot{Q}} \quad \cdots\cdots (5\text{-}14)$$

여기서 C : 상수 $\dot{Q}$: 단위시간 당 체적유량[m³/s]

그리고 전원전압(U_b)이 변화할 경우에는 센서플랩의 개도에 따라 변화하는 전압 U_s가 전원전압(U_b)에 비례해서 변화한다. 따라서 포텐시오미터의 출력전압과 전원전압의 비 U_s/U_b는 전원전압의 변동의 영향을 받지 않는다.

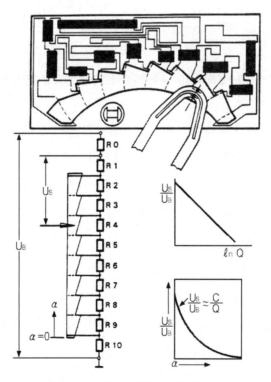

그림 5-20 포텐시오미터의 출력 특성

③ 공기량과 센서플랩의 개도, 포텐시오미터의 전압, 연료분사량 간의 상관 관계

앞서 설명한 바와 같이 공기량 계량기의 센서 플랩의 개도(α)는 포텐시오미터에 의해 전압 신호(U_s)로 변환된다. 포텐시오미터는 공기량 계량기를 통과한 공기량(Q_1)과 포텐시오미터의 출력전압(U_s)이 서로 반비례 관계가 성립되도록 조정되어 있다.

그리고 포텐시오미터의 노후도와 온도 특성이 계측 정확도에 영향을 미치지 않도록 하기 위해서 저항값 만이 ECU에 유용한 정보가 되도록 하였다.

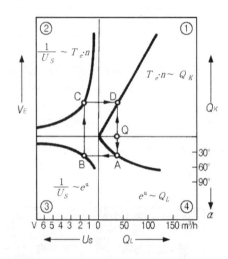

그림 5-21 센서플랩의 개도, 포텐시오미터의 전압, 연료 분사량간의 상관관계

그림 5-21은 흡입 공기량(Q_L)과 공기량 계량기의 센서 플랩의 개도(α), 포텐시오미터의 출력전압(U_s), 이론 분사량(Q_K), 실제 분사량(V_E)의 상관 관계를 보여주고 있다.

그림 5-21에서 공기량 계량기(점 Q)에 임의의 공기량(Q_L)이 통과하면 이론적으로 필요한 연료량(Q_K)은 계산으로 구할 수 있다(점 D).

● 그림 5-21의 제1상한에서

공기량 계량기를 통과한 공기량(Q_L)과 이론적으로 필요한 연료량(Q_K)은 정확하게 직선을 그어 만나는 점(D)으로 표시되어 있다. 즉 1차 비례 관계(예 : 15 : 1)에 있다.

임의의 공기량(Q_L)이 공기량 계량기를 통과하면 흡입 공기량(Q_L)에 따라 센서플랩은 임의의 각도(α)로 열리게 된다(제 4상한의 점 A).

● 그림 5-21의 제4상한에서

센서 플랩의 개도(α)와 흡입 공기량(Q_L)은 수식 "$e^{\alpha} \sim Q_L$"을 만족하는 곡선 상의 점 A로 표시되어 있다.

● 그림 5-21의 제3상한에는

센서 플랩의 개도(α)와 포텐시오미터의 출력전압(U_s)은 수식 "$\dfrac{1}{U_s} \sim e^{\alpha}$"를 만족하는 곡선 상의 점 B로 표시되어 있다. 센서 플랩에 의해서 작동되는 포텐시오미터는 센서플랩의 개도(α)에 해당하는 전압신호(U_s)를 ECU에 전송한다(점 B). ECU는 포텐시오미터의 출력전압(U_s)신호를 처리하여 분사밸브의 개변지속기간을 제어한다.

● 그림 5-21의 제2상한에는

포텐시오미터의 출력전압(U_s)과 분사밸브의 개변지속기간의 상관관계는 수식 "$\dfrac{1}{U_s} \sim T_e \cdot n$"으로 정의된 곡선 상에 점 C로 표시되어 있다. 2상한에서 점 C는 포텐시오미터의 출력전압(U_s)에 상응하는 분사밸브의 개변지속기간(＝실제 분사량)을 의미한다.

따라서 1상한의 점 D(이론 분사량)와 2상한의 점 C(실제 분사량)는 직선 C-D로 연결되어, 서로 일치함을 나타내고 있다. → $Q_K \sim T_e \cdot n$

④ 흡기 온도와 대기압의 변화에 따른 수정

흡기의 질량은 흡기의 온도에 따라 변화한다. 차가운 공기는 따뜻한 공기에 비해 밀도가 더 높다. 따라서 스로틀밸브의 개도(開度)가 같을 경우, 흡기의 온도가 상승함에 따라 실린더의 충진효율은 낮아지게 된다.

그리고 공기계량기 센서플랩의 개도가 같아도 공기온도가 높으면 흡기의 질량은 감소하게 된다. 공기계량기를 통과한 공기의 체적유량을 질량유량으로 환산하기 위해서 공기계량기의 공기 유입부에 흡기온도센서를 설치하였다. 흡기온도센서도 냉각수온도센서와 마찬가지로 NTC - 서미스터(thermister)가 사용된다.

대기압의 변화에 따라 흡기의 밀도도 변화한다. 따라서 공기의 체적을 계량하는 방식에서는 대기압을 검출하여 연료분사량을 수정하여야한다. 대기압센서는 흡기다기관의 압력센서와 마찬가지로 압전(piezo) 소자를 이용한 압전센서(piezo sensor)가 주로 사용되고 있다.

(2) 스로틀 보디(throttle body)

스로틀 보디는 기화기의 스로틀 보디 부분만을 따로 분리한 형상으로 공기계량기와 서지탱크 사이에 설치되어 흡기 통로의 일부를 구성한다. 기화기기관에서와 마찬가지로 스로틀 보디에는 운전자의 가속페달 조작에 연동해서 또는 ECU의 제어명령에 따라 흡기통로의 단면적을 변화시키는 스로틀밸브가 설치되어 있으며, 스로틀밸브 축에는 한쪽에 스로틀밸브의 개도(開度)를 검출하는 스로틀밸브 스위치가 설치되어 있다.

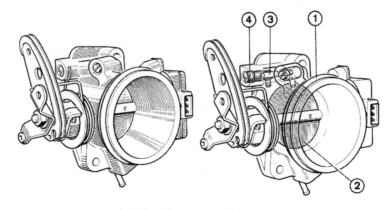

그림5-22 스로틀 보디

스로틀밸브는 기관공전 시에는 거의 닫혀있다. 따라서 기관의 공운전에 필요한 공기는 스로틀 보디에 설치된 바이패스를 통해서 공급된다. 그리고 바이패스 통로에는 바이패스되는 공기량을 조절할 수 있도록 조정 스크루가 설치되어 있다. 이 스크루를 좌/우로 돌려서 기관의 공전속도를 조정할 수 있다.

스로틀밸브는 리턴 스프링의 장력에 의해서 닫히며, 닫힐 때 천천히 닫히도록 대시 포트(dash-pot)가 설치된 형식도 있다. 스로틀밸브의 크기는 기관의 출력에 따라 결정된다. 일반적으로 기관의 출력과 스로틀밸브의 통로 단면적은 서로 비례 관계에 있다.

스로틀밸브의 개도와 가속페달의 조작량은 일반적으로 직선적으로 변화한다. 그러나 기관의 출력과 차종의 특성에 따라 가속페달의 조작량과 스로틀밸브의 개도와의 관계가 비선형인 경우도 많다. 최근의 시스템에서는 가속페달과 스로틀밸브 사이에 기계적인 연결이 없는 전자식 가속페달이 주로 사용되며, 시동할 때를 제외하고는 계속 열려있는 방식도 사용되고 있다.

(3) 추가공기 공급기(auxiliary air device : Zusatzluftschieber)

추가공기 공급기는 스로틀밸브가 닫혀있을 때(공전 위치)에도 실린더에 흡입되는 공기량을 증가시킬 수 있게 하기 위해서 스로틀밸브를 바이패스하는 통로에 설치된다. 따라서 스로틀밸브가 닫혀있어도 스로틀밸브를 바이패스하는 공기에 의해 공기계량기의 센서플랩이 반응하므로 ECU는 흡기량에 대응되는 연료분사량을 계산할 수 있게 된다.

추가공기 공급기는 K-jetronic에서와 마찬가지로 초기에는 바이패스 통로 단면적을 제어하는 블로킹 플레이트(blocking plate)를 작동시키는 바이메탈 스프링식이 사용되었으나, 4세대 이후의 L-Jetronic에서는 추가공기 공급기 설치위치에 공전속도제어 액추에이터를 설치하여 공전속도를 제어함은 물론이고 고속 공전속도(fast idle)도 제어하도록 하고 있다(통합제어 시스템 PP.247, 그림 6-51참조).

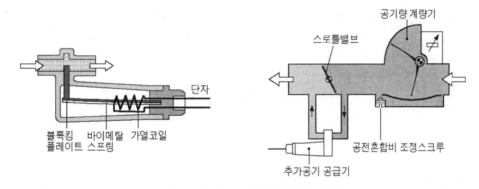

단자

블록킹   바이메탈 가열코일
플레이트 스프링

공기량 계량기

스로틀밸브

공전혼합비 조정스크루

추가공기 공급기

그림 5-23 추가공기 공급기와 그 설치 위치

(4) 서지 탱크(surgy tank)

가솔린 분사기관의 흡기관은 기화기기관과는 달리 공기만 통과하므로 기관의 충진효율을 증대시키기 위해서 기화기 기관의 흡기다기관과는 완전히 다른 형상의 서지탱크가 흡기관과 일체로 제작된다. 즉, 흡기다기관을 포함한 흡기계의 설계 자유도가 크게 개선되었다. 오늘날의 관점에서 보면, 특이한 점이 없으나 기화기기관이 여전히 주류를 이루고 있던 당시로서는 혁신적인 구조이었다.

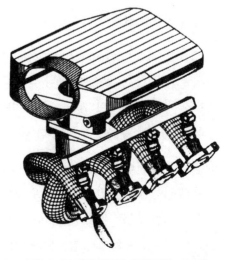

그림 5-24 서지 탱크과 흡기관(예 : BMW)

4. 제어 시스템(control system : Steuersystem)

제어 시스템은 각종 센서와 ECU로 구성되며 기관의 운전조건 및 상태에 따라 최적 분사량을 결정한다. 연료분사량은 분사밸브의 개변지속기간으로 제어하며 개변지속기간은 ECU가 연산(演算)한다.

기관의 운전상태 및 조건은 공기계량기와 기관회전 속도센서를 위시해서 흡기온도 센서, 기관(냉각수) 온도센서, 상사점 센서, 스로틀밸브 개도센서(또는 스로틀밸브 위치센서), 공기비 센서 등에 의해서 검출된다. 이 외에도 시스템에 따라 노크센서, 시동밸브 분사시간 스위치(start valve injection time switch) 등이 사용되었다.

(1) 각종 변수와 기관의 작동상태

기관의 작동상태를 결정하는 변수들은 다음과 같이 분류된다.

- 주 변수(main variable quantities)
- 보정 변수(compersation variable quantities)
- 정밀 보정 변수(precision compersation variable quantities)

① 주 변수(main variable quantities)

주 변수는 기관에 의해서 흡입되는 흡기량(Q_L)과 기관의 회전속도(n)이다. 흡입 공기량과 기관의 회전속도는 1행정 당 흡기량을 결정하며 아울러 기관의 부하(load)상태 측정자로서의 역할을 담당한다.

② 보정 변수(conpensation variable quantities)

시동, 난기운전, 공전, 전부하 그리고 부분부하 등 기관의 작동상태에 따라 그 때마다 혼합비가 각기 달라져야 한다. 시동이나 난기운전 상태의 판별은 기관온도센서로, 기관의 부하상태(공전, 부분부하, 전부하 등)는 스로틀밸브 스위치로 검출하여 ECU에 전달한다.

③ 정밀 보정 변수(precision variable quantities)

최적 작동특성을 만족시키기 위해서는 가속 시의 변환특성(transitional behaviour), 최고속도 제한, 연료 공급 중단(fuel cut-off) 등에 대해서도 고려해야 한다. 이들 역시 앞서 언급한 센서들에 의해서 검출된다. 이 단계에서 각 센서들로부터의 신호는 서로 특별한 관계를 갖게 되며 이들 특별한 관계는 ECU에 의해서 확인되어 최종적으로 분사밸브 제어전류에 영향을 미치게 된다.

ECU는 모든 변수를 동시에 처리하여 시시각각으로 변하는 기관의 운전상태에 가장 적합한 연료분사량(=분사밸브 개변지속기간)을 결정하게 된다.

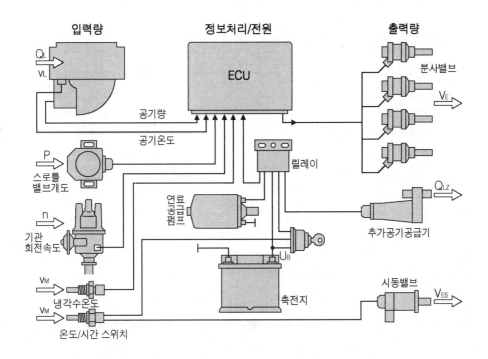

그림 5-25 ECU에 입력되는 제어변수와 그 신호

(2) 각종 센서와 그 기능

제어 시스템을 구성하는 각종 센서와 기능은 대략 표5-1과 같다.

표 5-1 각종 센서와 그 기능(예)

센서의 명칭	센서의 기능
공기계량기(air flow sensor)	흡기의 체적유량을 계량한다.[Ω/V]
흡기온도 센서 (intake air temperature sensor)	흡기의 온도를 계측한다.[Ω]
대기압 센서(barometic sensor)	대기압을 계측한다.
기관 회전속도 센서(engine rpm sensor)	기관 회전속도를 검출한다.[V/ 펄스]
크랭크축 위치 센서 (crank shaft position sensor)	크랭크축의 각도(위치)를 검출한다.[V]
스로틀밸브 위치 센서 (throttle valve position sensor)	스로틀밸브의 개도로 기관의 부하상태(공전, 부분부하, 전부하)를 판별한다.[Ω/V]
시동밸브 분사시간 제한 스위치 (start valve injection time switch)	시동 시 기관온도에 따라 시동밸브의 분사시간을 제한한다.
공기비 센서(λ-sensor)	배기가스 중의 산소농도를 검출한다.[V]

① **회전속도 센서**(engine rpm sensor)

최초의 L-Jetronic에서는 기관의 회전속도를 배전기의 점화신호를 이용하여 검출하였다. 접점식에서는 1차전류 단속기(breaker point)에서, 무접점식에서는 점화코일의 (−)단자로부터 신호를 얻었다. 점화코일의 1차전류 단속(on-off) 시에 발생하는 역기전력은 300~400V에 달한다.

이 점화 신호가 ECU에 입력되면 기준전압(예 : 150V)과 비교되어 점화신호 펄스를 형성하고 이 펄스 수를 계측하여 기관 회전속도를 검출한다.

점화장치에서 검출된 신호는 ECU에서 처리되어 그림 5-26과 같이 최종단계에서는 기관의 실린더 수에 관계없이 매 싸이클마다 2회의 펄스(pulse)를 발생시킨다. 펄스가 발생되는 시각은 분사밸브의 분사시기와 같은 시각이다. 즉 크랭크 축이 1회전할 때마다 각 분사밸브는 동시에 한 번씩 분사하는데 이때 흡기밸브의 위치와는 상관없다.(모든 실린더의 분사밸브가 동시에 분사한다. → 동기분사방식(초기의 L-Jetronic에서)

흡기밸브가 닫혀 있을 때 분사된 연료는 흡기밸브 전방에 머물러 있다가 다음 번에 흡기밸브가 열리면 이때 공기와 함께 연소실로 유입된다.

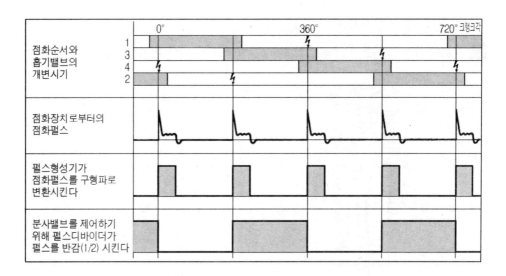

점화순서와 흡기밸브의 개변시기			

그림 5-26 점화신호가 ECU에서 처리되는 과정(예 : 4기통 기관)

② 시동밸브 분사시간 제한 스위치(start-valve injection time limit switch)

냉시동 시에는 혼합기에 포함된 연료 중 일부가 흡기밸브와 실린더 벽에 응축된다. 따라서 기관의 냉시동성을 보장하기 위해서는 추가연료를 분사해야 한다. 이 추가연료는 기관의 온도에 따라 제한된 시간동안만 분사된다. 이때 분사시간을 제한하는 기능은 시동밸브 분사시간 제한 스위치가 담당한다.

이 스위치는 다른 말로 온도-시간 스위치(thermo-time switch)라고도 하며 기관(냉각수)온도를 잘 감지할 수 있는 위치에 설치되며, 기관의 온도에 따라 냉시동밸브(cold start valve)의 분사지속시간을 제한한다. 온도-시간 스위치는 전기적으로 가열되는 바이메탈 스프링으로서 온도에 따라 접점의 개폐가 결정된다(그림 5-27 참조).

시동밸브의 분사지속기간은 온도-시간 스위치 외부의 기관(냉각수)온도와 스위치 내부의 가열코일(전기식)이 발생하는 열의 합에 의해서 결정된다. 이와 같은 자기 가열(self-heating)은 시동밸브의 분사지속 최대기간을 제한하고 동시에 기관의 혼합기가 지나치게 농후하게 되는 것을 방지하기 위해서 필요하다. 그러나 가열전류가 시동밸브의 분사지속 기간을 결정하는 주 요소이다(예 : −20℃에서 약 10초 정도) (그림 5-27b).

기관이 정상작동 온도에 도달하면 온도 – 시간 스위치의 접점은 기관의 열에 의하여 열린 상태를 그대로 유지하게 된다. 따라서 정상작동온도 상태인 기관을 시동할 경우, 시동밸브는 추가연료를 분사하지 않는다.

註 시동밸브와 온도-시간 스위치의 연결 회로는 회로도(그림 5-44)를 참조할 것.

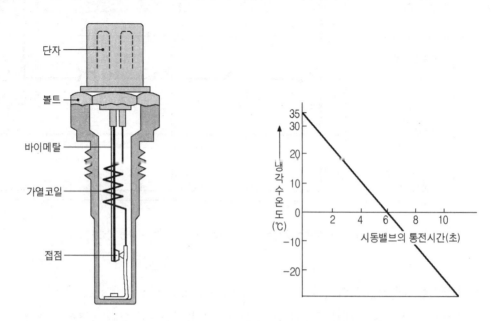

그림 5-27 온도-시간 스위치

1984년 9월 이후의 L-Jetronic 시스템부터는 시동밸브(cold start valve)와 온도-시간 스위치가 폐지되고 그 기능을 ECU와 분사밸브(injection valve)가 대신 하도록 설계되어 있다. 따라서 이 경우는 1개의 시동밸브 기능을 각 실린더에 배정된 분사밸브가 대신하기 때문에 추가연료가 각 실린더에 균등하게 분배된다는 장점이 있다. 이 방식에서 냉시동에 필요한 추가분사량은 기관의 회전속도, 시동시간, 냉각수온도에 의해서 결정된다.

예를 들면 어느 기관에 사용된 L-Jetronic에서는 아래의 3가지 변수 중, 어느 하나가 설정값에 도달하면 냉시동을 위한 추가연료를 분사하지 않도록 설계되어 있다.(예)

• 기관의 회전속도, 최대 750min^{-1} (그림 5-28)
• 시동시간, 최대 10초　　　　(그림 5-29)
• 기관냉각수 온도 50℃부터 (그림 5-30)

그리고 이 시스템에서는 고온 재시동(hot start) 시에도 추가연료를 공급한다. 일반적으로 고속주행 후 기관을 정지하면, 그로부터 10~30분 사이에 기관온도는 최대로 상승한다

(engine soak). 따라서 이때 분사밸브나 연료분배관 내의 가솔린 온도는 80~100℃까지 상승하고, 이어서 고온상태인 가솔린의 일부는 비등하게 된다. 회로 내의 연료가 비등하

여, 발생된 연료증기는 분사밸브로부터 액상의 연료와 함께 분사된다. 따라서 분사량이 불균일하게 되고 동시에 공연비는 희박해지게 된다. 이에 대한 대책으로 기관(냉각수)온도가 일정한 수준(예 : 100℃) 이상인 상태에서 기관을 재시동할 경우에는 추가연료를 일정 시간(예 : 2~3초) 동안 분사하도록 프로그래밍한다.

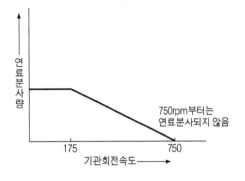

그림 5-28 냉시동 시 기관회전속도 변수(예)

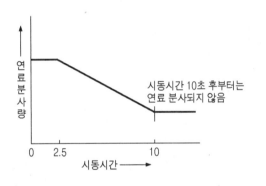

그림 5-29 냉시동 시 시동시간 변수(예)

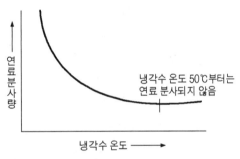

그림5-30 냉시동 시 냉각수온도 변수(예)

③ 기관 (냉각수)온도센서 - 난기운전(warm-up : Warmlauf)

기관이 시동되면 바로 난기운전에 들어간다. 난기운전 기간에는 비교적 농후한 혼합기를 필요로 한다. 그 이유는 냉시동 후, 아직도 차가운 흡기밸브 및 실린더 벽에 연료입자가 응축되기 때문이다. 따라서 난기운전 초기에는 소위 시동 후 농후 혼합기(after-start enrichment)가 공급된다. 이 농후 혼합기는 약 30초 정도 계속해서 공급되는데, 기관의 온도에 따라 정상적인 분사량 보다 30~60% 더 많은 양의 연료가 분사된다.

시동 후 농후혼합기의 공급이 끝나도 기관은 약간 농후한 혼합기를 계속 필요로 한다. 이때의 혼합기는 기관온도에 따라 제어된다.

그림 5-31은 시동온도 20℃일 때 난기운전 시의 농후혼합기 계수와 지속시간과의 관계

를 나타낸 것이다. 그림에서 곡선의 a부분은 시동 후의 시간에 주로 의존하고, 곡선의 b부분은 주로 기관온도에 따라 변화한다.

난기운전 시 농후혼합기를 공급하기 위해서는 기관온도에 관한 정보가 ECU에 입력되어야 한다. 기관 온도는 기관(냉각수) 온도센서에 의해서 검출된다.

기관(냉각수)온도센서는 그림 5-32와 같은 구조의 NTC - 반도체 저항이 사용된다. NTC - 저항은 온도가 상승함에 따라 저항값이 감소하는 성질을 가지고 있다. 수냉식 기관에서 온도

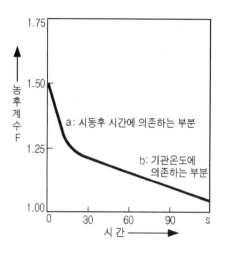

그림 5-31 난기운전 시의 농후혼합기 특성곡선(예)

센서는 냉각수 속에 잠길 수 있도록 실린더 블록의 워터재킷(water-jacket)에 설치되고, 공랭식 기관에서는 실린더 헤드에 설치된다. 그림 5-32c는 대부분의 NTC-센서의 특성을 나타내고 있다.

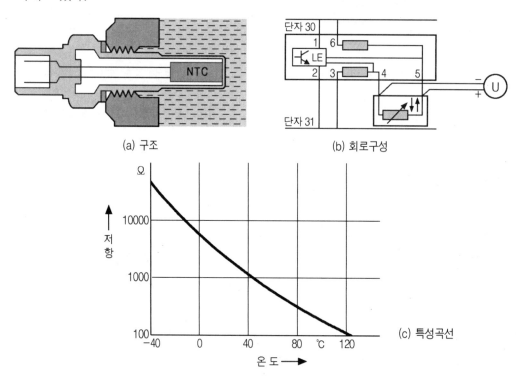

(a) 구조

(b) 회로구성

(c) 특성곡선

그림 5-32 기관온도센서(NTC-온도센서)의 구조와 특성곡선(예)

④ **스로틀밸브 스위치**(throttle valve switch)- **부하 변동에 적응**(load adaptation)

기관의 부하가 변화하면 혼합비도 달라져야 한다. 공전 시에는 농후한 혼합기, 부분부하 시에는 희박한 혼합기, 그리고 전부하 시에는 다시 농후한 혼합기가 공급되어야한다.

스로틀밸브 스위치의 구조는 그림 5-33과 같으며 스로틀밸브 축에 설치된 가이드 캠 (guid cam), 가이드 캠에 의해 개폐되는 전부하 접점과 공전 접점으로 구성된다. 스로틀 밸브가 완전히 열리면 전부하 접점이 닫히고, 반대로 스로틀밸브가 완전히 닫히면 공전접 점이 가동(moving) 접점과 접촉된다.

접점이 열렸을 때, 핀 4(접지)와 핀 5(전원) 사이에는 전압(예 : 5V)이 인가된다. 스위치 가 닫히면, 전압은 0V로 강하한다. ECU의 논리회로(LE)는 이 값을 판독하여 기관이 공전 으로 또는 전부하로 운전되고 있는지의 여부를 판별한다. 스로틀 개도를 판별하는 기능은 없다. 이 방식은 선형(linear) 특성의 스로틀밸브 위치센서에 비해서 개도 검출성은 낮으나 구조가 간단하고 가격이 싸다는 장점 때문에 사용된다.

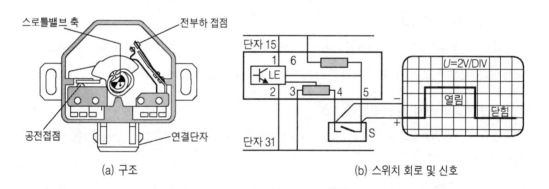

(a) 구조   (b) 스위치 회로 및 신호

그림 5-33 스로틀밸브 스위치

⑤ **공기비 센서**(λ-sensor : O_2 -sensor)

배출가스를 정화할 목적으로 3원 촉매기를 사용할 경우, 촉매기의 정화효율은 혼합기가 이론 공연비(λ=1) 부근으로 제어될 때 가장 좋다. 특히 균질혼합기를 사용하는 흡기다기관 분사방식에서는 혼합비를 이론 공연비 부근으로 제어하는 것을 목표로 한다. 이를 위해 공 기비 센서를 배기관에 설치하여 배기가스 중의 산소농도를 검출한다. 초기에는 공기비센 서의 제어영역, 소위 공기비-창이 "λ=0.95~1.05"로 넓었으나, 최근에는 "λ=0.995~ 1.005"로 그 범위가 크게 좁아졌다. → 제어 정밀도의 향상

초기의 L-Jetronic에는 지르코니아 - 공기비센서(zirconia λ - sensor)와 티타니아 공기비센서(titania λ - sensor)가 주로 사용되었으나, 평면형 광대역(plain wide range) 공기비센서까지도 사용되고 있다.(공기비센서에 대해서는 배출가스제어에서 상세하게 설명하기로 한다. PP.421~433 참조)

(3) ECU(Electronic Control Unit)

ECU는 센서들로부터 입력되는 기관의 작동 상태에 관한 각종 데이터를 처리하여 연료분사량을 계산한 다음, 계산된 분사량에 대응하는 분사밸브의 분사지속기간을 결정한다.

결과적으로 ECU는 분사밸브의 분사지속기간을 제어하는 방법으로 분사량을 제어한다. 초기의 ECU는 연료분사만을 제어 하였으나 마이크로 컴퓨터가 도입되면서 그 기능이 확대되어 연료분사제어 외에도 점화시기, 공전속도, 노크(knock) 등을 동시에 제어할 수 있는 시스템으로 발전하였다. 그리고 마이크로 컴퓨터가 도입되면서 종래의 아날로그(analog) 제어방식에서 디지털(digital) 제어방식으로 변환됨에 따라 보다 많은 정보처리와 함께 더욱 정밀한 제어가 가능하게 되었다.

마이크로 컴퓨터, 점화시기 제어, 노크제어 그리고 공전속도제어 등은 통합제어 시스템에서 설명하기로 하고 여기서는 연료분사제어에 대해서만 설명하기로 한다.

① 정보 처리와 분사 펄스의 발생

먼저 주 변수(main variable quantities)인 흡기량과 기관회전속도로부터 기본 분사기간(t_p)을 계산한다.

그 다음 각종 보정변수(compensation variable quantities), 예를 들면 기관(냉각수)온도, 흡기온도, 스로틀밸브 개도, 시동여부 등에 따라 보정분사시간(t_m)이 결정된다.

여기에 전원전압의 변화에 따른 분사시간(t_u)을 추가하여 총 분사시간(t_i)이 결정된다.

$$t_i = t_p + t_m + t_u \quad \text{..(5-17)}$$

여기서 t_i : 총 분사시간 $\qquad$ t_p : 기본 분사시간

$\qquad$ t_u : 전원전압 보정 분사시간 $\qquad$ t_m : 보정 분사시간

자료 처리과정에 따른 블록 선도는 그림 5-38과 같고 분사 펄스의 발생 과정은 그림5-39와 같다.

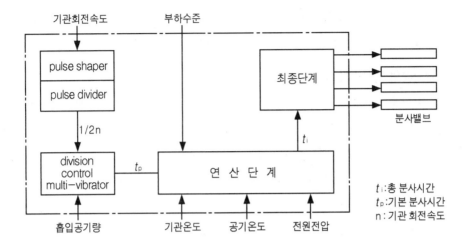

그림 5-38 ECU의 블록선도(예)

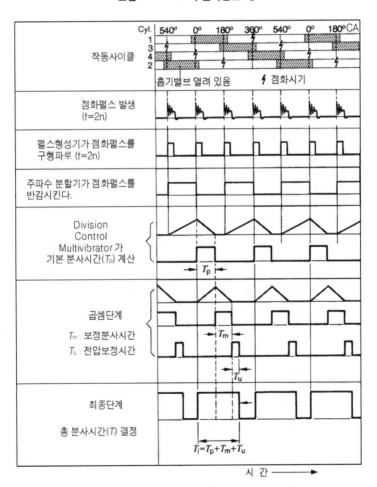

그림 5-39 분사펄스의 발생과정(예 : 4기통 기관)

그림 5-39에서 알 수 있는 바와 같이 초기의 L-Jetronic은 모든 분사밸브가 크랭크 축 1회전 당 1회씩 동시에 분사하는 방식을 사용하였다(동기 분사 방식).

② **연료 분사량의 계산방법 개요**

1회의 연소에 필요한 연료질량, 다시 말하면 ECU가 연산해서 분사밸브로 보내는 분사밸브 개변지속기간을 구하는 방법을 설명하고자 한다. 분사밸브의 개변지속기간은 1회의 흡기행정 시에 실린더에 흡입되는 공기의 질량을 기초로 계산한다.

흡기행정 1회 당 실린더에 흡입되는 공기의 질량은 공기량 계량기, 흡기온도, 대기압 센서 그리고 기관회전속도센서로부터의 정보를 이용하여 계산할 수 있다. 계산으로 구한 공기 질량과 목표 공연비로부터 1회의 연소에 필요한 연료질량을 결정한다.

$$목표 공연비 = \frac{m_a}{m_f} \quad \cdots\cdots (5\text{-}18)$$

여기서 m_a : 흡기행정 1회당 실린더에 충진되는 공기질량(g)

m_f : 1회의 동력행정에 필요한 연료질량(g)

목표 공연비는 기관의 동력성능, 응답성, 배기가스 정화, 연료의 경제성 등을 고려하여 결정한다. 기관을 시동(starting)할 때는 기관이 정상운전될 때의 기본 분사시간에 상당하는 것과 같은 의미의 분사시간은 존재하지 않는다.

㉮ **분사밸브의 개변지속기간 → 정상운전 시**

일반적으로 시동 시에는 기관(냉각수)의 온도에 따라 결정되는 시동 시 분사시간에 분사밸브의 무효 분사시간을 더한 값이 시동 시 분사시간이 된다. 시동 시와 같은 특수한 운전 조건을 제외하면 분사밸브의 개변지속기간은 다음과 같이 계산된다.

$$T_i = T_p \times F_c + T_v. \quad \cdots\cdots (5\text{-}19)$$

여기서 T_i : 분사밸브의 개변지속기간[ms]

T_p : 기본 분사시간[ms]

F_c : 기본 분사시간에 대한 보정계수

T_v : 분사밸브의 무효분사시간[ms]

T_p는 목표 공연비(일반적으로 $\lambda=1$)를 실현하는 기본 분사시간이고 F_c는 T_p를 보정할
때에 이용하는 보정계수이다.

⑭ **보정계수 F_c**

일반적으로 보정계수 F_c에는 다음과 같은 항목들이 포함되어 있다.

$$F_c = f\left(F_{ET}, F_{AD}, F_O, F_L, F_H\right) \quad\cdots\cdots\cdots\cdots\cdots\cdots\cdots\cdots (5\text{-}20)$$

여기서 F_c : 보정 계수(correction factor)

         F_{ET} : 기관온도(engine temperature)에 따른 보정계수

         F_{AD} : 가/감속(acceleration and deceleration)에 따른 보정계수

         F_O : 이론 공연비로의 피드 - 백 보정계수(O_2-sensor)

         F_L : 학습제어(learning control)에 의한 보정계수

         F_H : 고부하 고회전(high-load and high-speed) 시의 보정계수

⑮ **무효 분사시간(T_v)**

분사밸브에 작동전압이 인가되고부터 밸브니들(valve needle)이 열릴 때까지 약간의 시
간적 지연(T_o)이 발생한다. 또 작동전압이 차단된 다음부터 밸브니들이 닫힐 때까지도 약
간의 시간적 지연(T_c)이 발생한다.

이들 작동 지연시간은 밸브니들이 닫힐 때보다 열릴 때가 더 길다. 이때 연료를 분사하
지 않는 시간, 즉 "$T_o - T_c$"의 시간을 무효분사시간이라고 한다.

ECU에서 계산된 분사시간에 무효분사시간을 가산하여야 한다. 무효분사시간은 전원전
압에 대해 반비례 관계가 성립한다. 즉 전원전압이 낮으면 무효분사시간은 길어지고, 반대
로 전원전압이 높으면 무효분사시간은 짧아진다.

이런 이유에서 시스템에 따라서는 전원전압 보정 분사시간 속에 무효 분사시간을 포함
시켜 처리하기도 한다.

③ **기본 분사시간**(base injection time)**의 계산 → 베인**(vane)**식 L-jetronic에서**

기본 분사시간은 목표 공연비를 실현하기 위해서 공기량 계량기 등의 출력신호에 의해
구하는 분사지속기간으로 공기량 계량기의 종류에 따라 구하는 방법이 다르다.

L-Jetronic과 같은 베인(vane)식 공기량 계량기를 이용할 경우는 다음과 같이 구한다.

$$T_P = \frac{Q/n}{K_1 \cdot (AF)_T} \quad \cdots\cdots\cdots\cdots\cdots\cdots\cdots\cdots\cdots\cdots\cdots\cdots (5\text{-}21)$$

여기서 T_P : 공기량 계량기의 신호를 이용하여 구한 기본 분사시간[ms]

Q : 단위시간 당 흡기량[m³/s] n : 기관회전속도[s^{-1}]

$\dfrac{Q}{n}$: 1회의 흡기행정에 실린더에 흡입되는 공기량[m³]

$(AF)_T$: 목표 공연비

K_1 : 분사밸브의 크기, 분사방식, 기통 수에 따라 결정되는 상수

또 공기량 계량기의 출력신호 $\dfrac{U_s}{U_b}$ 와 단위시간당 흡기량 Q는 식(5-14)로부터 다음과

같은 관계가 성립한다.

$$Q = \frac{C}{\dfrac{U_s}{U_b}} \quad \cdots\cdots\cdots\cdots\cdots\cdots\cdots\cdots\cdots\cdots\cdots\cdots\cdots (5\text{-}22)$$

여기서 Q : 단위시간 당 흡기량[m³/s] C : 상수

U_s : 공기량 계량기 센서플랩의 개도에 따라 변화하는 전압

U_b : 전원 전압

식(5-21), (5-22)로부터 기본분사시간 T_P 는

$$\begin{aligned}
T_p &= \frac{1}{K_1 \cdot (AF)_T} \cdot \frac{Q}{n} \\
&= \frac{1}{K_1 \cdot (AF)_T \cdot n} \cdot Q \\
&= \frac{1}{K_1 \cdot (AF)_T \cdot n} \cdot \frac{C}{(U_s/U_b)} \\
&= \frac{C}{K_1 \cdot (AF)_T} \cdot \frac{1}{(U_s/U_b) \cdot n} \\
&= K \cdot \frac{1}{(U_s/U_b) \cdot n} \quad \cdots\cdots\cdots\cdots\cdots\cdots\cdots\cdots (5\text{-}23)
\end{aligned}$$

여기서   상수 : $K = \dfrac{C}{K_1 \cdot (AF)_T}$

베인식 공기량 계량기의 출력특성을 표준상태[293K, 101kPa(760mmHg)]로 표시하면 기본 분사시간 $T_{p.STD}$는

$$T_{p.STD} = \frac{K}{(U_s/U_b) \cdot n} \cdot \sqrt{\frac{293}{T}} \cdot \sqrt{\frac{P}{101}} \quad \cdots\cdots\cdots\cdots\cdots\cdots\cdots\cdots\cdots (5\text{-}24)$$

여기서 T : 공기량 계량기의 공기흡입부의 공기온도 [K]

P : 대기압력 [kPa]

그리고 공기량 계량기의 센서 플랩(sensor flap)이 일정 각도로 열려있을 때, 표준 상태의 질량유량을 m_s 그리고 온도 T, 대기압력 P(임의의 상태)일 때의 질량유량을 m이라고 하면

$$\frac{m}{m_s} = \frac{\rho \cdot Q}{\rho_s \cdot Q_s} \quad \cdots\cdots\cdots\cdots\cdots\cdots\cdots\cdots\cdots\cdots (5\text{-}25)$$

여기서 Q_s : 표준 상태의 공기의 체적유량[m³/s]

Q : 임의 상태의 공기의 체적유량[m³/s]

ρ_s : 표준 상태의 공기의 밀도[kg/m³]

ρ : 임의 상태의 공기의 밀도[kg/m³]

또 센서 플랩이 일정(一定) 개도일 때의 체적유량 Q 는

$$Q = C \cdot A \cdot v \quad \cdots\cdots\cdots\cdots\cdots\cdots\cdots\cdots\cdots\cdots\cdots (5\text{-}26)$$

여기서 C : 유량계수 A : 센서 플랩의 개도 단면적[m²]

v : 센서 플랩부의 공기유속[m/s]

그림 5-40에서 ⓐ, ⓑ부의 공기밀도가 같다고 가정하고 베르누이(Bernoulli)정리를 적용하면

$$v = \sqrt{\frac{2}{\rho}(P_a - P)} \quad \cdots\cdots\cdots\cdots (5\text{-}27)$$

여기서 P_a : ⓐ부의 압력 [kPa]

P : ⓑ부의 압력 [kPa]

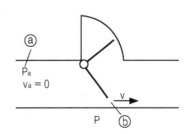

그림 5-40 베인식 공기계량기의 계측 원리

식(5-26), (5-27)을 식(5-25)에 대입하면

$$\frac{m}{m_s} = \frac{\rho \cdot C \cdot A \sqrt{\dfrac{2}{\rho}(P_a - P)}}{\rho_s \cdot C \cdot A \sqrt{\dfrac{2}{\rho_s}(P_a - P)}} = \sqrt{\frac{\rho}{\rho_s}} \quad \cdots\cdots\cdots (5\text{-}28)$$

이상기체 상태방정식을 변형한 식에서

$$\rho = \frac{P}{RT} \quad \cdots\cdots\cdots (5\text{-}29)$$

여기서 R : 기체 상수

따라서 식 (5-28), (5-29)로부터

흡기온도의 보정은

$$\sqrt{\frac{T_s}{T}} = \sqrt{\frac{273 + 20}{T}} \quad \cdots\cdots\cdots (5\text{-}30)$$

여기서 T_s : 표준상태 공기온도[K]

T : 임의의 상태에서의 흡기온도[K]

대기압 보정은

$$\sqrt{\frac{P}{P_s}} = \sqrt{\frac{P}{101}} \quad \cdots\cdots\cdots (5\text{-}31)$$

여기서 P_s : 표준상태 대기압[kPa]

P : 임의의 상태에서의 흡기압[kPa]

식(5-30), (5-31)의 특성은 그림 5-41과 같다.

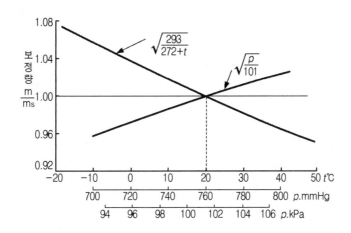

그림 5-41 흡기온도와 대기압 수정도(베인식 공기량 계량기)(예)

흡기온도에 대한 보정은 공기량 계량기에 설치된 NTC – 서미스터 방식의 흡기온도센서의 신호에 따른다. 그리고 대기압에 대한 보정은 대기압 센서에 의한다. 그러나 대기압 센서를 사용하지 않고 ECU에 의해 대기압을 보정하는 분사장치도 있다. 그림 5-41과 같은 특성도를 ECU에 기억시키고 센서로부터의 출력신호에 따라 보정계수를 구한다.

④ 기본 분사시간의 보정계수(correction factors)
    앞서 기본분사시간에 대한 보정계수(F_c)는 식(5-20)으로 표시하였다.

$$F_c = f\left(F_{ET,}F_{AD,}F_{O,}F_{L,}F_H\right) \quad\cdots\cdots\cdots\cdots\cdots\cdots\cdots\cdots\cdots\cdots\cdots(5\text{-}20)$$

㉮ 기관온도에 따른 보정계수(F_{ET})

● 시동 후 농후혼합기를 공급하기 위해서는 기관온도에 따라 시동 후 증량보정계수의 초기값을 결정하고 이어서 시간이 경과함에 따라 이를 감소시킨다.
● 난기운전기간에도 기관(냉각수)온도가 일정한 수준 이상이 될 때까지 계속해서 연료를 추가로 분사한다. 기관온도의 상승에 따라 점점 감량한다.
● 고온 재시동 시(예를 들면 기관온도가 100℃ 이상일 경우)에는 일정한 시간 동안(예 : 2 ~3분)연료를 추가로 더 공급한다.

㉯ 가/감속에 따른 보정계수(F_{AD})

● 가속 시에는 연료를 증량하여 분사한다.

> 가속 시 보정계수 = 부하 증가 보정계수 × 냉각수온도 보정계수 ·········(5-32)

● 감속 시에는 연료를 감량하여 분사한다.

> 감속 시 보정계수 = 부하 감소 보정계수 × 냉각수온도 보정계수 ·········(5-33)

㉰ 이론 공연비에로의 피드백 보정계수(F_O)

3원 촉매기를 사용할 경우, 공기비 센서의 신호에 따라 혼합기가 농후할 경우는 감량하고 희박할 경우에는 증량한다. 다만 기관온도가 낮을 경우, 또는 시동 시 등, 그리고 출력 증대를 위해 목표 공연비를 농후하게 설정하는 고부하, 고회전 시에는 피드백 제어를 중단한다.

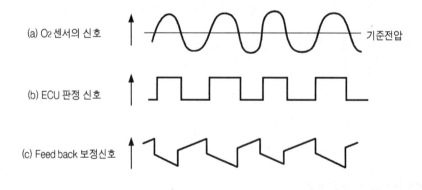

(a) O₂ 센서의 신호
기준전압

(b) ECU 판정 신호

(c) Feed back 보정신호

그림 5-42 공연비 피드백 제어

㉱ 학습제어에 따른 보정계수(F_L)

학습제어는 이론공연비의 제어 정밀도를 더욱 더 향상시키는 것을 목적으로 한다. 학습제어는 먼저 이론공연비로부터 공연비 편차를 구한 다음, 이 편차를 보정하는 보정계수를 구하여 기억한다. 그리고 현재의 운전조건에 해당하는 보정계수를 분사밸브개변지속기간에 반영한다.

즉, 컴퓨터가 기관의 현재상태를 판별하여(편차를 구하여), 이 상태를 기억하고 이를 토대로 분사량을 계산한다고 생각해도 무방하다.

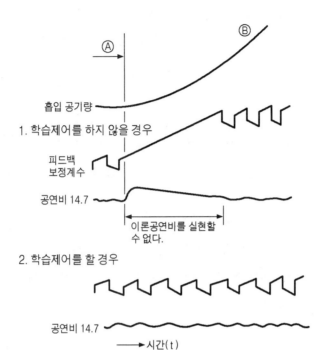

그림 5-43 학습제어 유무에 의한 공연비제어 정밀도

㉮ 고부하, 고회전 시의 보정계수(F_H)

고속, 고부하 운전 시에는 농후한 혼합기를 필요로 한다. 따라서 이때는 공기비센서에 의한 피드백제어는 중단시키고 농후한 혼합기(예 : 12~13 : 1)를 공급한다. 다시 말해서 분사량을 증가시킨다.

⑤ 연료분사 중단(fuel cut-off)

기관의 최고회전 속도를 제한하거나 또는 연료를 절감하고 배기가스를 정화할 목적으로 연료분사를 일시적으로 중단하는 기능을 말한다.

㉮ 기관회전속도 제한(engine speed limitation)

기화기기관에서는 배전기 로터(rotor)에 홈을 가공하고 여기에 볼(ball)을 설치하여 기관이 일정한 속도에 도달하면 원심력에 의해서 로터의 점화 2차회로를 차단시키는 방법으로 기관의 최고회전속도를 제한하였다.

그러나 오늘날 전자제어식 가솔린분사장치에서는 연료분사를 중단하여 기관의 최고 회전속도를 제한한다. 기관의 회전속도가 ECU에 의해서 항상 제한속도와 비교되어, 기관의 회전속도가 제한속도를 초과하면 ECU는 분사밸브로 공급되는 전류를 차단하여 연료분사를 중단시킨다.

㉔ 타행 주행(隋行走行 : coasting) 시의 연료분사 중단

스로틀밸브는 완전히 닫혀있고(공전위치) 동시에 기관의 회전속도가 일정속도 이상일 경우, 예를 들면 가파른 언덕길을 내려갈 때, 또는 고속으로 주행하다가 브레이크를 밟을 때 등은 엔진브레이크 효과를 증대시키고 동시에 연료소비율을 낮추기 위해 연료분사를 중단시키는 것이 좋다.

통상적으로 기관의 온도가 80℃이상이고 공전접점이 닫혀있을 경우의 타행주행 시에는 연료분사가 중단된다. 이때 연료분사 중단을 시작하는 회전속도는 기관에 따라 다르다. 그리고 기관이 정상작동온도에 도달하지 않았을 경우의 재분사 개시회전속도는 약 600 min^{-1} 정도까지 상향 조정된다.

재분사 개시 회전속도에 따른 구별은 다음과 같다. 회전속도를 예를 들어 설명한다.

● 정적 재분사 개시 회전속도(static reinjection rpm : statische-Wiedereinsetzdrehzahl)

기관의 온도가 80℃ 이상일 때 타행 주행을 개시하면, 연료분사는 중단되고 기관은 1000 min^{-1} 부근에서 작동을 계속한다. 이때 만약 기관의 회전속도가 1000min^{-1} 이하로 낮아지면 연료분사는 즉시 다시 시작된다. 따라서 기관은 약 1000min^{-1} 정도로 계속 회전한다.

● 동적 재분사 개시 회전속도(dynamic reinjection rpm : dynamische Wiedereinsetzdrehzahl)

타행주행 중 클러치를 밟으면 기관의 회전속도는 급격히 강하한다. 이때 연료가 분사되지 않으면 기관은 실속(失速 : durchsacken)하게 된다. 이런 이유에서 타행주행 중 클러치를 밟을 경우에 재분사 개시 회전속도는 정적 재분사 개시 회전속도보다 약 500~600 min^{-1} 정도 더 높은 1600min^{-1} 정도로 상향 프로그래밍되어 있다.

타행주행 시 간접적으로 기관의 회전속도가 상승할 경우, 예를 들면 한 단계 낮은 단으로 변속될 경우에는 연료분사가 중단되지 않는다. 물론 이때도 공전접점은 계속 닫혀있다.

그리고 재분사 개시 회전속도 범위로 기관이 정속 또는 상승속도로 운전될 경우에도 연료분사 중단(fuel cut-off)이 제한된다.

(4) 시스템 회로도

초기 시스템들의 회로도를 검토함으로서 분사장치의 발달과정을 쉽게 이해할 수 있을 것이다. 현재의 시스템들과 비교함으로서 기술의 발달속도도 체감할 수 있을 것으로 생각한다.

① L-Jetronic〔Opel 2.0 E-Engine〕

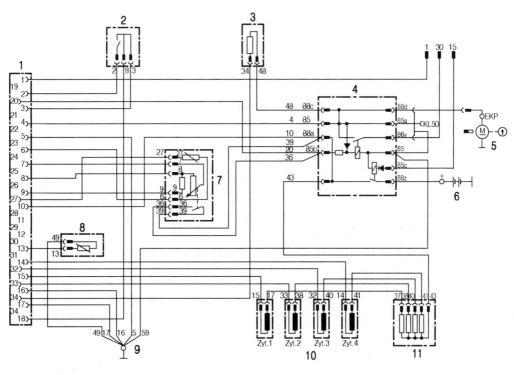

1. E.C.U	6. 축전지	10. 분사밸브
2. 스로틀밸브 스위치	7. 공기량 계량기	11. 저항기
3. 추가공기공급기	8. 냉각수온도센서	KL : 단자
4. 컨트롤 릴레이	9. 접지	Zyl : 실린더
5. 연료공급펌프		

그림5-44 L-Jetronic[Opel 2.0 E-Engine]

② ㉮ LE-Jetronic〔Opel 2.0 E-Engine〕-제3세대

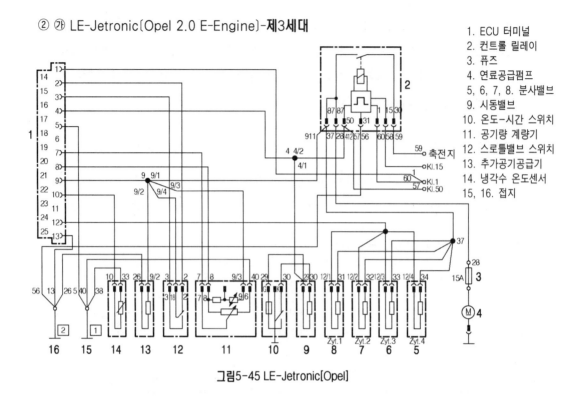

1. ECU 터미널
2. 컨트롤 릴레이
3. 퓨즈
4. 연료공급펌프
5, 6, 7, 8. 분사밸브
9. 시동밸브
10. 온도-시간 스위치
11. 공기량 계량기
12. 스로틀밸브 스위치
13. 추가공기공급기
14. 냉각수 온도센서
15, 16. 접지

그림5-45 LE-Jetronic[Opel]

② ㉯ LE-Jetronic〔BMW〕제3세대

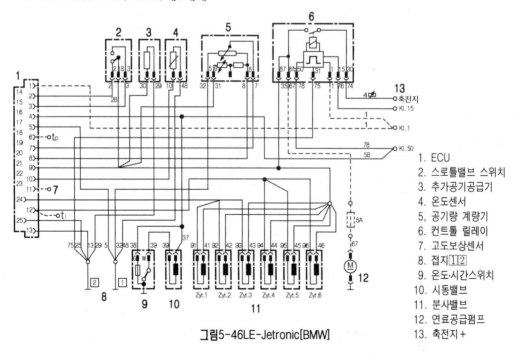

1. ECU
2. 스로틀밸브 스위치
3. 추가공기공급기
4. 온도센서
5. 공기량 계량기
6. 컨트롤 릴레이
7. 고도보상센서
8. 접지 ①②
9. 온도·시간스위치
10. 시동밸브
11. 분사밸브
12. 연료공급펌프
13. 축전지 +

그림5-46LE-Jetronic[BMW]

③ L-Jetronic〔BMW〕-제4세대

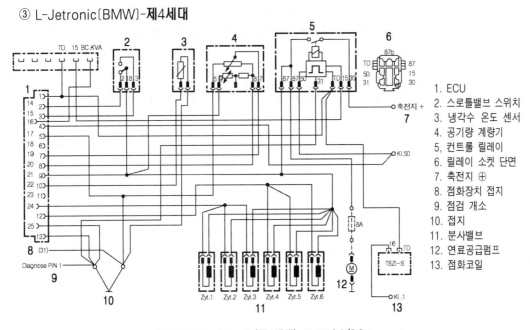

1. ECU
2. 스로틀밸브 스위치
3. 냉각수 온도 센서
4. 공기량 계량기
5. 컨트롤 릴레이
6. 릴레이 소켓 단면
7. 축전지 ⊕
8. 점화장치 접지
9. 점검 개소
10. 접지
11. 분사밸브
12. 연료공급펌프
13. 점화코일

그림5-47 L-Jetronic(제4세대) BMW 2.0/2.3 ℓ

④ LU-Jetronic〔Opel〕

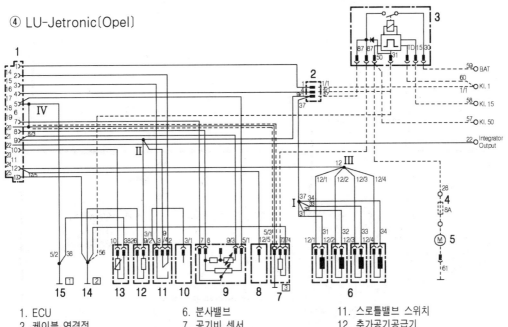

1. ECU
2. 케이블 연결점
3. 컨트롤 릴레이
4. 퓨즈(8A)
5. 연료공급펌프
6. 분사밸브
7. 공기비 센서
8. 보드 컴퓨터
9. 공기량 계량기
10. 전자제어점화장치 연결선
11. 스로틀밸브 스위치
12. 추가공기공급기
13. 온도센서
14.15. 접지

그림5-48 LU-Jetronic〔Opel〕

제2절 BOSCH LH-Jetronic

1. LH-Jetronic의 시스템 개요

LH-Jetronic의 시스템은 그림 5-49와 같다.

LH-Jetronic의 기본 시스템은 L-Jetronic과 같다. 그러나 베인식 공기계량기 대신에 열선식 공기질량계량기가 사용된다. 그리고 공전 액추에이터(idle actuator)가 바이패스(bypass)통로의 단면적을 제어한다. 기관이 공전할 때에는 바이패스 통로를 거쳐서 공기가 공급되며 공기량은 ECU에 내장된 마이크로 컴퓨터가 입력신호를 처리하여 계산한다.

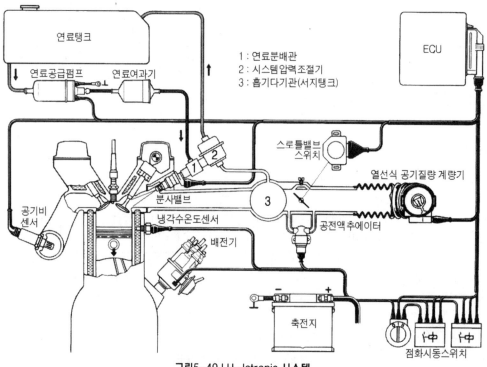

그림5-49 LH-Jetronic 시스템

LH-Jetronic은 기존의 L-Jetronic과 비교할 때 공기량 계량방식이 크게 다를 뿐이다. 따라서 공기량 계량방식에 대해서만 상세히 설명하기로 한다.

베인식 공기계량기를 사용하여 기관이 흡입한 공기량을 계측할 경우에는 고도(altitude)에 따라 오차가 발생한다. 그리고 동시에 베인의 가동부품(moving parts)이 마모되기 마련이며 약간의 맥동 오차(pulsation errors)도 나타나는 경향이 있다.

열선식 공기질량 계량기(hot-wire air mass meter)는 흡기의 밀도, 온도, 압력과 상관없이 기관에 유입된 흡기질량을 직접 계측한다. 즉, 흡기의 밀도, 압력(고도) 및 온도는 측정값에 영향을 미치지 않는다.

따라서 LH-Jetronic은 베인(vane)식 L-jetronic에 비교할 때, 다음과 같은 장점이 있다.

① 공기 질량을 직접 정확하게 계측할 수 있다.
② 공기 질량 계량기의 응답성이 빠르다.
③ 기관 작동상태에 적응하는 능력이 개선되었다.
④ 고도(altitude) 변화에 따른 오차가 없다.
⑤ 맥동 오차(pulsation error)가 없다.
⑥ 가동 부품(moving parts)이 없다.
⑦ 흡입공기의 온도가 변화해도 측정 상의 오차가 없다.
⑧ 설계가 간편하다.

2. 열선식 공기질량 계량기

(1) 구조

열선의 설치방식에 따라 주류(main flow) 계측방식과 바이패스(bypass) 계측방식이 있다. 초기에는 주류 계측방식이, 나중에는 바이패스 계측방식이 주로 사용되었다.

그러나 이들은 모두 열선을 일정 수준의 온도(예 : 100℃)로 가열하고, 열선이 흡기에 의해 냉각되면 열선에 공급되는 전류를 증가시켜 열선이 다시 기본온도가 되도록 하는 일정 온도차 제어회로(一定 溫度差 制御回路)를 가지고 있다.

① **주류 계측방식**(main flow measuring type)
LH-Jetronic의 열선식 공기질량 계량기(hot-wire air mass meter)에는 직경 70μm(0.07mm)

의 가는 백금선이 원통형의 계측 튜브(measuring tube) 내에 들어 있다. 그리고 원통의 양 단을 미세한 철망으로 막아 열선의 기계적 파손을 방지하였다(그림 5-50 참조).

그림 5-50 주류 계측방식의 열선식 공기질량 계량기의 외관(예)

그림 5-51에서 계측튜브는 두 부분으로 구성되어 있으며 내부에는 열선 엘리먼트(hot-wire element), 저항기(precision resistor), 온도 보상저항 등이 들어있다. 하이브리드(hybrid)회로, 출력 트랜지스터(power transistor), 공전 포텐시오미터(idle potentiometer) 등은 하우징 외부에 설치되어 있다. 공전 포텐시오미터(idle potentiometer)는 직접 ECU와 연결되어 있다. 그리고 하이브리드 회로는 다수의 브릿지 저항(bridge resistors)을 포함하고 있으며 이들은 제어회로와 자기 청소작용 회로(self cleaning circuit)로서 기능한다.

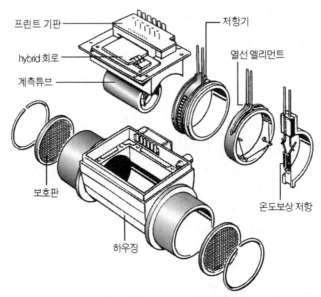

그림 5-51. 열선식 공기질량 계량기(예 : 주류 계측 방식-BOSCH) 의 구조

② 바이패스 계측방식(bypass flow measuring type)

　같은 열선식이지만 그림 5-52와 같이 열선을 보빈(bobbin)에 감아서 관로 내의 바이패스에 설치할 수 있다. 공기와류는 공기유도격자(screen)를 통과하면서 정상류(定常流)로 정렬되므로 측정위치에서는 더 이상 영향을 미치지 않게 된다. 관로 내에는 가동부품이 없기 때문에 공기의 유동저항이 발생하지 않는다. 그리고 바이패스통로에서는 공기유동속도가 높고, 또 열선이 유리 코팅(coating)되어 있기 때문에 열선 엘리먼트의 오염을 피할 수 있다. 따라서 이 형식에서는 기관이 정지한 다음에 열선을 가열시키지 않는다.

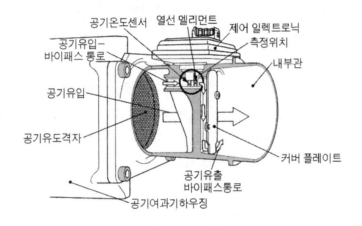

그림 5-52 바이패스 계측방식의 열선식 공기질량계량기(BOSCH)

(2) 계측 원리

　공기 중에 발열체를 놓으면, 발열체는 공기에 열을 빼앗겨 냉각된다. 발열체 주위를 통과하는 공기량이 많으면 발열량도 증가한다. 이와 같이 발열체와 공기 사이의 열전달 현상을 이용한 것이 열선식 공기질량 계량기이다.

　열선(직경 0.07mm의 백금선)은 브리지 회로(bridge circuit)의 일부를 구성한다. 이 브리지 회로의 대각선 전압(diagonal voltage)을 가열 전류를 변화시켜 0(zero)으로 한다.

　통과 유량이 증가하면 열선은 냉각되고 저항은 감소한다. 이에 따라 브리지회로의 전압관계가 변화한다. 이렇게 되면 제어회로(control circuit)가 즉시 전류를 증가시켜 이 상황을 수정한다. 전류의 증가는 열선의 온도가 원래의 설정온도로 될 때까지 계속된다. 여기서 열선을 가열하는 가열전류와 통과한 공기질량 사이에 일정한 관계가 성립된다. 즉 가열전류가 기관에 흡입되는 공기질량을 측정하는 척도가 된다.

열선은 자체의 질량이 아주 작기 때문에 아주 급속히 일정한 온도(constant temperature)로 가열된다. 결과적으로 시간상수(time constant) 즉, 흡기질량의 측정회수는 1초에 약 1000회 정도에 이른다. 이와 같이 반응시간이 짧다는 점이 가장 큰 장점이다.

측정오차가 발생될 수 있는 경우는 흡입된 공기가 역류(return flow)할 때이다. 역류(return flow)는 스로틀밸브가 전개(全開)되어있고 동시에 기관의 회전속도가 낮을 때 발생한다. 그러나 이 측정오차도 전자적인 방법을 사용하여 보상한다.

열선의 전류는 정밀 저항기(precision resistor)에서의 전압강하를 이용하여 측정한다. 열선의 저항과 정밀 저항기의 저항은 통과 공기유량(air-flow rate)에 따라 가열 전류가 500～1200mA 범위가 되도록 설정되어 있다.

브릿지회로의 다른 가지(arm)에는 높은 임피던스(high impedance)의 저항기가 사용되기 때문에 흐르는 전류는 가열 전류에 비해서 아주 작다. 그리고 온도 보상저항기는 약 500Ω 정도의 저항을 가지고 있다. 이 온도 보상저항기는 항상 일정한 저항을 유지해야 하며 동시에 내부식성이 있어야하고 또 응답성이 빨라야 한다. 이런 이유에서 백금 박막 저항기(platinum-film resistors)가 사용된다.

보상작용은 그림 5-53에서 직렬 저항기(R_1)의 저항에 의해서 조정된다.

온도센서는 흡입공기의 온도를 보상하기 위해서 필요하다. 온도의 영향이 아주 뚜렷하게 나타나기 때문에 보상작용은 급속히 이루어져야 한다. 실험에 의하면 흡입공기 온도와 센서의 출력신호를 정확히 일치시키는 데는 3초 또는 그 이하의 시간상수(time constant)가 필요한 것으로 보고되고 있다. 따라서 센서의 질량과 연결 케이블의 질량(mass)을 최소화하여 시간 상수를 최소화하는 방법이 사용된다.

열선의 표면이 오염되면 출력신호가 변화하기 때문에, 열선은 기관의 작동을 정지시킬 때마다 1초 동안씩 고온으로 가열된다. 이것은 열선의 표면에 부착된 오염물질을 연소시켜 열선의 성능을 일정하게 유지되도록 하기 위해서이다. 이 때의 연소명령(burn-off command)은 ECU가 담당한다.

열선식 공기질량계에 부속된 공전 포텐시오미터(idle potentiometer)는 공전 혼합비 조정에 사용된다.

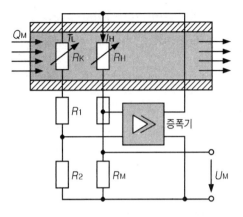

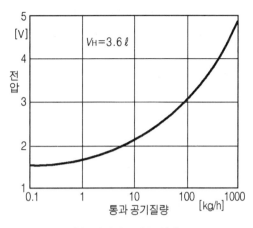

(b) 열선의 특성곡선(예)

R_H : 열선 R_K : 온도보상저항
R_1, R_2 : 브릿지 보상저항 R_M : 측정저항
U_M : 측정전압 I_H : 가열전류
Q_M : 공기의 질량유량 T_L : 공기온도

(a) 열선식 공기질량 계량기의 회로(BOSCH)

그림 5-53 열선식 공기질량 계량기의 브릿지회로

기본원리를 수식으로 표시하면 다음과 같다. 그림 5-53에서 흡입공기 통로 중에 설치된 발열체(열선)로부터 공기로 전달되는 전열계수(h)는

$$h = \alpha + \beta \sqrt{\dot{m}} \quad \cdots\cdots\cdots\cdots\cdots\cdots\cdots\cdots\cdots\cdots\text{(5-34)}$$

여기서 h : 전열계수(원주형)

        α, β : 상수

        $\dot{m}$: 단위시간 당 통과공기의 질량유량

이 관계에 의해서 열선에 공급된 전력(발열량)의 열평형을 고려하면

$$U \cdot I_H = (\alpha + \beta \sqrt{\dot{m}}) \cdot A \cdot (T_H - T_L) \quad \cdots\cdots\cdots\cdots\cdots\text{(5-35)}$$

여기서 U : 열선에 인가된 전압[V] I_H : 열선에 흐르는 전류[A]

        A : 열선의 심선 단면적[m²] T_H : 열선의 온도[℃]

        T_L : 흡기 온도[℃]

여기서 온도차($T_H - T_L$)를 열선과 흡기온도센서의 저항값 변화로 대치하여, 휘스톤 브리지(wheastone bridge)를 구성하고, 온도차가 일정하게 유지되도록 전류(I_H)를 제어한다.

식 (5-35)에서 온도차($T_H - T_L$)가 일정하면

$$U \cdot I_H \propto (\alpha + \beta \sqrt{\dot{m}}) \quad \text{...} \quad \text{(5-36)}$$

또 열선에 인가된 전압 U 는

$$U = I \cdot R_H \quad \text{..} \quad \text{(5-37)}$$

여기서　R_H : 열선의 저항[Ω]

이므로 열선에 흐르는 전류 I_H 는

$$I_H \propto \sqrt{\alpha + \beta \sqrt{\dot{m}}} \quad \text{..} \quad \text{(5-38)}$$

가 된다. 이 출력은 곧바로 질량유량 $\dot{m}$의 함수가 되기 때문에 공기 밀도의 변화에 따른 보정은 필요없다. 출력신호는 열선전류(I_H)에 비례하는 아날로그(analog) 신호이다.

(3) 열선식 공기질량 계량기에서의 기본 분사량

열선식 공기질량 계량기의 출력특성은 앞서의 그림 5-53(b)와 같이 질량유량(mass flow)에 대하여 비선형이다. 따라서 출력을 질량유량에 대하여 선형(線形)인 자료로 수정한 다음에 기본분사량을 구한다. 선형화 방법은 Hard회로에서 처리하는 방법과 출력을 A/D변환기를 거치게 한 다음에 Soft회로에서 처리하는 방법으로 구분된다.

선형화 후의 신호를 $\dot{m}_L$이라 하면, 기본 분사지속기간 T_p는 다음과 같다.

$$T_p = K \cdot \frac{\dot{m}_L}{n} \quad \text{..} \quad \text{(5-39)}$$

여기서　$\dot{m}_L$: 선형화 후의 신호(단위시간 당 공기질량).

K : 분사밸브 사이즈(size), 분사방식, 기통수에 따라 결정되는 상수.

n : 기관 회전속도[s^{-1}]

3. 열막식 공기질량 계량기(hot-film air mass flow sensor : Heissfilm-Luftmassenmesser)

1987년 Bosch사는 열선식 공기질량 계량기를 대체할 목적으로 열막식 공기질량 계량기를 발표하였다.

열선식은 앞에서 설명한 바와 같이 공기유동 중에 가느다란 백금선을 설치하고 전기적으로 가열한다. 열선이 일정한 온도를 유지하기 위해서는 공기유량이 많으면 많을수록 전류도 많이 필요하게 된다. ECU는 이 전류를 근거로 필요 분사량을 결정한다. 이러한 측정 센서들 – 백금열선, 온도센서, 정밀저항 등 –은 생산비가 높다.

열막식 공기질량 계량기(Heissfilm-Luftmengenmesser)는 이 세가지 부품을 세라믹 기판 (ceramic base bord)에 박막 층저항으로 집적시켰다. 냉각체(cooling body) 외에 단지 2개의 간단한 플라스틱 하우징만 있으면 된다. 그리고 열막식은 열선식에 비해서 열손실이 적기 때문에 냉각체(cooling body)를 소형화시켜도 된다.

(1) 역류 감지기능이 없는 열막식 공기질량계량기

열막 센서(hot film resistor)는 그림 5-54에서와 같이 공기 유동방향과 일치하여 설치되므로 열선식에 비해서 상대적으로 오염에 민감하지 않기 때문에, 오염물질을 제거하기 위해 열선식에서 처럼 기관을 스위치 OFF시킨 후에 센서 엘리먼트를 순간적으로 가열시킬 필요가 없다. 또 생산비가 저렴하며, 응답성도 좋다.

열막센서는 3개의 NTC-저항으로 구성되어 있다.
- 가열저항 R_H (백금박막저항)
- 센서저항 R_S
- 흡기온도저항 R_K (온도보상용)

이들 저항은 박막저항으로서 세라믹 기판에 브릿지회로(bridge circuit)를 구성하고 있다. 열막식 공기질량계량기에 내장된 제어일렉트로닉은 가변전압을 통해 가열저항 R_H 의 온도가 흡기온도보다 160℃ 더 높게 되도록 제어한다. 흡기온도는 온도가변식 흡기온도저항 R_K 에 의해 감지된다. 가열저항 R_H 의 온도는 센서저항 R_S에 의해 측정된다. 통과하는 공기의 질량이 증가 또는 감소함에 따라 가열저항 R_H는 더 많이 또는 더 적게 냉각된다. 제어일렉트로닉은 센서저항 R_S를 통해 흡기온도와 가열저항 R_H의 온도와의 차이가 다시 160℃가 되도록 가열저항 R_H의 전압을 제어한다. 제어일렉트로닉은 이 제어전압으로부터 흡기질량에 대한 신호를 생성하여 엔진-ECU에 전송한다.

공기질량계량기가 고장일 경우, 엔진-ECU는 분사밸브 개변지속기간에 대한 대체값을 형성할 수 있다.→ 비상운전기능. 대체값은 스로틀밸브개도(α)와 기관회전속도 (n)로부터 연산된다.

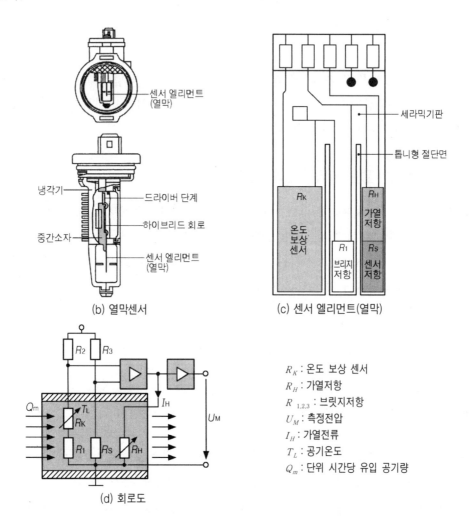

(b) 열막센서

(c) 센서 엘리먼트(열막)

(d) 회로도

R_K : 온도 보상 센서
R_H : 가열저항
$R_{1.2.3}$: 브릿지저항
U_M : 측정전압
I_H : 가열전류
T_L : 공기온도
Q_m : 단위 시간당 유입 공기량

그림 5-54 역류 감지기능이 없는 열막식 공기질량계량기(BOSCH)

(2) 역방향 유동 감지기능이 있는 열막식 공기질량 계량기(HFM5)

흡기관에서 맥동하는 공기와류에 의한 오류를 최소화하기 위해, 역류 감지기능을 갖춘 공기질량 계량기를 사용한다. 이 공기질량 계량기는 공기여과기 또는 측정관에 실질적으로 유입되는 공기의 질량을 아주 정확하게 계측한다(최대 오차 ±0.5%).

이 센서는 흡/배기 밸브의 개폐에 의한 흡기의 역유동도 고려한다. 또 흡기온도의 변화는 계측 정밀도에 전혀 영향을 미치지 않는다.

① **구조**(그림 5-55a)

이 센서는 자신의 하우징에 집적된 상태로 측정채널에 돌출되어 있다. 측정채널은 공기여과기 후방의 흡기관에 설치되며, 그 직경은 기관이 필요로하는 공기질량(370~970kg/h)에 따라 차이가 있을 수 있다. 경우에 따라서는 공기여과기에 조립되는 플러그형 센서도 있을 수 있다.

센서에서 가장 중요한 구성요소는 유입되는 공기 중에서 일부가 통과하는 측정셀 그리고 측정셀과 직결된 평가 - 일렉트로닉이다.

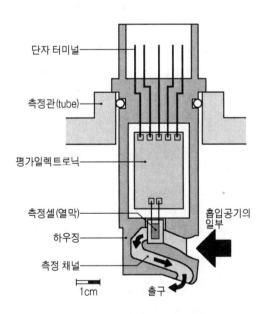

그림 5-55a HFM5-열막식 공기질량 계량기의 개략도

측정셀의 요소들은 반도체 기판 위에 그리고 평가 - 일렉트로닉(하이브리드회로)은 세라믹 기판 위에 증착되어 있다. 따라서 설치공간을 아주 적게 차지하도록 소형으로 제작할 수 있다. 평가 – 일렉트로닉은 다시 전기단자를 통해 엔진 ECU에 연결된다.

유입되는 공기의 일부만이 통과하는 계측통로의 형상은 와류가 없는 공기만이 센서의 측정부를 지나가도록, 그리고 출구로 부터 공기가 다시 역류하지 않도록 설계되어 있다.

이와 같은 기하학적 형상을 사용함으로서, 유입되는 공기가 격렬하게 맥동할 때에도 센서의 반응거동은 개선되며, 순방향 유동은 물론이고 역방향 유동도 감지할 수 있다.

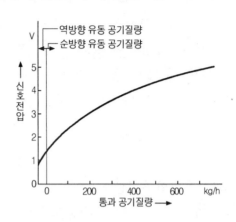

그림 5-55b HFM5-열막식 공기질량 계량기의 특성곡선

② 작동원리(그림 5-55c 참조)

이 센서도 일종의 서멀(thermal) – 센서이다. 다음과 같은 원리에 따라 작동한다.

센서의 측정셀(3)에서 중앙부에 배치된 가열저항이 마이크로 – 메카닉 박막(5)을 가열하여, 온도를 일정하게 유지한다. 온도는 이 제어가열영역(4)의 양쪽 바깥부분 모두에서 낮아진다.

박막 위에 설치된, 온도 의존형 가변저항(측정점 M_1, M_2)이 박막 상의 온도분포를 감지한다. 공기가 통과하지 않을 때는, 온도 프로필(profile)(1)이 양쪽 모두 동일하다. ($T_1 = T_2$)

센서의 측정셀을 거쳐 공기가 유입되면, 박막 상의 균일한 온도분포 프로필은 찌그러지게 된다(2). 유입 측의 온도곡선은 급경사를 이루게 되는 데, 이는 통과하는 공기에 의해 이 영역이 냉각되기 때문이다. 반대쪽 즉, 기관에 가까운 쪽에서 보면 센서의 가열영역을 거친 가열된 공기가 센서의 측정셀을 통과하게 된다. 온도분포의 변화에 의해 측정점 M_1, M_2 사이에 온도차(ΔT)가 발생하게 된다.

공기에 전달된 열 그리고 이 열에 의해 센서의 측정셀에서의 온도변화는 측정셀을 통과하는 공기의 질량유량에 좌우된다. 온도차(ΔT)는 통과하는 공기의 절대온도와는 관계가 없으며, 통과공기의 질량을 측정하는 척도가 된다. 이 형식의 공기질량계량기는 통과공기의 질량은 물론이고 공기의 유동방향도 감지할 수 있다.

센서의 마이크로 – 메카닉 박막은 아주 얇기 때문에, 온도변화에 아주 빠르게 반응한다 (15ms 이내). 이는 특히 공기유동이 아주 격렬하게 맥동할 때 아주 중요하다.

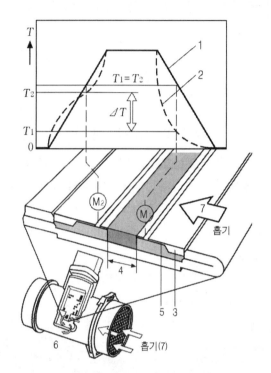

1. 온도프로필(실선)
   (흡입공기 없을 때)
2. 온도프로필(점선)
   (공기흡입시)
3. 센서 측정셀
4. 가열영역
5. 센서 박막
6. 측정채널(공기량계량기 포함)
7. 흡기유동
T_1, T_2 : 측정점 M_1, M_2에서의 온도
$\varDelta T$: 온도차

그림 5-55c HFM5-열막식 공기질량 계량기의 측정원리

센서에 집적되어 있는 평가 – 일렉트로닉은 측정점 M_1, M_2에서의 저항값의 차이를 ECU에서 사용하기에 적합한 아날로그 전압신호(0~5V)로 변환시킨다. 예를 들면 공전에서 1V, 전부하에서 5V의 전압신호가 생성된다. 이 전압신호를 엔진 ECU에 저장되어 있는 센서의 특성곡선(그림 5-55b)을 이용하여 흡입공기의 질량유량[kg/h]으로 환산한다.

특성곡선은 엔진 ECU에 내장된 진단기능이 예를 들면 배선의 단선과 같은 고장을 감지할 수 있도록 구성되어 있다. HFM5 – 열막식 공기질량계량기에는 추가로 온도센서가 추가적인 평가요소로서 통합되어 있을 수 있다. 온도센서는 가열영역 전방의 측정셀에 설치된다. 온도센서는 공기질량을 결정하는데는 필요없다. 자동차에 따라서는 수분이나 오염물질을 분리하는 성능을 개선할 목적으로 추가적인 예방대책(내부관, 오염방지 격자)을 강구하기도 한다.

제5장 공기량 직접계량방식의 가솔린분사장치

제3절 카르만 와류식(Kármán Vortex)공기계량기

카르만 와류를 이용하여 공기량을 계측하는 방식을 사용한 최초의 가솔린분사장치는 미쓰비시(三菱)의 ECI 시스템이었다(그림 5-56 참조). 이 시스템은 크게 볼 때 Bosch사의 L-Jetronic과는 공기량 계량방식에서 차이가 있을 뿐이다. 따라서 공기량 계량방식에 관해서만 설명하기로 한다.

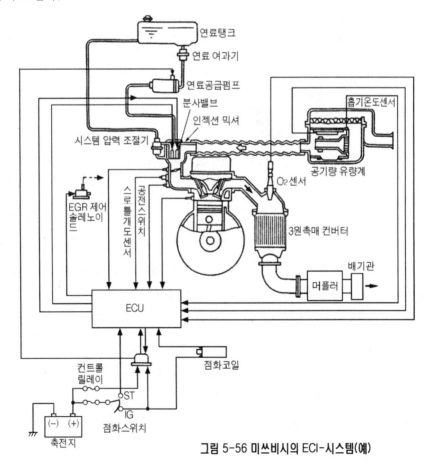

그림 5-56 미쓰비시의 ECI-시스템(예)

1. 카르만 와류식(Kármán Vortex) 공기계량기의 구조

카르만(Kármán) 와류를 이용하여 공기량을 검출하는 방식으로는 반사광 검출방식(그림 5-57)과 초음파 검출방식(그림 5-58)이 있다. 와류를 발생시키는 기둥(prism)을 공기가 유동하는 관로 내에 설치하면 기둥(prism) 뒤편에 와류가 발생한다. → 카르만 와류(Kármán vortex)의 발생, 이 카르만 와류의 주파수가 공기량을 계량하는 척도이다.

미쓰비시(三菱)에서는 초음파 검출방식을 채용하고 있다.

【참고】카르만(Theodore von Kármán, 1881~1963, 헝가리)

(1) 반사광 검출방식(mirror detection system) - 그림 5-57

카르만 와류가 발생할 때 와류 발생체 양측의 압력변동이 관을 통하여 얇은 금속제 거울 표면에 작용되도록 하여 거울을 진동시킨다.

이 진동하는 거울에 1쌍의 수, 발광소자(受・發光素子)를 근접시켜 그 반사광을 신호로하여 와류를 감지하는 방식이다. → mirror 검출방식

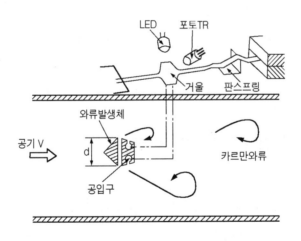

그림 5-57 카르만 와류식 공기량 계량기(mirror 검출방식)

(2) 초음파 검출방식(ultra-sonic wave detection system)-그림 5-58

초음파 검출방식은 와류에 의한 공기밀도의 변화를 이용하는 방식으로 관로(管路) 내에 연속적으로 발신되는 일정한 초음파를 수신할 때, 밀도변화에 의해 수신신호가 와류의 수(數)

만큼 흩어지는 현상을 이용하여 와류를 검출한다.

발신기로부터 발신된 초음파는 관로를 유동하는 흡입공기에 직각으로 방출된다. 이때 초음파는 흡기 유동에 발생된 카르만 와류에 의해 잘려져 흩어지게 되고, 초음파의 전달속도는 영향을 받게 된다. 카르만 와류의 영향을 받은 초음파의 전달속도는 초음파 수신기에 의해 감지된다. 초음파 수신기에 의해 감지된 신호는 증폭기, 필터, 펄스 형성기를 거쳐 ECU에 입력, 평가되어 흡입공기량의 척도로 사용된다.

카르만 와류방식의 공기계량기는 체적유량(volumetric flow)을 계량한다. 따라서 흡기온도 센서를 설치하여 ECU에 그 신호를 보내 흡기온도에 의한 공기밀도의 변화를 수정해야한다. 이 외에도 와류의 발생을 안정시키기 위한 정류소자(整流素

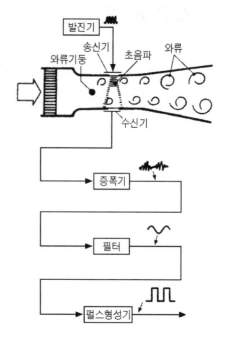

그림 5-58 카르만 와류식 공기계량기 (초음파 검출방식)

子), 와류 검출신호를 정형(整形)한 펄스 출력을 전달하는 회로(circuit)를 갖추고 있다.

카르만 와류방식의 공기계량기는 그 출력신호가 디지털(digital) 신호이기 때문에 ECU 내에서 마이크로 컴퓨터에 의한 처리가 대단히 용이하다는 특징이 있다.

2. 카르만 와류식 공기량 계량기의 계측원리

일정한 유동(flow) 가운데에 와류 발생 기둥(prisma)을 놓으면, 소위 카르만 와류가 와류 발생체의 뒤쪽에 규칙적으로 발생한다. 이 카르만 와류의 주파수(f)와 유속(流速)(v) 사이에는 다음과 같은 관계식이 성립된다.

$$f = S_t \cdot \frac{v}{d} \quad \cdots\cdots\cdots\cdots\cdots\cdots\cdots\cdots\cdots\cdots\cdots\cdots\cdots(5\text{-}40)$$

여기서 d : 와류 발생체의 대표 치수

v : 유속

S_t : Strouhal 수(數), (定數)

Strouhal 수(數) S_t는 실제 유동에서는 Reynolds 수(R_e)의 특정범위에서는 일정하다. 그리고 Reynolds 수(R_e)는 직경 d인 관로를 유체가 속도 v로 유동할 때

$$R_e = \frac{v \cdot d}{\nu} \quad \text{...(5-41)}$$

여기서 ν : 유체의 동점성 계수

Strouhal수(數) S_t는 Reynolds 수 $250 < R_e < 2 \times 10^5$의 범위에서 유효하며, $R_e = 10 \sim 10^4$ 정도의 범위에서는 거의 일정하다. 이 원리를 이용하여 기관의 흡입공기량의 범위를 위의 Reynolds 수 범위 내에 있도록 통로와 와류발생기둥의 직경을 설정하면 Strouhal수 S_t 는 계측 범위의 전 영역에서 거의 일정하게 유지된다.

> ### 참 고
>
> ● Vincenz Strouhal(1850~1992) : 체코슬로바키아 물리학자.
> Strouhal수(數) $S_t = \dfrac{fd}{v} = 0.198\left(1 - \dfrac{19.7}{R_e}\right)$
>
> Strouhal수는 $250 < R_e < 2 \times 10^5$의 범위에서 유효하다.
>
> 여기서 d : 원주의 지름
> fd/v : Reynolds 수의 함수
>
> ● Osborne Reynolds(1842~1912) : 영국(아일랜드) 과학자(수학/유체역학)
> Reynolds수 R_e : 유체의 유동 상태(층류 또는 난류)를 특징 지우는 무차원의 수.
>
> 2000 이하이면, 층류
> 2100 - 4000의 범위는 천이구역
> 4000 이상이면 난류가 되어 불규칙한 소용돌이가 발생한다.
>
> $R_e = \dfrac{\rho v d}{\mu} = \dfrac{v d}{\nu}$
>
> 여기서, ρ : 유체의 밀도 $\qquad$ v : 유체의 속도
> $\qquad\qquad$ d : 유체가 흐르는 관로의 직경 $\quad$ μ : 유체의 점성계수
> $\qquad\qquad$ v : 유체의 동점성계수($\nu = \mu/\rho$)

따라서 카르만 와류의 발생 주파수(f)를 검출하면 유속(v)을 알 수 있다. 유속(v)을 알면 여기에 공기계량기의 공기통로의 유효단면적을 곱하면 흡기의 체적유량이 된다.

이 공기계량기의 출력은 카르만와류에 동기(同期)된 디지털(digital) 전기 펄스신호로 변환된다. 따라서 와류발생 주파수(f)는 ECU에서 출력신호의 주기를 측정하면 된다.

3. 카르만와류 방식의 공기량 계량기에서 기본 분사시간의 계산

이 형식의 공기량 계량기의 출력인 카르만와류의 주파수(f)는 흡입공기의 속도(v)에 비례한다(식 5-40 참조).

따라서 공기량(Q)과 주파수 (f)의 관계는

$$Q = C_1 \cdot A \cdot f \quad \text{(5-42)}$$

여기서 C_1 : 상수

A : 카르만와류 감지부의 유로 단면적[m^2]

식(5-42)를 식(5-21)에 대입하면

$$T_P = \frac{Q/n}{K_1 \cdot (AF)_T} = \frac{C}{K_1 \cdot (AF)_T} \cdot \frac{f}{n} \quad \text{(5-43)}$$

여기서 $C = C_1 \cdot A$

카르만 와류식 공기계량기에서 질량유량(mass flow)에 대한 기본분사시간을 구하기 위해서는 베인(vane) 식에서와 마찬가지로 온도와 압력을 보정해야 한다.

식(5-25)에 (5-42)를 대입하면($Q = Q_s$ 이므로)

$$\frac{m}{m_s} = \frac{\rho \cdot Q}{\rho_s \cdot Q_s} = \frac{\rho}{\rho_s} \quad \text{(5-44)}$$

완전가스 상태 방정식

$\rho = \dfrac{P}{RT}$ 를 식(5-44)에 대입하면

$$\frac{m}{m_s} = \frac{T_s \cdot P}{T \cdot P_s} \quad \text{(5-45)}$$

따라서 흡기온도 보정은

$$\frac{T_s}{T} = \frac{273 + 20}{T} = \frac{293}{T} \qquad\text{(5-46)}$$

그리고 대기압 보정은

$$\frac{P}{P_s} = \frac{P}{101} \qquad\text{(5-47)}$$

식(5-43), (5-46), (5-47)로부터 질량유량에 대한 기본분사시간 $T_{p.STD}$ 는 다음과 같다.

$$T_{p.STD} = K \cdot \frac{f}{n} \cdot \frac{293}{T} \cdot \frac{P}{101} \qquad\text{(5-48)}$$

$$\text{여기서 } K = \frac{C}{K_1 \cdot (AF)_T}$$

그리고 식(5-46), (5-47)의 특성은 그림 5-59와 같다.

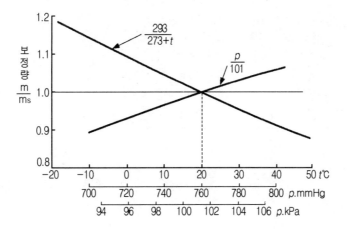

그림 5-59 흡기온도, 대기압 보정특성곡선(카르만 와류식)(예)

■ The LH-Jetronic

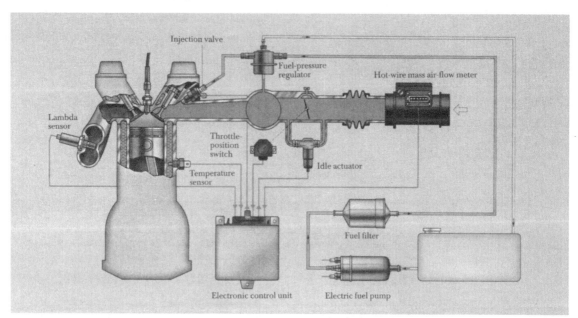

The LH-Jetronic is a further development of the L-Jetronic and it operates on the same basic principle. Instead of the flap-type air-flow meter, a hot-wire mass air-flow meter is used for measuring the intake air. This measuring device makes it possible for the first time to measure the inducted air mass directly, irrespective of density and temperature.

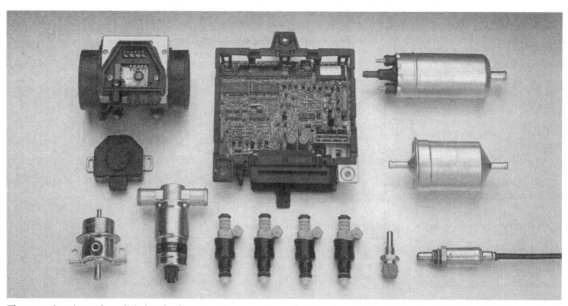

The control unit employs digital technology. A microcomputer controls adaptation to the engine characteristics. In addition to the functions found in the L-Jetronic, the LH-Jetronic in its most basic form is equipped with idle-speed control.

통합제어시스템(integrated control system)
- 최신 *Bosch Motronic*을 중심으로 -

제6장 통합제어 시스템

제1절 시스템 개요

(Introduction of System : Einführung des Systems)

1. 단독제어와 통합제어

1960년~1970년대에 사용된 아날로그(analog)회로 방식의 ECU로는 다수의 시스템을 1개의 ECU에서 통합제어하는 문제가 간단하지 않았다.

이유는 아날로그 회로에서는 1개의 제어기능을 추가하게 되면 그 기능을 수행하는 제어논리회로에 상당하는 전자회로를 반드시 추가해야만 하기 때문이다. 2가지 이상의 제어기능을 통합하면 ECU가 커지고, 따라서 설치공간이 한정되어있는 자동차에는 비현실적이 된다.

이런 이유에서 초기의 전자제어 시스템은 각 기능마다 개별적으로 제어하는 방식을 사용하였다. 예를 들면 연료분사장치와 점화장치를 제어하기 위해서 각기 별도의 ECU와 별도의 센서들을 사용하였다.

1970년대 후반부터 자동차 전자제어 분야에 마이크로컴퓨터(micro computer)가 도입되면서 디지털(digital)회로로 각 시스템을 제어하게 되었다. 따라서 1개의 ECU로 연료분사장치와 점화장치, 그리고 다른 기능을 모두 동시에 통합제어 할 수 있게 되었다.

또 단독제어 시스템에서는 똑같은 회전속도센서라도 각 제어기능 별로 따로 설치하여야 하였으나 통합제어 시스템에서는 그럴 필요가 없어졌기 때문에 다수의 센서들을 생략할 수 있게 되었다.

오늘날 사용되는 통합제어 시스템은 연료분사제어와 점화제어를 주축으로 하여 다수의 다른 제어기능들을 하나의 ECU에서 동시에 수행한다. 그림 6-1은 통합제어 시스템의 구성을 나타낸 것이다.

연료분사제어에 대해서는 앞에서 설명하였으며 다른 제어기능도 부분적으로 앞에서 설명하였다. 그리고 EGR제어와 공기비제어는 '제 10장 배출가스제어 테크닉'에서 설명하기로 한다. 따라서 본 장에서는 최신 Motronic-시스템을 중심으로 설명하되, 연료분사제어나 EGR제어, 공기비제어를 제외한 다른 제어기능들에 대해서만 설명하기로 한다. 그림6-1(b)는 초기의 Motronic 시스템 구성도이다. ECU는 1개 뿐이며 연료분사장치는 L-Jetronic 시스템이 사용되고, 고전압배전식 점화장치가 사용되고 있음을 알 수 있다.

그림6-49 M5-모트로닉과 그림6-59 ME-모트로닉과 비교해 볼 것

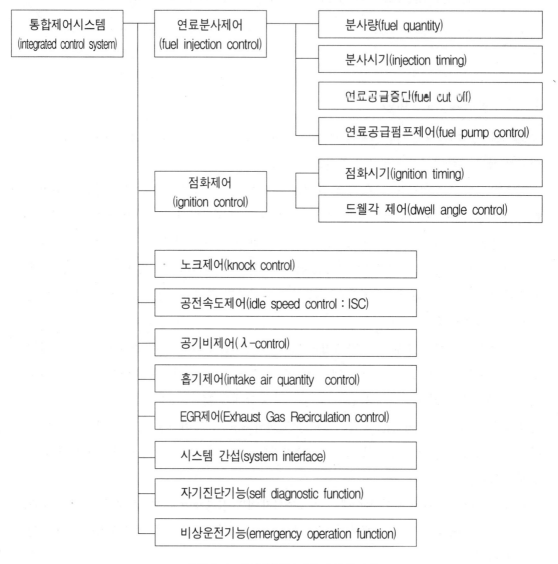

그림 6-1a. 통합제어시스템의 제어기능(예)

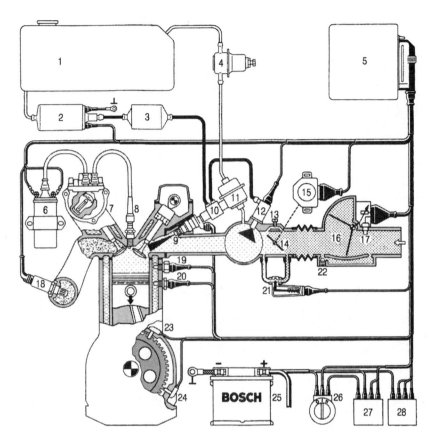

1. 연료탱크
2. 연료펌프
3. 연료여과기
4. 축압기
5. ECU
6. 점화코일
7. 고전압 분배기
8. 점화 플러그
9. 분사밸브
10. 연료분배관
11. 연료압력조절기
12. 시동밸브
13. 공전속도 조정볼트
14. 스로틀밸브
15. 스로틀밸브 스위치
16. 공기량 계량기
17. 흡기온도센서
18. 공기비센서
19. 온도·시간스위치
20. 기관온도센서
21. 추가공기공급기
22. 공전혼합비 조정볼트
23. 상사점 센서
24. 기관회전 속도센서
25. 축전지
26. 점화스위치
27. 메인 릴레이
28. 연료공급 펌프 릴레이

그림 6-1b. 초기의 Motronic 시스템

2. 주요 센서들

독자 여러분들의 이해를 돕기 위해 앞에서 설명하지 않은 센서들을 중심으로 주요한 센서들에 대해서 설명하기로 합니다.

(1) 스로틀밸브 개도센서(throttle valve potentiometer : Drosselklappenpotentiometer)

이 센서는 스로틀밸브의 개도를 감지하는 기능을 한다. 저항 레일(rail)에 접촉된 상태로 미끄럼 운동하는 슬라이더 암(slider arm : Schleifarm)이 스로틀밸브 축에 고정되어 있다. 따라서 스로틀밸브가 열리면, 스로틀밸브 축이 회전운동하고, 이 회전운동은 슬라이더 암이 저항 레일에 접촉된 상태로 미끄럼운동하면서 저항값을 변화시키게 된다. ECU는 저항 레일에서의 전압강하로부터 스로틀밸브의 개도를 인식한다.

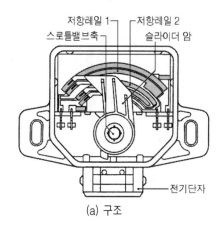

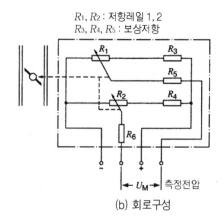

(a) 구조　　　　　　(b) 회로구성

그림 6-2 스로틀밸브 개도센서(TPS)

포텐시오미터(그림 6-2b)는 ECU의 핀 4로부터 전원전압(예 : 5V)이 인가된다. 초기위치에서 핀3에는 예를 들면 전압 4.2V가 걸린다. 스로틀밸브가 열림에 따라 전압은 직선적으로 하강하여 예를 들어 0.7V가 된다. 핀 3에서의 전압강하(접지에 대한)는 ECU의 논리회로에서 평가되어 스로틀밸브의 개도를 정확히 파악하게 된다.

스로틀밸브개도 센서의 신호를 주 제어변수로 활용하는 많은 시스템에서는 2개의 슬라이더 암과 2개의 저항 레일을 갖춘 더블-포텐시오미터를 사용한다. 이는 시스템의 정확도와 안전도를 높이기 위해서 이다. 2개의 포텐시오미터의 전압변화는 서로 반대로 나타난다.

스로틀밸브의 개도, 회전속도 그리고 흡기 온도로부터 흡입공기량을 연산할 수 있다. 다른 센서들에 의한 부하를 스로틀밸브 개도센서를 통해서도 감지할 수 있다. 예를 들면 다이내믹(dynamic) 기능(스로틀밸브의 개도 각 가속도), 작동범위 인식기능(공전, 부분부하, 전부하) 그리고 주 부하센서가 고장인 경우 비상작동신호용 센서로 사용할 수 있다. 또 대부분이 센서 하우징 내에 공전접점 스위치를 갖추고 있다.

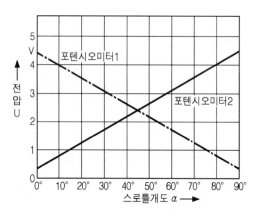

그림 6-2c 스로틀밸브개도센서에 중복 설치된 포텐시오미터의 전압신호

(2) 회전속도센서 및 상사점 센서

여러 가지 센서를 이용하여 회전속도를 측정하고 상사점을 인식할 할 수 있다. 기관의 회전속도는 기관의 구조 또는 디자인 개념에 따라 여러 가지 방법이 사용된다.

① 크랭크축에 근접, 설치된 유도형(inductive) 회전속도센서

② 크랭크축에 근접, 설치된 유도형 회전속도/상사점 센서

③ 캠축에 근접, 설치된 홀(Hall) 센서(자석과 함께)

④ 크랭크축에 근접, 설치된 홀(Hall) 센서(베인식 트리거휠과 함께)

① 크랭크축에 근접, 설치된 유도형(inductive) 회전속도센서

유도형 회전속도센서는 구리코일이 감긴 연강철심과 영구자석으로 구성되어 있으며, 크랭크축에는 철-자성체의 센서 휠이 고정되어 있다. 크랭크축과 함께 센서 휠이 회전하면, 센서 코일의 자속이 변화하고, 따라서 교류전압이 유도된다.

ECU는 유도된 교류전압의 주파수로부터 기관회전속도를 측정한다.

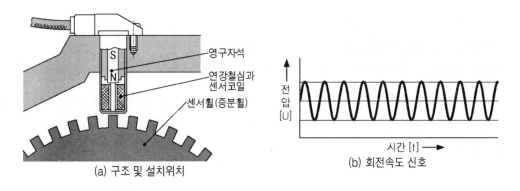

(a) 구조 및 설치위치

(b) 회전속도 신호

그림 6-3 유도형 회전속도센서와 센서 휠

② 크랭크축에 근접, 설치된 유도형 회전속도/상사점센서

일반적으로 기관의 회전속도신호는 배전기로부터도 얻을 수 있으나, 정확성을 기하기 위해 크랭크축(또는 플라이휠)에 근접, 설치된 복합식 회전속도/상사점센서를 이용하여 감지한다.

기관의 회전속도와 상사점을 동시에 파악하기 위해, 크랭크축 위치 감지용으로 기어이

사이의 간극 하나를 다른 기어이 사이의 간극에 비해 2배 크게 가공하였다.

센서 휠의 간극이 큰 부분이 유도센서 앞을 지나갈 때는 간극이 작은 부분에 비해 자속의 변화가 크기 때문에 큰 펄스(높은 교류전압)가 유도된다. 이 큰 펄스의 전압신호는 회전속도 계측을 위한 신호에 비해 주파수는 적다. 이 큰 펄스 신호가 크랭크축의 특정 위치(예 : BTDC 108°)를 나타내는 신호로서, ECU에서 점화시기를 결정하는 데 사용된다.

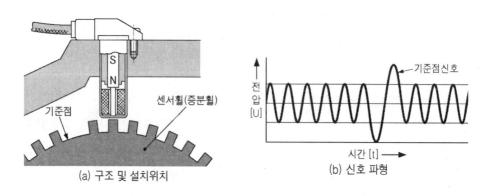

(a) 구조 및 설치위치   (b) 신호 파형

그림 6-4 유도형 회전속도/상사점 기준센서

③ 캠축에 근접, 설치된 홀센서(Hall sensor : Hallgeber)

홀센서는 홀 효과(Hall effect)를 이용한 전자스위치로서 펄스 발생기로 이용된다. 이 센서의 장점은 유도센서에 비해 신호전압의 크기가 기관의 회전속도와 관계가 없기 때문에, 아주 낮은 회전속도도 감지할 수 있다는 점이다.

● 홀 효과(Hall effect)

그림 6-5와 같이 2개의 영구자석 사이에 도체를 직각으로 설치하고 도체에 전류(I_V)를 공급하면, 도체 내에서 전자는 공급전류와 자속의 방향에 대해 각각 직각방향으로 굴절된다. 그렇게 되면 면 A1에서는 전자가 과잉되고 면 A2에서는 전자가 부족하게 되어, 면 A1과 A2를 가로 질러 전압(U_H)이 발생된

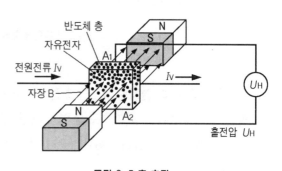

그림 6-5 홀 효과

다. 이와 같은 현상을 홀 효과라 하며, 홀 효과는 특히 반도체에서 현저하게 나타난다. 그리고 홀전압의 크기는 자장의 세기에 좌우된다.

● **캠축에 근접, 설치된 홀(Hall) 센서**

이 센서는 홀전압 발생기와 신호처리를 위한 IC회로로 구성되어 있다. 홀전압 U_H을 생성하기 위한 자장은 캠축에 설치된 자석편에 의해 형성된다. 캠축의 회전에 의해 자석편이 센서 앞을 지나갈 때, 홀전압 U_H이 발생된다. 이 센서의 신호는 기관회전속도센서가 고장인 비상 시에 회전속도 연산에 이용된다.

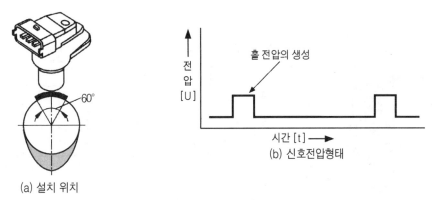

(a) 설치 위치

(b) 신호전압형태

그림 6-6 캠축에 설치된 홀센서

물론 ECU는 싱글 스파크 점화코일을 사용하는 경우에 또는 실린더 선택적 분사방식을 사용하는 경우에는 1번 실린더의 압축 상사점을 정확하게 파악해야만 해당 점화코일 또는 분사밸브를 정확하게 트리거링시킬 수 있다. 이 목적을 위해 크랭크축에 설치된 기관회전속도센서의 신호와 캠축센서의 신호를 함께 사용한다(그림 6-7).

상사점센서와 회전속도센서의 기준점이 서로 일치할 때가 압축 상사점이다.

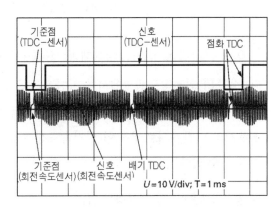

그림 6-7 압축 상사점의 결정

④ 크랭크축에 근접, 설치된 홀(Hall) 센서(펄스휠과 함께)

이 센서는 홀전압 – 발생기 2개, 영구자석 1개 그리고 평가 – 일렉트로닉으로 구성되어 있다. 평가 – 일렉트로닉은 2개의 홀전압 – 발생기의 홀전압을 평가하고 센서전압을 증폭시키는 기능을 한다. 이 센서도 유도형 회전속도센서와 마찬가지로 크랭크축에 고정된 센서휠에 근접, 설치되어 센서휠을 주사(走査)한다. 펄스휠로는 베인(vane)식 트리거(trigger)휠이 사용된다. 트리거휠의 베인이 센서 앞을 스쳐 지나가면, 트리거휠의 위치에 따라 자장이 변화한다. 따라서 홀전압 – 발생기에 영향을 미치는 자장이 변화하고, 그렇게 되면 홀전압이 변화하게 된다.

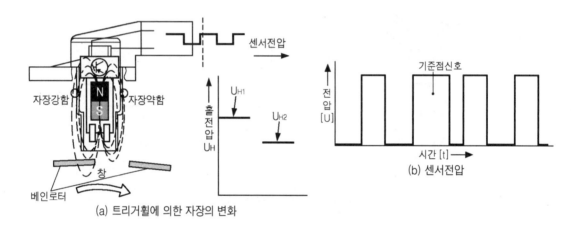

(a) 트리거휠에 의한 자장의 변화   (b) 센서전압

그림 6-8 크랭크축에 근접, 설치된 홀(Hall) 센서

평가 – 일렉트로닉은 그때그때 발생하는 홀전압 U_H 으로부터 센서전압 U_G 을 생성한다. 유도형 회전속도센서에서와 마찬가지로 트리거휠에서 특정 베인 사이의 간극을 크게 하여 상사점 신호를 생성할 수 있다. 크랭크축에 설치된 홀센서의 신호는 캠축에 설치된 홀센서와 마찬가지로 유도형 회전속도센서의 신호와 결합시켜 압축 상사점을 확인하는데 사용할 수 있다.

⑤ 평가일렉트로닉을 이용하는 방법

무배전기식 완전 전자점화장치를 사용할 경우에는 점화코일의 2차파형, 크랭크축의 회전속도/상사점센서 신호 그리고 캠축센서의 신호를 평가일렉트로닉이 종합적으로 평가하여 회전속도와 압축상사점을 결정한다. 따라서 기존의 배전기로부터의 신호는 더 이상 필요없게 되었다.

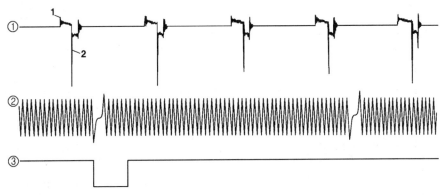

① 점화코일의 2차전압파형(1. 닫힘, 2.점화)
② 크랭크축 회전속도/상사점센서 신호
③ 캠축의 홀센서 신호(압축 TDC)

그림 6-9 점화코일, 크랭크축, 캠축센서의 신호의 복합적 평가

3. 최근의 연료공급 시스템

　과거에는 실제 소비되는 연료보다 더 많은 양의 연료를 공급하여 냉각효과를 이용하고, 과잉연료는 복귀회로를 통해 연료탱크로 복귀시켰다. 이렇게 하면 항상 비교적 온도가 낮은 연료를 분사장치에 공급할 수 있기 때문이었다. 그러나 최근에는 연료공급일의 효율적인 측면을 고려하여 연료파이프와 분사밸브의 단열을 강화하고, 대신에 여분의 연료는 연료공급펌프 모듈에 집적된 압력조절기에서 곧바로 연료탱크로 복귀시키는 시스템이 일반화되고 있다.

　또 기존의 활성탄 여과기는 대기가 자유로이 출입할 수 있는 구조가 대부분이었다. 그러나 OBD(ON-Board-Diagnose)Ⅱ에서부터는 연료공급시스템의 기밀도를 감시하도록 규정하고 있다. 따라서 활성탄여과기의 대기 유입구에 셧 - 오프밸브를 설치하여 대기로부터 완전히 차단하고 필요할 경우에만 밸브를 개방하여 대기를 통과시키는 방식으로 바뀌었다. 그림 6-10은 최신 연료공급시스템의 개략도이다.

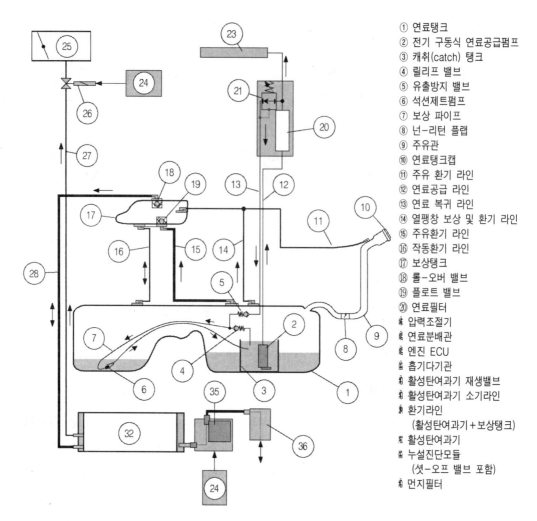

① 연료탱크
② 전기 구동식 연료공급펌프
③ 캐취(catch) 탱크
④ 릴리프 밸브
⑤ 유출방지 밸브
⑥ 석션제트펌프
⑦ 보상 파이프
⑧ 넌-리턴 플랩
⑨ 주유관
⑩ 연료탱크캡
⑪ 주유 환기 라인
⑫ 연료공급 라인
⑬ 연료 복귀 라인
⑭ 열팽창 보상 및 환기 라인
⑮ 주유환기 라인
⑯ 작동환기 라인
⑰ 보상탱크
⑱ 롤-오버 밸브
⑲ 플로트 밸브
⑳ 연료필터
㉑ 압력조절기
㉒ 연료분배관
㉓ 엔진 ECU
㉔ 흡기다기관
㉕ 활성탄여과기 재생밸브
㉖ 활성탄여과기 소기라인
㉗ 환기라인
    (활성탄여과기+보상탱크)
㉘ 활성탄여과기
㉟ 누설진단모듈
    (셧-오프 밸브 포함)
㊱ 먼지필터

그림 6-10 최신 연료공급장치의 구성(예)

(1) 연료탱크(fuel tank : Kraftstoffbehälter)

상용자동차에서는 연료탱크의 재료로 대부분 알루미늄 화성피막 처리된 강판(steel plate)을 사용한다. 성형 및 가공이 쉽고 강도도 높기 때문이다. 그리고 연료탱크의 용량이 큰 경우에는 급격한 선회주행 시 또는 언덕길 주행 중 연료가 한쪽으로 지나치게 쏠려, 무게 이동은 물론이고 충분한 양의 연료를 흡입할 수 없게 되는 현상이 발생할 수 있다. 이를 방지하기 위해 작은 구멍이 다수 가공된 칸막이(baffle : gelochte Trennwände)를 여러 개 설치하여 연료탱크 내부를 다수의 작은 공간으로 분리시킨다.

승용자동차에서도 연료탱크의 재료로 강판의 사용이 증가하고 있다. 저공해자동차(LEV)에서는 연료시스템의 증발손실(대부분 HC)을 2g/day 이하로 규정하고 있다. 이와 같은 기준을 만족시키기 위해서는 연료탱크에서 생성된 HC가 대기 중으로 방출되어서는 안 된다. 따라서 연료탱크 재료로 플라스틱 보다는 강판을 사용하는 것이 더 효과적이다.

그림 6-10에서와 같이 형상이 복잡한 승용차 연료탱크의 경우, 플라스틱(PE ; Poly Ethylene)으로 제작하기도 한다. 이 경우 연료탱크는 80km/h의 속도로 충돌했을 경우에도 파열되지 않을 만큼 높은 강도를 유지해야 한다. 물론 고온(디젤분사장치에서는 120℃ 이상)에서는 재료 플라스틱의 소성변형 및 재료 플라스틱을 통한 증발가스의 투과 위험이 있다. 증발가스의 투과를 방지하기 위해 연료탱크 내벽을 'F₂ / N₂' 처리하거나 EVOH(Ethylen Vinyl Alcohol)처리한다.

선회반경이 적은 커브 또는 경사도가 가파른 언덕길을 주행할 때, 그리고 연료탱크에 잔량이 아주 적을 때는 연료가 어느 한쪽으로 쏠리게 된다. 이와 같은 경우에도 연료공급펌프가 항상 연료를 공급할 수 있도록 하고, 분리된 연료탱크의 한쪽 공간에 있는 연료를 다른 한 쪽으로 펌핑하기 위해 탱크 내부에 캐취-탱크(catch-tank)를 설치한다. 캐취-탱크는 전기식 펌프 또는 흡인 제트펌프(sucking jet pump)에 의해 항상 연료로 가득 채워진다. 대부분 연료공급펌프(in-tank-pump)와 스트레이너(strainer), 연료수준센서 등을 모듈(module) 형태로 캐취-탱크 안에 설치한다.

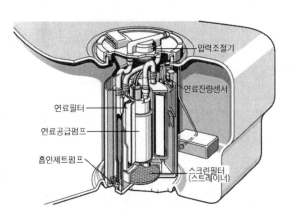

그림 6-11 연료공급펌프 모듈

(2) 연료탱크 환기시스템

연료탱크는 상태(수평면 또는 경사면에 주차)에 따라, 주행모드(가속, 제동, 커브, 언덕길 또는 내리막길)에 따라 그리고 주유하는 동안에도 항상 탱크 내부의 압력 평형을 유지하는 환기기능이 작동해야 한다.

주행 중 연료가 소비되는 양 만큼 탱크 내부에 공기가 공급되어야 한다. 탱크 내부에 외부로부터 부압이 형성되면 연료탱크의 변형이 유발되며, 연료공급펌프의 흡인성능에 부정적인 영향을 미치게 된다. 또 가열(예 : 햇볕이 내리쬐는 장소에서 장시간 주차)되면 연료의 체적 팽창 또는 증발현상을 피할 수 없다. 이 경우 과잉된 연료는 보상탱크에 일시 저장하고, 생성된 연료증기는 활성탄여과기에 흡착시켜, 어떠한 경우에도 연료증기가 대기로 직접 방출되지 않도록 한다.→ ORVR(On-board Refueling Vapour Recovery) 시스템

주유 중 발생되는 증발가스도 활성탄여과기에 흡착되도록 하거나 또는 주유기가 흡인하도록 하여 대기로 방출되지 않게 해야 한다.

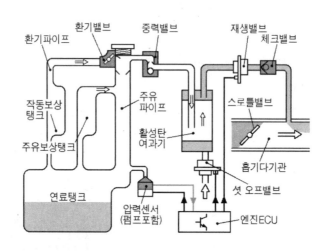

그림 6-12 연료탱크 환기 시스템

① **작동 보상탱크**(operation compensation tank : Betriebsausgleichbehälter)

열에 의해 팽창된 연료를 일시 저장한다. 환기통로를 통해 활성탄여과기와 연결되어 있다. 이 탱크의 용적은 대략 2~5 ℓ 정도가 대부분이다.

② **주유 보상탱크**(: Betankungsausgleichbehälter)

연료탱크에서 발생하는 연료증기 및 주유 중 밀려나오는 연료증기를 일시 저장하는 기능을 한다. 시스템에 따라서는 주유 중 발생하는 연료증기를 환기통로를 통해 주유관으로 복귀시켜, 주유관에서 주유기의 증기흡인기구에 의해 흡인되도록 한다.

③ **환기밸브**(vent valve : Entlüftungsventil)

보상탱크로부터 연료증기가 대기로 직접 방출되거나 또는 흡인되는 것을 방지한다. 이 밸브는 주유 중에는 닫혀있게 된다.

④ **중력밸브**(roll-over-valve : Schwimmer-Schwerkraftventil)

연료탱크와 활성탄여과기 사이에 설치된다. 연료탱크에 지나치게 많은 연료가 주유되어 있을 때 자동차가 심하게 기울어지거나 또는 자동차가 전복될 경우에는 활성탄여과기를 통해 연료가 대기 중으로 유출될 수 있다. 이와 같은 경우에 중력밸브가 중력에 의해 자동적으로 닫혀, 연료가 대기 중으로 누출되는 것을 방지한다.

⑤ **활성탄 여과기**(active charcoal filter : Aktivekohlefilter)

활성탄여과기는 원통의 양단에는 필터가, 그리고 내부에는 미세한 활성탄으로 채워져 있다. 한쪽에는 연료탱크나 보상탱크로부터의 환기공과 기관으로의 소기공이 있고, 다른 한쪽에는 대기 유입구가 있다.

기관정지 시에 생성된 연료증기는 환기공을 통해 먼저 활성탄 여과기에 유입된다. 그러면 활성탄은 연료증기(대부분 HC)를 자신의 넓은 표면에 흡착시킨다. 활성탄 1g의 표면적은 약 $500m^2 \sim 15000m^2$이다.

기관이 정상작동상태에 도달한 다음, ECU가 셧-오프 밸브(대기 유입구)와 재생밸브(소기공)를 동시에 열면 대기가 셧-오프 밸브를 통해 활성탄 여과기로 유입된다. 유입된 대기는 활성탄 표면에 흡착되어 있는 연료증기를 활성탄으로부터 분리시켜 재생밸브를 통해 흡기관으로 유도한다.

⑥ **셧-오프 밸브**(shut-off valve : Absperrventil)

OBDⅡ부터는 기관의 작동이 정지된 상태에서는 연료증기가 활성탄여과기로부터 대기 중으로 방출되는 것을 규제한다. 따라서 활성탄여과기의 대기 유입구에 셧-오프 밸브를 설치하도록 의무화하고 있다. 활성탄을 재생시키고 저장된 연료증기를 연소실로 유도하기 위해, ECU는 이 밸브를 재생밸브와 동시에 ON/OFF 제어한다.

⑦ **재생밸브**(regeneration valve : Regenerierventil)(그림6-13)

이 솔레노이드밸브는 활성탄여과기와 흡기다기관 사이에 설치되며, 엔진 ECU에 의해 ON/OFF 제어된다. 이 밸브와 동시에 셧-오프 밸브가 열리면, 활성탄여과기에 흡착되어 있는 연료증기(미연 HC)는 셧-오프 밸브를 통해 유입되는 대기에 의해 활성탄으로부터 분리되고, 흡기다기관 절대압력에 의해 재생밸브를 통해 실린더로 흡인된다.

재생밸브에 작용하는 압력차가 비교적 작을 경우(전부하 부근에서 운전)에는, 활성탄여과기를 통과하여 기관으로 유입되는 증발가스의 양이 많고, 압력차가 클 경우(공전상태)에

는 그 양이 적다. ON/OFF 모드에서는 ON/OFF 빈
도를 증가시켜 재생밸브를 통과하는 유량을 더 감
소시킨다.

제어상태에서 솔레노이드코일이 아마추어를 흡인
하면, 아마추어의 씰(seal) - 엘리먼트(고무 씰)는 씰
- 시트(seal seat)에 밀착되고, 재생밸브의 출구는 폐
쇄된다. 아마추어는 한쪽으로 약간 볼록한 얇은 판 -
스프링으로 하우징에 고정되어 있다. 따라서 솔레노
이드코일에 전기가 흐르지 않을 때는 아마추어는 씰
- 엘리먼트와 함께 씰 - 시트로부터 들어 올려지므
로 통과단면은 완전히 열리게 된다.

재생밸브의 입구와 출구 사이의 압력차가 증가함
에 따라 재생가스의 유동방향으로 스프링에 작용하
는 힘이 증가하므로 판 - 스프링은 휘어져 씰 - 엘리

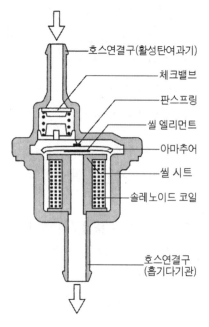

호스연결구(활성탄여과기)
체크밸브
판스프링
씰 엘리먼트
아마추어
씰 시트
솔레노이드 코일

호스연결구
(흡기다기관)

그림 6-13 활성탄여과기 재생밸브

먼트는 씰 - 시트에 근접하게 된다. 따라서 유효 통과단면적은 작아지게 된다. 입구 부근의
체크밸브는 기관이 정지했을 때, 연료증발가스가 활성탄으로부터 흡기다기관으로 유입되
는 것을 방지한다.

⑧ 연료시스템 진단펌프, 압력센서(그림6-12 참조)

OBD II부터는 연료시스템의 기밀도를 감시하도록 의무화하고 있다. 이를 위해서 진단
펌프에 의해 생성된 압력을 연료탱크에 작용시키는 방법을 사용할 수 있다. 압력센서가 이
압력의 변화를 엔진 ECU에 전달한다. ECU는 이 정보로부터 연료시스템의 기밀도가 정상
인지의 여부를 평가한다.

(3) 연료탱크 잔량/소비율 지시 시스템

① 연료탱크 잔량 지시계

연료탱크 유닛보다 약간 높은 위치에 NTC - 서미스터(thermistor)가 설치되어 있다. 연
료탱크 내의 유면이 점점 낮아져 서미스터가 공기 중에 노출되면 서미스터의 온도는 상승
한다. 서미스터의 온도가 상승하면 저항은 감소하고 전류는 증가한다. 증가된 전류가 경고

등 릴레이를 "ON"시키면 경고등과 축전지는 연결된다. 경고등이 점등되면 운전자는 연료가 얼마 남지 않았다는 것을 확인할 수 있게 된다.

② 연료소비율 지시계

연료소비율은 분사밸브개변지속기간과 분사밸브상수를 곱하여 구한다. 일정한 유효압력 하에서 단위시간당 분사밸브로부터 분사되는 연료량으로부터 연료소비율을 계산한다. 그리고 탱크잔량과 연료소비율로부터 주행가능거리를 연산한다.

(4) 연료 라인(fuel line : Kraftstoffleitungen)

연료라인은 강관(steel pipe)이나 동관(copper pipe), 또는 내유(耐油), 내화(耐火)성의 고무 또는 합성수지 호스(hose) 등이 주로 사용된다. 고무 또는 합성수지 호스는 장기간 사용하면 화학적으로 노화됨에 따라 경화되고 기공이 생겨, 누설이 발생할 수 있다.

연료 라인은 차체의 연결부나 기관 진동의 영향을 받지 않도록 설치해야 하고, 또 기계적 손상을 당하지 않도록 보호되어야 한다. 회로 내에서 기포가 발생되는 것을 방지하기 위해서는 가능하면 연료라인이 고온부의 근처를 통과하지 않도록 하고, 부득이한 경우에는 그 부분을 단열시켜야 한다. 또 가능하면 기울기가 연속적으로 상승하도록 배관하여 생성된 기포가 빠르게 시스템 밖으로 배출되도록 하여야 한다. 그리고 누설에 의해 차실 내에 연료증기가 모이지 않도록 배관해야 한다.

(5) 연료 여과기(fuel filter : Kraftstoffilter)

연료여과기로는 금속이나 폴리아미드(polyamide : PA) 그물망 형태의 스크린 필터(screen filter), 또는 종이 여과기(paper filter) 등이 주로 사용된다. 스크린 필터는 1차 필터로서 연료탱크나 연료공급펌프에 설치되며, 격자의 크기는 대략 50~63㎛ 정도이고, 별도의 지침이 없는 한 반영구적으로 사용한다.

종이 필터는 정기적으로 교환하는 서비스 부품으로서 외부에 설치방향이 화살표로 표시되어 있으며, 기화기 기관에서는 기화기와 연료공급펌프 사이에, 가솔린 분사기관에서는 연료공급펌프와 연료분배관 사이에 설치된다. 격자의 크기는 대략 2~10㎛ 정도가 대부분이다. 초기의 여과성능은 입자의 크기 약 3~5㎛의 불순물을 90% 이상 포집한다. 별도의 지침이 없으면 약 30,000km 주행 후에 교환한다.

(6) 연료공급펌프(fuel delivery pump : Kraftstofförderpumpe)

연료공급펌프는 연료탱크로부터 연료분사장치(또는 기화기)에 연료를 공급한다. 최근의 연료분사장치에서는 전동식 연료공급펌프를 주로 사용한다.

전동식 연료공급펌프의 공급성능은 정격전압에서 약 60 ℓ/h~200 ℓ/h 정도가 대부분이다. 이때 공급압력은 축전지전압의 약 50~60%의 전압에서 약 1 bar(SPI 시스템), 약 3bar(간접분사식 MPI 시스템)~6bar(KE‐Jetronic 및 직접분사식 1차 공급펌프) 정도이다. 따라서 정격전압에서는 공전 또는 부분부하에서 필요한 양보다 훨씬 많은 양의 연료를 공급하게 되는데, 이를 방지하기 위해 연료공급펌프를 ECU를 통해 펄스폭이 변조된 신호로 제어한다. 이유는 연료공급량을 기관의 운전조건에 적합시키면, 펌프 구동에 필요한 에너지를 절약하고, 연료의 불필요한 가열을 방지하고, 펌프의 수명도 연장시킬 수 있기 때문이다.

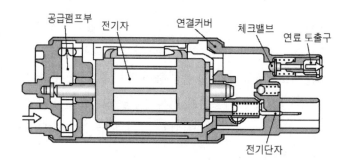

그림 6-14 전동식 연료공급펌프(예)

전동식 연료공급펌프는 전기단자, 전기모터(전기자와 영구자석으로 구성), 체크밸브, 릴리프밸브, 연료입구와 출구 그리고 연료펌프부로 구성되어 있다. 설치위치에 제한이 없으므로 필요에 따라 연료탱크 안에 또는 밖에 설치할 수 있다. 연료탱크 안에 설치하는 형식에서는 대부분 연료공급펌프와 스트레이너, 연료수준센서,

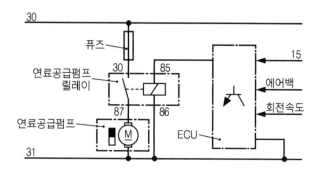

그림 6-15 전동식 연료공급펌프의 안전회로

온도센서 그리고 캐취 – 탱크(catch-tank) 등이 하나의 부품처럼 모듈(module)화 되어 있다.

전동식 연료공급펌프는 도난(또는 운전)방지장치와 연동되어 권한이 없는 사람이 자동차를 시동시킬 수 없도록 하고, 또 점화키는 ON되어 있으나 기관이 정지된 상태(점화펄스가 없는 상태)와 같은 사고의 경우에도 구동되지 않도록 하는 안전회로에 결선되어 있다.

전동식 연료공급펌프로는 여러 가지 형식이 사용되지만 최근에는 나사펌프(propeller pump), 환상 기어 펌프(annular gear pump), 사이드채널 펌프(side channel pump) 등이 주로 사용된다.

① **나사펌프**(propeller pump : Schraubenpumpe)(그림 6-16)

1개의 하우징 안에 구동 스핀들(spindle)과 피동 스핀들이 서로 작은 백래쉬(backlash)로 치합되어 있으며, 치합된 모양은 헬리컬 기어링(helical gearing : Schraubenverzahnungen)이다. 치합된 기어 이들에 의해 형성된 공간이 공급실이다.

구동 스핀들이 회전함에 따라 공급실은 축방향으로 계속적으로 전진하게 된다. 공급실은 흡입 측에서는 커지고, 토출 측에서는 작아진다. 대부분 시스템압력 약 4bar까지의 직렬(in-line) 펌프로서 사용된다.

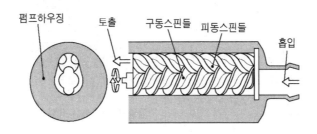

그림6-16 나사펌프(propeller pump)

② **환상**(環狀)**기어 펌프**(internal-gear pump : Zahnringpumpe)(그림 6-17)

원주 상에 기어가 가공된 내측 로터가, 안쪽에 기어가 가공된 링(ring) 모양의 외측 로터와 치합되어 있다. 기어 잇수는 외측 로터가 내측 로터보다 1개 더 많으며, 전기모터와 연결된 내측 로터가 외측 로터를 구동한다. 기어 이들 사이의 밀폐된 공간이 공급실이다. 공간이 커지는 부분은 흡입구와 연결되어 있고, 공간이 작아지는 부분은 토출구와 연결되어 있다. 이 펌프의 토출압력은 최대 약 6.5bar 정도이다.

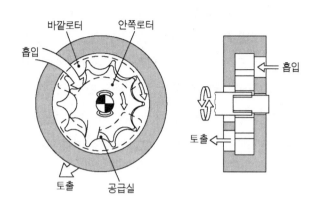

그림 6-17 환상 기어 펌프(internal-gear pump)

③ **사이드 채널 펌프**(side channel pump : Seitenkanalpumpe)(그림 6-18)

이 펌프는 원심펌프의 일종이다. 연
료압력은 펌프 블레이드가 연료를 가속
함으로서 생성된다. 연료는 원심력에
의해 원주 쪽으로 밀려간다. 사이드 채
널에서의 연료압력은 최대 약 2bar 정도
이며, 맥동이 거의 없다. 이 펌프는 대부
분 2단 펌프 시스템에서 1차 펌프로서
사용되며, 비교적 낮은 1차 압력을 형성
하여 연료 중의 기포를 제거할 목적으로
사용된다.

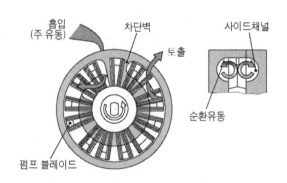

그림 6-18 사이드채널 펌프(side channel pump)

펌프 블레이드의 수를 증가시켜 약 4bar 정도의 고압을 생성하는 형식도 사용되고 있다.

④ **2단 직렬 펌프**(2-step in-line pump : zweistufige In-Line-Kraftstoffpumpe)(그림6-19)

연료공급펌프 내에서 기포가 발생되는 것을 방지하기 위하여, 1개의 연료공급펌프 하우
징 내에 2 종류의 펌프를 직렬로 조합하였다. 예를 들면 1차로 사이드 채널펌프가 연료탱
크로부터 연료를 흡인하여 비교적 낮은 1차 압력(예 : 2bar)을 형성하고, 이 과정에서 발생
된 기포는 가스 복귀관을 통해 곧바로 연료탱크로 복귀한다. 연이어 설치된 2차 펌프(예 :
기어펌프)는 기포가 없는 1차 압력 상태의 연료를 흡인하여 더욱더 높은 압력(예 : 시스템

압력)으로 가압한다. 2차 펌프의 흡입 측에 설치된 릴리프밸브(relief valve : Druckbegrenzungsventil)는 회로압력이 일정수준 이상으로 높아지면 연료가 더 이상 공급되지 않도록 하고, 토출 측에 설치된 체크밸브(check valve : Druckhalteventil)는 기관이 정지된 후 일정 시간 동안 회로압력을 일정 수준으로 유지하는 역할을 한다.

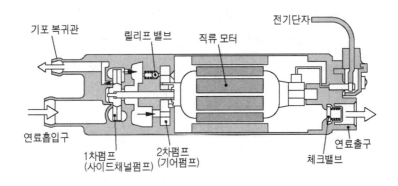

기포 복귀관   릴리프 밸브   직류 모터   전기단자

연료흡입구   1차펌프(사이드채널펌프)   2차펌프(기어펌프)   체크밸브   연료출구

그림 6-19 2단 직렬펌프(2-step in-line pump)

⑤ **흡인 제트펌프**(sucking jet pump : Saugstrahlpumpe)(그림 6-20)

설치공간문제 때문에 연료탱크의 형상이 아주 복잡하여 연료탱크 내에서도 연료를 캐취-탱크로 펌핑하여야 할 필요가 있을 수 있다. 이 경우에 흡인 제트펌프를 사용한다. 그림 6-20에서와 같이 전동식 연료공급펌프로부터 복귀하는 연료가 연료관내에 설치된 노즐의 분공에서 빠른 속도로 분출되면 분출유동의 후방

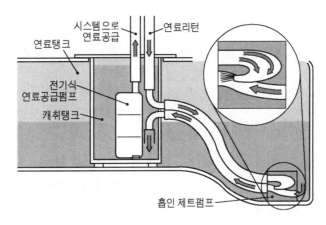

연료탱크   시스템으로 연료공급   연료리턴

전기식 연료공급펌프   캐취탱크

흡인 제트펌프

그림 6-20 흡인 제트펌프(sucking jet pump)

에서는 압력이 낮아져, 측면에 가공된 구멍을 통해 관 외부의 연료를 흡인할 수 있게 된다. 따라서 연료탱크의 한쪽에 흡인 제트펌프를 설치하여 반대쪽의 캐취－탱크로 연료를 펌핑할 수 있다. 흡인제트펌프의 흡인압력은 1～1.3bar 정도이다.

(7) 연료공급회로

① **복귀회로가 있는 시스템**(system with return line : System mit Rücklaufleitung)(그림 6-21a)

연료공급회로 내에 기포발생을 방지할 목적으로 실제 소비되는 연료보다 더 많은 양의 연료를 공급하여 냉각효과를 이용하고, 과잉연료는 복귀회로를 통해 연료탱크로 복귀시켰다. 이렇게 하면 항상 비교적 온도가 낮은 연료를 분사장치에 공급할 수 있기 때문이었다. 그러나 최근에는 연료공급일의 효율적인 측면을 고려하여 연료파이프와 분사밸브의 단열을 강화하고, 대신에 여분의 연료는 연료공급펌프 모듈에 집적된 압력조절기에서 곧바로 연료탱크로 복귀시키는 시스템이 일반화되고 있다.

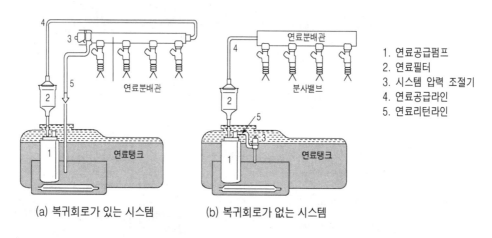

1. 연료공급펌프
2. 연료필터
3. 시스템 압력 조절기
4. 연료공급라인
5. 연료리턴라인

(a) 복귀회로가 있는 시스템　　　(b) 복귀회로가 없는 시스템

그림 6-21 **연료공급시스템의 회로 구성**

② **복귀회로가 없는 시스템**(return free system : Rück-Lauf-Freien-System)(그림 6-21b)

복귀회로가 없는 시스템에서는 연료탱크 외부에 복귀회로가 있는 시스템에서 사용하는 것과 기능이 유사한 압력조절기를 연료탱크 내부에 설치한다. 흡기다기관압력이 작용하는 회로가 없으며, 과잉연료는 곧바로 공급펌프로부터 연료탱크로 복귀되므로 복귀회로도 생략된다.

이 시스템을 흡기다기관분사방식에 적용할 경우, 흡기다기관압력의 변화에 따라 분사유효압력이 변화하므로, 분사밸브 개변지속기간이 동일해도 분사량에 차이가 있을 수 있다. 그러므로 이 시스템을 사용하는 흡기다기관분사방식에서는 ECU가 흡기다기관압력의 변화에 대응해서 분사밸브 개변지속간을 제어한다. 이 경우 흡기다기관에 설치된 압력센서가 ECU에 흡기다기관압력에 대한 정보를 제공한다. 또 시스템압력이 지나치게 높아지면 연료공급펌프의 토출성능 및 회전속도를 제어하는 방식도 도입되고 있다.

제6장 통합제어 시스템

제2절 점화제어 시스템
(Ignition Control System : Zündsteuerungssystem)

가솔린기관에서 점화시기는 기관의 출력과 연료소비율에 큰 영향을 미칠뿐만 아니라 기관의 노크 경향성 및 배기가스 성분구성에도 영향을 미친다.

일반적으로 시동 시에는 상사점 부근에서, 고속에서는 상사점보다 훨씬 이전에서 점화가 이루어지는 것이 좋다. 종래의 진공식/원심식 진각장치로는 기관의 회전속도와 흡기다기관 부압에 의해서 결정되는 간단한 진각곡선에 따라 점화시기를 평면적으로 제어하였다. 그러나 전자제어 점화장치에서는 ECU가 기관의 부하, − 회전속도, − 온도 그리고 스로틀밸브 개도에 따라 점화시기와 드웰각(dwell angle)을 3차원적으로 제어한다. 따라서 기관의 운전상태 및 운전조건에 따라 가장 알맞은 점화시기를 결정할 수 있게 되었다.

점화장치는 기존의 접점식 코일점화장치에서 트랜지스터 점화장치(접점식/무접점식), 고전압 분배기식 전자점화장치를 거쳐 완전 전자점화장치로 발전하였다.

완전 전자점화장치는 대부분이 종합제어 시스템의 부속시스템으로서 가솔린 분사장치와 함께 하나의 컴퓨터에 의해서 제어되는 형식이 대부분이며, 싱글−스파크(single-spark) 점화코일과 듀얼−스파크(dual-spark) 점화코일을 사용한다. 그리고 드웰각 제어, 1차전류제한, 점화시기제어, 노크제어 기능 외에도 실화감지기능 및 자기진단기능, 비상운전기능, 그리고 기타 다른 장치들과의 간섭기능 등이 추가된다.

완전 전자점화장치의 주요 구성부품은 ECU, 스파크플러그, 점화코일, 회전속도/상사점센서, 스로틀밸브 스위치 그리고 노크센서 외에도 1번 실린더의 압축 상사점을 식별하기 위해 추가로 캠축센서를 사용한다. 캠축센서로는 캠축에 의해 구동되는 홀센서가 자주 사용된다. 홀센서의 트리거휠에는 홈이 1개만 가공되어 있기 때문에 홀센서는 1번 실린더의 압축 TDC에 동기하여 1개의 구형파 펄스만 출력한다.

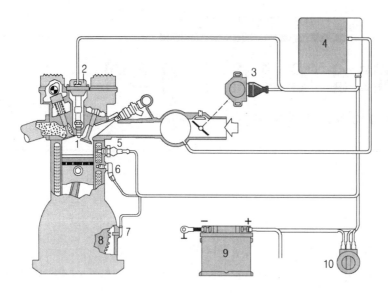

그림 6-22 완전 전자점화장치의 구성

1. 스파크 플러그
2. 점화코일
3. 스로틀밸브 스위치
4. ECU
5. 기관온도센서
6. 노크센서
7. 기관 회전속도센서
8. 링기어(증분 휠)
9. 축전지
10. 점화, 시동스위치

1. ECU에서의 신호처리와 점화시기제어

(1) ECU에서의 신호처리

그림 6-23은 전자 점화장치의 신호처리과정을 블록선도로 나타낸 것이다. 센서들은 점화시기를 결정하는 데 필요한 정보들을 ECU에 보낸다. ECU는 이들 정보들을 처리하여 제어명령을 전압 또는 전압펄스의 형태로 액추에이터에 보낸다. 액추에이터(예 : 점화코일)는 활성화되어 필요한 동작(예 : 점화불꽃의 생성)을 수행하게 된다.

센서들로부터의 입력정보는 기관의 부하와 회전속도 외에도 스로틀밸브 위치, 기관온도, 흡기온도 그리고 축전지전압 등이다. 이들 신호 중 일부는 펄스형성회로에서 특정한 디지털신호(구형파신호)로 변환된다. 온도센서의 신호와 같은 경우는 아날로그/디지털 컨버터(A/D 컨버터)에서 디지털신호로 변환시켜야만 마이크로컴퓨터에서 처리가 가능하게 된다.

ECU에 교환 가능한 EPROM(Erasable Programmable Read Only Memory)이 설치되어 있는 경우에는 데이터 메모리를 다시 프로그래밍할 수 있기 때문에 다른 점화시기를 얻을 수 있다. 이 과정은 엔진 튜닝 그리고 실험에 이용된다.

ECU는 점화시기, 드웰각, 그리고 1차전류를 제어하며, 이 외에도 노크제어, 공전제어, 비상운전 프로그램, 센서 감시, 자기진단, 1차전류 차단, 실화감지 기능 등을 수행한다.

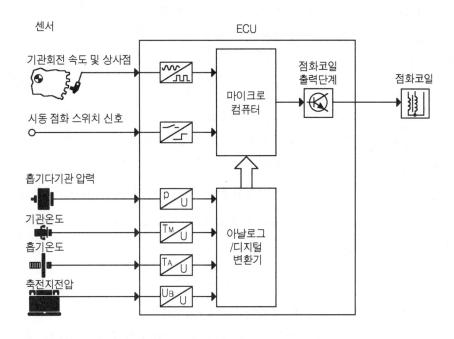

그림 6-23 전자 점화장치의 신호처리 블록선도

(2) 점화시기 제어

전자 점화장치의 점화시기 특성도(그림 6-24a)는 기관을 동력계 상에서 운전하여 구한 점화시기를 차량의 연료소비율, 유해배출물, 동력특성 등을 고려하여 최적화한 것이다.

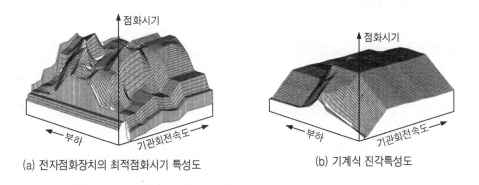

(a) 전자점화장치의 최적점화시기 특성도   (b) 기계식 진각특성도

그림 6-24 점화시기 특성도(예)

점화시기 특성도를 ECU에 전자적으로 기억시켜 운전 시 기관의 부하와 회전속도에 따라 최적 점화시기를 결정하게 된다. 이 특성도에는 기관의 상태에 따라 이용할 수 있는 약 1000~4000개의 점화시기가 프로그래밍되어 있다.

점화시기특성도는 여러 가지 평가기준 예를 들면, 연료소비율 저감, 유해배출물 저감, 저속에서의 회전토크 보강, 출력향상, 기관의 운전 정숙도 개선 등의 목적에 따라 각각의 평가기준을 다르게 하여 점화시기 결정에 반영할 수 있다.

모든 운전상태(예 : 시동, 전부하, 부분부하, 타행)에서 외부 영향요소(예 : 엔진온도, 공기온도, 전원전압)가 변화하면 점화시기를 수정할 수 있다.

점화시기제어에 필요한 입력신호는 기관의 회전속도, 상사점, 부하(흡기다기관압력), 기관온도, 전원전압 그리고 스로틀밸브 개도 등이다. 이 외에도 연료의 질(예 : 옥탄가)에 따라서 점화시기를 제어할 수 있다.

따라서 전자 점화장치는 다음과 같은 장점이 있다.

① 기관의 상태에 따른 최적 점화시기의 선택이 가능하다.

　　점화시기 특성도에는 약 1,000~4,000개의 점화시기가 입력되어 있으며, 기관의 상태에 따라 점화시기를 입체적으로 제어할 수 있다(그림 6-24a 참조).

② 기관온도 등 다른 요소를 점화시기에 반영할 수 있다.

③ 시동특성이 양호하고, 공전제어가 향상된다. 따라서 연료소비율이 낮아진다.

④ 최고속도제한과 노크제어기능 등을 추가할 수 있다.

2. 점화코일 및 점화회로

(1) 싱글-스파크(single-spark : Einzelfunken) 점화코일

홀수 기통기관에서는 이 형식이 필수적이며, 짝수 기통기관에도 사용할 수 있다. 각 실린더마다 1차코일과 2차코일이 함께 집적된 고유의 점화코일이 배정되며, 이 점화코일은 직접 점화플러그에 설치된다.

점화불꽃의 발생은 배전기 논리회로를 갖춘 출력모듈에 의해 1차전압 측에서 이루어진다. 출력모듈은 크랭크축센서가 제공하는 신호와 1번 실린더의 압축 TDC센서(캠축센서)가 제공하는 신호에 근거하여 1차코일을 점화순서에 따라 ON/OFF시킨다.

완전 전자점화장치에 이 형식의 점화코일을 사용할 경우, 실린더 선택식 노크제어를 적용할 수 있다는 장점이 있다. 1번 실린더 압축 TDC센서(캠축센서)가 어느 실린더가 압축상사점인지를 알고 있으므로 노크가 발생하는 실린더도 식별이 가능하다. 그리고 실린더별로 점화시기를 제어할 수 있는 제어회로와 출력최종단계를 갖추고 있으므로 노크가 발생하는 실린더만을 선택적으로 점화시기를 지각시킬 수 있다.

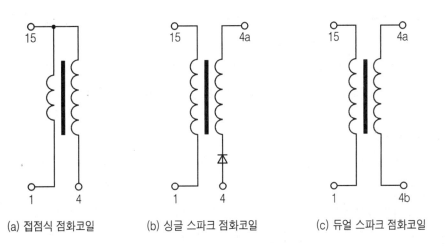

(a) 접점식 점화코일　　(b) 싱글 스파크 점화코일　　(c) 듀얼 스파크 점화코일

그림 6-25 점화코일의 종류 및 표시기호

① 싱글-스파크 점화코일의 구조

금속 케이스 내에 절연유 또는 아스팔트로 채워진 기존의 원통 케이스형 점화코일은 에폭시-수지(epoxy-resin)를 사용하는 코일로 대체되었다. 이는 기하학적 형상, 형식, 그리고 중심전극의 수를 선택하는데 있어서 자유도가 클 뿐만 아니라 크기가 작고, 내진동성이 우수하고 가볍다는 점이 특징이다.

발열의 근원인 1차코일은 열전도도를 개선하고 재료(구리선)를 절약할 목적으로 케이스형 점화코일에서와는 반대로 철심(core)에 가깝게 설치하고, 철심을 대기에 노출시켰다.

2차코일은 흔히 디스크 코일 또는 샌드위치 코일의 형

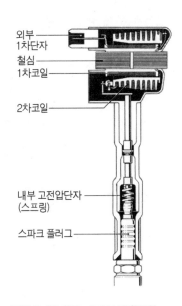

외부
1차단자
철심
1차코일
2차코일
내부 고전압단자
(스프링)
스파크 플러그

그림 6-26 싱글-스파크 점화코일

태로 제작하며, 이때 코일은 일련의 세그먼트(segment) 속에 분산되어 있으며, 세그먼트는 1차코일의 바깥쪽에 위치해 있다. 절연부하는 각 세그먼트의 절연재료에 균일하게 분산되며, 고전압에 대한 절연능력이 우수하기 때문에 크기를 작게 설계할 수 있다. 따라서 코일층 사이에 삽입되는 절연지 또는 절연필름을 절약할 수 있게 되었다. 그리고 코일의 고유 정전용량(self capacitance)도 감소되었다.

사용한 합성재료는 고전압이 흐르는 모든 부품과, 모든 모세관 공간에 침투하는 에폭시 – 수지 간의 접착을 좋게 한다. 철심은 때로는 합성수지 몰딩 속에 매입된다.

점화코일에는 단자1(1차전류 ON/OFF 스위치), 단자15(전원) 그리고 단자4a(스파크플러그와 연결), 단자4b(실화감시용, 저항 R_M을 통해 접지됨)가 있다.

② 고전압의 발생

점화불꽃은 배전논리회로를 갖춘 파워모듈(power module)에 의해 1차측에서 트리거링된다. 파워모듈은 크랭크축센서(TDC센서)와 캠축센서(1번 실린더 압축 TDC센서) 신호에 근거하여, 점화시기에 따라 정확한 시점에 1차코일을 차례로 ON/OFF시킨다.

전기적인 설계구조상 점화코일은 자장을 아주 빠르게 형성한다. 이는 자장이 형성되는 초기 즉, 1차전류를 스위치 ON할 때 이미 제어되지 않은 1~2kV의 (+)고전압펄스를 발생시킬 수 있다. 이 (+) 고전압 펄스는 스파크플러그에 원하지 않는 조기점화를 유발할 수 있기 때문에, 점화코일의 2차회로에 고전압 다이오드를 설치하여 이를 차단한다.

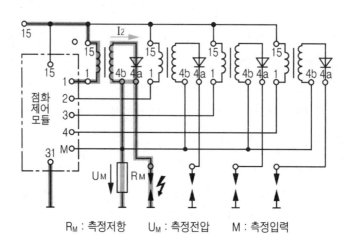

R_M : 측정저항 U_M : 측정전압   M : 측정입력

그림 6-27 싱글-스파크 점화코일 시스템

자장이 형성될 때, 접지전극으로부터 중심전극(단자 4a)으로 불꽃이 건너 튀게 된다. 그러나 다이오드가 이 방향으로 불꽃이 건너 튀는 것을 방지하게 된다. 자장이 소멸될 때에는 중심전극(단자 4a)으로부터 접지전극으로 강한 불꽃이 건너 튀게 된다. 다이오드가 전류 I_2의 통전방향으로 결선되어 있기 때문이다.

(2) 듀얼-스파크(dual-spark : Zweifunken) 점화코일

듀얼 스파크 점화코일은 짝수 기통기관에만 사용된다. 1사이클에 각 스파크플러그에서 불꽃이 2회 발생하므로, 싱글－스파크 점화코일에 비해 스파크플러그의 열부하가 증대되며, 전극의 마모도 빠르게 된다.

① 단순 듀얼-스파크 점화코일(그림6-29)

단순 듀얼－스파크 점화코일에는 1, 2차코일이 각각 1개씩 있다. 2차코일은 전기화학적으로(galvanically) 1차코일과 절연되어 있으며, 출력단자가 2개(4a, 4b)이다. 2개의 고전압단자에는 각각 별개의 점화플러그가 배정되어 있다. 그러므로 4기통기관에는 2개, 6기통기관에는 3개의 듀얼－스파크 점화코일이 필요하다.

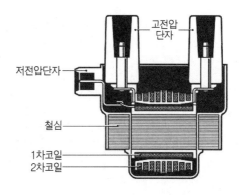

그림 6-28 듀얼-스파크 점화코일의 구조

1차전류는 ECU가 제어하며, 점화시기는 싱글－스파크 점화코일에서와 같은 방법으로 제어한다. 1차전류를 스위치 OFF하였을 때, 2개의 스파크플러그에서 동시에 불꽃이 발생되게 되는데, 이때 1개의 불꽃은 동력행정을 시작하는 실린더의 점화플러그에서, 다른 1개의 불꽃은 배기행정을 시작하는 실린더의 점화플러그에서 발생한다(예 : 4기통기관에서 1－4, 2－3 실린더에서 동시에). 이때 압축행정 말기에 해당하는 실린더에서의 전압(주 스파크 전압)은 배기행정 말기에 해당하는 실린더에서의 전압(보조 스파크 전압)에 비해 현저하게 높다. 이유는 압축행정말기에는 배기행정말기에 비해 스파크플러그의 두 전극 사이에 절연성 가스분자가 훨씬 많이 존재하기 때문이다. 따라서 압축행정 말기의 실린더에서 점화불꽃을 발생시키기 위해서는 높은 전압을 필요로 하게 된다.

또 2차코일에 설정된 전류방향 때문에 점화불꽃은 1개의 점화플러그에서는 중심전극에서 접지전극으로, 다른 1개의 점화플러그에서는 반대로 접지전극에서 중심전극으로 건너 튀게 된다. 오실로스코프 화면에서 예를 들면 1번 실린더의 주 불꽃이 (−)극성이면, 4번 실린더의 보조 불꽃은 (+)극성이 된다.

점화코일의 형식에 따라, 이 형식의 점화장치에서는 1차전류를 스위치 ON할 때 발생하는 유도전류에 의한 불꽃을 방지할 목적으로 별도의 대책을 강구할 필요가 있을 수 있다.

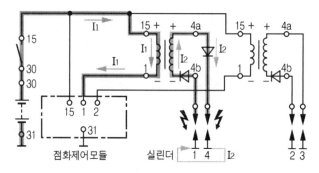

그림6-29 듀얼-스파크 점화코일 시스템의 회로

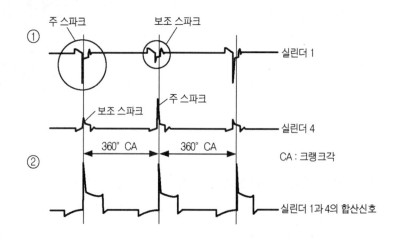

그림 6-30 듀얼-스파크 점화코일의 오실로스코프(2차 전압)

② **더블-이그니션**(double ignition)

이 점화장치에서는 각 실린더마다 2개의 점화플러그가 사용된다. 듀얼-스파크 점화코일을 사용할 경우에는 1개의 점화코일에 연결된 2개의 점화플러그는 각기 점화시기가 크랭크각으로 360° 옵셋 된 실린더에 설치된다. 예를 들어 점화순서가 1 - 3 - 4 - 2일 경우, 점화코일 1과 점화코일4는 각각 처음에는 실린더 1에서 주 스파크를, 실린더4에서 보조 스파크를 발생시키고, 크랭크각으로 360°회전한 다음에는 실린더 1에서 보조 스파크를, 실린더4에서 주 스파크를 발생시키게 된다. 이 시스템의 경우, 부하와 회전속도에 따라 2개의 점화코일의 점화시기를 크랭크각으로 약 3~15°시차를 두고 제어할 수 있다.

1개의 실린더에 2개의 점화플러그를 사용하는 더블 - 이그니션은 완전하면서도 빠른 연소를 목표로 하며, 따라서 배기가스의 질을 개선할 수 있다.

③ 4 - 스파크 점화코일(4 - spark ignition coil)(그림 6-31)

4기통기관용으로 개발되었으며 듀얼 - 스파크 점화코일 대신에 사용된다. 4 - 스파크 점화코일에는 1차코일이 2개이며, 이들은 각각 별도의 최종단계에 의해 제어된다. 반대로 2차코일은 1개이며, 2차코일의 양단에는 각각 2개씩의 출력단자를 가지고 있으며, 각 출력단자에는 다이오드가 반대로 되어 있다. 이들 출력단자가 4개의 점화플러그에 연결된다.

즉, 2개의 듀얼 - 스파크 점화코일이 1개의 하우징 안에 집적된 형식으로 생각할 수 있다. 그러나 각 코일은 서로 독립적으로 작동하며, 설치와 연결이 간단하다는 장점이 있다. 그리고 점화코일에 점화최종출력단계를 집적시키면 1차선의 길이를 짧게 할 수 있기 때문에 전압강하를 줄일 수 있다. 이 외에도 출력최종단계의 손실에 의한 ECU의 가열을 방지할 수 있다.

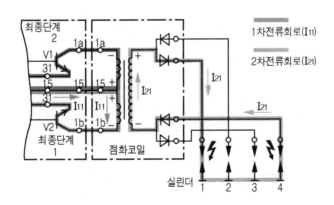

그림 6-31 4-스파크 점화코일 시스템

3. 다중 점화(Multiple ignition : Mehrfachzündung)

다중 점화란 1개의 점화플러그가 압축행정 말기에 여러 번 연속적으로 스파크를 발생시키는 것을 말한다. 이 점화기능은 특히 시동 시와 저속 시에 이용된다. 이를 통해 예를 들면 냉시동 시와 같이 점화가 아주 어려운 혼합기를 확실하게 점화시키고, 가능한 한 퇴적물이 생성되지 않도록 한다. 다중 점화기능에서는 연속적으로 7회까지 불꽃을 생성할 수 있다.

이유는 다음과 같다.

① 저속(예 : 1200min^{-1})에서는 자장을 여러 번 형성하는데 충분한 시간을 확보할 수 있다.

② 사용된 점화코일의 인덕턴스가 작기 때문에 자장의 급격한 형성이 가능하다.

③ 1차코일이 아주 큰 1차전류를 허용한다.

④ 1회의 스파크지속기간은 0.1ms~0.2ms 범위이다.

⑤ 점화불꽃은 ATDC 20°까지 발생시킬 수 있다.

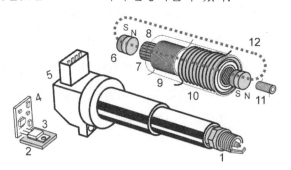

1. 스파크 플러그
2. 히트 싱크
3. IGBT
4. IC 보드
5. 커넥터
6. 영구자석
7. 철심
8. 라미네이티드 철(Laminated iron)
9. 2차코일 31kV
10. 1차코일 15A
11. 간섭방지
12. 자기장

그림 6-32a 연필형 스마트 점화코일의 구조

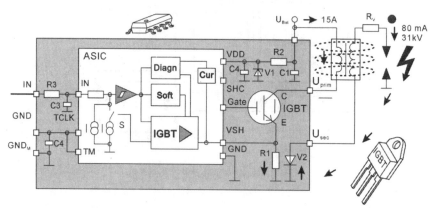

ASIC : Application Specific Integrated Circuit
IGBT : Insulated Gate Bipolar Transistor
SMD : Surface Mounted Device
V2 : Protection against switch on spark
R1 : Limited the primary current with max.15A
Soft : Soft-shut-down in case of failure

그림6-32b 연필형 스마트 점화코일의 회로도

실제로 1회의 동력행정에 몇 번 불꽃을 발생시켜야 할지는, 특히 축전지전압에 달려있다. 축전지 전압이 높으면 높을수록 자장의 형성이 촉진되고 따라서 1회의 동력행정에 여러 번 불꽃을 발생시킬 수 있다. → 다중점화기능은 주로 저속영역에서 활용한다.

4. 실화(missfire : Zündaussetzen) 감지

실화감지기능은 OBD에 강제된 기능이다. 시스템은 어느 실린더의 실화율이 일정범위를 초과하면, 해당 실린더의 분사밸브의 연료분사를 중단시킨다. 미연소된 연료가 촉매기에 유입되어 촉매기를 파손시키는 것을 방지함은 물론이고, 배출가스의 악화를 피하기 위해서이다.

(1) 2차전류의 강도를 측정하여 실화감지

이 시스템의 경우, 2차전류회로에 약 240 Ω 의 측정저항이 연결되어있다. ECU가 저항에서 강하하는 전압을 결정한다. 흐르는 1차전류가 너무 작으면, 규정된 한계전압에 도달하지 않게 된다. 그렇게 되면, 촉매기의 손상을 방지하기 위해 해당 분사밸브를 스위치 OFF 시킨다.

(2) 회전속도의 맥동을 측정하여 실화 감지

크랭크축은 동력행정이 시작될 때마다, 형성된 연소압력에 의해 가속된다. 이를 통해 순간 최고속도는 상승한다. 따라서 이때 엔진회전속도센서는 증폭도가 큰 고주파수 신호를 형성한다. 점화되지 않은 실린더는 크랭크축의 순간속도를 감소시키므로, 회전속도신호의 순간 주파수와 증폭도도 감소하게 된다. 이 값이 평가된다. 실화에 의해 가속되지 않은 실린더는 분사가 중단된다.

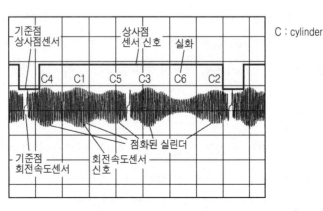

그림 6-33 실화 시 회전속도신호

5. 드웰각제어와 1차전류 제한

드웰각은 배전기 접점이 닫혔다가 다시 열릴 때까지 배전기 캠의 회전각한 각도와 같다. 전자제어 점화장치에서는 점화코일에 1차전류가 흐르는 시간을 드웰기간(dwell period)이라한다. 따라서 드웰각과 드웰기간은 서로 비례한다.

점화 에너지를 항상 일정하게 높은 수준으로 유지하고 동시에 출력 트랜지스터와 점화코일에서 출력손실을 최소화시키기 위해서는 점화순간의 1차전류가 반드시 일정한 수준에 도달해야 한다.

드웰각이 일정할 때, 점화코일에 저장되는 에너지는 기관의 회전속도에 반 비례하고 전원전압에 비례한다. 따라서 기관회전속도의 변화에 상관없이 점화코일에 저장되는 1차전류를 일정한 수준 이상으로 유지시키기 위해서는 드웰각을 제어해야 한다. 즉 기관의 회전속도가 상승함에 따라 드웰기간을 길게 해야 한다.

드웰기간이 길면 점화코일에서의 1차전류는 증가하고, 전원전압이 높을수록 1차전류는 일정한 수준에 도달하는 시간이 단축된다.

드웰각 제어기능은 기관의 어떠한 운전조건에도, 예를 들면 전원전압, 기관회전속도, 기관온도 등이 변화하더라고 1차전류를 항상 일정하게 유지하는 기능을 말한다.

전자 점화장치는 충전속도가 빠른 점화코일을 사용한다. 이 목적을 위해서 1차코일의 저항을 보통 1Ω이하로 낮춘다. 그러나 급속 충전이 가능한 점화코일을 사용할 경우에는 고정된 드웰각으로 작동시킬 수 없다. 이유는 도통시간이 너무 길어지면 점화코일에서의 에너지 손실이 너무 많아지기 때문이다. 따라서 1차전류를 조정하고 드웰각을 제어하여야 한다.

홀센서 방식과 유도센서 방식의 차이점은 그림6-34 블록선도에서와 같이 홀센서를 이용할 경우에는 드웰각을 제어하기 전에 먼저 홀센서의 신호를 펄스형성단계(pulse shaper stage)에서 램프전압(ramp voltage)으로 변환시켜야 한다는 점이 서로 다를 뿐이다.

(1) 드웰각 제어

피드백(feed back) 기능이 없는 드웰각 제어에서는 드웰각이 회전속도에 전자적으로 비례한다. 즉, 1차코일에 전류가 흐르는 시간은 거의 일정하게 유지된다. 이 경우에는 드웰각이 너무 크면, 1차전류도 너무 높은 값에 도달하게 된다.

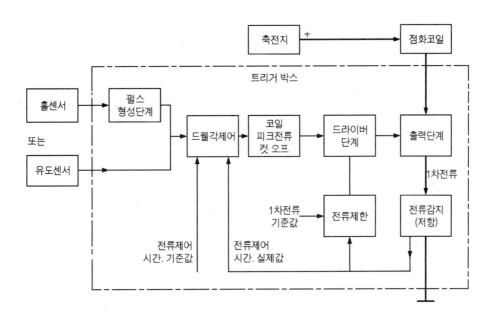

그림6-34 홀센서와 유도센서를 채용한 트리거 박스의 블록선도

그림 6-35와 그림 6-36은 각각 트리거 수준의 변화에 따라 드웰각과 1차전류의 변화가 어떤 형태로 나타나는가를 도시한 것이다.

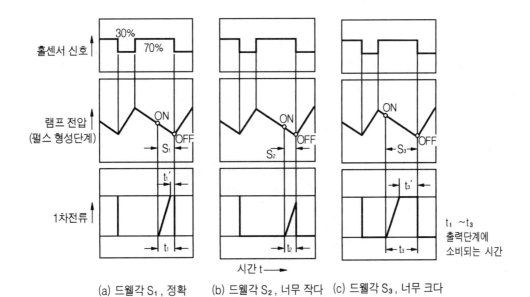

(a) 드웰각 S_1, 정확   (b) 드웰각 S_2, 너무 작다   (c) 드웰각 S_3, 너무 크다

그림 6-35 홀센서를 이용한 드웰각제어와 1차전류제어

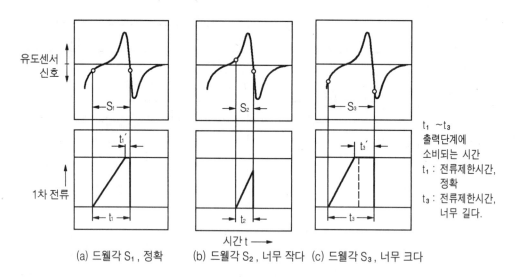

유도센서
신호

S_1 S_2 S_3

1차 전류

t_1' t_3'

t_1 t_2 t_3

시간 t ⟶

$t_1 \sim t_3$
출력단계에
소비되는 시간
t_1 : 전류제한시간,
     정확
t_3 : 전류제한시간,
     너무 길다.

(a) 드웰각 S_1, 정확   (b) 드웰각 S_2, 너무 작다 (c) 드웰각 S_3, 너무 크다

그림 6-36 유도센서를 이용한 드웰각제어와 1차전류제어

그림 6-35, 6-36에서 a는 드웰각이 정확할 경우이고, b는 드웰각이 작을 경우, 그리고 c는 드웰각이 너무 클 경우이다. 그리고 t_1, t_2, t_3는 각각 출력단계에서 점화코일에 1차전류가 흐르는 시간이다. 예를 들면 t_3과 같은 경우는 도통(導通)시간이 너무 길어 코일에서의 에너지 손실이 너무 많은 경우에 해당한다.

피드백 기능이 있는 드웰각제어에서는 ECU에 드웰각 특성도가 입력되어 있다. 이 경우에는 기관의 회전속도와 전원전압의 변화에 따라 최적 드웰각을 계산한 다음, 이를 드웰각 특성도와 비교하여 트리거 수준을 이동시켜서 드웰각을 제어한다.

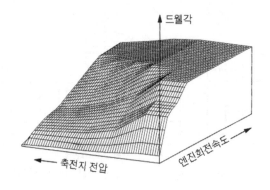

드웰각

엔진회전속도

⟵ 축전지 전압

그림 6-37 드웰각 특성도(예 : Motronic)

드웰각은 축전지전압과 순간 기관회전속도에 따라 변화한다. 전압이 낮으면서 회전속도가 높을 경우에는 충분한 1차전류를 확보하기 위해 드웰각을 크게 해야 한다. 전압이 높으면서 회전속도가 낮을 경우에는 점화코일의 열부하를 피하기 위해 드웰각을 작게 해야 한다. 1차 코일의 저항이 증가할 경우 또는 전압이 강하할 경우에는 드웰각을 추가로 크게 한다.

(2) 1차전류 제한

1차전류를 가능한 한 급속히 상승시키고 자장을 급속히 형성시키기 위해, 1차코일의 허용 최대전류가 약 30A 정도까지 가능하도록 설계한다. 그러나 30A 정도의 높은 전류가 흐르면 최종단계의 파워트랜지스터는 물론이고 점화코일은 열부하 때문에 곧바로 파손되게 된다.

따라서 1차전류가 규정값(약 10~15A)에 도달하면, 전류제한기능이 활성화되어 1차전류를 규정값으로 제한하게 된다. 트리거박스에 들어있는 최종단계(파워트랜지스터)가 자신의 저항을 증가시키거나, 1차전류의 ON/OFF을 반복하여 1차전류를 제한한다.

1차전류의 ON/OFF을 반복하여 1차전류를 제한하는 방식의 경우, 아주 낮은 속도의 2차파형에서 이를 육안으로 확인할 수 있다. 1차코일의 ON/OFF을 반복하면 1차코일의 자장에 미세한 변화가 발생하며, 이 변화는 2차측에 그대로 반영된다.

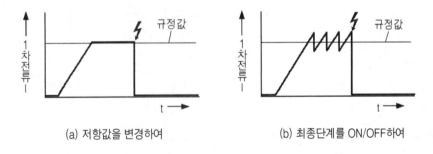

(a) 저항값을 변경하여   (b) 최종단계를 ON/OFF하여

그림 6-38 1차전류 제한 방법

(3) 기관 정지 시 1차전류 차단

점화키 스위치가 ON되어 있는 상태에서 기관이 정지했을 경우, 점화장치는 과도한 열부하를 받게 된다. 트리거박스에 점화펄스가 입력되지 않으면, 수 초 후에 1차전류를 자동적으로 차단하여 과열을 방지한다.

(4) 공전속도제어

공전속도가 기준값 이하로 낮아지면 점화시기를 진각시켜, 원하는 규정속도로 기관의 회전속도를 상승시킨다.

(5) 회전속도 제한

허용 최고회전속도를 초과하면, 파워트랜지스터가 트리거링되지 않게 된다. 즉, 더 이상 점화불꽃이 생성되지 않게 된다.

5. 노크제어(knock control : Klopflegelung)

고압축비 가솔린기관은 저압축비 가솔린기관과 비교할 때 노크 경향성이 아주 높다.

저속, 고부하 시에 발생하는 가속노크(acceleration knock)는 가청 수준의 소음(audible as pinging)이 동반된다.

(a) 이상연소(노크동반)　　　　　　(b) 정상연소(노크없음)

그림 6-39 정상연소와 이상연소의 Vibrogram

다른 하나는 고속, 고부하 시에 발생되는 고속노크(high speed knock)로서 대부분 그 소음을 들을 수 없다. 이 고속노크가 기관에 많은 피해를 주게 된다.

가솔린기관의 정상연소는 점화불꽃에 의해 혼합기가 착화되고, 착화된 화염면(flame front)이 전파되면서 이루어진다. 그런데 화염면이 정상적으로 도달되기 전에 국부적으로 자기착화(self ignition)에 의해 급격히 연소가 이루어지는 경우가 있다. 이 비정상적인 연소에 의해 발생하는 압력상승 때문에 실린더 내의 가스가 진동하여 충격적인 타음(打音)을 발생시키게 된다. 이것을 노킹(knocking) 또는 노크(knock)라 한다. 그리고 이 때의 점화시기는 지나치게 빠른 경우에 해당된다.

그림 6-40은 점화시기와 실린더내의 압력변화 관계를 나타내고 있다.

곡선 1은 정상적인 점화시기(Z_a)일 때의 압력변화를, 곡선 3은 점화시기가 너무 늦을 때(Z_c)의 압력 변화를, 곡선 2는 점화시기가 너무 빠를 때(Z_b)의 연소압력의 변화이다. 곡선 b의 경우, 연소압력이 가장 높지만 노크가 동반되고 있음을 알 수 있다.

노크가 발생하면 연소가스의 진동에 의해 연소가스의 열이 연소실 벽으로 잘 전도되기 때문에 그 상태가 지속되면 연소실에 열이

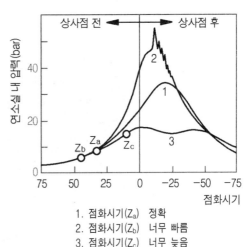

1. 점화시기(Z_a) 정확
2. 점화시기(Z_b) 너무 빠름
3. 점화시기(Z_c) 너무 늦음

그림 6-40 점화시기와 실린더내의 압력변동

축적되어 자기착화를 유발하거나 스파크 플러그나 피스톤의 소손, 실린더헤드 가스켓의 파손 그리고 베어링의 손상 등을 유발하게 된다(그림6-42 참조).

고속에서의 노크소음은 기관의 일반소음 때문에 잘 들을 수 없다. 따라서 가청 노크(audible knock)가 기관의 노크현상을 완벽하게 모두 나타낸다고 볼 수 없다. 그러나 전자적으로는 노크상태를 완벽하고 정확하게 측정할 수 있다.

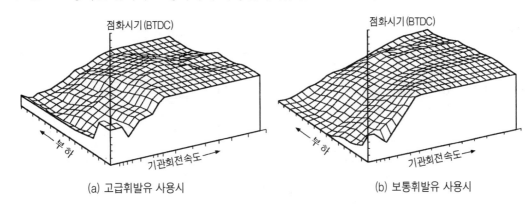

(a) 고급휘발유 사용시   (b) 보통휘발유 사용시

그림 6-41 연료의 옥탄가와 점화시기특성

기관의 노크경향은 연소실의 형상, 연소실의 퇴적물, 혼합기의 구성, 흡기다기관의 형상, 연료의 품질, 공기밀도, 그리고 기관온도 등에 따라 변화한다. 기관의 노크는 또 점화시기와 밀접한 관계를 가지고 있다. 그리고 기관의 최대토크(max. torque)를 발생시키는 점화시기 는 노크가 발생되기 시작하는 점화시기 근처에 있다. → 노크 한계(knock limit)

그림 6-42 노크에 의해 손상된 피스톤

노크제어를 하지 않을 경우에는 이 여유를 확보하기 위해서 최대토크를 발생시키는 점화 시기보다 훨씬 낮은 점화시기를 선택할 수 밖에 없다. 그러면 기관에서 생성되는 토크는 그 만큼 낮아지게 된다. 노크한계를 노크센서로 검출하여 노크한계 직전까지 점화시기를 최대 로 진각시키면 기관의 출력은 증대되고 그러면서도 노크에 의한 손상을 방지할 수 있다.(그 림 6-43 참조)

※ MBT : Most effective spark advance for Best Torque

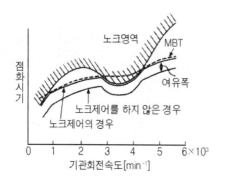
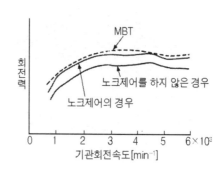

그림 6-43 토크와 점화시기와 노크의 상관 관계(예)

(1) 기계적 진동 감지식 노크제어(knock control : Klopfregelung)

노크제어 시스템은 공기/연료 혼합기의 노크연소를 감지하고, 점화시기를 지각시켜 노크를 방지한다. 그리고 동시에 연료소비를 낮추면서도 출력을 증대시키기 위해 점화시기를 가능한 한 노크한계 점화시기에 근접되도록 진각시키는 기능을 한다.

노크한계는 각 작동점에서 노크연소가 발생할 때까지 점화시기를 진각시켜 확인할 수 있다. 노크연소가 발생하면, 연소실에서는 충격적인 압력맥동이 발생하고, 이 맥동은 실린더블록에 기계적 진동을 가하게 된다. 이 진동을 실린더블록에 설치된 노크센서가 감지한다.

혼합기의 노크연소는

- 점화시기가 너무 빠를 때
- 연료의 옥탄가가 너무 낮을 때
- 기관의 과열
- 지나치게 높은 압축비
- 부적절한 공기/연료 혼합비
- 기관의 과부하 등에 의해 발생할 수 있다.

① 노크센서

노크센서는 일종의 압전소자로서 구조는 그림 6-44와 같으며 사용온도범위는 약 130℃ 정도이다. 노크센서는 실린더 내의 노크를 잘 감지할 수 있는 위치 즉, 실린더와 실린더 사이의 외벽에 설치된다. 4기통기관에서 1개만 설치할 때는 실린더 2와 3 사이에, 2개를 설치할 경우에는 실린더 1과 2, 3과 4 사이에 각각 설치한다(그림6-44b 참조).

노크연소가 발생하면 실린더블록은 특정 주파수 범위(예 : 5 ~ 10kHz)로 진동하게 된다. 이 진동 주파수에 의해 활성화되는 접지를 통해 노크센서의 압전 세라믹에는 충격적인 압력이 작용한다. 이를 통해 압전 결정격자는 전압을 발생시키고, 이 전압은 평가 일렉트로닉에 전송된다. 이 전압이 일정 수준을 초과하면 노크연소로 평가된다.

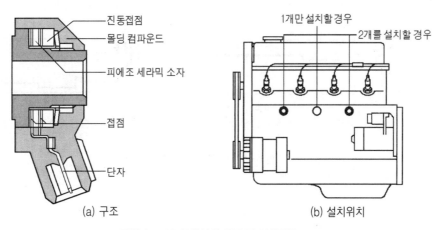

진동접점
몰딩 컴파운드
피에조 세라믹 소자
접점
단자

1개만 설치할 경우
2개를 설치할 경우

(a) 구조　　　　　(b) 설치위치

그림 6-44 노크센서의 구조 및 설치위치

② **노크제어**

노크센서는 그림 6-45에서와 같이 실린더 내에서의 압력변동(a)을 파형(c)와 같은 전압 신호로 변환시킨다. 이 파형(c)에서 노크연소를 발생시키지 않는 진동을 억제, 여과시켜 파형(b)의 형태로 평가 일렉트로닉에 전달한다. 기관의 노크한계는 고정된 값이 아니고 기관의 상태에 따라 수시로 변화하므로, 평가일렉트로닉은 이러한 변수들을 종합적으로 고려하여 노크연소의 발생 여부를 평가한다. 노크연소가 지속되면, 제어회로는 점화시기를 일정 수준(예 : 크랭크각으로 약 2°~3°)지각시킨다. 그래도 여전히 노크가 발생하면 다시 2°~3°를 더 지각시킨다. 이 과정은 노크가 더 이상 발생하지 않을 때까지 계속, 반복된다.

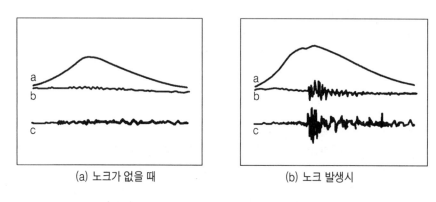

(a) 노크가 없을 때   (b) 노크 발생시

그림 6-45 노크센서의 발생파형 및 여과파형

노크연소가 더 이상 발생되지 않으면 점화시기를 단계적으로 조금씩 진각시켜, 자신의 고유 점화시기 특성도로 되돌아간다. 다시 노크연소가 발생할 경우에는 점화시기를 다시 단계적으로 지각시킨다.

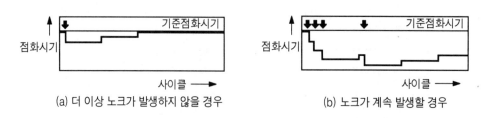

(a) 더 이상 노크가 발생하지 않을 경우   (b) 노크가 계속 발생할 경우

그림 6-46 노크제어기간의 제어거동

ECU가 노크센서를 통해 노크연소가 항상 반복되는 것으로 판정하면, ECU에 내장된 제2의 점화특성도로 절환되는 형식도 있다. 예를 들면 점화특성도가 고급 무연휘발유(RON 98이상)를 기준으로 작성된 경우에 보통 무연휘발유(RON 95이하)를 사용할 경우에는 노크제어기능이 정상적으로 작동해도 노크가 발생할 수 있다. 이 경우, 노크 빈도가 규정값을 초과하면 자동적으로 제2의 점화특성도가 사용되게 된다. 그러나 제2 점화특성도가 사용되게 되면 연료소비율이 증가하고 출력이 저하됨은 물론이다.

시스템의 고장이 감지되면, 시스템은 비상운전특성으로 절환된다. 그러면 점화시기는 어떠한 경우에도 노크를 피할 수 있는 가장 늦은 점화시기로 운전된다.

③ 실린더 선택적 노크제어 ← 무배전기식 점화장치에서

개발 초기에는 단지 1개의 실린더에서 노크연소가 발생해도, 모든 실린더의 점화시기를 동시에 지각시켰었다. 그러나 완전 전자제어 점화장치가 등장하면서 노크연소가 발생하는 실린더의 점화시기만을 지각시킬 수 있게 되었다. 발생한 노크신호와 상사점신호를 통해 각 실린더의 점화시기를 시간적으로 비교하면 노크가 발생하는 실린더를 확인할 수 있고, 따라서 해당 실린더의 점화시기만을 선택적으로 제어할 수 있다.

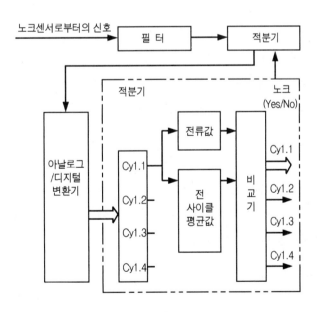

그림 6-47 노크제어 블록선도

(2) 이온전류 측정방식을 이용한 실화감지 및 노크제어

기존의 기계적 진동감지방식의 노크센서는 최고회전속도 $7000 \sim 8000 \mathrm{min}^{-1}$ 범위의 고속기관에서는 부적합하다. 이유는 기관의 회전속도에 적합한 충분한 신호를 공급할 수 없기 때문이다. 따라서 고속기관에서는 이온전류 측정방식이 이용되고 있다.

① 시스템 구성

엔진 ECU와 점화플러그 사이에 이온전류제어유닛이 설치되어 있으며, 이온전류제어 유닛에는 스파크플러그를 위한 점화최종단계가 내장되어 있다. 따라서 엔진 ECU와 스파크플러그 사이에 직접적인 결선은 없다. 그리고 스파크플러그는 이온전류를 측정하는 센서로서의 기능도 한다.

② 이온전류의 측정

엔진 ECU가 점화플러그를 트리거링시키면, 점화플러그는 불꽃을 발생시킨다. 이 불꽃에 의해 혼합기는 점화, 연소된다. 이때 발생된 열에너지에 의해 양(+) 또는 음(−)으로 대전된 분자(=이온)가 생성된다. 생성된 이온의 수는 연소온도(=연소품질)에 따라 증가한다. 연소가 잘되면 잘 될수록 더욱더 많은 이온이 생성된다.

점화 직후, 이온전류 제어유닛으로부터 점화플러그에 일정한 직류전압이 인가된다.→ 점화플러그의 센서 기능.

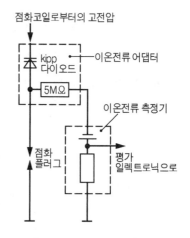

그림 6-48 이온전류의 측정

혼합기에 자유 이온(free ion)이 존재할 경우, 전류(=이온전류)가 흐르게 된다. 이온전류제어유닛은 이 이온전류를 측정, 증폭시켜 엔진 ECU에 전송한다. 이온전류의 측정은 회전속도범위 전체에 걸쳐 이루어지며, 따라서 각 실린더마다의 모든 개별 연소를 분석할 수도 있다.

③ 엔진 ECU의 평가 및 제어

엔진 ECU는 이온전류 제어유닛이 보내온 이온전류를 평가한다. 엔진 ECU는 노크연소에 의한 큰 이온전류뿐만 아니라, 점화 실화와 연소실화에 의한 아주 약한 이온전류도 감지한다. 편차가 감지되면 엔진 ECU는 노크 또는 실화를 판별하여 이에 대응하게 된다.

→ 이온전류에 의한 노크제어

제6장   통합제어 시스템

제3절 BOSCH의 LH-Motronic
(LH-Motronic from Bosch : LH-Motronic)

Motronic은 보슈(BOSCH)의 상표명으로 연료분사장치로는 LH-Jetronic을, 점화장치로는 DLI(distributorless ignition system : Vollelektronische-Zündsystem)장치를 1개의 ECU로 통합 제어하는 방식이다. 오늘날 가장 많이 사용하는 시스템이다.

LH - Motronic은 L - Jetronic의 후속 개발제품으로서, MPI 방식의 전자제어 연료분사장치이며 주 변수는 흡입공기질량과 기관회전속도이다. 분사밸브로는 솔레노이드식이 사용되며 간접분사방식으로서, 연료를 흡기밸브 근처의 흡기다기관에 순차 분사한다. 연료가 분사될 때, 흡기밸브는 아직 닫혀 있다.

LH - Jetronic은 기본적으로 연료분사제어 기능과 점화시기제어 기능이 1개의 ECU에 집적된 복합시스템인 LH - Motronic으로 생산, 공급된다. 자동차 생산회사에 따라, 모델에 따라 여러 가지 점화장치가 LH - Jetronic과 결합되어 있을 수 있다.

1. 하위 시스템으로서의 LH - Jetronic

LH - Jetronic은 연료공급장치, 공기계량기를 비롯한 각종 센서, 전자제어유닛(ECU) 그리고 액추에이터(actuator) 즉, 분사밸브 등으로 구성되어 있다.

(1) 흡기 시스템 ← 열선식 또는 열막식 공기질량계량기

공기여과기에서 여과된 공기가 공기질량계량기를 통과하여 흡기다기관에 유입된다. 공기질량계량기는 흡입된 공기의 질량을 전압신호로 바꾸어 ECU에 전달한다. 공기질량계량기에 추가로 설치된 NTC - 온도센서가 흡기온도를 계측한다.

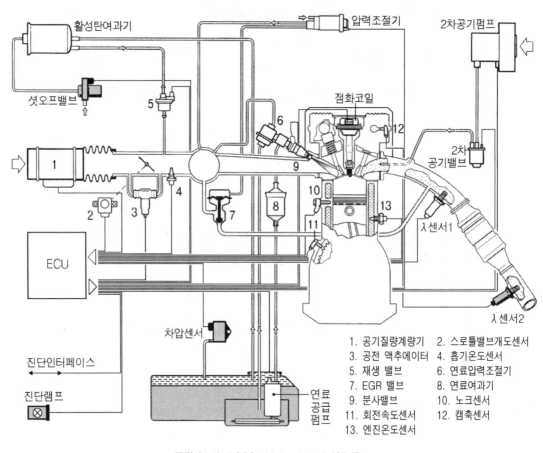

1. 공기질량계량기   2. 스로틀밸브개도센서
3. 공전 액추에이터   4. 흡기온도센서
5. 재생 밸브   6. 연료압력조절기
7. EGR 밸브   8. 연료여과기
9. 분사밸브   10. 노크센서
11. 회전속도센서   12. 캠축센서
13. 엔진온도센서

그림 6-49 BOSCH Motronic M5 시스템

(2) 연료공급시스템 ← 2회로 시스템

LH – Jetronic에는 대부분 2회로 연료공급시스템이 사용된다. 연료탱크 내에 또는 연료탱크 밖, 차체 하부에 설치된 연료공급펌프가 연료를 탱크로부터 → 연료필터를 거쳐 연료분배관에 공급한다.

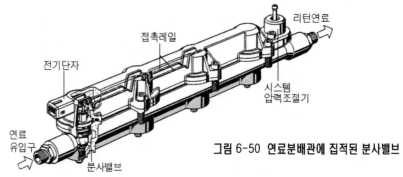

그림 6-50 연료분배관에 집적된 분사밸브

연료분배관은 분사밸브로부터 분사되는 연료량에 비하면 대단히 많은 양의 연료를 저장하고 있다. 따라서 일종의 저장탱크 기능을 하며 분사밸브의 분사에 의해서 발생되는 연료의 맥동을 감쇠시키고 연료압력을 균일하게 유지하는 역할을 한다.

분사밸브들은 연료분배관에 병렬로 연결되어 있으므로 동시에 연료를 공급받게 된다. 연료분배관의 한쪽 끝에 설치된 연료압력조절기가 유효분사압력을 약 3.5bar로 일정하게 유지한다. 과잉연료는 압력조절기를 통해 연료탱크로 되돌아간다.

대부분 연료탱크 환기시스템(활성탄 여과기) 및 EGR - 기능도 갖추고 있다.

(3) 공전속도제어(idle speed control : Leerlaufdrehzahlregelung)

이 시스템은 기관의 스로틀밸브가 닫혀있을 때, 기관회전속도를 기관온도에 따라 규정값 범위로 유지하는 기능을 한다.

기관이 냉각된 상태일 때는 정상작동온도일 때와 비교하여 오일의 점도가 높기 때문에 내부저항이 증가하고 또 연료의 기화가 불량하다. 이를 극복하고 공전속도를 안정시키기 위해서는 기관의 출력을 높여야 한다. 이 외에도 에어컨의 사용 또는 다른 부하들의 작동으로 인한 공전속도의 맥동도 방지시켜야 한다. 이를 위해서는 혼합기를 추가로 공급해야 한다.

ECU는 기관회전속도와 기관온도에 대한 신호정보를 이용하여 필요 공전속도를 연산하고, 이를 근거로 공전액추에이터 또는 스로틀밸브 액추에이터를 제어하여 공전속도를 제어한다.

① 공전 액추에이터(idle actuator : Leerlaufsteller)

닫혀있는 스로틀밸브를 바이패스하는 통로를 통해, 필요에 따라 추가로 공기를 공급한다. 이를 위해 ECU는 펄스 - 폭 변조 신호를 이용하여 공전 액추에이터에 공급되는 전류의 양과 방향을 제어한다. 이에 따라 공전액추에이터는 회전 디스크의 회전방향과 각도를 바꾸어 바이패스 통로의 단면적을 크게 또는 작게 열리게 한다. → 추가공기량의 제어

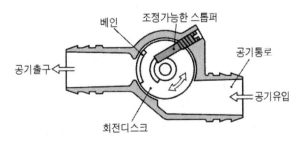

그림 6-51 공전 액추에이터

② **스로틀밸브 액추에이터**(throttle valve actuator : Drosselklappensteller)

전기모터가 감속기어를 통해 스로틀밸브축과 연결되어 있다. 공전 시 ECU는 공전속도에 따라 전기모터를 통해 스로틀밸브를 열거나 닫는 방법으로 공전속도를 규정값으로 유지한다.

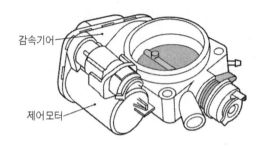

그림 6-52 스로틀밸브 액추에이터

(4) 전부하 농후혼합기 공급

3원촉매기가 장착된 기관에서는 유해배출가스 기준 때문에 가능한 한 λ = 1 근방에서 운전해야 한다. 그러나 최대출력을 목표로 할 경우에는 기관에 따라 공기비 λ = 0.90~0.9 5 범위의 혼합기를 공급하게 된다. 이를 위해서는 공기비제어를 비활성화시켜야 한다. 스로틀밸브 포텐시오미터가 EUC에 전부하를 알리거나 또는 포텐시오미터에서의 단위시간 당 전압변화가 저장된 특정한 수준을 상회할 경우(가속)에 농후혼합기가 공급되게 된다. 전부하 농후혼합기 공급기능은 모든 기관에 다 강제된 것은 아니다. 오늘날은 어느 경우에나 λ ≈1을 목표로 제어하는 기관들이 대부분이다.

(5) 가/감속 시 혼합비 보정

흡기다기관에 분사된 연료의 일부는 다음 번 흡기과정에 곧바로 실린더에 유입되지 않고 유막형태로 흡기다기관 벽에 부착되게 된다. 부하가 상승함에 따라 그리고 분사기간이 길어짐에 따라 유막형태로 벽에 부착되는 연료량은 크게 증가하게 된다.

스로틀밸브를 열 때, 분사된 연료의 일부는 이 유막형성에 사용되게 된다. 그러므로 가속 시에 혼합기가 희박하게 되는 것을 방지하기

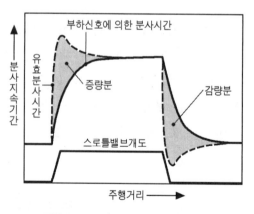

그림 6-53 가/감속시의 분사시간

위해서는, 유막형성에 필요한 연료를 추가로 분사해야 한다. 부하가 감소할 때는, 벽에 유막형태로 부착된 연료가 다시 분리되어 실린더로 유입되게 된다. 그러므로 감속 시에는 그만큼 분사시간을 단축해야 한다. 그림 6-53은 이와 같은 결과를 반영한 분사시간의 변화과정을 도시한 것이다.

(6) 기타 기능

① 타행 시 연료공급 중단(fuel cut-off at coasting : Schubabschaltung)

스로틀밸브는 닫혀있으나 기관의 회전속도가 높은 타행상태(예 : 언덕길 하향 주행)일 경우, 연료분사를 중단한다. 스로틀밸브를 다시 열거나 또는 기관의 회전속도가 기준(예 : 1200min^{-1}) 이하로 낮아지면 연료분사는 재개된다.

타행주행을 위해서 ECU는 스로틀밸브 스위치 또는 스로틀밸브 개도센서로부터의 스로틀밸브 위치신호 그리고 기관회전속도센서로부터의 회전속도 정보를 필요로 한다.

② 고도 보상 기능(altitude compensation : Höhenanpassung)

무과급기관에서는 별도의 고도보상기능을 생략할 수 있다. 이유는 공기질량계량기가 고지대에서의 낮은 공기밀도를 고려하기 때문이다.

③ 최고 회전속도제한(rotation speed limitation : Drehzahlbegrenzung)

ECU는 기관회전속도센서로부터의 신호가 저장된 최고속도를 초과할 경우, 회전속도제한을 실시한다. 출력을 제한하기 위해 그리고 최고회전속도 및 최고주행속도를 제한하기 위해 점화시기를 지각시키게 된다. 연료분사는 특별한 경우에 한해서 중단하게 된다.

2. LH-Jetronic의 분사밸브(injection valve : Einspritzventil)

솔레노이드식 분사밸브가 각 실린더의 흡기밸브 전방, 흡기다기관에 배정되어 있다.

(1) 분사밸브의 작동

분사밸브는 ECU로부터 단속적으로 공급되는 전류에 의해 개/폐된다. 그림 6-54에서 솔레노이드 코일에 전류가 흐르지 않을 경우, 밸브니들(valve needle)은 코일스프링의 장력에 의해 분사밸브의 분공에 밀착된다. 솔레노이드코일에 전류가 흐르면 전기자(armature)가 흡인된다. 전기자가 흡인되면 전기자와 일체로 되어있는 밸브니들도 플랜지(flange) 부분이 스토퍼(stopper)에 접촉할 때까지 흡인되어 최대양정(max. lift)에서 안정된다. 밸브니들이 흡인되어 분사밸브의 분공이 열리면 연료는 분사된다.→ 니들양정은 약 0.05~0.1mm 범위

분사량은 밸브니들의 양정, 분공의 크기, 분사유효압력, 연료의 밀도 등에 따라 변화하지만 이들 요소들이 결정되면 밸브니들의 개변지속기간 즉, 솔레노이드 코일의 통전시간(通電

時間)에 비례한다. ECU는 각 센서들로부터 입력된 정보를 종합, 처리하여 운전조건에 따라
통전시간(1.5ms~18ms)을 결정하며, 제어주파수는 3~125Hz 범위이다.

(2) 분사밸브의 종류

분사밸브는 연료공급구의 위치가 상단에 있는 top-feed형과 측면에 있는 bottom-feed
형으로 구분한다.

① top-feed형 분사밸브(그림 6-54(a))

연료는 분사밸브의 상단에서 아래로 축선방향을 따라 공급된다. 상단의 씰링 링을 통해
연료분배관에 설치되며, 밀려 나오지 않도록 고정 클립으로 고정하였다. 하부의 씰링 링은
흡기다기관에 삽입 밀착된다.

② bottom-feed형 분사밸브(그림 6-54(b))

분사밸브가 연료분배관에 집적된 형식으로 연료가 분사밸브 주위를 순환한다. 연료입구
는 분사밸브의 측면에 있다. 연료분배관을 직접 흡기다기관에 설치한다. 분사밸브는 고정
클립 또는 연료분배관의 커버로 연료분배관에 고정한다. 상/하 2개의 씰링 링이 연료의 누
설을 방지한다. 연료에 의해 분사밸브가 냉각되므로 고온재시동성과 고온작동성이 양호하
며, 연료분배관과 함께 모듈구조를 형성하므로 설치높이가 낮다(그림 6-50 참조).

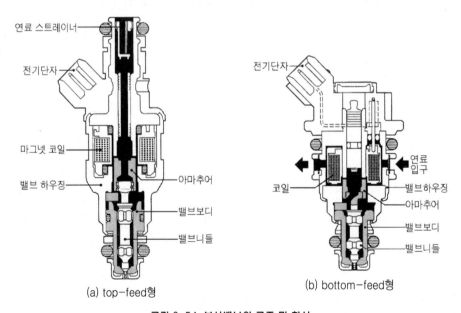

(a) top-feed형   (b) bottom-feed형

그림 6-54 분사밸브의 구조 및 형식

(3) 분공 및 니들의 다양한 조합과 혼합기의 형성(그림6-55 참조)

분사되는 연료가 흡기다기관 벽을 적시지 않고, 균질혼합기를 형성하도록 연료를 미립화
시키기 위해 다양한 형상의 분공 및 니들의 조합을 고려할 수 있다.

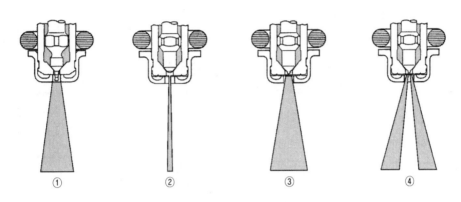

그림 6-55 분사밸브의 형상에 따른 분무속의 형상

① **링(ring) 간극 계량**(ring clearance measuring : Ringspaltzumessung)

이 분사밸브는 밸브니들(분사 핀틀)의 일부가 분공 밖으로 돌출된 형식이다. 따라서 분
공의 개구부 단면은 링(ring) 모양이 된다. 분사핀틀의 끝은 잘게 갈라져 있어 연료의 미립
화를 촉진시키고, 분무 다발(injection spray)의 형상을 원추형이 되게 한다.

② **단공 계량**(single hole measuring : Einlochzumessung)

분사밸브 끝에 분사핀틀 대신에 분공이 1개 뚫려 있는 얇은 분사 디스크가 설치된다. 그
러므로 분무 다발은 길고 좁은 원통형으로 분사된다. 흡기다기관 벽을 적시지는 않으나 대
신에 미립화는 불량하다.

③ **다공 계량**(multi-hole measuring : Mehrlochzumessung)

단공 계량 방식과 마찬가지로 얇은 분사 디스크가 설치되지만, 분공이 여러 개이다. 분
무 다발의 형상은 링 간극 계량형과 거의 비슷하며, 연료의 미립화 정도도 비슷하다.

④ **2-분무 다발식 다공 계량**(multi-hole measuring : Mehrlochzumessung beim Zweistrahlventil)

다공계량 방식과 마찬가지로 다수의 분공이 가공된 분사 디스크가 설치된다. 그러나 분
무 다발이 2개로 나뉘어 분사되도록 설계된 형식이다. 이는 4-밸브기관에서 2개의 흡기밸
브에 균등하게 연료를 분배하는 효과를 얻을 수 있다.

(4) 에어 시라우드식 분사밸브(injection valve with air shroud : Einspritzventil mit Luftumfassung)

분사밸브 외부에 에어 시라우드를 설치하여 혼합기 형성을 촉진시킬 수 있다. 이에 필요한 공기는 스로틀밸브 전방에 설치된 바이패스 포트(port)로부터 직접 분공 디스크로 고속으로 유입되도록 한다. 이를 통해 연료분자와 공기분자 간의 교환작용에 의해 연료는 아주 미세하게 안개화된다. 공기가 고속으로 분공디스크에 유입되게 하기 위해서는 대기압력에 비해 흡기다기관압력이 크게 낮아야 한다. 그러므로 에어 시라우드 방식은 주로 기관의 부분부하 영역에서 효과가 크다.

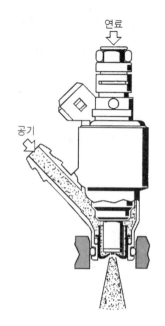

그림6-56 에어 시라우드식 분사밸브

(5) 분사밸브의 전류회로

분사밸브는 ECU로부터의 (−)와 연결되어 있다. 따라서 접지 단락되었을 경우에도 단락전류에 의해 ECU가 파손되는 것을 방지할 수 있다. (+)전원은 ECU를 거쳐 연결된 릴레이의 단자 15를 통해 공급된다. 오실로스코프를 이용하여 밸브의 개변지속기간을 측정할 수 있다. 분사밸브의 파형에서 전압 피크(voltage peak : Spannungsspitze)는 밸브에 전류공급을 차단할 때(밸브가 닫힐 때) 솔레노이드코일의 유도작용에 의해 생성된다.

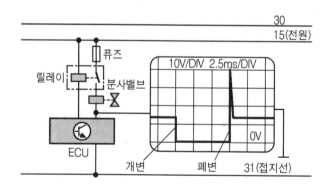

그림 6-57 분사밸브의 ON/OFF 시의 파형

3. LH-Motronic의 전자제어 회로

그림 6-58은 LH-Motronic의 실제 회로도(예)이다.

ECU는 각 센서들로부터 입력정보를 종합, 처리하여 분사량(=분사밸브 개변지속기간)을 연산하여 분사밸브에 전류를 공급한다. 연료분사는 물론이고 점화시기, 공전속도, 노크 (knock) 등을 동시에 종합적으로 제어하는 시스템이다.

주요 입력센서 및 액추에이터의 기능은 다음과 같다.

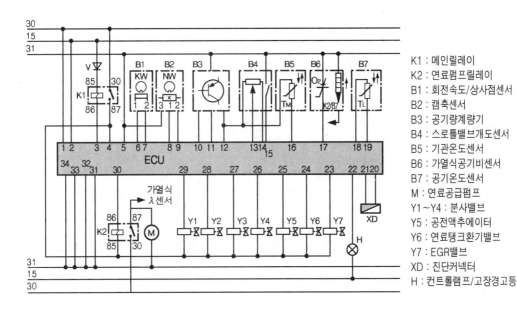

K1 : 메인릴레이
K2 : 연료펌프릴레이
B1 : 회전속도/상사점센서
B2 : 캠축센서
B3 : 공기량계량기
B4 : 스로틀밸브개도센서
B5 : 기관온도센서
B6 : 가열식공기비센서
B7 : 공기온도센서
M : 연료공급펌프
Y1~Y4 : 분사밸브
Y5 : 공전액추에이터
Y6 : 연료탱크환기밸브
Y7 : EGR밸브
XD : 진단커넥터
H : 컨트롤램프/고장경고등

그림 6-58 LH-Motronic의 회로도(예)

(1) 입력신호센서

주요 입력신호 센서로는 열막식 공기질량계량기, 기관회전속도센서, 스로틀밸브 개도센서 (포텐시오미터), 흡기온도센서, 기관온도센서, 상사점센서 그리고 공기비센서 등이다.

① 열막식 공기질량계량기(B3)

측정한 흡기질량 정보를 전압신호의 형태로 ECU에 전송한다. ECU는 이 정보와 엔진회 전속도 정보를 이용하여 기본분사량을 연산한다. 센서가 고장이면, 스로틀밸브 위치신호 를 이용하여 분사량을 결정할 수 있다. 이 경우, 자동차는 성능이 제한되는 비상운전프로그램으로 운전되게 된다. 공기질량계량기에는 핀 10으로부터 전원이 공급되며, 핀 31은 접지단자로서 단자 31에 접속된다. ECU에 전송된 공기계량기의 전압신호는 핀 10과 핀 12에서 측정할 수 있다.

② 기관회전속도센서(B1)

기관회전속도는 물론이고 1번 실린더의 상사점 정보를 파악하여 ECU에 전송한다. 공기질량신호와 함께 기본분사량을 연산하는 주 변수로 사용된다. 이 센서가 고장일 경우 기관의 작동은 정지된다. 신호는 공전제어, 타행주행 시 연료분사중단 그리고 회전속도제한에도 필요하다. ECU의 핀 6과 핀 7에서 신호를 확인할 수 있다.

③ 스로틀밸브 개도센서(포텐시오미터)(B4)

스로틀밸브 개도 및 개도 각속도를 측정한다. 내장된 공전스위치가 스로틀밸브가 닫혀 있는지의 여부를 ECU에 전달한다. 센서가 고장일 경우, ECU에 저장된 최저 회전속도가 대체값으로 사용된다. 이는 대부분 공전속도의 상승으로 나타난다. 이렇게 되면 공전제어, 타행주행 시 연료분사중단, 전부하와 가속 시의 농후혼합기 공급 그리고 회전속도제한 등은 더 이상 불가능하게 된다. 포텐시오미터의 신호는 핀 13과 14 또는 12에서 확인할 수 있다. 스로틀밸브 스위치는 핀 15와 접지 31 사이에서 점검할 수 있다.

많은 시스템에서, 특히 스로틀밸브 액추에이터를 사용하는 시스템에서는 안전성과 정밀도를 이유로 더블-포텐시오미터를 사용한다.

④ 흡기온도센서(B7)

NTC-센서로서 흡기온도정보를 ECU에 공급한다. 아주 차가운 공기일 경우, 개변지속기간은 20%까지도 연장될 수 있다. 센서가 고장일 경우, ECU에 사전 저장된 대체값이 사용된다. 센서의 저항값은 핀 18과 핀 19 사이에서 확인할 수 있다.

⑤ 기관온도센서(B5)

NTC-센서로서 기관냉각수온도를 감지할 수 있는 위치에 설치된다. ECU는 저항에서의 전압강하에 따라 분사량을 기관의 작동상태에 맞추게 된다. 기관이 냉각된 상태에서 개변지속기간은 70%까지 연장될 수 있다. 이 외에도 기관이 차가울 때는 점화시기, 공전회전속도, EGR, 노크제어 등도 변화된다.

신호 중단 또는 단락된 경우, ECU는 대체값으로 절환시킬 수 있다. 예를 들면 단자접속부에서의 저항상승은 감지할 수 없다. 이와 같은 오류는 농후혼합기를 공급하는 원인이 되고, 결과적으로 배기가스의 CO 농도가 상승하게 된다. 센서의 저항값은 ECU에서 핀 12와 16 사이에서 측정할 수 있다.

⑥ 상사점센서(B2)

압축 상사점을 정확하게 감지하기 위해서는 크랭크축에 설치된 유도센서는 물론이고 캠축에 설치된 홀센서 신호도 필요로 한다. ECU는 이 두 신호와 기관회전속도센서신호로부터 각 실린더에 적합한 분사시기와 점화시기를 연산한다. 센서신호는 핀 8과 핀 5에서 오실로스코프로 판독할 수 있다. 센서의 단자 7(1)은 (+)신호, 31d는 접지이다. 전원공급은 핀7=단자 8h(2)를 통해 이루어진다.

⑦ 지르코니아 공기비센서(B6)

센서의 최저 작동온도(약 250~300℃)에 조기에 도달하도록 하기 위해 가열식 공기비센서가 주로 사용된다. 배기가스 중의 잔류산소농도를 전압신호의 형태로 ECU에 공급한다. ECU는 λ = 1을 기준으로 공기비를 제어한다. 센서가 고장일 경우, ECU는 이를 인식하며, 공기비제어는 더 이상 불가능하게 된다.

센서신호는 핀 17과 단자 31 사이에서 오실로스코프로 판독할 수 있다. 센서의 가열전류는 연료공급펌프 릴레이(K2)의 단자 87과 접지(31)를 통해 공급된다.

(2) 주요 액추에이터

주요 액추에이터로는 메인 릴레이, 연료공급펌프 릴레이, 분사밸브, 공전 액추에이터, 연료탱크환기밸브 그리고 EGR 밸브 등이 있다.

① 메인 릴레이(K1)

점화 스위치를 ON시키면, 메인 릴레이 단자 85는 전원단자 15로부터 그리고 단자 86은 ECU의 핀 3을 통해 접지로 연결된다. 이를 통해 릴레이의 전류회로가 작동하게 되고, ECU의 핀4에 전압이 인가되게 된다. 마찬가지로 솔레노이드밸브 Y1~Y7까지 그리고 연료공급펌프(K2)의 제어전류회로 단자 85에도 전류가 공급된다.

② 연료공급펌프 릴레이(K2)

메인 릴레이 (K1)의 단자 85에 (+), 그리고 ECU의 단자 86이 접지와 연결되면, 릴레이는 닫힌다. 접지연결을 구축하기 위해 핀 30은 반드시 접지와 연결되어야 한다. 활성화된 전류회로는 연료공급펌프(M)에 그리고 공기비센서 가열회로에 전류를 공급한다. 기관회 전속도센서신호가 없으면 전류공급은 중단된다.

③ 분사밸브(Y1~Y4)

연료공급펌프(K2)와 마찬가지로 메인 릴레이(K1)로부터 전압이 인가된다. 분사밸브가 분사하도록 하려면, ECU는 핀 26, 27, 28, 29를 접지로 연결시켜야 한다. 통전순서 및 통전 기간은 ECU가 연산하여, 출력한다.

④ 공전 액추에이터(Y5)

ECU는 기관온도에 따라 공전 액추에이터를 통해 공전속도를 제어한다. 액추에이터는 메인릴레이(K1) 단자 87로부터 (+)전원을 공급받는다. 액추에이터는 ECU로부터의 펄스 폭 변조된 신호(PMS)에 의해 ON/OFF 제어된다. 이를 통해 바이패스통로는 무단계로 개/ 폐 제어된다.

⑤ 연료탱크환기밸브(Y6)

솔레노이드밸브는 활성탄 여과기와 흡기다기관 사이의 연결을 개/폐한다. (+)전원은 메인릴레이(K1)의 단자 87로부터 그리고 접지는 ECU의 핀 24를 통해 이루어진다. 환기밸 브는 ECU로부터의 펄스폭 변조된 신호(PMS)에 의해 ON/OFF 제어된다. 신호가 고장일 경우, 밸브는 닫힌 상태를 유지한다.

⑥ EGR 밸브(Y7)

EGR밸브는 ECU로부터의 펄스폭 변조된 신호를 이용하여 흡기다기관과 배기다기관 사 이의 통로를 개/폐 제어한다. 밸브가 열릴 때는 메인 릴레이(K1)의 단자 87로부터 (+) 전 원을, 그리고 ECU의 핀 23을 통해 접지된다. 신호가 고장일 경우, 밸브는 닫힌 상태를 유 지한다.

제6장 통합제어 시스템

제4절 BOSCH의 ME-Motronic
(ME-Motronic from Bosch : ME-Motronic)

ME－Motronic은 LH－Motronic의 후속 개발 시스템으로서, 전자식 가속페달이 도입되었고 OBD－시스템이 추가되었다. → 외부혼합기 형성(간접분사방식)

기존의 시스템에서는 운전자가 가속페달을 밟아 스로틀밸브를 개폐하였다. 즉, 흡입된 공기질량 및 이에 대응되는 연료분사량은 회전속도와 운전자가 요구한 가속페달위치(=스로틀밸브 위치)를 근거로 결정되었다. 추가 회전력 요구 예를 들면, 에어컨 압축기 구동에 필요한 회전력 또는 공전제어 시스템에서 필요로 하는 추가 회전력은 나중에 보정하였다.

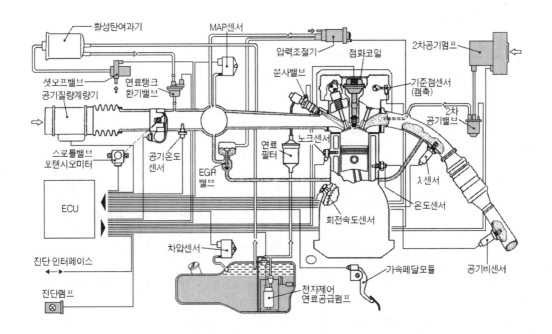

그림 6-59 ME-Motronic 시스템 구성(ME 7, 8)

전자식 가속페달이 도입된 ME‒Motronic부터는 운전자가 조작한 가속페달의 위치뿐만 아니라, 구동력에 영향을 미치는 모든 시스템 및 구성부품들 예를 들면, 자동변속기, 에어컨 압축기, 촉매기 히터, ASR, ESP 등이 스로틀밸브의 개도를 계산하는데 고려의 대상이 된다.

ME‒Motronic에서는 개별 시스템의 우선순위에 따른 요구를 근거로 대체값을 형성한다. 예를 들어 에어컨 압축기가 작동하게 되면, 차륜의 구동력이 감소하게 되는데, 이를 방지하기 위해 ECU는 에어컨 압축기를 작동시키기 전에 스로틀밸브가 더 열리도록 작용하여 연료 분사량을 증량시킨다. 그리고 다른 경우에는 점화시기를 제어하여 생성해야 할 회전력을 필요로 하는 수준으로 변경시킨다. 이제 더 이상 가속페달의 위치가 스로틀밸브위치와 일치하지 않는다. 따라서 가속페달과 스로틀밸브가 기계적으로 연결되어 있지 않은, 전자식 가속페달을 사용하여야 한다. 가속페달의 위치는 단지 예를 들면, ASR‒간섭 시, 운전자의 주행요구를 판단하기 위한 신호로만 사용된다.

1. ME-Motronic의 부분 시스템

(1) 흡기 시스템

전자식 가속페달 모듈을 통해 운전자의 요구를 감지한다. 안전상의 이유로 가속페달모듈에는 2개의 포텐시오미터(또는 홀센서)가 중복, 설치되어 있다. 가속페달의 위치와 운동속도는 전압신호의 형태로 ECU에 전달된다. ECU는 이 신호와 다른 변수들을 저장되어 있는 특성곡선과 비교하여 필요로 하는, 적합한 회전력을 계산하여 스로틀밸브 액추에이터를 제어하게 된다.

스로틀밸브의 운동은 스로틀밸브 액추에이터에 내장된 2개의 포텐시오미터에 의해 감시된다. → drive by wire.

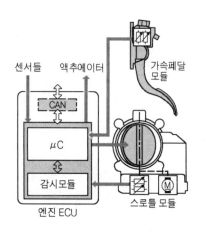

그림 6-60 전자제어 가속페달 모듈

센서신호의 오류로 인해 시스템 범위 내에 고장이 발생하면, 스로틀밸브의 위치는 비상운전위치에 고정된다.

(2) 연료공급 시스템 → 복귀회로가 없는 시스템

연료공급은 연료탱크 내에 설치된 연료공급모듈에 의해 이루어지며, 별도의 외부 복귀회로가 없다. 복귀회로가 없는 연료공급 시스템의 경우, 연료공급압력은 대기압력에 비해 대부분 약 3bar 정도 높은 압력으로 일정하게 유지된다. 이 경우, 흡기다기관 절대압력이 변화하면 유효분사압력이 변화하기 때문에 분사밸브의 개변지속기간이 같아도 연료분사량은 차이가 나게 된다. → 보정기능을 이용하여 이 오류를 보정하게 된다. 이를 위해 MAP-센서를 이용하여 흡기다기관압력을 지속적으로 측정하고, ECU는 이를 근거로 분사량을 증량/감량 보정한다.

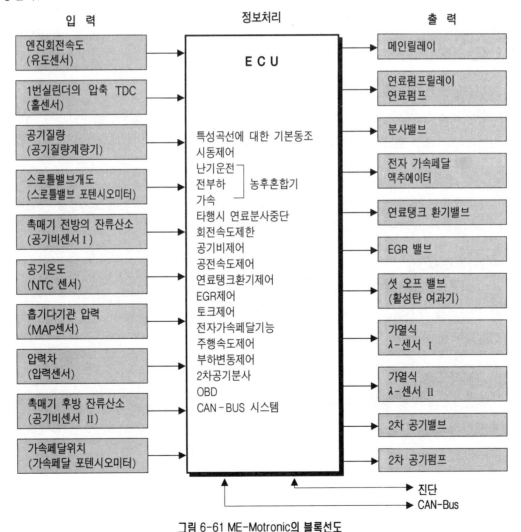

그림 6-61 ME-Motronic의 블록선도

(3) 유해 배출가스 저감 시스템(제10장 배출가스제어 테크닉 참조)

배출가스 규제가 강화됨에 따라 유해 배출가스 저감을 위해 관련 시스템들이 확장, 개선되었다.

① 혼합기 형성 시스템

역류 감지 기능을 갖춘 열막식 공기질량 계량기를 통해 흡기질량을 정확하게 감지하며, 기관을 보다 좁아진 공기비 창(0.995 < λ < 1.005) 범위 내에서 제어한다. 광대역공기비 센서를 이용함으로서 기존의 지르코니아 공기비센서에 비해 훨씬 더 정밀하고 넓은 범위에 걸쳐 공기비를 측정할 수 있게 되었다. 캠축에 퀵 - 스타트(quick start : Schnellstart) - 센서휠을 설치하여 압축 - TDC를 조기에 감지함으로서 기관의 조기 시동이 가능하게 되었다.

② 연료탱크 환기시스템

연료공급 시스템은 밀폐식으로서 외부와는 완전히 차단되어 있다. 재생밸브와 직렬로 결선된 셧 - 오프 밸브가 열려야만 활성탄여과기의 환기(=재생)가 가능하다.

③ EGR 시스템

재순환되는 배기가스를 냉각시켜 연소실에 공급함으로서 NOx - 저감효과를 개선하였다. 이를 위해 EGR - 가스 냉각기가 추가로 설치된다.

④ 2차공기 시스템

이 시스템은 공기펌프 및 밸브로 구성되어 있다. 시스템은 냉시동 시 CO와 HC를 저감시키기 위해 사용된다. 이 외에도 2차공기 시스템은 촉매기를 작동온도까지 급속 가열시키는데도 이용된다.

⑤ OBD의 도입

배기가스의 질에 영향을 미치는 모든 구성부품들을 감시하기 위해, 발생된 고장을 ECU에 저장하고, 이를 운전자에게 알려 준다(PP. 435~439 참조).

2. ME-Motronic의 전자제어회로

(1) 추가 센서와 액추에이터

ME‐Motronic에는 LH‐Motronic과 비교했을 때, 다음과 같은 센서와 액추에이터들이 추가로 사용된다.

① MAP‐센서(B9)

MAP‐센서는 흡기다기관압력을 측정하여, 분사밸브에서의 유효분사압력의 차이를 보상하기 위해 필요하다. 추가로 활성탄여과기를 통과하는 유량을 계산하기 위한 신호로도 사용된다. 공기질량계량기가 고장일 경우, 흡입한 공기질량에 대한 대체값을 MAP‐센서의 신호를 이용하여 거의 정확하게 연산해 낼 수 있다.

센서는 ECU의 핀 49, 50 그리고 53(접지)과 결선되어 있다.

② 차압센서(B10)

이 센서는 연료탱크의 기밀상태를 점검하기 위해, 자기진단을 통해 연료탱크의 내부압력을 감시한다. 센서는 ECU의 핀 51, 52 그리고 53(접지)과 결선되어 있다.

③ 공기비센서 Ⅱ(B11)

촉매기 후방에 설치된 이 센서는 촉매기의 기능을 감시한다. 이 센서의 신호정보를 이용하여 추가로 공기비센서1(촉매기 앞)의 적응이 이루어진다.

센서가 고장일 경우, OBD는 고장을 인식, 저장한다. 이 경우, 공기비제어는 공기비센서1에 의해 계속 가능하지만, 촉매기기의 기능은 더 이상 감시할 수 없게 된다.

센서신호는 핀 10과 핀 11에서 오실로스코프로 판독할 수 있다. 센서의 가열은 핀9(접지)와 릴레이(K1)의 (+)를 통해 이루어진다.

④ 가속페달 위치센서(B12)

전자식 가속페달의 경우, 가속페달의 각속도를 통해 운전자의 요구가 파악된다. ECU에 필요한 신호는 가속페달모듈에 중복 설치된 2개의 포텐시오미터에 의해 생성된다. 포텐시오미터 1은 핀 37, 38, 39를 통해서 그리고 포텐시오미터 2는 핀 40, 41, 42를 통해서 ECU와 결선되어 있다.

⑤ 스로틀밸브 위치센서(B4)

스로틀밸브의 위치는 ECU가 규정값과 실제값을 비교할 수 있도록 정확하게 감지되어야 한다. 정확성과 안정성을 이유로 가속페달에서와 마찬가지로 포텐시오미터를 2개 사용한다. 전자식 가속페달 시스템은 이들 4개의 포텐시오미터의 타당성을 검사하여, 기준값으로부터의 편차가 감지되면 먼저 대체신호를 사용하게 된다.

비상의 경우, 예를 들어 스로틀밸브에 설치된 2개의 포텐시오미터의 신호에 오류가 발생하면, 스로틀밸브는 저속운전만 가능한 상태로 닫히게 된다. 포텐시오미터 1은 ECU의 핀 31, 32, 33에서, 포텐시오미터 2는 핀 31, 33, 34에서 점검할 수 있다.

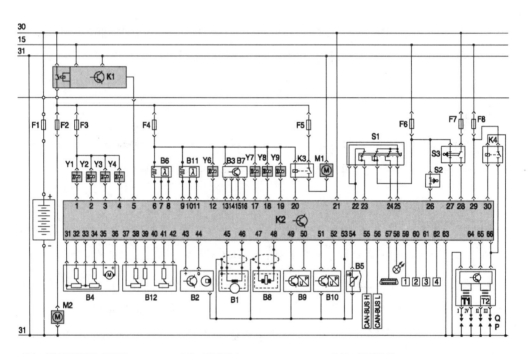

K1 : 연료공급펌프 릴레이
F1~F8 : 퓨즈
Y1~Y4 : 분사밸브
M2 : 연료공급펌프
B4 : 스로틀밸브개도센서/
　　전자식가속페달 액추에이터
　　가열식공기비센서
B6 : 가열식 λ-센서1
B11 : 가열식 λ-센서2
B12 : 가속페달센서
B2 : 캠축 TDC센서

Y6 : 재생밸브
B3 : 공기질량계량기
B7 : 흡기온도센서
Y7 : EGR밸브
Y8 : 셧 오프밸브
Y9 : 2차공기밸브
K3 : 2차공기펌프릴레이
M1 : 2차공기펌프
B1 : 크랭크축 회전속도센서
B8 : 노크센서
B9 : MAP센서

B10 : 차압센서
B5 : 기관온도센서
S1 : 정속주행장치용 스위치
S2 : 클러치페달스위치
S3 : 브레이크페달스위치
　　(정속주행장치)
K4 : 점화장치 최종단계 릴레이
T1, T2 : 듀얼스파크 점화코일
1~4 : 다른 시스템용 입/출력
K2 : 엔진 ECU

그림 6-62 ME-Motronic의 회로도(예)

⑥ 전자제어 스로틀밸브 액추에이터(B4)

이 액추에이터는 ECU의 핀 35와 핀 36을 거쳐 트리거링된다. 그때그때의 스로틀밸브 위치는 ECU가 결정한 규정 - 회전력을 근거로 계산된다. 규정 회전력은 각 기관마다 고유의 개념에 따른 특이한 충진방법을 통해 생성할 수 있는데, 이를 위해서는 또 다시 특정한 스로틀밸브위치를 필요로 한다.

액추에이터가 고장일 경우, 스로틀밸브는 비상운전위치로 복귀하고, 기관은 제한된 회전속도로만 운전되게 된다.

⑦ 2차공기 펌프(M1)

이 펌프는 기관온도에 따라 제한된 시간 동안 기관의 배기밸브 후방, 배기다기관에 새로운 공기를 분사한다. 이 펌프에는 릴레이(K3)를 통해 전압이 인가된다. 이때 (+) 전원은 릴레이 K1을 통해서 공급되고, 접지는 단자 31을 통해서 이루어진다. 펌프의 기능은 자기 진단을 통해 감시된다.

⑧ 2차공기 밸브(Y9)

이 밸브는 2차공기 펌프를 보호하고, 펌프가 정지되어 있을 때 배기가스의 역류를 방지한다. 릴레이 K1을 통해서 (+)전원이 공급되고, ECU의 핀 19를 통해서 접지된다.

(2) 시스템 간의 간섭

각 운전상태 및 운전상황에 절절한 혼합기를 형성하기 위해서는 필요한 모든 자료(정보)들이 엔진 - ECU에 반드시 제공되어야 한다. 이를 위해 자동차 구동에 영향을 미칠 가능성이 있는 모든 ECU들은 고속버스 시스템(CAN - bus)을 통해 엔진 ECU와 서로 연결되어 있다.

예를 들면 변속기제어, ASR(Anti - Slip Regulation), 주행 다이내믹제어(DDR : Driving Dynamic Regulation), 전자제어 안전 시스템 등이 서로 연결되어 있다.

구동륜이 헛도는 구동슬립의 경우에는 점화시기를 지각시키거나, 그리고/또는 분사를 중단하여 기관의 토크를 감소시킴으로서 제어할 수 있다. 또 에어백이 트리거링되면 연료공급펌프의 작동을 정지시키고, 외부에서 도어를 열 수 있도록 각 도어의 중앙잠금장치를 해제할 수 있다. 이러한 시스템 간섭을 위해서 ASR이나 DDR 같은 일부 시스템들은 전자식 가속페달(drive by wire)을 반드시 필요로 한다.

제5절 전자제어 컨트롤 유닛(ECU)
(Electronic Control Unit : Elektronische Steuergerät)

디지털기술이 도입됨에 따라 자동차 전자제어시스템을 제어하는데 다양한 방법들을 사용할 수 있게 되었다. 그리고 여러 가지 시스템들을 동시에 가장 최선의 방법으로 작동시키기 위해 많은 영향변수들을 고려할 수 있게 되었다. ECU는 센서들로부터의 신호를 수신하여, 이를 평가한 다음, 액추에이터 제어를 위한 신호를 연산한다. 제어 프로그램 즉, 소프트웨어(software)는 메모리에 저장되어 있으며, 프로그램의 실행은 마이크로-컨트롤러(micro-controller)가 담당한다.

ECU의 구성부품들을 통상적으로 하드웨어(hardware)라고 한다. Motronic 시스템의 ECU에는 엔진제어를 위한 다양한 개회로제어 알고리즘(open loop control algorithm)과 폐회로제어 알고리즘(closed loop control algorithm)이 저장되어 있다(점화, 연료분사 등).

1. 사용 조건 및 구조

(1) 사용 조건

EUC는 다음과 같은 가혹한 부하조건에 노출되므로, 이에 견딜 수 있는 높은 수준의 요구조건을 충족시켜야 한다.

① 가혹한 기후조건(정상주행 시에 -40°C에서부터 $+60 \sim +125^{\circ}$C 까지)의 영향
② 급격한 온도변화의 영향
③ 윤활유 및 연료와 같은 작동에 필요한 유체의 영향
④ 습기의 영향
⑤ 기계적 부하(예 : 기관의 진동에 의한)의 영향

ECU는 전압이 낮은 시동축전지로 시동(예 : 냉시동)할 때에도, 그리고 충전전압이 높을 경우에도 안전하게 작동해야 한다(전원전압의 맥동에 대한 저항성).

또 다른 필요조건은 전자적합 즉, 전자파 간섭에 대한 저항력이다. 전자기적 간섭에 대한 민감도 및 고주파 간섭신호 방출의 제한에 대한 요구수준은 아주 높다.

(2) 구조

전자부품을 포함한 기판은 플라스틱- 또는 금속-케이스에 들어 있다. 센서, 액추에이터 그리고 전원은 다수의 핀으로 구성된 커넥터를 통해 ECU에 접속된다. ECU-케이스 내에 내장되어 액추에이터를 직접 구동하는 고출력 최종단계는, 케이스와 대기로의 열 방출이 잘 되도록 설계되어 있다.

대부분의 전자부품들은 SMD(Surface Mounted Device : 표면에 조립된 부품)-기술을 이용하기 때문에 무게와 크기를 최소화할 수 있다. 아주 소수의 출력부품과 커넥터만이 삽입식 조립기술로 제작된다.

기관에 직접 설치하기 위해, 소형이면서도 내열성이 우수한 하이브리드기술을 이용한 ECU 사양도 있다.

2. 데이터 처리

(1) 입력신호

주변기기(peripheries)인 액추에이터 외에도, 센서들은 처리유닛(processing unit)으로서 자동차와 ECU 사이의 인터페이스를 형성한다. 센서의 전기적 신호는 케이블 하니스와 커넥터를 거쳐 ECU에 입력된다. 이 신호들의 형태는 아날로그-/디지털-/펄스-신호 등 다양한 형태일 수 있다.

① 아날로그 입력신호

아날로그 입력신호는 특정한 범위 내의 어떠한 전압 값이라도 받아들일 수 있다. 아날로그 측정값으로 준비되어 있는 물리적인 양에는 예를 들면, 흡기질량, 축전지전압, 흡기다기관 절대압력, 과급압력, 냉각수온도 그리고 흡기온도 등이 있다. 아날로그 신호들은

ECU에 내장되어 있는 아날로그/디지털 변환기에 의해 디지털신호로 변환되며, 마이크로-컨트롤러의 CPU(Central Processing Unit)는 이 디지털신호를 이용하여 연산할 수 있다. 이들 아날로그 신호의 최대 분해능은 5mV이다. 따라서 측정범위가 0~5V일 경우, 전체 측정범위는 약 1000 단계로 분해된다.

② 디지털 입력신호

디지털 입력신호는 단지 'High'(논리적으로 1)와 'Low'(논리적으로 0) 2개의 상태뿐이다. 디지털 입력신호로는 예를 들면, 홀-센서나 전계효과센서의 회전속도 펄스와 같은 디지털 센서신호들 그리고 스위칭신호(ON/OFF)이다. 마이크로 컨트롤러는 디지털신호들을 직접 처리할 수 있다.

③ 펄스 입력신호

회전속도나 상사점에 대한 정보를 포함하고 있는 유도(induction)센서의 펄스형 입력신호는 ECU 내에 있는 별도의 특정한 회로부에서 사용가능하게 준비된다. 이때 간섭펄스는 억제되고, 펄스형 신호는 디지털 형식의 구형파로 변환된다.

(2) 신호를 사용가능하게 준비하기

서프레서-회로(suppressor circuit)를 이용하여 입력신호들을 허용된 전압수준으로 제한하게 된다. 이어서 여과(filtering)과정을 거치면서 중복된 간섭신호들을 제거하면 이용 가능한 깨끗한 신호가 얻어지게 된다. 경우에 따라서는 증폭하여 마이크로-컨트롤러의 허용 입력전압 수준에 맞추게 된다. → 통상적으로 0~5V.

신호를 사용 가능하게 준비하는 능력은 센서에 집적된 기능부품들의 성능에 따라서, 센서가 이를 부분적으로 또는 전체적으로 수행할 수도 있다.

(3) 신호 처리

ECU는 엔진제어의 기능적인 처리과정을 담당하는 회로의 핵심이다. 개회로제어와 폐회로 제어는 마이크로-컨트롤러에서 실행된다. 센서들과 인터페이스들로부터 다른 시스템(예 : CAN-bus)에 사용 가능하게 준비된 입력신호들은 입력변수로서의 역할을 수행한다. 이들 입력변수들은 컴퓨터에서 다시 한 번 타당성을 검증받게 된다. 그런 다음에 ECU 프로그램의 도움으로 액추에이터를 제어하기 위한 출력신호를 연산하게 된다.

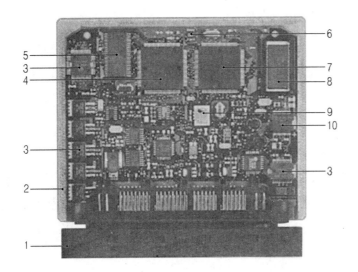

1. 멀티 핀 커넥터
2. 기판
3. 출력 최종단계
4. ROM을 포함한
   마이크로 컨트롤러
   (함수 계산기)
5. 플래시-EPROM
6. EEPROM
7. ROM을 포함한
   마이크로 컨트롤러(ASIC)
8. 플래시-EPROM(확장용)
9. 대기압력센서
10. 주변기기 구성부품
    (5V-전원 및 유도센서
    평가회로 포함)

그림 6-63 실물 ECU의 내부

① 마이크로-컨트롤러

마이크로-컨트롤러는 ECU의 핵심 부품으로서, ECU의 기능적인 작동과정을 제어한다. 마이크로-컨트롤러에는 CPU 외에도 입력채널과 출력채널, 타이머 유닛, RAM, ROM, 직렬 인터페이스 그리고 다수의 주변기기 그룹이 1개의 마이크로-칩에 집적되어 있다. 1개의 수정 발진자가 마이크로-컨트롤러를 클로킹(clocking)한다.

② 프로그램 메모리 및 데이터 메모리

마이크로-컨트롤러는 연산용 프로그램(소프트웨어)을 필요로 한다. 이 소프트웨어는 2진수(데이터-세트로 정리되어 있음)의 형태로 프로그램 메모리에 저장되어 있다. CPU는 이 값을 판독하여, 이를 명령으로 번역한 다음, 순서적으로 실행한다.

프로그램은 영구 메모리(ROM, EPROM, 또는 플래시-EPROM)에 저장되어 있다. 추가로 가변적인 고유의 데이터(개별 데이터, 2차원 및 3차원 특성곡선)도 이 메모리에 저장되어 있을 수 있다. 이 경우, 이들 데이터는 자동차 운전 중에도 변화하지 않는 불변 데이터이다. 이들 데이터들은 프로그램의 개회로제어 과정 및 폐회로제어 과정에 영향을 미친다.

프로그램 메모리는 마이크로-컨트롤러에 집적되어 있으며, 용도에 따라 추가로 별개의 부품그룹 예를 들면, 외부 EPROM 또는 플래시-EPROM을 사용하여 확장할 수 있다.

● ROM(Read Only Memory) - 읽기 전용 메모리

프로그램 메모리는 ROM으로서 제작할 수 있다. ROM은 읽기만 가능한 메모리로서 생산단계에서 그 내용을 기록하고, 그 이후에는 기록된 내용을 다시 변경할 수 없도록 제작한다. 마이크로-컨트롤러에 집적된 ROM의 기억용량은 제한된다. 따라서 복잡한 용도에는 추가 메모리를 필요로 한다.

● EPROM(Erasable Programmable ROM) - 소거와 프로그래밍이 가능한 ROM

EPROM으로 대표적인 것에는 강한 자외선을 조사(照射)하여 기억되어 있는 프로그램을 소거하고 프로그램 라이터(writer)를 이용하여 다시 프로그래밍할 수 있는 제품이 있다. EPROM은 대부분 별도의 부품으로 제작된다. CPU는 주소버스/데이터버스를 거쳐 EPROM과 통신한다.

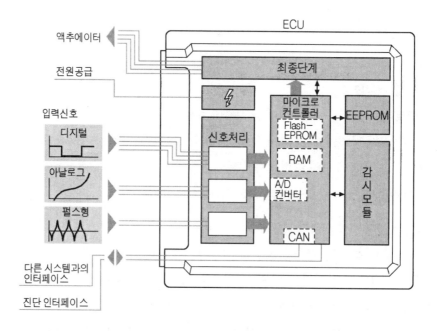

그림 6-64 ECU에서의 신호처리(예)

● 플래시-EPROM(FEPROM)

플래시-EPROM은 불휘발성 메모리로서 전기적으로 소거하고, 다시 프로그래밍할 수 있다. 그러므로 예를 들면 정비공장에서 ECU를 분해하지 않고, ECU를 다시 프로그래밍할 수 있다. 이때 ECU는 직렬 인터페이스를 통해 프로그래밍 스테이션과 연결된다.

마이크로-컨트롤러에는 추가로 1개의 ROM이 있는데, 여기에는 플래시-EPROM을 프로그래밍하기 위한 프로그램이 내장되어 있다. 플래시-EPROM은 마이크로-컨트롤러와 함께 1개의 마이크로-칩에 집적되어 있을 수 있다.

플래시-EPROM은 자신의 장점 때문에 기존의 EPROM보다 더 많이 사용된다.

③ 변수 메모리 및 작업 메모리

이러한 쓰기-읽기-메모리는 변화하는 데이터(변수), 예를 들면 계산값과 신호값을 저장하기 위해 필요하다.

● RAM(Random Access Memory) - 임의 접근 기억장치

현재의 모든 데이터의 보관은 RAM에서 이루어진다. 용도가 복잡할 경우에는 마이크로-컨트롤러의 RAM용량이 충분하지 않으므로, 추가로 RAM-모듈을 필요로 한다. 이 추가 RAM-모듈은 주소버스/데이터버스를 거쳐 마이크로-컨트롤러에 접속된다.

전원으로부터 ECU를 분리할 때, RAM에 들어있는 모든 데이터는 상실된다(휘발성 메모리). 기관의 상태 및 작동상태를 통해 학습한 값은 다음 시동 시에는 반드시 다시 사용 가능하게 준비해야 한다. 이를 피하기 위해서는 RAM에 지속적으로 전원을 공급해야 한다. 축전지의 단자 케이블을 분리하게 되면, RAM에 저장된 데이터들은 상실되게 된다.

● EEPROM(=E2PROM) - 전기적으로 소거 가능한 PROM

축전지의 단자케이블을 분리해도 데이터(예를 들면 중요한 학습값, 운전방지용 코드)가 삭제되지 않게 하려면, 데이터를 비휘발성 영구메모리에 저장하여야 한다. EEPROM은 전기적으로 소거할 수 있는 EPROM으로서, 플래시-EPROM과는 대조적으로 각각의 메모리-셀을 개별적으로 소거할 수 있다. 따라서 EEPROM은 비휘발성 쓰기-읽기-메모리로 사용할 수 있다.

일부 ECU 버전에서는 플래시-EPROM의 별도의, 소거 가능한 영역을 영구메모리로서 사용하기도 한다.

④ ASIC(Application Specific Integrated Circuit) - 응용 주문형 집적회로

ECU 기능의 복잡성이 날로 증대되기 때문에 시장에서 구입할 수 있는 표준 마이크로-컨트롤러는 ECU용으로는 그 용량이 충분하지 않게 되었다. 따라서 ASIC을 사용하게 되었다. 엔진 ECU에 사용되는 ASIC은 ECU가 필요로 하는 기능회로를 기본적인 게이트들로 구성된 IC들을 조합하여 만드는 것이 아니고, 그 회로를 통째로 통합하여 하나의 IC로 만든 주문형 IC(=ASIC)가 주로 사용된다. ASIC은 예를 들면, 추가로 RAM, 입력/출력 채널을 보유하고 있으며, 펄스폭변조(PWM) 신호를 생성, 출력할 수 있다.

⑤ 감시 모듈

ECU는 감시모듈을 가지고 있다. 마이크로-컨트롤러와 감시모듈은 소위 질의/응답 기능을 이용하여 서로 상대방을 감시한다. 오류를 감지하면, 쌍방은 서로 독립적으로 해당하는 대체기능을 찾게 된다.

(4) 출력신호

마이크로-컨트롤러는 출력신호를 이용하여 최종단계를 트리거링(triggering)한다. 최종단계는 대부분 액추에이터를 직접 접속하는데 충분한 출력을 공급한다. 특별히 많은 전류를 소비하는 액추에이터(예 : 엔진 냉각팬)의 경우에는, 해당 출력단계가 릴레이를 트리거링하도록 하기도 한다.

최종단계들은 접지 또는 축전지전압에 대한 단락 그리고 전기적 또는 열적 과부하 때문에 발생하는 파손으로부터 보호되어 있다. 이러한 고장들과 파손된 배선들은 최종단계-IC에 의해 오류로 감지되어 마이크로-컨트롤러에 보고된다.

① 스위칭 신호

스위칭 신호를 이용하여 액추에이터(예 : 분사밸브)를 스위치 ON/OFF할 수 있다.

② 펄스폭 변조(PWM) 신호

디지털 출력신호는 PWM-신호로서 출력될 수 있다. 이 펄스폭 변조신호는 일정한 주파수를 갖는 구형파 신호이지만, 스위치-ON 시간이 가변적이다(그림 6-65 참조).

이 신호를 이용하여 여러 가지 액추에이터(예를 들면 EGR-밸브나 과급압력 액추에이터)의 작동위치를 임의로 제어할 수 있다.

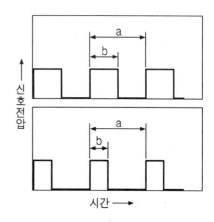

그림 6-65 펄스폭 변조신호(구형파)

(5) ECU 범위 내에서의 통신

마이크로-컨트롤러의 작업을 지원하는 주변 부품들은 마이크로-컨트롤러와 통신할 수 있어야 한다. 통신은 주소-버스/데이터-버스를 통해 이루어진다. 마이크로-컨트롤러는 주소-버스 예를 들면, 메모리 내용을 판독해야 할 RAM-주소를 경유하여 출력한다. 그러면 주소에 속하는 데이터들은 데이터-버스를 경유하여 전송된다. 자동차 부문의 개발 초기단계에는 8-Bit-버스구조를 사용하였다. 즉, 데이터-버스는 8개의 배선으로 구성되어 있으며, 이를 통해 256개의 값을 전송할 수 있다.

이들 시스템의 경우, 통상적인 16-Bit 주소버스를 이용하면, 65,536개의 주소를 요구할 수 있다. 오늘날의 복잡한 시스템들은 16-Bit 또는 32-Bit 데이터-버스를 필요로 한다. 부품에서의 핀들을 절약하기 위해서, 데이터-버스와 주소-버스를 하나의 멀티-플렉스시스템에 통합할 수 있다. 즉, 주소와 데이터는 시차를 두고 전송되고 동일한 배선을 이용한다.

반드시 빠르게 전송해야 할 필요가 없는 데이터들(예 : 고장 메모리에 저장된 데이터들)에 대해서는 단지 1개의 배선과 연결된 직렬 인터페이스들이 이용된다.

(6) EOL-프로그래밍

다양한 제어프로그램과 데이터 세트를 요구하는, 많은 자동차들은 자동차 제작회사들이 필요로 하는 ECU 형식들을 줄이기 위한 방법을 요구한다. 이를 위해 프로그램과 버전 고유의 데이터-세트를 이용하여 플래시-EPROM의 전체 메모리영역을 자동차생산 최종단계에 EOL(End Of Line) 프로그래밍을 이용하여 프로그래밍하게 된다.

버전의 수를 줄이기 위한 또 다른 방법은, 메모리에 다수의 데이터-버전(예 : 변속기 버전)을 저장하고, 생산 최종단계에서 코딩을 통해 선택할 수 있다. 이 코딩은 EEPROM에 저장된다.

3. 전자 제어 [개회로제어 및 폐회로 제어]

엔진 ECU의 임무는 엔진관리 시스템(모트로닉)의 모든 액추에이터들이 연료소비율, 출력, 유해배출가스 그리고 주행안락성 측면에서 기관이 최적상태로 작동하도록 제어하는 것이다. 이와 같은 목표를 달성하기 위해서, 센서들을 이용하여 많은 작동변수들을 감지하여, 이들을 알고리즘-특정한 도식에 따라 진행되는 계산과정-에서 처리해야 한다. 결과로서 액추에이터들을 제어하는 신호들이 생성, 출력되게 된다.

(1) 개요

엔진 ECU의 핵심은 아주 작은 마이크로-컴퓨터(함수 계산기)로서, 프로그램 메모리 (EPROM)를 갖추고 있다. EPROM에는 과정제어를 위한 모든 알고리즘이 저장되어 있다.(그림 6-66 참조)

알고리즘에서의 계산은 입력변수들 예를 들면, 기준값-센서 및 기타 다수의 센서들로부터 유입된 정보들의 영향을 받게 된다. 따라서 액추에이터 제어신호도 영향을 받게 된다.

액추에이터는 전기적인 신호를 기계적인 운동으로 변환시킨다(예 : 밸브의 유량통과 단면 적의 변화).

엔진 ECU는 CAN-버스를 거쳐, 다른 전자제어 시스템 예를 들면, ESP와 같은 시스템과 데 이터를 교환한다. 따라서 엔진제어 시스템을 자동차-전체시스템에 통합시킬 수 있다.

전자제어 가속페달(E-GAS)은 무엇보다도 작동안전 측면에서 아주 높은 수준의 요구조건 을 충족시켜야 한다. 이유는 토크를 결정할 액추에이터(스로틀밸브)와 가속페달 사이에 기 계적인 연결이 더 이상 존재하지 않기 때문이다.

감시모듈이 함수계산기를 감시하며, 고장의 경우에 예비대책을 강구한다.

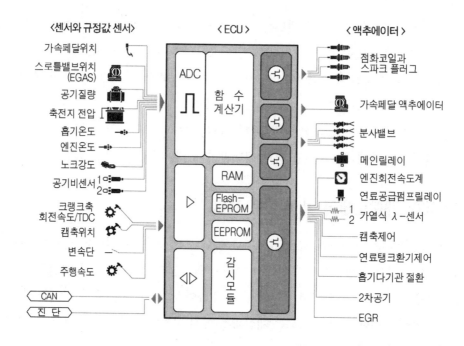

그림 6-66 전자제어를 위한 ME-Motronic 시스템의 구성부품들

① 시스템 구조

시스템 구조는 모트로닉 소프트웨어-아키텍처(architecture)의 정적 및 기능적인 시각에서 설명한다. 모트로닉 소프트웨어는 13개의 하위-시스템(예 : 연료시스템, 공기시스템 등)으로 나누어져 있다. 그리고 이들 하위-시스템은 총 50여 가지의 주 기능(main function)(예 ; 과급압력제어, 공기비제어 등)으로 다시 나누어진다(그림 6-67).

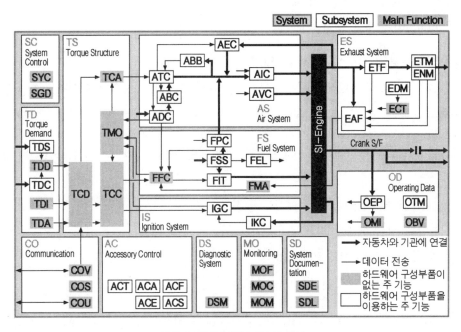

그림 6-67 모트로닉 시스템 구조

모트로닉 소프트웨어의 기능적인 핵심은 하위-시스템 "토크 요구"와 "토크 구조"로 구성된 토크-구조체(torque structure)이다. 이 하위-시스템은 ME7에 전자제어식 가속페달(EGAS)과 함께 도입되었다. 전기적으로 제어 가능한 스로틀밸브를, 운전자가 가속페달을 통해 사전 정의된 토크요구(운전자 요구) 수준으로 제어하는 방법을 이용하여 충진률을 제어할 수 있게 되었다. 동시에 주행 중에 요구되는 모든 추가 토크(예 : 에어컨 압축기의 스위치 ON)는 토크-구조체에 병렬시킬 수 있다.

이전의 M-모트로닉 시스템의 경우, 토크요구는 점화시기간섭(진각 또는 지각), 공전 액추에이터 제어(바이패스를 통한 추가공기) 또는 혼합기형성 간섭(분사지속기간 수정)을 통해 모두 개별적인 기능으로 변환시키는 방법을 사용하였다. 최근의 M-모트로닉은 제어해야 할 토크를 통합, 조정하기 위해 토크 구조체를 사용한다.

(2) 하위 시스템들과 주 기능들

다음은 모트로닉에서 수행되는 주 기능들의 주요 특징들에 대한 개략적인 설명이다.

① 시스템 도큐멘테에션(System Documentation : SD)

시스템 도큐멘테이션(SD)에는 고객의 프로젝트를 설명하는 기술적인 자료들을 통합하여 요약되어 있다(예 : ECU에 대한 설명, 기관과 자동차에 대한 기술적인 자료 및 구성(configuration)에 대한 설명 등).

② 시스템 컨트롤(System Control : SC)

시스템 컨트롤(SC)에는 전체 모트로닉 시스템에 관여하는 시스템 제어기능들이 통합되어 있다.

시스템-컨트롤의 주 기능인 SYC(시스템 상태 제어)에서는, 마이크로 컨트롤러의 상태를 설명한다.

- 초기화(시스템 시동)
- 작동 상태(정상 상태),
  여기서 주 기능들이 처리된다.
- ECU 후 작동(예 : 냉각팬 후 작동, 하드웨어 테스트 등)

시스템-컨트롤, GDI-모드(SGD)에서는 가솔린 직접분사(MED-모트로닉) 모드를 선택, 절환 시킨다. 규정된 작동모드를 결정하기 위해, 작동모드 코디네이터에 정의되어 있는 우선순위를 고려하여 다양한 기능성에 대한 요구를 조정한다.

③ 토크 요구(Torque Demand : TD)

시스템 구조체 ME-모트로닉 그리고 MED-모트로닉에서는 엔진에 요구되는 모든 회전토크를 시종일관 토크수준에 맞추게 된다. 하위-시스템 토크 요구(TD)는 모든 토크 요구를 감지하여, 이를 하위-시스템 토크 구조(TS)의 입력값으로 준비한다.

주 기능, 토크 요구 신호 준비(TDS : Torque Demand Signal Conditioning)는 본질적으로 가속페달 위치를 감지하는 기능을 가지고 있다. 2개의 서로 독립적인 센서(포텐시오미터)를 이용하여 가속페달위치를 감지하여, 이를 규격화된 가속페달 각도로 환산하게 된다. 이때 여러 가지 타당성 검사를 통해, 규격화된 가속페달각도에 단순한 오류가 발생했을 경우에 실제 가속페달각도에 비해 더 큰 각도를 지시하는 일이 발생하지 않도록 한다.

주 기능, 운전자 토크 요구(TDD : Torque Demand Driver)는 가속페달 위치로부터 엔진토크 규정값을 계산한다. 더 나아가 가속페달의 특성을 확정한다.

주 기능, 보조기능 토크 요구(TDA : Torque Demand Auxiliary Functions)는 내부적으로 토크제한 및 토크 요구(예 : 회전속도제한, 꿀꺽거림의 완화 등)에 대응한다.

공전속도제어 토크 요구(TDI : Torque Demand Idle Speed Control)는 가속페달을 작동시키지 않았을 때 기관의 회전속도를 공전속도로 제어한다. 규정 공전속도는 안정적이고 정숙한 기관의 작동 상태를 보장해야 한다.

이에 따라 특정한 작동조건(예 : 냉시동) 하에서의 규정값은 정격 공전속도에 비해 더 높다. 촉매기 예열, 에어컨 압축기 가동을 위해 또는 축전지 충전을 지원하기 위해서도 공전속도를 높게 유지할 필요가 있을 수 있다.

정속주행 토크 요구(TDC : Torque Demand Cruise Control)는 가속페달을 작동시키지 않고도 자동차의 주행속도를 일정하게 유지하는 기능을 말하는 데, 이는 제어 가능한 기관의 토크 범위 내에서 가능하다. 이 기능을 스위치 OFF하기 위한 가장 중요한 전제조건은 조작패널의 OFF-버튼을 조작하거나, 브레이크나 클러치의 조작 또는 필요한 최저속도에 미달할 경우 등이다.

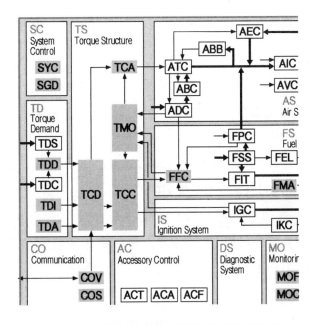

그림 6-68 하위-시스템 토크요구/토크 구조체의 주요 기능

④ **토크 구조**(Torque Structure : TS)

하위-시스템인 토크 구조(TS)는 필요로 하는 모든 토크를 상호간에 조정한다. 기관의 토크는 공기 시스템, 연료 시스템 그리고 점화장치에 의해 조정된다.

토크 코디네이션(TCD : Torque Coordination)은 필요로 하는 모든 토크를 동시에 상호간에 조정한다. 다양한 요구(예 : 운전자 요구, 회전속도제한 등)는 우선순위가 정해져 있으며, 또 현재의 작동조건에 따라 제어경로를 위한 토크-규정값으로 변환된다.

토크 변환, 공기(TCA : Torque Conversion Air)는 규정토크-입력변수들로부터 상대 공기질량 규정값을 계산한다. 이 충진-규정값은, 적용된 공기비 및 적용된 기본점화시기로 주행할 경우라면, 공급된 공기-규정-토크를 정확하게 제어할 수 있도록 계산된다.

토크 변환, 연소(TCC : Torque Conversion Combustion)는 규정토크-입력변수들로부터 공기비, 점화시기 및 추출단계의 규정값을 계산한다.

토크 모델링(TMO : Torque Modelling)은 충진률, 공기비, 점화시기, 감소단계 및 회전속도에 대한 현재값으로부터 기관의 최적 이론 지시토크(theoretical indicated torque)를 계산한다. 실제 지시토크는 효율 연쇄(efficiency chain)에 의해 형성되게 된다. 효율 연쇄는 3가지 서로 다른 효율 즉, 점화된 실린더 수에 비례하는 추출(extract)효율, 실제 점화시기를 최적 점화시기로 진각시킴으로서 발생하는 점화시기 효율, 그리고 공기/연료 혼합비의 함수인 효율곡선으로부터 생성되는 공기비 효율로 구성되어 있다.

⑤ **공기 시스템**(Air System : AS)

하위-시스템인 공기 시스템(AS)은 변환시켜야 할 토크에 필요한 충진률을 제어하게 된다. 더 나아가 EGR, 과급압력제어, 흡기관 절환, 가스교환운동제어 그리고 밸브개폐시기 제어 등도 공기시스템의 일부이다.

공기 시스템, 스로틀 제어(ATC : Air-System Throttle Control)는 규정 공기질량유량으로부터 스로틀밸브의 규정위치를 형성하게 된다.

공기 시스템, 충진률 계산(ADC : Air-System Determination of Charge)은 설치된 부하센서를 이용하여 새로 흡입된 가스와 잔류가스에 의해 형성되는 충진률을 산출한다. 흡기다기관에서의 압력비는 흡입되는 공기의 질량유량으로부터 모델링된다.(흡기다기관압력 모델링)

공기 시스템, 흡기다기관 제어(AIC : Air-System Intake-Manifold Control)는 흡기다기관

플랩과 가스교환 플랩의 규정위치를 계산한다. 흡기다기관의 부압은 배기가스 재순환(AEC : Air-System Exhaust-Gas Recirculation) 양을 계산, 제어하는 것을 가능하게 한다.

공기 시스템, 밸브제어(AVC : Air-System Valve Control)는 흡/배기 밸브 위치에 대한 규정값을 계산하여, 이를 조정하거나 제어한다. 이를 통해 실린더 내의 잔류가스의 양에 영향을 미치게 된다.

공기 시스템, 과급압력제어(ABC : Air-System Boost Control)는 배기가스 터보-과급기가 장착된 엔진에 대한 과급압력의 계산을 담당하며, 이 시스템의 서보기구를 제어한다.

가솔린 직접분사기관은 저부하 층상급기 영역에서는 교축 시키지 않고 운전하게 된다. 따라서 흡기다기관에는 대기압에 가까운 압력이 작용한다.

공기시스템, 브레이크 부스터 압력제어(ABB : Air-System Brake Booster)는 브레이크 부스터가 항상 충분한 부압을 형성하도록 제어한다.

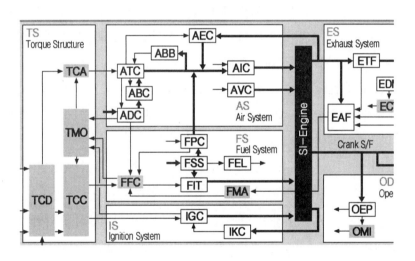

그림 6-69 하위 시스템인 공기- 및 연료-시스템의 구조(발췌)

⑥ **연료 시스템**(Fuel System : FS)

하위-시스템, 연료시스템에서는 크랭크축에 동기하여 분사에 필요한 출력값 즉, 분사량과 분사시기를 계산한다.

연료시스템, 연료 사전 제어(FFC : Fuel-System Feed Forward Control)은 규정 충진률, 공기비 규정값 및 가산 보정계수(예 : 부하변환과정 보상) 또는 곱셈식 보정계수(예 : 시동, 난기운전 및 재시동을 위한 보정계수)로부터 연료질량을 계산한다. 기타 여러 가지 보정계수는 공기비제어, 연료탱크환기장치 및 혼합기 적응으로부터 파생된다. GDI-시스템의 경우, 작동모드에 따른 공유의 특별한 값을 계산하게 된다(예 : 흡기행정 또는 압축행정 중에 분사, 다중 분사 등).

연료시스템, 분사시기(FIT : Fuel-System, Injection Timing)는 분사시기와 분사위치를 계산하고, 분사밸브의 각도 동기제어를 담당한다. 분사시기는 앞서 계산한 연료질량과 상태변수(예 : 흡기다기관 절대압력, 작동전압, 레일-압력, 연소실-압력 등)에 근거하여 계산된다.

연료시스템, 혼합기 적응(FMA : Fuel-System Mixture Adaptation)은 중립값을 기쥬으로 장기간에 걸쳐 공기비제어 시스템의 편차를 학습시켜, 공기비-값의 사전제어 정확도를 향상시킨다.

충진량이 적을 경우, 공기비제어시스템의 편차로부터 가산 수정계수를 형성하게 된다, 이 수정계수에는 열막식 공기질량계량기가 설치된 시스템에서는 일반적으로 흡기다기관의 아주 작은 누설도 반영되며, 또는 MAP-센서가 설치된 시스템에서는 압력센서의 옵셋오류나 잔류가스 오류도 수정대상에 포함된다.

충진량이 많을 경우, 곱셈식 수정계수를 산출하게 되는데, 이 수정계수는 열막식 공기질량계량기의 중대한 구배오류, 레일압력의 편차(GDI-시스템에서) 그리고 분사밸브의 특성곡선-구배 오류를 나타낸다.

연료공급 시스템(FSS : Fuel Supply System)은 연료탱크로부터 펌핑된 연료를 규정된 압력으로 연료분배기에 공급하는 기능을 수행한다. 압력은 필요한 양만을 공급하는 시스템에서는 200~600kPa로 제어하며, 규정값 피드백-기능은 압력센서에 의해 보장된다.

GDI-시스템의 연료공급시스템에서는 추가로 고압펌프와 고압회로를 갖추고 있다. 고압펌프의 형식에 따라 리턴회로를 사용하는 경우도 있고, 필요한 양만 공급하기도 한다. 따라서 기관의 작동모드에 따라 연료압력은 3~11MPa 사이에서 제어된다. 규정값 기준은 기관의 운전점에 따라 계산되며, 실제 압력은 고압센서에 의해 측정된다.

연료시스템, 퍼지 컨트롤(FPC : Fuel-System Purge Control)은 기관 작동 중 연료탱크에서 증발되어 활성탄여과기에 포집되어 있는 연료의 재생을 제어한다. 밸브를 통과하는 전체 질량유량에 대한 실제값은 연료탱크 환기밸브의 제어를 위해 주어진 듀티율과 압력비에 근거하여 계산되며, 이 유량은 스로틀기구 제어(ATC)에서 고려하게 된다. 마찬가지로 연료증기에 포함된 실제 연료량은 규정-연료량으로부터 뺄셈하게 된다.

연료시스템, 증발가스 누설(FEL : Fuel-System Evaporation Leakage Detection)은 OBD
II에 규정된 연료탱크 누설테스트방법에 따라 연료탱크의 누설을 테스트한다.

⑦ **점화 시스템**(Ignition System : IS)(그림6-69 참조)

하위시스템인 점화시스템은 점화를 위한 출력값을 계산하여 점화코일을 제어한다.

점화제어(IGC : Ignition Control)는 기관의 작동조건으로부터 그리고 토크-구조체로부
터의 간섭을 고려하여 그때그때의 규정-점화시기를 계산하여, 원하는 시점에 스파크플러
그에서 점화불꽃이 발생되도록 제어한다. 결과적인 점화시기는 기본점화시기와 운전점에
따라 변화하는 요구조건 및 점화시기 수정계수로부터 계산된다. 회전속도와 부하에 따른
기본점화시기의 결정은, -기능이 존재할 경우- 캠축제어, 충진률제어 플랩, 실린더-뱅크
(bank) 분배 및 BDE-운전모드 등의 영향을 고려하게 된다. 가능한 가장 빠른 점화시기를
결정하기 위해서는 기본점화시기를 난기운전, 노크제어, EGR 등을 위한 점화진각량으로
수정한다. 실제 점화시기와 점화코일의 여자에 필요한 시간으로부터 점화최종단계의 스위
치-ON 시점을 계산하여, 이에 대응하여 점화코일을 트리거링한다.

점화시스템, 노크제어(IKC : Ignition-System Knock Control)는 기관의 효율을 극대화시
키는 노크한계 점화시기로 기관을 운전한다. 노크한계란 기관의 효율을 극대화시키면서도
노크에 의한 기관의 손상을 방지하는 한계 점화시기를 말한다. 모든 실린더에서의 연소과
정은 노크센서에 의해 감시된다. 센서가 감지한 노크강도는 기준레벨과 비교된다. 기준레
벨은 저역필터를 통해 실린더 선택적으로 최종연소로부터 형성되게 된다. 따라서 기준레
벨은 기관이 노크를 발생시키지 않고 작동할 때의 기본 배경소음을 나타내게 된다. 현재의
연소소음과 배경소음을 서로 비교하여 현재의 연소소음이 얼마나 시끄러운지를 알아내게
된다. 이 소음수준이 특정한 값을 초과하게 되면 노크로 판정된다. 기준소음수준을 계산할
때에도 그리고 노크를 감지할 경우에도 변화된 운전조건(기관회전속도, 회전속도 다이내
믹, 부하 다이내믹 등)을 고려하게 된다.

노크제어는, 개별 실린더를 위해, 실제 점화시기를 결정할 때 고려하게 되는 점화시기
차이를 나타낸다(점화시기 지각). 노크연소를 감지할 경우, 이 점화시기 차이는 적용 가능
한 값으로 증대되게 된다. 적용 가능한 시간동안 노크연소가 발생하지 않으면, 점화시기
지각은 이어서 단계적으로 아주 작은 값으로 후퇴하게 된다.

하드웨어에서의 고장이 감지되면, 안전대책이 작동되게 된다(점화시기 안전지각).

⑧ **배기 시스템**(Exhaust System : ES)

하위 시스템인 배기 시스템은 혼합기형성에 간섭하며, 이를 이용하여 공기비를 제어하고 촉매기의 막힘 상태를 제어한다.

배기시스템의 설명과 모델링(EDM : Exhaust-System Description and Modelling)의 주임무는 배기가스 통로의 물리적 변수의 모델링, 배기가스온도센서의 진단 및 신호평가, 그리고 테스터출력을 위한 배기가스시스템의 특성값의 준비 등이다. 모델링해야하는 물리적 변수들은 온도(예 : 부품보호를 위해), 압력(잔류가스 감지용 1차) 그리고 질량유량(공기비 제어 및 촉매기 진단을 위해) 등이다. 이 외에도 배기가스는 공기비를 결정하게 된다(NOx-촉매기 제어 및 NOx-촉매기 진단을 위해).

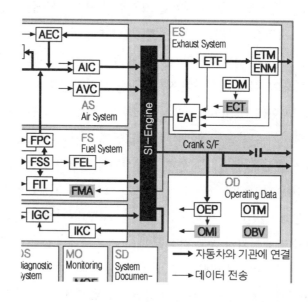

그림 6-70 배기시스템의 구조 및 주 기능

배기시스템, 공기비제어(EAF : Exhaust-System Air Fuel Control)의 목표는 촉매기 전방에 설치된 공기비센서와 함께, 유해배출가스를 저감하고, 회전토크의 맥동을 방지하고, 희박연소한계로부터 일정한 간격을 유지하기 위해 공기비를 규정값으로 제어하는 것이다. 주 촉매기 후방의 공기비센서로부터의 입력신호는 유해배출물을 더욱더 저감시키는 기능을 수행한다.

배기시스템, 앞 3원촉매기 제어(ETF : Exhaust-System Three-Way Front-Catalytic

Converter)의 주 기능은 앞 촉매기 후방의 공기비센서를 이용한다. 이 센서의 신호는 배기가스 중의 산소함량에 대한 척도이며, 공기비제어와 촉매기 진단을 위한 기본 자료로 사용된다. 공기비제어는 혼합기제어를 현저하게 개선시킬 수 있으며, 따라서 촉매기의 촉매효율의 극대화를 가능하게 한다.

공기비제어는 시스템에 따라 다른 형태를 취하고 있다. $\lambda = 1$로 작동되는 NOx-촉매기는 특정한 산소저장능력에서 최적 촉매효율을 나타낸다. 공기비제어는 혼합비를 제어한다. 편차는 수정요소가 보정한다.

배기시스템, 주 3원촉매기(ETM : Exhaust-System Three-Way Main-Catalyst)의 주 기능은 앞서 설명한 앞 3원촉매기 제어(ETF)와 거의 동일하다. NOx-촉매기가 장착된 시스템의 경우, 유황에 의해 촉매기가 오염되는 것을 방지하기 위한 특정한 모드로 절환하는 기능을 수행한다.

배기시스템, NOx- 주 촉매기 제어(ENM : Exhaust-System NOx Main-Cayalyst)는 희박운전모드에서, 특히 NOx-촉매기의 제어를 통해 NOx-배출물의 설정값을 유지하는 기능을 수행한다.

촉매기의 상태에 따라 NOx-저장단계가 종료되고, 기관이 $\lambda < 1$의 상태로 운전될 때 NOx-촉매기는 환원과정을 시작하게 된다. 즉, NOx-촉매기에 저장되어 있는 NOx는 질소(N_2)로 변환, 방출된다. NOx-촉매기의 재생은 NOx-촉매기의 후방에 설치된 센서의 출력신호에 따라 종료되게 된다.

배기가스 온도제어(ETC : Exhaust-System Control of Temperature)의 목표는 기관이 시동된 다음에는 촉매기의 가열을 가속시키고(촉매기 가열), 작동 중에는 촉매기의 냉각을 방지하고(촉매기 온도유지), 탈황을 위해 NOx-촉매기를 가열하고 배기시스템 부품들의 열적 손상을 방지(부품 보호)하기 위해 배기시스템의 온도를 제어하는 것이다. 온도상승에 필요한 열유동량을 위한 회전토크여유는 하위시스템, TS(Torque Structure)가 결정한다. 예를 들어 점화시기를 지각시켜서 배기시스템의 온도를 상승시킬 수 있다. 공전 시에는 공전속도를 상승시켜 열 유동량을 증가시키게 된다.

⑨ **작동 데이터**(Operating Data : OD)

하위시스템, 작동데이터(OD)는 기관의 작동에 중요한 모든 작동변수들을 감지하고, 이들의 타당성을 검증하며, 경우에 따라 대체값을 준비하는 기능을 수행한다.

작동 데이터, 엔진관리(OEP : Operating Data Engine Position Management)는 크랭크축 센서와 캠축센서의 입력신호로부터 크랭크축과 캠축의 위치를 계산한다. 이들 정보로부터 기관의 회전속도를 계산해 낸다. 크랭크축에 부착된 센서휠의 기준점(기어이가 2개 빠진 곳)과 캠축센서의 특성곡선을 근거로 기관의 위치와 ECU 간의 동기화가 이루어지며, 기관의 작동 중에 동기화의 감시도 병행된다.

시동시간의 최적화를 위해 캠축센서 신호의 견본과 기관정지위치도 평가된다. 따라서 이를 통해 빠른 동기화가 가능하게 된다.

작동 데이터, 온도측정(OTM : Operating Data Temperature Measurement)은 온도센서에 의해 준비된 측정신호를 처리하고, 이의 타당성을 검증하며, 오류가 있을 경우에는 대체값을 준비한다. 기관온도 및 흡기온도 외에도 사양에 따라서는 대기온도와 기관윤활유 온도도 측정한다. 측정한 온도값을, 접속되어있는 특성곡선 환산기능을 이용하여 파악한 전압값에 배분하게 된다.

작동 데이터, 축전지 전압(OBV : Operating Data Battery Voltage)은 전원전압신호의 준비 및 전원전압신호의 진단을 담당한다. 가공되지 않은 신호의 감지는 단자 15를 거쳐 그리고 경우에 따라서는 메인-릴레이를 거쳐 이루어진다.

실화감지, 불규칙 작동(OMI : Misfire Detection, Irregular Running)은 점화실화와 연소실화에 대해 기관을 감시한다.

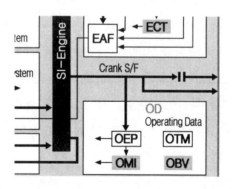

그림 6-71 하위 시스템 작동데이터 구조의 일부

⑩ **통신**(Communication : CO)

하위 시스템, 통신(CO)에서는 전체적인 모트로닉-주 기능들이 통합되며, 다른 시스템들과 통신하게 된다.

통신, 사용자 인터페이스(COU : Communication User Interface)는 진단기(예 : 엔진 테스터) 및 적용 기기들과의 연결을 생성한다. 통신은 K-라인을 거쳐 이루어지며, 또 CAN-인터페이스도 이 목적을 위해 사용될 수 있다. 다양한 용도를 위해 여러 가지 통신 규약(protocol)이 사용 가능하도록 준비되어 있다(예 : KWP2000, McMess).

통신, 차량-인터페이스(COV : Communication Vehicle Interface), 소위 데이터-버스 통신은 다른 ECU들, 센서들 및 액추에이터들과의 통신을 보장한다.

통신, 안전 접근(COS : Communication Security Access)은 운전방지장치와의 통신을 구축하며, 선택사양에서는 플래시-EPROM의 프로그램을 수정하기 위한 접근제어(access control)도 가능하게 한다.

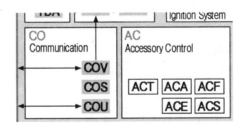

그림 6-72 하위 시스템 통신 및 액세서리제어 구조의 일부

⑪ **액세서리 제어**(accessory control : AC)

하위 시스템, 액세서리제어(AC)는 보조장치들을 제어한다.

액세서리 제어, 에어컨(ACA : Accessory Control Air-Condition)은 에어컨 압축기의 ON/OFF을 제어하고, 에어컨 시스템의 압력센서로부터의 신호를 평가한다. 에어컨 압축기는 스위치를 통해 운전자의 요구 또는 에어컨-ECU의 요구가 있으면, 스위치 ON되게 된다. 이때 에어컨-압축기가 스위치 ON되어야 한다는 정보는 먼저 모트로닉에 전달된다. 그 후 약간의 시간지연 후에 에어컨-압축기는 스위치 ON된다. 공전 시에 엔진제어는 토크여유를 형성하기위한 충분한 시간을 가지고 있다. 에어컨은 여러 가지 조건들에 의해 스위치 OFF된다. (예 : 에어컨 시스템의 임계압력, 압력센서의 고장, 낮은 대기온도 등)

액세서리 제어, 냉각팬 제어(ACF : Accessory Control Fan Control)는 필요에 따라 냉각 팬을 제어하며, 냉각팬 및 제어기구의 고장을 감지한다. 엔진이 정지되었을 경우에도, 필요에 따라 냉각팬을 기관정지 후에 작동시킬 수 있다.

액세서리 제어, 열관리(ACT : Accessory Control Thermal Management)는 기관의 작동 상태에 따라 기관의 온도를 제어한다. 기관온도 규정값은 기관의 축력, 주행속도, 기관이 작동상태 그리고 대기온도에 따라 결정된다. 따라서 기관은 자신의 작동온도에 빠르게 도달하게 되고, 작동온도에 도달한 다음에는 충분하게 냉각되게 된다. 규정값에 따라 방열기를 통과하는 냉각수의 양이 산출되며, 이를 기준으로 특성곡선−서모스탯을 제어하게 된다.

액세서리 제어, 전기기계(ACE : Accessory Control Electrical Machines)는 전기기계(예 : 기동전동기, 발전기 등)의 제어를 담당한다.

액세서리 제어, 조향장치(ACS : Accessory Control Steering)은 동력조향장치의 유압펌프를 제어한다.

⑫ **모니터링**(monitoring : MO)

기능 감시(MOF : Function Monitoring)는 회전속도와 회전토크를 결정하는 모트로닉의 모든 요소들을 감시한다. 핵심 구성요소는 토크 비교로서, 토크 비교는 운전자의 요구로부터 계산한 허용 토크를 엔진변수들로부터 계산한 실제-토크와 비교한다. 실제 토크가 아주 클 경우, 적절한 대책을 통해 통제 가능한 상태를 보장하게 된다.

감시 모듈(MOM : Monitoring Module)에서는 모든 감시기능들이 통합되며, 이들 감시 기능들은 함수계산기와 감시모듈의 상호감시에 기여하며 또는 감시기능을 직접 실행한다. 함수계산기와 감시모듈은 ECU의 구성요소이다. 이들의 상호감시는 지속적인 질의/응답-통신을 통해 이루어진다.

마이크로-컨트롤러 모니터링(MOC : Micro-controller Monitoring)은 모든 감시기능들을 통합하여, 주변기기를 포함해서 컴퓨터 핵심부의 오작동 또는 결함을 파악할 수 있다. 이에 대한 보기로는 아날로그/디지털 변환기, RAM과 ROM의 메모리 테스트, 프로그램진행 과정 컨트롤 그리고 명령테스트 등을 들 수 있다.

⑬ **진단 시스템**(diagnostic system : DS)

시스템-진단과 같은 구성요소들은 하위 시스템들의 주 기능들에서 실행된다. 진단 시스템은 여러 가지 진단결과들의 조정을 담당한다.

진단 시스템 매니저(DSM : Diagnostic System Manager)의 기능은 다음과 같다.

- 고장 또는 오류들을 주위조건들과 함께 저장한다.
- MI-램프를 트리거링한다.
- 테스터-통신을 구축한다.
- 여러 가지 진단기능들의 진행과정을 우선순위와 차단조건을 고려하여 조정하며, 고장을 제거한다.

■ The Motronic

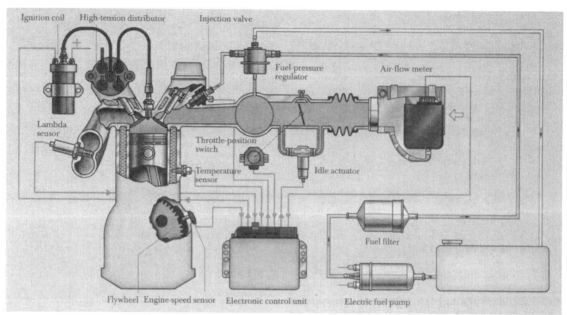

Ignition coil | High-tension distributor | Injection valve | Fuel-pressure regulator | Air-flow meter | Lambda sensor | Throttle-position switch | Temperature sensor | Idle actuator | Fuel filter | Flywheel Engine-speed sensor | Electronic control unit | Electric fuel pump

The Motronic is a digital engine control system which combines injection and ignition. The heart of the Motronic is the microcomputer which can process engine specific data on spark advance and injected fuel quantity. This data is stored in maps after it has been established by the test engineer on the test bench.

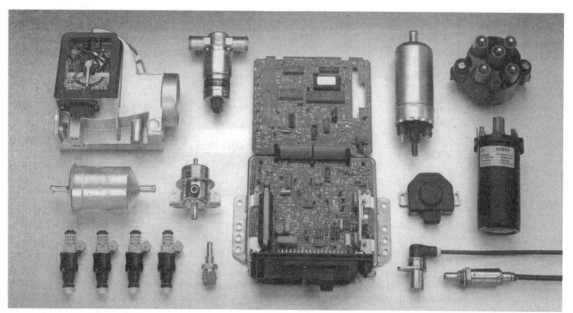

Sensors inform the computer of the inducted air quantity, engine speed, crankshaft position, engine temperature and air temperature. The computer then calculates the most favorable ignition point and the optimum quantity of fuel to be injected.
The micro-computer controls the quantity of fuel injected and the ignition timing precisely to the various operating conditions, such as idle, part load, full load, warm-up, overrun and load change. The result is a possible reduction in gasoline consumption by 5 to 20% depending on peripheral conditions, driving cycle and reference basis.

SPI

(Single Point Injection ; Mono-Jetronic)

■ The Mono-Jetronic

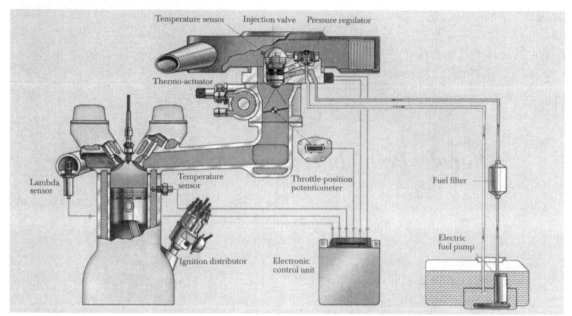

The Mono-Jetronic is a compact single-point injection system. In the Mono-Jetronic the fuel is metered at a centralized point by means of only one solenoid-operated injection valve which is positioned directly above the throttle plate. This ensures that the fuel is injected in the area of maximum air speed, resulting in optimum mixture preparation. Apart from the throttle plate and the injection valve, the central injection unit also contains the pressure regulator, the throttle-position potentiometer and the idle-air thermo-actuator. This low-profile and compact design is easily mounted on the intake manifold.

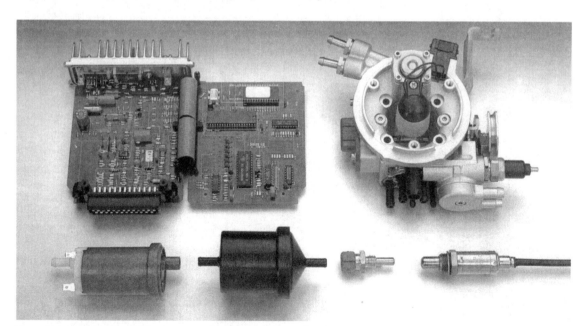

The main control variables of the system are the position of the throttle valve and the engine speed.
The control unit contains a microcomputer and is provided with self-adapting functions. Corrected values are stored and constantly updated in a non-volatile memory.

The Mono-Jetronic is a low-cost gasoline-injection system which is used in small and medium-sized vehicles in order to comply with stringent exhaust-emission legislation

제7장 **SPI(Single Point Injection)**

제1절 SPI시스템 개요
(Summary of SPI : Übersicht der Zentraleinspritzung)

SPI - 시스템에서는 기관의 모든 실린더들이 스로틀 보디에 설치된 1개의 분사밸브로부터 연료를 공급받는다. → SPI(Single Point Injection : Zentraleinspritzung)

생산회사에 따라 TBI(Throttle Body Injection), CFI(Central Fuel Injection), Mono - Jetronic 등 다양한 용어가 사용되지만, 작동원리 및 시스템 구성은 대부분 같다. 주로 기통수가 작은 소형기관에 사용되며, 스로틀보디 상부(전방)에 저압으로 연료를 분사한다. → 외부 혼합기 형성(간접분사방식).

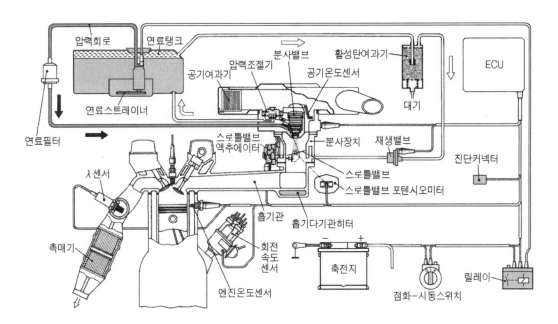

그림 7-1a SPI 시스템의 구성(예 : BOSCH Mono-Jetronic, α-n제어방식)

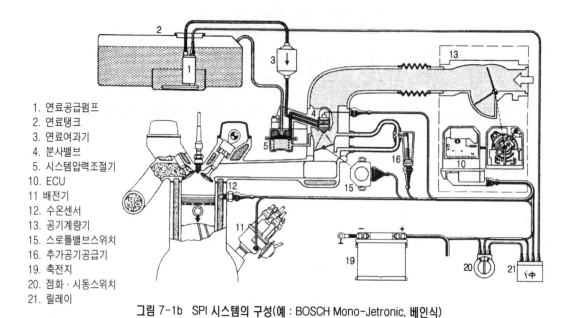

1. 연료공급펌프
2. 연료탱크
3. 연료여과기
4. 분사밸브
5. 시스템압력조절기
10. ECU
11. 배전기
12. 수온센서
13. 공기계량기
15. 스로틀밸브스위치
16. 추가공기공급기
19. 축전지
20. 점화·시동스위치
21. 릴레이

그림 7-1b SPI 시스템의 구성(예 : BOSCH Mono-Jetronic, 베인식)

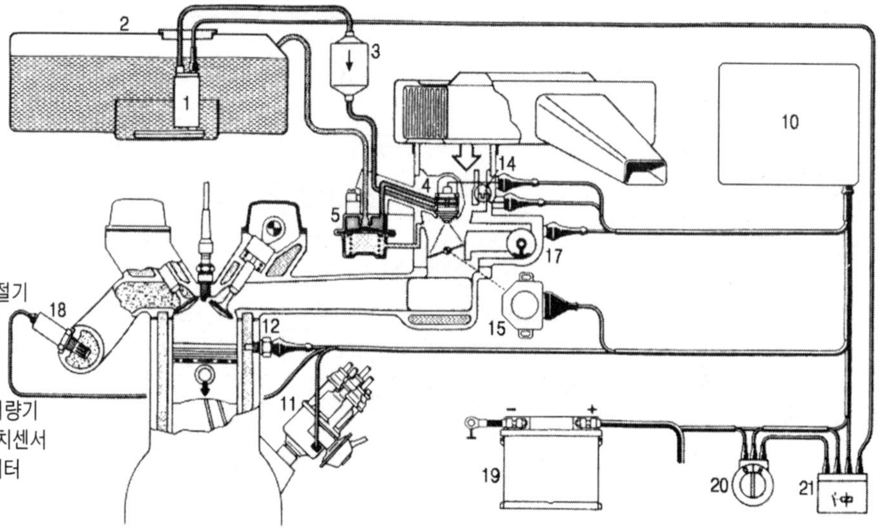

1. 연료공급펌프
2. 연료탱크
3. 연료여과기
4. 분사밸브
5. 시스템압력조절기
10. ECU
11. 배전기
12. 수온센서
14. 열선식 공기계량기
15. 스로틀밸브위치센서
17. 공전 액추에이터
18. λ-센서
19. 축전지
20. 점화·시동스위치
21. 릴레이

그림 7-1c SPI 시스템의 구성(예 : BOSCH Mono-Jetronic, 열선식)

1. MPI-시스템과 SPI-시스템의 주요 차이점

(1) 분사밸브의 설치 위치 및 분사압력

SPI 시스템에서는 기화기기관의 벤투리부, 즉 스로틀밸브 바로 위에 연료 분사밸브가 설치된다. 그리고 흡기다기관의 형상은 기화기기관에서와 마찬가지로 연료를 실린더에 균일하게 분배하는데 중점을 두고 설계된다. 따라서 동력성능에 중점을 두고 흡기관을 설계하는 MPI 시스템 보다는 상대적으로 출력이 낮다. 그러나 분사밸브가 1개이며 스로틀보디(throttle body)에 연료계가 집중되므로 MPI 시스템에 비해서 구조가 간단하다.

또 SPI - 시스템에서는 분사밸브를 기관의 고온부로부터 상당히 먼 위치에 설치하므로 MPI - 시스템에 비해서 분사밸브의 온도상승이 낮고, 또 연료공급 펌프에서 보내오는 연료가 곧바로 분사밸브를 관류(貫流)하므로 가솔린의 비등이 적으며, 또 발생된 증기는 곧바로 연료탱크로 복귀할 수 있도록 설계된다. 따라서 연료회로 내의 압력을 MPI - 시스템에 비해 낮게 설정할 수 있다는 이점이 있다.

(2) 분사연료의 이동거리의 영향

SPI 시스템에서는 분사밸브로부터 분사된 연료의 이동거리가 길어지므로 연료의 균등분배와 연료의 이동속도 고속화에 유의해야 한다. 연료의 분배가 균등하게 되면 공전속도는 안정되고 배기가스 중의 유해성분도 크게 감소한다. 그리고 연료의 이동속도가 고속화되면 가속이 매끄럽게 이루어진다. SPI 시스템에서 분사밸브는 스로틀밸브 바로 위에 설치되므로 스로틀밸브에서의 고속기류를 이용하여 연료의 무화를 촉진시킬 수 있다는 장점이 있다.

반면에 SPI - 시스템은 MPI - 시스템에 비해 가속 시에는 분사된 연료의 이동거리 차이만큼 흡입지연이 발생하게 된다. 따라서 가속 시의 보정은 MPI - 시스템에서 보다 더욱 더 정밀해야 한다. 그리고 분사된 연료 중 흡기관 집합부와 흡기다기관 벽에 응착되는 연료의 기화를 촉진시키기 위해서 주로 배기가스열 또는 냉각수열을 이용하는 경우가 많다.

(3) 연료 분사각

흡기다기관 분사방식의 MPI 시스템에서는 흡기밸브를 표적으로 하여 연료를 분사하므로 분사각 20° 정도가 대부분이다. 흡기밸브를 표적으로 하는 이유는 흡기밸브의 고온을 이용하여 연료의 기화를 촉진시키기 위해서이다. 반면에 SPI 시스템에서는 연료분사각을 60° 정도로 크게하여 연료의 무화를 촉진시키는 방법이 이용된다.

(4) 공기량 계량방식 및 분사방식

① 공기량 계량 방식

SPI – 시스템의 공기량 계량방식으로는 MPI – 시스템과 마찬가지로 직접 계량방식(mass flow 방식), MAP – n 제어방식, α – n 제어방식 등이 모두 이용된다. 그리고 연료분사량 계산방법도 MPI – 시스템에서와 같다.

② 분사방식

일반적으로 기관의 흡기에 동기(同期)시켜 분사하는 방식을 사용한다. 4기통 기관의 경우 크랭크축 1회전에 2회씩 분사한다. 4기통 기관에서 크랭크축 1회전에 1회만 분사하면 흡기다기관 내에 공기로만 구성된 부분과 혼합기로 구성된 부분이 발생한다. 이렇게 되면 공기만을 흡입하는 실린더가 있게 된다. 이와 같은 현상을 방지하기 위해서 크랭크축 1회전 당 2회 분사한다.

2. SPI-시스템의 주요 입력변수

다수의 센서들이 기관의 작동에 필요한 주요 변수들의 상태를 파악하여 혼합기 형성에 기여하게 된다. 주요 입력변수들은 다음과 같다.

① 스로틀밸브 개도(α) 또는 흡기다기관 절대압력(MAP)
② 기관 회전속도(n)
③ 기관온도와 흡기온도
④ 스로틀밸브의 공전 위치와 전부하 위치
⑤ 배기가스 중의 잔류 산소량
⑥ 자동변속기의 실렉트레버 위치
⑦ 에어컨 시스템의 작동준비 여부 및 에어컨 컴프레서의 작동 여부

ECU의 입력회로들은 이들 입력신호 정보들을 마이크로 – 프로세서에 전송한다. 마이크로 – 프로세서는 이들 입력신호를 처리하여 기관의 작동상태를 파악하여 액추에이터를 위한 신

호를 생성한다. 액추에이터를 위해 생성된 신호들은 증폭기를 거쳐 해당 액추에이터 예를 들면, 분사밸브, 스로틀밸브 액추에이터, 흡기예열 릴레이 그리고 재생밸브(활성탄 여과기의) 등으로 전달된다.

SPI - 시스템은 공기량 계량방식으로 α - n 제어방식, MAP - n 제어방식, 열선식(hot wire), 베인식(vane type) 등 여러 가지 방식이 사용되었으나 현재는 α - n 제어방식이 주로 사용되고 있다. 공기량 계량방식과는 달리 연료공급 시스템은 모두 거의 비슷하다.

제7장 SPI(Single Point Injection)

제2절 Bosch SPI System
(Bosch SPI System : Bosch Mono-Jetronic)

1. Bosch SPI-시스템 사양

그림 7-1a는 전형적인 α - n 제어방식이고, 그림 7-1b, 그림 7-1c는 각각 베인식(vane type) 및 열선식(hot wire) 공기량 계량기가 장착된 시스템이다. BOSCH의 SPI - 시스템들은 공기량 계량방식에 관계없이 Mono - Jetronic이라는 상표명을 사용하고 있다. 그러나 자동차회사, 적용 엔진 및 적용 자동차의 종류에 따라 여러 가지 사양이 추가될 수 있다.

Mono - Jetronic - 시스템은 그림 7-2와 같이 크게 3가지 기능영역으로 구분할 수 있다.
① 연료공급
② 작동 데이터 수집
③ 작동 데이터 처리
시스템의 기본 기능의 핵심은 연료분사제어이고 추가 기능으로는 공전속도제어, 공기비제어 그리고 증발가스 제어기능 등이 있다.

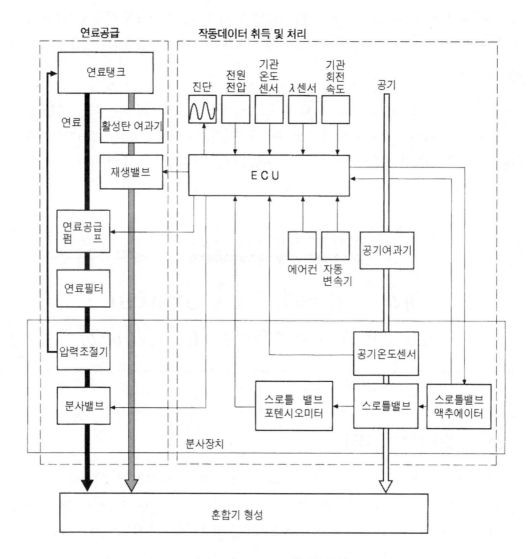

그림 7-2 Mono-Jetronic의 기능 영역

2. Mono-Jetronic의 연료분사장치와 연료분사

그림 7-3a는 전형적인 Bosch Mono - Jetronic($\alpha - n$ 시스템)의 분사장치 외관이고, 그림 7-3b는 분사장치의 단면 구조이다.

(1) 연료 분사장치의 구성

연료분사장치는 Mono - Jetronic의 핵심으로서 흡기다기관의 상부에 바로 설치되며, 엔진에 미세하게 미립화된 연료를 공급한다. 그리고 1개의 분사밸브가 기관의 모든 기통을 위한 연료를 분사한다.

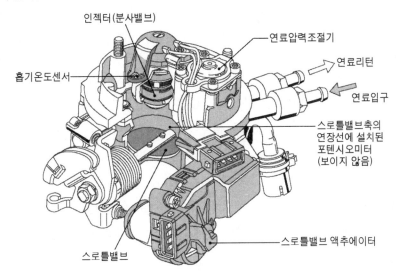

인젝터(분사밸브)
연료압력조절기
연료리턴
연료입구
흡기온도센서
스로틀밸브축의 연장선에 설치된 포텐시오미터 (보이지 않음)
스로틀밸브
스로틀밸브 액추에이터

그림 7-3a BOSCH Mono-Jetronic의 연료분사장치

① 연료분사장치의 하부 부분

연료분사장치의 하부 부분에는 스로틀밸브, 스로틀밸브 개도를 측정하는 스로틀밸브 포텐시오미터 그리고 공전속도제어를 위한 스로틀밸브 액추에이터 등이 설치되어 있다.

② 연료분사장치의 상부 부분

연료분사장치의 상부 부분에는 분사장치의 전체 연료시스템이 집적되어 있다. 전체 연료시스템은 분사밸브, 시스템압력조절기, 그리고 연료분사밸브

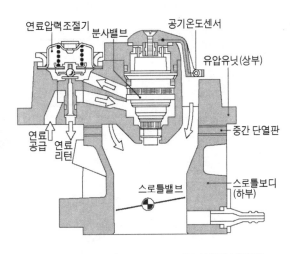

연료압력조절기
분사밸브
공기온도센서
유압유닛(상부)
중간 단열판
연료공급
연료리턴
스로틀밸브
스로틀보디 (하부)

그림 7-3b BOSCH Mono-Jetronic 연료분사장치(단면)

를 지지하는 암(arm)에 설치된 연료통로 등으로 구성된다.

연료는 아래쪽에 설치된 통로를 통해서 공급되고, 과잉공급된 연료는 분사밸브 주위를 한 바퀴 돌아, 시스템압력조절기를 거쳐 위쪽 통로를 통해서 연료탱크로 복귀하도록 설계되어 있다. 과잉연료가 이와 같은 경로를 거쳐 연료탱크로 복귀하도록 하는 이유는, 연료에서 기포가 발생되는 것을 억제함은 물론이고, 기관이 정지된 후 분사장치의 급격한 가열을 방지하여 분사밸브의 연료계량 영역에 시동에 필요한 충분한 연료를 확보하기 위함이다.

분사밸브의 스크린 – 필터의 플랜지는 공급통로와 복귀통로의 개구 단면적을 일정한 수준으로 제한함으로서 과잉공급된, 분사되지 않은 연료를 2개의 부분유동으로 분할하는 기능을 한다. 하나의 부분유동은 분사밸브에 유입되고, 나머지 다른 부분유동은 분사밸브 주위를 순환하는 유동을 하게 된다. 이를 통해 분사밸브의 집중적인 세척작용과 급격한 냉각을 보장하게 된다.

분사밸브를 관통하고 순환하도록 배치된 연료통로는 Mono-Jetronic의 고온 재시동성을 개선하는 기능도 한다. 또 상부 커버에는 흡기온도 측정용 온도센서가 장착되어 있다.

(2) 연료 공급 시스템

연료는 연료탱크에 내장된 전기 구동식 연료공급펌프에 의해 연료탱크로부터 연료공급펌프 → 연료여과기를 거쳐 분사밸브에 공급된다. 연료공급펌프로는 주로 2단식 사이드 채널 펌프가 사용된다(PP.220, 그림6-18 참조).

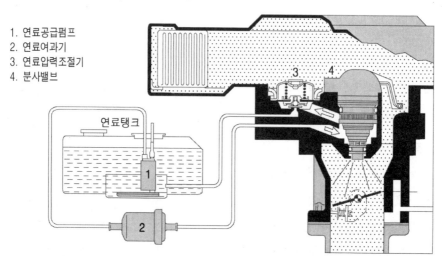

1. 연료공급펌프
2. 연료여과기
3. 연료압력조절기
4. 분사밸브

연료탱크

그림 7-4 Mono-Jetronic의 연료공급 시스템

연료공급압력은 분사밸브의 복귀라인에 설치된 시스템압력조절기에 의해 약 1bar로 일정하게 유지된다. → 저압 분사 방식

ECU가 솔레노이드식 분사밸브에 전류를 공급하면 분사밸브는 열리고, 연료는 스로틀밸브 전방의 흡기 중에 분사된다.

① 시스템압력 조절기

연료 복귀회로에 설치되어 있으며, 분사밸브 주위의 대기압에 대해 연료압력(=시스템압력)을 약 1bar(100kPa)로 일정하게 유지한다. SPI - 시스템에서는 대부분 그림 7-5와 같이 연료압력조절기가 분사밸브의 유압시스템과 함께 집적되어 있다.

고무와 직물이 혼합된 다이어프램이 연료압력조절기를 상/하 체임버로 분리한다. 위 체임버에는 사전 조정된 스프링장력과 대기압이 작용하고, 아래 체임버에는 연료압력이 작용한다.

연료공급펌프로부터 공급되는 연료압력이 시스템압력을 초과하면, 스프링 부하된 접시형 밸브가 열린다. 그러면 연료는 이 밸브를 통해 연료탱크로 복귀하게 된다. 연료는 연료탱크로 복귀하기 전에 분사밸브 주위를 한바퀴 돌면서 분사밸브를 냉각시키는 기능을 한다. → 고온 재시동성의 개선

기관이 정지되면, 연료공급도 중단되고 연료공급펌프의 체크밸브와 압력조절기의 밸브도 닫힌다. 이를 통해 연료공급회로와 분사밸브의 유압부에는 일정 시간동안 압력이 유지된다. 결과적으로 연료의 비등에 의한 증기발생을 방지시켜 고온재시동성을 확보하게 된다.

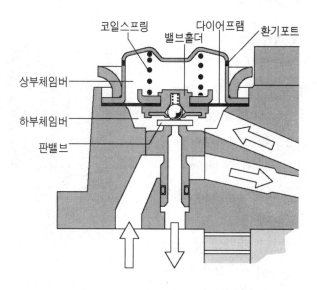

그림 7-5 Mono-Jetronic의 시스템압력 조절기

② 증발가스 재생 시스템

활성탄여과기에 임시로 저장되어 있는 증발가스(탄화수소)는 특정 운전상태 하에서 예를 들면, 부분부하 시에 연소실로 유입된다. 엔진 ECU가 재생밸브를 열면 흡기다기관 부압에 의해 공기와 증발가스가 함께 흡입되게 된다.

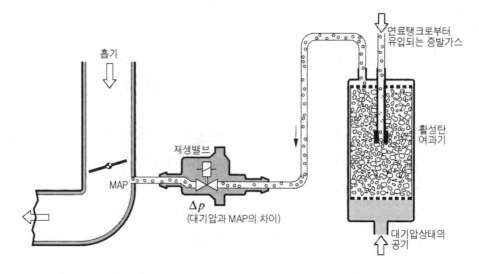

그림 7-6 Mono-Jetronic의 증발가스 재생 시스템

(3) Mono-Jetronic의 분사밸브

① 분사밸브의 구조 및 작동원리

분사밸브(그림 7-7)는 밸브 하우징과 밸브 그룹으로 구성되어 있다. 밸브 하우징에는 전기단자와 연결된 솔레노이드코일이 있다. 밸브그룹은 밸브보디, 그리고 아마추어와 일체로 된 분사 니들(needle)로 구성된다. 작동부의 질량이 가벼워, 1/1000초 단위 정도까지 정밀제어가 가능하다.

솔레노이드 코일에 전류가 흐르지 않을 때는 아마추어 위에 설치된 스프링장력과 시

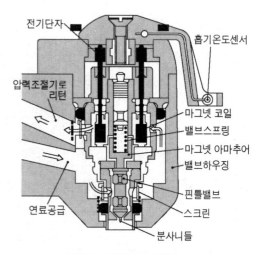

그림 7-7 SPI- 분사밸브

스템압력이 동시에 함께 분사니들이 니들 – 시트(needle seat)에 밀착되도록 작용한다.

솔레노이드코일이 여자되면, 분사니들은 자신의 시트로부터 약 0.06mm(사양에 따라 다를 수 있음) 정도 들어 올려지고, 그렇게 되면 연료는 분공으로부터 분사된다. 분사니들 끝부분의 형상은 분사되는 연료의 미립화를 촉진시키면서 분무다발이 원추형이 되도록 한다. 분사밸브의 작동은 점화펄스에 동기되어 이루어진다.

② 분사밸브의 설치위와 특성곡선

연료분사장치는 극소량(공전 또는 무부하 시)은 물론이고 최대로 필요한 양(전부하 시)도 언제든지 공급할 수 있어야 한다. 이러한 조건 하에서 모든 작동점은 분사밸브 특성곡선의 직선영역 내에 있어야 한다(그림 7-8).

SPI-시스템의 가장 중요한 기능은 공기/연료 혼합기를 모든 실린더에 균등하게 분배하는 것이다. 혼합기의 균등분배는 흡기다기관의 형상 외에도 분사밸브의 설치장소 및 설치위치에 좌우된다. SPI-시스템의 분사장치에서 분사밸브의 위치는 보편적인 원칙에 입각하여 실험을 통해 결정한다. 따라서 분사밸브의 위치를 개별 자동차기관 각각의 조건에 맞출 필요는 없다.

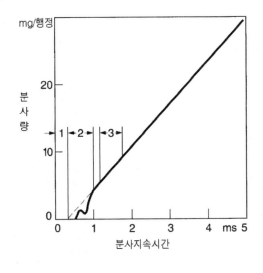

엔진회전속도 900min^{-1}에서
분사펄스는 3.3ms지속된다(예).

1. 전압에 의존하는
   개변지연시간
2. 비선형 특성영역
3. 공전 또는 무부하시
   분사지속기간범위

그림 7-8 SPI-시스템 분사밸브의 특성곡선(예)

분사밸브는 유체역학적 관점에서 형상이 설계된 분사장치의 상부부분, 공기 유입구의 중앙에 설치된다. 스로틀밸브 상부의 이 설치위치는 유입되는 공기와 분사되는 연료의 강

력하고도 급격한 혼합을 유도하는 지점이다. 그리고 스로틀보디와 스로틀밸브 사이, 공기
의 속도가 가장 빠른 영역에서 부채꼴 모양의 분무속을 형성하게 된다.

③ 분사밸브의 정적(static) 특성과 동적(dynamic) 특성

분사밸브가 완전히 개방된 상태일 때의 분사량 즉, 정적 분사량은 분사니들의 끝부분과
밸브보디 사이의 간극에 의해 최대 통과유량이 결정된다.

분사밸브가 완전히 개방되지 않은 상태에서의 분사량 즉, "동적 분사량"은 추가로 밸브 스
프링의 장력, 밸브니들의 질량, 솔레노이드회로 그리고 ECU의 최종단계에 의해 결정된다.

연료시스템의 압력과 분사밸브 주위의 대기압까지 압력차가 항상 일정하게 되도록 연료
시스템의 압력이 제어되기 때문에, 실제로 분사밸브로부터 분사되는 연료량은 분사밸브의
개변지속간에 의해 결정된다.

점화펄스가 발생될 때마다 분사펄스가 트리거링(triggering)되므로 분사펄스는 연속적
이며, 그 빈도도 아주 높다. 그러므로 분사밸브는 스위칭-ON 시간을 아주 짧게 유지할
수 있어야 한다. 분사니들과 아마추어의 질량이 가볍고 솔레노이드회로가 최적화되어 있
어야만 분사밸브의 개방소요시간 및 폐쇄소요시간을 ms(mili-second) 이하로 유지할 수
있다. 그래야만 극소량의 경우에도 정확하게 계량할 수 있기 때문이다.

(3) Mono-Jetronic의 스로틀밸브 액추에이터

스로틀밸브 액추에이터는 자신의 제
어축을 통해 스로틀밸브레버의 조작에
관여하여, 기관에 흡입되는 공기량에
영향을 미칠 수 있다. 스로틀밸브 액추
에이터에는 래크와 피니언을 통해 액추
에이터 제어축을 작동시키는 직류모터
를 갖추고 있다. 이 직류모터의 회전방
향에 따라 제어축이 밀려나오면 스로틀
밸브는 더 많이 열린다. 직류모터의 극
성이 바뀌어 회전방향이 반대가 되면
제어축은 밀려 들어가고 스로틀밸브개

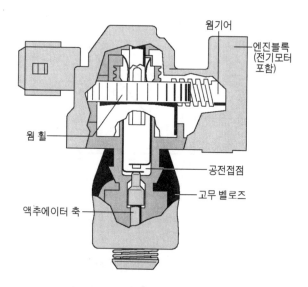

그림 7-9 스로틀밸브 액추에이터

도는 작아지게 된다. 제어축에 설치되어있는 공전접점은 제어축이 스로틀밸브레버에 접촉할 때 닫힌다. 그러면 ECU는 공전상태를 감지하게 된다. 제어축과 스로틀밸브 액추에이터 - 하우징 사이의 고무 벨로즈는 습기나 오염물질의 유입을 방지하는 기능을 수행한다.

3. 작동 데이터의 취득 및 처리

(1) 작동 데이터 취득

기관의 작동상태에 대한 주 변수로 스로틀밸브 개도(α)와 기관 회전속도(n)를 사용하는 α - n 제어방식을 기준으로 설명한다.

① 흡기량

공기여과기를 통과한 공기는 스로틀보디에 설치된, 분사밸브 주위를 통과하여 기관으로 유입된다. 분사밸브 주위를 통과할 때, 흡기온도센서에 의해 흡기온도가 측정되고, 이 정보는 ECU에 전압신호로 전달된다. 주행 중에는 운전자가 가속페달을 통해 스로틀밸브를 제어하지만, 공전 시에는 스로틀밸브 액추에이터가 ECU에 프로그래밍되어 있는 기준 공전속도를 유지하는데 필요한 공기를 제어한다. 기관의 작동상태에 적합한 목표 공연비(또는 혼합기)를 형성하기 위해서는 기관의 흡기행정 마다 흡입하는 공기량을 정확하게 파악해야 한다. 기관에 따라 다르지만 ECU에는 그림 7 - 11과 같은 상대적 흡기특성도(기관의 회전속도(n)와 스로틀밸브개도(α)에 따른 상대 흡기량)가 입력되어 있다.

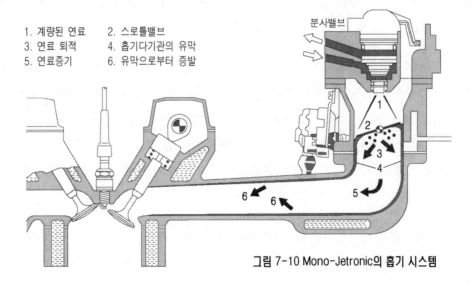

1. 계량된 연료   2. 스로틀밸브
3. 연료 퇴적   4. 흡기다기관의 유막
5. 연료증기   6. 유막으로부터 증발

분사밸브

그림 7-10 Mono-Jetronic의 흡기 시스템

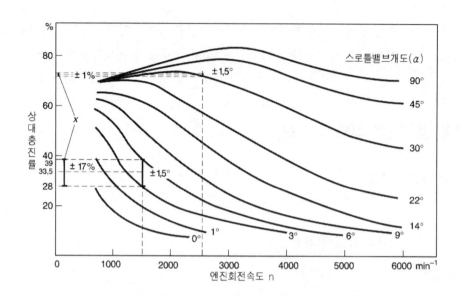

그림 7-11 α-n에 근거한 상대적 흡기량 특성도(예)

　운전자가 가속페달을 밟으면, 스로틀밸브 포텐시오미터가 스로틀밸브개도(α)를 감지한
다. 스로틀밸브 개도 외에도 흡기밀도 및 기관 회전속도(n)가 기관이 흡입하는 공기량에
대한 주 영향요소이다. 기관회전속도 계산에 필요한 신호는 점화장치가 공급한다.

　임의의 기관에서 α-n(또는 MAP-n)에 의한 흡기량은 엔진동력계 상에서 기관을 실제
로 테스트하여 구한다. 임의의 엔진에 대해 그림 7-11과 같은 흡기량 특성도가 작성되어
ECU에 입력되어 있다면, 공기밀도가 일정할 경우, α-n으로부터 흡기량을 정확하게 연산
할 수 있다.

　원하는 공연비를 얻기 위해서는 분사밸브의 분사지속기간을 흡기량에 비례하도록 해야
한다. 즉, 분사지속기간을 α-n에 직접 대응시킬 수 있다. 일반적으로 SPI-시스템에서는
입력신호 α-n(또는 MAP-n)과 λ-특성도를 이용하여 흡기량과 분사지속기간을 일치
시킨다. 이때 흡기온도와 흡기압력에 따라 변화하는 흡기밀도의 영향은 별도로 보정한다.
흡기온도는 흡기가 SPI-시스템의 분사밸브 주위를 통과할 때 측정되며, ECU에서 보정변
수로 고려된다.

　SPI-시스템은 대부분 3원촉매기를 위한 공기/연료 혼합비 즉, λ=1을 유지하기 위해 기
본적으로 공기비제어 기능을 갖추고 있다. 더 나아가 공기비제어 기능은 추가적으로 혼합

기 정밀 보정을 수행한다. 즉, 시스템은 변화하는 운전조건을 스스로 학습하여 적응하게 된다. 이들 보정값은 공기압력(특히 고도 차이에 의한 공기압의 변화)의 영향 외에도 자동차 운행 중 기관과 분사장치에서 발생하는 개별적인 공차와 편차도 고려한다. 기관의 시동을 끈 후에도 학습한 보정계수는 그대로 ECU에 저장되어 있다가, 나중에 다시 시동을 걸면 즉시 효력을 발생하게 된다.

이와 같은 적응식 혼합기제어 그리고 추가로 중복된 공기비제어회로를 이용함으로서 α –n제어를 통한 흡기질량의 간접 측정방식은 –반드시 흡기질량을 측정하지 않고서도– 제한없이 이용할 수 있는 혼합기상수를 보장한다.

② 스로틀밸브 개도

스로틀밸브 개도 신호(α)는 ECU가 스로틀밸브의 개도와 스로틀밸브의 각속도를 계산하는데 사용된다. 스로틀밸브의 개도(=위치)는 흡기량 측정기능 또는 분사지속기간 계산기능 그리고 공전 스위치가 닫혀있을 때 스로틀밸브 액추에이터의 위치 피드백을 위한 중요한 입력신호들 중 하나이다.

스로틀밸브의 각속도는 주로 과도기(임의의 부하상태에서 다른 부하상태로 전환되는 기간)를 보상하는데 필요하다. α–신호의 필요한 해상도의 정확성은 흡기량을 측정하여 결정한다. 주행거동과 배기가스에 이상이 없게 하기 위해서는 흡기량 및 분사지속기간의 해상도는 아주 미소한 디지털 단계로 공기/연료 혼합비가 2% 이내의 정확도로 제어될 수 있도록 아주 정밀하게 세분화되어야 한다.

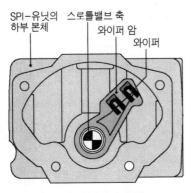

(a) 하우징(와이퍼 포함)

(b) 하우징 커버(포텐시오미터 트랙 포함)

그림 7-12 스로틀밸브 포텐시오미터

흡기량이 스로틀밸브개도(α)에 따라 급격하게 변화할 경우의 기관특성도 영역은 α가 작고 기관회전속도(n)가 낮을 때 즉, 공전 및 저속 부분부하에 해당된다. 그림 7-11에서와 같이 이 영역에서 예를 들면 각도 변화가 ±1.5%일 때 상대적 흡기량의 변화 또는 공기비의 변화는 ±17%이다. 반면에 이 영역을 벗어나서 스로틀밸브개도가 클 경우에는 동일한 각도 변화에도 그 영향은 거의 무시해도 좋을 만큼 적다. 따라서 공전 및 저속 부분부하 영역에서는 각도 해상도가 높아야 함을 알 수 있다.

필요로 하는 높은 신호 해상도를 보장하기 위해서, 스로틀밸브 포텐시오미터의 저항 레일(rail)은 공전과 전부하 사이(스로틀밸브 전체 개도 범위)에 걸쳐서 2개로 분할되어 있다. 첫 번째 레일의 각도범위는 0°~24°이고, 2번째 레일은 18°~90°이다. 이들 스로틀밸브 개도신호 α는 각각 별도로 ECU 내부의 아날로그/디지털 변환기에서 처리된다.

③ 회전속도

α-n제어에 필요한 회전속도 정보는 점화신호의 주기시간으로부터 얻는다. 이때 점화장치로부터 전송된 신호는 ECU에서 처리된다. 회전속도신호로는 점화 스위칭유닛이 미리 준비한 TD-펄스 또는 점화코일의 저압측의 단자 1에서의 전압신호가 사용된다. 동시에 이들 신호들은 분사펄스를 트리거링하는데도 사용된다. 이 때 각 점화펄스마다 1회씩 분사펄스를 생성한다.

④ 기관온도

기관온도는 필요 연료량에 큰 영향을 미친다. 기관 냉각수회로에 설치된 온도센서가 기관온도를 측정하여 전기적인 신호를 ECU에 공급한다.

⑤ 흡기온도

흡기의 밀도는 흡기온도의 함수이다. 이 영향을 보정하기 위해 온도센서가 분사장치의 공기 유입구측에서 흡기온도를 측정하여 이를 ECU에 전송한다.

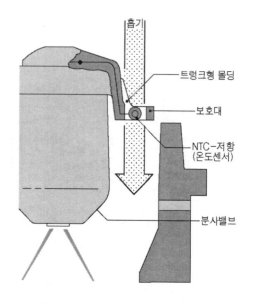

그림 7-13 흡기온도 센서의 설치 위치

⑥ 기관의 작동상태

기관의 작동상태(예 : 공전, 부분 부하, 전 부하 등)의 확인은 연료분사량을 이들 작동상태에 최적화시키기 위해 즉, 전부하 농후혼합기 그리고 타행주행 시 연료분사 중단 등을 위해 매우 중요하다.

공전상태는 스로틀밸브가 닫혀있을 때 스로틀밸브 엑추에이터의 축에 설치된 공전접점이 닫히면 이를 통해 공전상태임을 감지하게 된다. ECU는 전부하 상태를 스로틀밸브 포텐시오미미터의 전기적 신호로부터 파악한다.

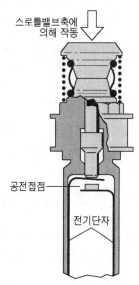

그림 7-14 공전 스위치

⑦ 전원 전압

전자제어 분사밸브의 개방 및 폐쇄에 소요되는 시간은 축전지 전압의 영향을 크게 받는다. 작동 중 전원전압이 강하하면, ECU는 분사지속기간을 변화시켜 전압강하에 의한 분사밸브의 반응지연을 보정한다.

이 외에도 아주 추운 날 시동 시에 발생할 수 있는 현상으로서 전원전압이 아주 낮을 때는 분사지속간을 연장하며, 또 분사지속간 연장은, 이 때 시스템압력을 충분하게 형성할 수 없는 연료공급펌프의 공급특성을 보상하는 기능도 한다.

ECU는 마이크로 - 프로세서에 집적된 아날로그/디지털 변환기를 통해 지속적으로 축전지 전압에 대한 입력정보를 판독하여 이를 연료분사에 반영하게 된다.

⑧ 에어컨 스위칭 신호 및 자동변속기 변속신호

공전 시 자동변속기의 변속 또는 에어컨을 켤 때 기관부하의 변화에 의해 기관의 공전속도가 낮아진다. 이를 방지하기 위해 ECU는 "에어컨 작동준비" → "에어컨 압축기 작동" 명령이 입력되면, 또 자동변속기의 변속신호 "드라이브(Drive)"를 감지하게 되면, 이들 입력신호를 처리하여 공전속도제어를 위한 규정값에 영향을 미치게 된다.

즉, 에어컨이 필요로 하는 냉방출력을 보장하기 위해, 공전속도를 상승시킨다. 또 자동변속기가 드라이브(D)로 변속된 후에는 기관의 공전속도를 강하시켜 자동차가 저절로 발진하는 현상을 방지하게 된다.

⑨ 공기비 제어를 위한 혼합비 신호

3원 촉매기를 이용하여 배기가스를 후처리하는 경우, 공기/연료 혼합비를 정확하게 $\lambda =$ 1 로 유지해야 한다. 배기가스 통로에 설치된 공기비센서는 배기가스 중의 잔류산소에 대한 순간 정보를 전기적 신호로 감지하여, 이를 ECU에 전달한다. ECU는 이 정보를 처리하여 혼합비를 $\lambda =1$ 로 제어하게 된다. 공기비센서는 배기가스 통로에 설치되는 데, 그 위치는 기관의 모든 운전영역에 걸쳐서 공기비센서의 작동에 필요한 온도를 유지할 수 있으면서도 과열되지 않을 위치에 설치된다(PP.421, 10-5 공기비 제어 참조).

(2) ECU의 구성 및 작동 데이터의 처리

ECU는 다수의 센서들로부터 입력된, 기관의 작동상태에 대한 데이터를 처리한다. 이들 처리된 데이터 그리고 이미 프로그래밍되어 있는 제어기능들의 도움으로 분사밸브, 스로틀밸브 액추에이터 그리고 활성탄 여과기 재생밸브 등을 제어하게 된다.

① ECU(Electric Control Unit)의 구조

ECU는 유리섬유로 강화된 폴리아미드(Polyamid) 플라스틱 하우징 안에 들어 있으며, 일반적으로 기관의 복사열의 영향이 미치지 않는 위치, 예를 들면 차실내 또는 차실과 엔진룸 사이 공간에 설치된다.

ECU를 구성하는 전자부품들은 모두 하나의 기판에 집적되어 있다. 출력 최종단계, 전압안정기 그리고 5V전원이 공급되는 전자부품들은 열방출이 잘 되도록 냉각판에 고정하였다. ECU를 구성하는 주요 요소들로는 아날로그/디지털 변환기, 마이크로프로세서, 출력단계 등이다.

ECU - 커넥터의 핀들은 축전지, 센서들 그리고 액추에이터들과 연결된다.

② 아날로그/디지털 변환기(Analog/Digital Converter : Analog - Digital Wandler)

지속적인 아날로그 신호 예를 들면, 스로틀밸브 포텐시오미터 전압, 공기비센서 신호전압, 기관온도신호, 전원전압(축전지), ECU에서 형성된 기준신호는 아날로그/디지털 변환기에서 데이터 워드(data word)로 변환된 다음, 데이터 버스(data bus)를 거쳐 마이크로 - 프로세서(micro - processor)에서 판독된다. 아날로그/디지털 입력은 각각의 입력전압에 따라 ROM에 저장된 여러 가지 데이터 - 세트를 선택, 호출하기 위해 사용된다.(데이터 코딩). 이에 반해 점화장치로부터의 기관회전속도 신호는 집적회로(IC)를 거치면서 사용가능하게 처리되어 마이크로-프로세서에 입력된다. 또 기관회전속도 신호는 곧바로 출력단계를 거쳐 연료공급펌프 릴레이를 작동시키는 데도 사용된다.

③ 마이크로-프로세서

마이크로-프로세서는 ECU의 핵심으로서, 데이터-버스/주소-버스를 거쳐 EPROM 및 RAM과 연결되어 있다. ROM은 기능변수의 데이터 및 프로그램-코드를 포함하고 있다. RAM은 특히 어댑테이션(adaption) 값을 저장하는 기능을 한다.

여기서 어댑테이션이란 스스로 학습하여 변화하는 작동조건에 적응하는 학습기능을 말한다. 따라서 기관의 작동을 정지시켰을 때에도 이들 어댑테이션 값이 삭제되지 않고 그대로 유지되도록 하기 위해서는 ROM은 지속적으로 자동차의 축전지와 연결되어 있어야 한다.

주파수 6MHz의 수정-발진자는 계산과정을 위한 안정된 기본 주파수를 공급한다. 인터페이스(interface)는 다수의 스위칭 신호를 마이크로-프로세서에서 처리가 가능하도록 크기와 형상을 변화시킨 다음에, 이들 스위칭 신호를 마크로-프로세서에 입력시킨다.

스위칭 신호로는 공전 스위치의 위치, 진단배선, 자동변속기가 장착된 자동차에서 실렉터-레버의 위치(D, N, R 등), 에어컨이 장착된 자동차에서 에어컨의 ON/OFF 여부와 에어컨 압축기의 스위칭 상태 등이 있다.

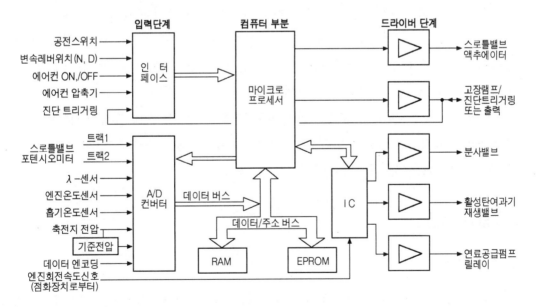

그림 7-15 SPI-시스템의 ECU 블록선도

④ 최종 단계

다수의 최종단계를 거쳐 분사밸브, 스로틀밸브 액추에이터, 활성탄 여과기 재생밸브 그리고 연료공급펌프 릴레이를 제어한다. 센서들 또는 액추에이터들에 고장이 발생할 경우, 자기진단 기능이 이를 감지하여 계기판의 경고등을 점등시키거나 화면에 고장 – 메세지가 나타나게 한다. 고장 경고등 출력단자는 추가로 진단배선 또는 진단단자와 연결된다.

⑤ 공기비 특성도

그림 7-16은 어느 SPI – 시스템의 ECU의 디지털 회로부에 저장된 공기비 특성도이다. 공기비 특성도는 기관동력계에서 기관을 운전하여 작성한다. SPI – 시스템에서와 같은, 공기비 제어를 이용한 엔진제어 개념의 경우, 기관 고유 특성에 맞는 분사지속기간을 계산하게 된다. 이를 통해 기관의 각 운전점(공전, 부분부하, 전부하)에 적합한 이상적인 공연비를 공급하게 된다.

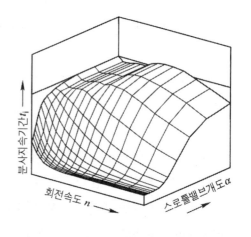

그림 7-16 SPI-시스템의 공기비 특성도(예)

공기비 특성도는 예를 들면, 회전속도(n)와 스로틀밸브개도(α)를 각각 다수의 단계(예 : 15 단계)로 등분하여 분사지속간을 구한다. 공기비에 대해 α/n – 특성도가 아주 비선형적이기 때문에, 특히 공전과 부분부하영역에서는 교점의 간격을 아주 조밀하게 분할하고 있음을 알 수 있다. 이들 교점의 사이에 위치하는 작동점에 대해서는 보간법을 사용하여 분사지속기간을 구한다.

공기비 특성도는 정상적인 작동조건과 작동온도 범위를 기준으로 작성한 것이므로, 기관온도의 편차 또는 특별한 작동조건일 경우에는 보정계수를 사용하여 분사지속간을 보정하게 된다(PP.421~433, 공기비 제어 참조).

4. 혼합기 적응

(1) 시동 단계

기관이 냉각된 상태에서 시동할 때 분사된 연료는, 흡기다기관을 통과하는 공기의 온도와 속도는 낮고, 또 기관 각부(흡기다기관 벽, 연소실 그리고 실린더 벽)의 온도도 낮으며, 흡기다기관 절대압력은 상대적으로 높은, 아주 불리한 기화조건에 노출되게 된다.

　이러한 가혹한 기화조건 때문에 분사된 연료의 일부는 차가운 흡기다기관 벽에 유막형태로 응축되게 된다. 따라서 벽에 형성된 유막이 빠르게 제거되고, 분사된 연료가 모두 곧바로 연소실에서 연소되게 하려면, 시동단계에서는 흡기량에 대응되는 연료보다 더 많은 양의 연료를 분사해야 한다. 높은 응축도는 주로 흡기다기관 벽 온도의 영향을 많이 받으므로, 시동시 유효분사시간은 주로 기관온도의 함수로 표시된다(그림 7-17a).

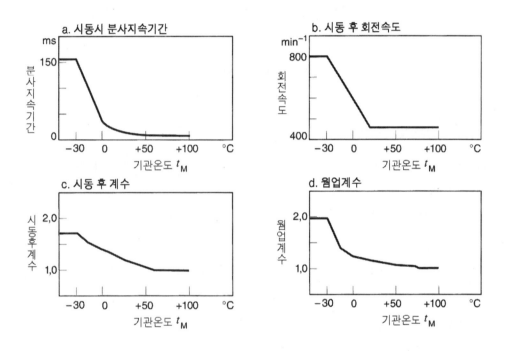

그림 7-17 기관온도와 관련된 보정계수

　흡기다기관 벽 온도 외에도 유막의 형성은 흡기다기관을 통과하는 공기의 속도에 의한 영향도 받는 데, 공기의 속도가 높으면 높을수록 흡기다기관 벽에 응축되는 연료의 양은 감소한다. 그러므로 시동 회전속도가 상승함에 따라 분사지속기간은 단축되게 된다(그림 7-18a).

　시동소요시간을 단축시키기 위해서는 한편으로는 유막이 급격히 형성되도록 해야 한다. 즉, 짧은 시간 내에 다량의 연료를 분사해야 한다. 반면에 기관이 너무 많은 연료를 공급받아 점화플러그가 젖어 시동불능이 되지 않도록 예방책을 강구해야 한다. 이와 같이 서로 상반된 요구조건을 충족시키기 위해서 시동초기에는 분사시간을 길게 하였다가, 점차로 분사시간을 단축시키는 방법을 이용한다.(그림 7-18b) 시동되는 즉시, 기관온도에 의존하는 "시동완료 - 회전속도"를 초과하게 된다.

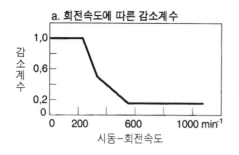
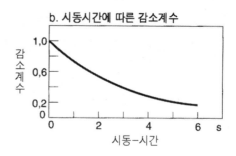

그림 7-18 시동 시 분사지속기간

(2) 시동 후단계 및 난기운전 단계

기관이 시동되면, 분사밸브는 스로틀밸브 개도와 기관회전속도에 따라 공기비 특성도에 저장된 분사지속기간에 의해 제어된다. 이제 기관이 정상작동온도에 도달할 때까지 지속되는 작동모드에서는 아직도 차가운 연소실 벽 또는 실린더 벽에 연료가 응축되기 때문에 농후 혼합기를 필요로 한다.

시동 직후, 잠깐 동안 다량의 연료를 필요로 하며, 이어서 기관온도에만 의존하는 농후 혼합기를 필요로 한다. 시동 이후부터 기관이 정상 작동온도에 도달할 때까지의 중간단계에서 기관이 필요로 하는 혼합기는 2가지로 구분한다.

① 시동 후 농후 혼합기

시동 후 농후 혼합기는 보정계수로서 기관온도를 사용한다. 이 시동 후 보정계수를 이용하여 공기비 특성도를 이용하여 연산한 분사지속기간을 수정한다. 시동 후 보정계수를 값 1로 감소시키는 데는 시간이 결정적인 역할을 한다(그림 7-17c 참조).

② 난기운전 시 농후 혼합기

난기운전 시 농후 혼합기도 보정계수로서 기관온도를 이용한다. 이 보정계수의 값이 1로 감소되는 데는 오로지 기관온도가 결정적인 역할을 한다.

이 2가지 기능은 동시에 작용한다. 즉, 공기비특성도로부터의 분사지속기간은 시동 후 보정계수는 물론이고 난기운전 보정계수에 의해서 동시에 수정된다.

(3) 흡기온도에 따른 혼합기 보정

연소에 이용되는 공기량은 흡기온도에 따라
달라진다. 즉, 저온의 공기는 고온의 공기에 비
해 밀도가 더 높다. 이는 스로틀밸브 개도가 동
일해도 흡기온도가 상승함에 따라 연소실로 유
입되는 흡기의 질량은 감소함을 의미한다. 따라
서 시스템은 흡기에 대한 온도정보를 ECU에 공
급하는 흡기온도센서를 갖추고 있다. 흡기온도
의 함수인 농후계수를 이용하여 ECU는 분사지
속기간 또는 분사량을 보정한다(그림 7-19 참
조).

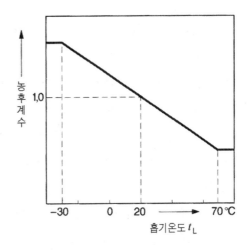

그림 7-19 흡기온도에 의존하는 보정계수

(4) 부하변환 과도기에서의 보정

스로틀밸브 개도의 변화에 의해 부하가 변화하는 경우, 동적 혼합기보정을 위한 부하변환
보정기능이 작동한다. 주행거동의 최적화 및 유해 배출가스의 저감을 위해, 부하변환 과도
기에 보정을 실시한다. 개별분사의 경우가 바로 여기에 해당된다. SPI - 시스템에서는 흡기
다기관을 통해 혼합기 분배가 이루어지기 때문에, 부하변환 시에 연료이송속도의 관점에서 3
가지 서로 다른 상태를 반드시 고려해야 한다.

① 연료 증기

연료 증기는 분사장치에서 또는 흡기다기관에서 생성되거나 또는 흡기다기관 벽에 부착
된 액상의 유막으로부터 생성된다. 이 연료증기는 흡기의 유동속도와 같은 속도로 아주
빠르게 유동한다.

② 연료 액적

연료의 액적은 그 크기에 따라 속도가 다르지만 대체적으로 흡기의 유동속도와 같은 속
도로 이송된다. 그러나 액적들의 일부는 원심력에 의해 흡기다기관 벽에 부착되어 그 곳에
서 유막을 형성하게 된다.

③ 액상의 연료

액상의 연료는 흡기다기관 벽에 부착된 유막으로서, 연료 증기로 변환되기 까지의 시간 적인 지연을 거쳐 연소 가능한 혼합기가 된다.

흡기다기관 절대압력이 낮은 경우, 예를 들면 공전 및 저속 부분부하에서는 흡기다기관 내의 연료는 거의 대부분이 오직 증기형태로 존재하며, 유막형태로는 거의 존재하지 않는 다. 흡기다기관 절대압력이 상승함에 따라 즉, 스로틀밸브 개도가 커지거나 회전속도가 낮 아질 때 유막형태로 흡기다기관 벽에 부착되는 연료의 양은 증가하게 된다.

이와 같은 현상 때문에 부하변환 도중에 스로틀밸브를 조작할 때, 벽의 유막으로부터 분 리되는 연료 또는 벽에 유막의 형태로 응축되는 연료 간의 균형이 깨지게 된다. 스로틀밸 브가 열릴 때 즉, 가속할 때는 유막의 형태로 전환되는 연료량이 증가하므로, 이때 농후한 혼합기가 되도록 보정하지 않으면 희박한 혼합기가 실린더 안으로 유입되게 된다.

똑같은 이유에서 스로틀밸브가 닫힐 때 즉, 감속할 때는 벽에 형성된 유막은 증발, 기화 되게 된다. 이때 희박한 혼합기가 되도록 보정하지 않으면, 농후한 혼합기가 실린더 안으 로 유입되게 된다.

연료의 기화특성은 흡기다기관 절대압력의 영향 외에도, 온도변화에 의한 영향도 마찬 가지로 크게 받는다. 그러므로 흡기다기관이 여전히 차가운 상태이거나 또는 흡기온도가 낮은 경우에는 벽에 유막형태로 응축되는 연료의 양은 추가적으로 증가한다.

SPI – 시스템에서 이와 같은 동적 혼합기 이송효과는 복잡한 전자제어 논리회로에 의해 고려되며, 일반적으로 부하변환 과도기에도 공기/연료 혼합비를 가능한 한 $\lambda = 1$로 유 지하고자 한다.

가속 시 농후혼합기 또는 감속 시 희박혼합 기는 스로틀밸브의 개도, 기관회전속도, 흡기 온도, 기관온도 그리고 스로틀밸브의 각속도 와 관련이 있다. 스로틀밸브의 각속도가 기준 값을 초과하면, 감속 시 희박혼합기 또는 가 속 시 농후혼합기가 공급되게 된다. 가속 시 농후혼합기 공급을 위한 임계각속도는 스로

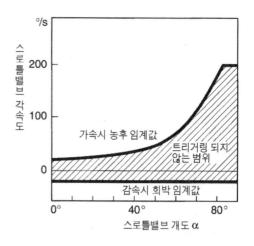

그림 7-20 부하변환 과도기의 보정을 위한 임계값

틀밸브개도의 함수로서 특성곡선의 형태로 ECU에 저장되어 있다.

스로틀밸브의 각속도에 따라 가속 시 농후혼합기에 필요한 동적 혼합기 농후화 계수 그리고 감속 시 혼합기 회박화 계수가 활용된다. 이 동적 혼합기 보정계수는 특성곡선의 형태로 ECU에 저장되어 있다.

흡기다기관 절대압력에 따라 좌우되는 벽유막량(wall film quantity)을 고려하기 위해, 스로틀밸브 개도와 기관회전속도에 의존하는 특성곡선에는 추가로 동적 혼합기 보정계수에 영향을 미치는 평가계수가 저장되어 있다.

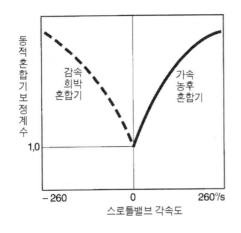

그림 7-21 부하변환 보정용 동적 혼합기 보정계수

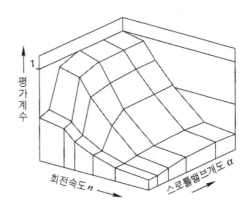

그림 7-22 회전속도와 스로틀밸브의 개도에 의존하는 평가계수

흡기다기관 벽에 형성된 유막을 감소시키기 위해, 기관의 냉각수로 흡기다기관을 가열시키기도 하며, 또 혼합기 형성을 양호하게 하기 위해 흡기예열장치를 이용하여 흡기를 예열시키기도 한다. 이와 같은 영향을 고려하기 위해, 기관온도와 흡기온도의 영향을 받는 동적 혼합기 보정계수에 관한 평가특성곡선이 사용된다.

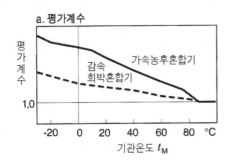

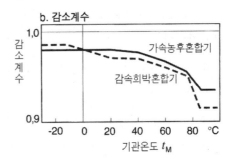

그림 7-23 기관온도에 근거한 부하변환 보정계수

부하변환 과정의 보정은 소위 전체 부하변환 계수로서 분사펄스의 분사지속기간에 영향을 미친다. 현재는 분사리듬에 비례해서 부하변동이 아주 **빠르게** 이루어지도록 할 수 있기 때문에, 더 나아가 추가적인 분사펄스 - 중간분사 - 의 출력도 가능하게 되었다.

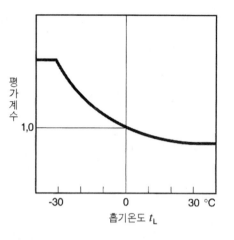

그림 7-24 흡기온도에 근거한 부하변환 보정계수

(5) 혼합기 학습제어

각각의 기관은 개별적으로 그리고 자력으로 혼합기를 학습제어할 수 있는 기능들을 갖추고 있다. 더 나아가 혼합기제어에 대한 공기밀도의 영향을 확실하게 보정한다. 혼합기 학습제어의 목표는 기관과 연료분사장치 구성부품들의 공차 또는 시간이 경과함에 따라 이들에 발생할 수 있는 변화에 의한 영향을 고려하는 것이다.

영향요소들은 크게 3가지로 구분할 수 있다.

① 고도가 높은 지대를 운행할 때 주로 공기밀도의 변화에 의한 영향(공기유동곱셈 영향요소)

② 주로 누설공기 비율의 변화에 의한 영향, 이러한 변화는 예를 들면, 스로틀밸브와 스로틀보디 사이의 간극 또는 스로틀밸브 하부의 오염에 그 원인이 있다(공기유동 가산 영향요소).

③ 분사밸브 지연시간의 개별제어에 의한 영향(분사시간 가산 영향요소)

분사특성도에는 이들 영향요소에 급격하게 반응하는 영역이 있기 때문에, 분사특성도는 크게 3개의 혼합기 학습제어 영역으로 나눌 수 있다.

① 공기밀도의 변화는 특성도 전체 영역에서 균일하게 영향을 미친다. 따라서 공기밀도를 고려한 학습제어변수는 혼합기 학습제어 전체 범위에 걸쳐서 영향을 미친다(공기유동 곱셈 영향요소)

② 누설공기 비율의 변화는 특히 통과 공기량이 적을 때(예 : 공전속도 근처에서) 느낄 수 있다. 그러므로 제2 영역에서는 추가적인 가산값을 구해야 한다(통과 공기량 가산 요소).

③ 1회의 분사펄스 당 분사된 연료량의 변화는 분사 - 주파수가 낮을 때 크게 영향을 미친다. 그러므로 제3 영역에서는 또 다른 가산값을 고려해야 한다(분사시간 가산요소).

혼합기 학습제어변수의 계산은 다음과 같은 방법으로 진행된다.

이미 알고 있는 공기비 - 제어단계의 보정변수는 혼합기 오류가 발생하는 경우, 혼합기가 λ = 1이 될 때까지 수정을 계속한다. 이때 기준값으로부터의 공기비 - 제어단계의 보정변수의 편차는 유효한 공기비 - 제어기의 혼합기 보정값을 나타낸다.

혼합기 학습제어를 위해 그때마다 신호 점프에 따라 공기비 - 제어단계의 보정계수의 값은 가중계수를 이용하여 평가하게 되며, 영역에 따라 다르기 때문에 절환해야 할 학습제어변수를 가산해야 한다. 이를 통해 학습제어변수는 그때마다 해당 단계 즉, 그때마다 유효한 공기비제어의 혼합기 보정값에 비례하는 크기로 변화되게 된다. 따라서 각 단계별로 보정이 필요한 혼합기의 추가적인, 미소한 보정이 이루어지게 된다.

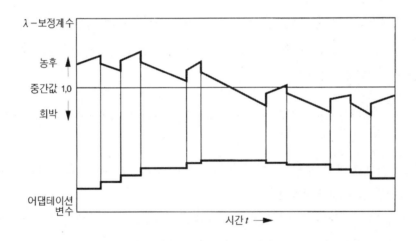

그림 7-25 부하요소의 학습제어와 혼합기 학습제어 간의 주기적 변화

이 단계들은 그때마다의 기관의 부하와 회전속도에 따라, 1초에서 수 100ms 사이의 시간 격자(time grid : Zeitraster)에서 이루어진다. 학습제어변수는 배기가스와 주행특성에서 발생하는 공차의 영향과 드리프트(drift) 영향을 완벽하게 보정할 만큼 빠르게 갱신된다.

참 고

※ **드리프트**(drift) : 장치의 전 압력 신호값이 일정값을 유지하고 있을 때. 규정된 시간 내의 장치 출력신호값의 바람직하지 않은 변동. 편류(偏流)라고도 함.

6. 기타 기능

(1) 공전속도 제어

공전제어는 공전속도를 낮추고 안전시키는 기능을 한다. 자동차의 전체 수명기간을 통해 기관의 공전속도를 거의 일정하게 유지할 수 있어야 한다. SPI - 시스템은 공전속도에서도 회전속도는 물론이고 혼합기도 반드시 제어해야 하기 때문에 정비가 필요없다. 공전속도제어의 경우, 레버를 통해 스로틀밸브를 개방하는 스로틀밸브 액추에이터가 모든 조건(예를 들면, 전원에 부하가 걸렸을 때, 에어컨 스위치가 ON되어 있을 때, 자동변속기가 'D'로 절환되었을 때, 동력조향장치에 최대부하가 걸렸을 때 등등) 하에서 그리고 기관이 차가운 경우나 정상작동온도 상태에서도 공전속도를 규정값 범위 내로 제어하기 때문이다.

공전속도제어 기능은 고도가 높은 산악지대 - 공기밀도가 감소함에 따라 큰 스로틀밸브 개도를 필요로 하는 -를 주행할 때에도 효과를 발휘한다.

공전속도제어기능을 이용하여, 공전속도를 기관의 작동상태에 적응시킬 수 있다. 대부분의 경우에, 연비를 개선하고 유해배기가스를 저감시키기 위해 공전속도를 가능한 한 낮은 속도로 유지하는 것을 목표로 한다.

ECU에는 공전제어용으로 기관온도에 종속적인 2개의 특성곡선이 저장되어 있다(그림 7-26).

① 자동변속기가 장착된 자동차에서 실렉트레버가 D(Drive) 영역으로 절환되었을 때 사용하기 위한 특성곡선(특성곡선 1)

② 수동변속기가 장착된 자동차 또는 자동변속기가 장착된 자동차에서 실렉트레버가 N(Neutral)에 있을 때 사용하기 위한 특성곡선(특성곡선 2)

자동변속기가 장착된 자동차에서 변속기어가 P(Parking)와 N(Neutral) 위치를 제외한 다른 위치에 있을 때에 자동차가 서서히 발진하는 것을 방지하기 위해서, 대부분 공전속도를 낮춘다. 에어컨 스위치가 ON되어 있을 때에는 충분한 냉방성능을 보장하기 위해서 규정 최소회전속도를 기준으로 공전속도를 높이게 된다(특성곡선 3). 또 에어컨 컴프레서를 스위치 ON/OFF할 때 회전속도의 맥동을 방지하기 위해, 에어컨 컴프레서를 ON시키지 않았을 때에도 회전속도를 그대로 높게 유지한다.

회전속도제어기능은 현재의 회전속도와 규정값의 차이로부터 스로틀밸브를 제어하기 위한 적절한 수정계수를 연산한다.

스로틀밸브 액추에이터의 제어는 공전스위치가 닫혀있을 때, 위치 – 제어기(: Lage – Regler)에 의해 이루어진다. 위치 – 제어기는 계산으로 구한 스로틀밸브개도와 스로틀밸브 포텐시오미터에 의해 감지된 실제 개도와의 차이를 이용하여 스로틀밸브 액추에이터를 제어하는데 필요한 제어신호를 결정한다.

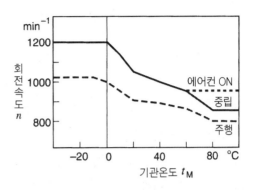

그림 7-26 기관온도에 따른 규정 공전속도(예)

부하변환 과도기, 예를 들면 타행하다가 공전속도로 진입할 때 회전속도의 함몰을 피하기 위해서는 스로틀밸브가 지나치게 많이 닫혀 있어서는 안 된다. 이 기능은 스로틀밸브액추에이터의 최소 제어범위를 전자적으로 제한하는 사전제어 특성곡선이 담당한다. 따라서 ECU에는 온도에 따라 스로틀밸브를 사전제어하기 위한 특성곡선이 드라이브용(D)과 중립용(N)으로 구분되어, 저장되어 있다(그림 7-27).

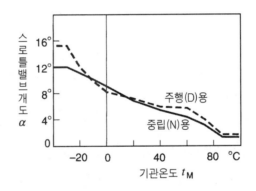

그림 7-27 기관온도와 스로틀밸브개도의 상관관계(예)

추가로 에어컨이 스위치 'ON'되어 있을 경우에는, 에어컨 컴프레서의 작동 여부에 따라서로 다른 사전제어 특성곡선이 사용된다. 사전제어 기능을 항상 적절한 값으로 유지하기 위해서는, 사전제어 수정값을 추가로 실제에 적합하게 수정해야 한다. 즉, 변속위치(D/N), 에어컨 스위치 – ON 여부(예/아니오) 및 에어컨 압축기 작동 여부(예/아니오) 등으로부터의 신호들이 동시에 복합적으로 입력되면 추가적으로 특성곡선을 수정해야 한다. 이와 같은 수정의 최종 목적은, 공전 시에 실제 스로틀밸브개도에 대해 규정된 간격을 유지하도록 전체적으로 유효한 사전제어값을 선택하는 것이다.

고도가 높은 지대를 주행할 때 사전제어의 정확한 수정값이 이미 공전단계에서부터 적용되도록 하기 위해서는, 추가로 공기밀도에 종속적인 사전제어 특성곡선을 사용하게 된다. 공

전영역을 벗어나서도 스로틀밸브 액추에이터를 이용하여 스로틀밸브를 제어하는 경우는 운전자가 가속페달을 밟지 않은 상태에서 부압－제한기 기능을 수행하기 위해서 추가로 이용하는 경우이다. 예를 들어 타행 시 회전속도에 종속적인 특성곡선(그림 7-28)을 이용하여 기관이 충진률이 낮은 작동점(불완전 연소)에 진입하지 않도록, 스로틀밸브를 직접 더 크게 열리도록 제어한다.

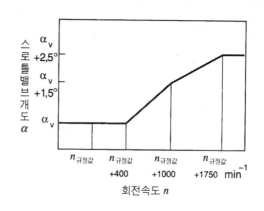

그림 7-28 규정회전속도와 스로틀밸브개도의 상관관계(예)

(2) 전부하 농후혼합기 공급

운전자가 가속페달을 끝까지 완전히 밟을 때, 기관의 최대출력을 기대할 수 있다. 내연기관에서 최대출력은 공기/연료의 화학적 이론 혼합비에 비해 약 10~15% 더 농후한 혼합기를 사용해야만 얻을 수 있다. 전부하 농후혼합기의 크기는 공기비－특성도에서 연산한 분사지속기간에 대한 적분요소로서 저장되어 있다. 전부하 농후혼합기는 스로틀밸브 개도가 일정 수준을 초과할 때(전부하 스토퍼에 접촉하기 직전에)부터 공급된다.

(3) 회전속도 제한(그림 7-29 참조)

기관의 회전속도가 지나치게 높으면, 기관(밸브기구, 피스톤 등)이 손상될 수 있다. 회전속제한기능을 이용하여 기관이 허용 최고회전속도를 초과하는 것을 방지할 수 있다.

각 기관에서 운전가능한 최대 회전속도 n_0을 약간 초과할 때, ECU는 분사펄스를 중단한다. 회전속도가 다시 제한회전속도 규정값 이하로 낮아지면, 분사장치는 분사를 재개한다. 이 과정은 기관의 허용 최대회전속도에 대한 공차범위 내에서 빠르게 그리고 교대적으로 반복된다.

회전속도제한기능이 작동하면 운전자는 주행 안락성이 악화되는 것을 감지하게 된다. 이때 운전자는 경우에 따라 기어변속을 하게 된다.

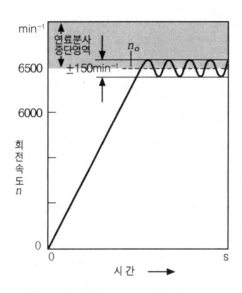

그림 7-29 분사펄스를 억제하여 최대회전속도를 제한하는 방법(예)

(4) 타행 주행(그림 7-30 참조)

주행 중 운전자가 가속페달로부터 발을 떼고, 스로틀밸브가 완전히 닫히게 되면, 기관은 자동차의 운동에너지에 의해 피동된다. 이와 같은 상태를 '타행' 또는 '타행 주행'이라고 한다. 유해 배출가스와 연료소비를 억제함은 물론이고 주행특성을 개선하기 위해, 타행 시에는 여러 가지 기능들을 활성화 시킨다.

① 기관의 회전속도가 규정된 임계값(그림에서 임계값 2)을 초과하고 동시에 스로틀밸브가 닫혀 있으면, 분사밸브는 더 이상 트리거링되지 않는다. 즉, 기관에는 더 이상 연료가 분사되지 않는다. 기관의 회전속도가 제2의 임계값(그림에서 임계값 3) 이하로 낮아지면, 다시 연료분사가 개시된다. 예를 들면 타행 중 클러치를 밟아 회전속도가 급격히 강하하면, 공전속도 이하로 속도가 강하하거나 또는 기관이 완전히 정지되는 것을 방지하기 위해, 아주 높은 회전속도(그림에서 임계값 1)로 급격히 상승하도록 연료를 분사하게 된다.

② 높은 회전속도에서 스로틀밸브가 닫혀 있으면, 한편으로는 엔진-브레이크 현상에 의해 자동차의 감속이 급속히 진행되며, 다른 한편으로는 흡기다기관 절대압력이 강하함에 따라 흡기다기관의 벽유막이 기화되고 동시에 연소에 필요한 공기는 부족하게 되어 불완전 연소를 유발하기 때문에 미연 탄화수소의 방출이 급격히 증가하게 된다. 이와 같은 현상을 방지하기 위해서, 앞서 공전속도제어에서 설명한 바와 같이, 타행 시에는 기관의 회전속도에 따라 스로틀밸브 액추에이터가 스로틀밸브를 더 많이 열리게 한다.

타행 중 회전속도가 급격히 강하하면, 스로틀밸브는 더 이상 강하하는 회전속도에 의해 제어되지 않게 된다. 이 경우, 스로틀밸브개도는 시간적으로 천천히 감소하게 된다.

③ 타행 중 흡기다기관 벽에 응축되어 있던 연료의 유막(=벽유막)이 완전히 기화되면, 흡기다기관은 완전한 건조상태가 된다. 타행 종료 후에는 분사된 연료에 의해 다시 이전의 상태로 벽유막이 형성되어야 한다. 따라서 원래의 평형상태에 도달될 때까지는 약간 희박한 혼합기가 형성되게 된다. 이를 방지하고 벽유막 형성을 지원하기 위해, 타행 종료 직후에 추가로 분사펄스를 연장하게 되는데 그 시간은 타행기간을 기준으로 결정하게 된다.

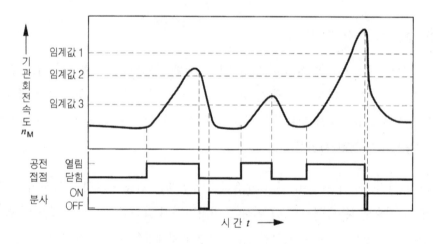

그림 7-30 타행 시 연료분사(예)

(5) 전원 전압에 종속된 기능들

① 분사밸브의 전압보정

솔레노이드 코일식 분사밸브는 자기유도작용 때문에 전류공급 초기에는 시간적으로 약간의 지연 후에 열리게 되며, 전류공급 종료시점에는 약간 늦게 닫히게 된다. 개변시간과 폐변시간은 대체적으로 0.8ms이다. 개변시간은 전원전압의 영향을 크게 받지만, 폐변시간은 그 영향을 아주 적게 받는다. 이와 같은 이유 때문에 전원전압에 따른 보정을 하지 않을 경우, 분사지속기간이 단축되고, 결과적으로 분사량이 감소하게 된다.

즉, 전원전압이 낮으면 낮을수록, 기관에 공급되는 연료량은 더욱더 감소하게 된다. 이와 같은 이유 때문에 전원전압이 강하하면 분사지속기간을 연장하여 이를 보상한다(그림 7-31a). ECU는 실제 전원전압을 감지하고, 전원전압에 종속적인 분사밸브의 개변 지연반응을 분사펄스를 연장시켜 보정한다.

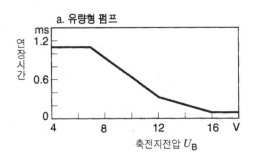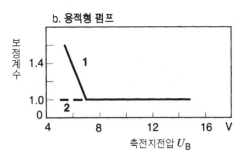

그림 7-31 전원전압에 따른 분사지속기간 보정

② 연료공급펌프의 전압보정

연료공급펌프의 전기모터의 회전속도는 전원전압의 영향을 크게 받는다. 이와 같은 이유 때문에 유량형 연료공급펌프는 전원전압이 낮을 경우(예 : 냉시동 시)에는 더 이상 규정된 시스템압력에 도달할 수 없게 된다. 이렇게 되면 분사량은 아주 적어지게 된다. 이와 같은 현상을 방지하기 위해서 특히, 축전지전압이 낮을 경우에는 전압보정기능을 이용하여 분사지속기간을 보정하게 된다(그림 7-31b).

용적형 연료공급펌프를 사용할 경우에는, 전압보정기능이 필요없다. 사용하는 연료공급펌프에 따라 ECU의 코딩 – 입력을 통해서 전압보정기능을 활성화시킬 수 있다.

(6) 증발가스의 제어(그림 7-6 참조)

① 증발가스의 제어

활성탄에 흡착되어 있는 연료는 외부로부터 유입되는 새로운 공기에 의해 활성탄으로부터 분리되어 기관에 유입, 연소되게 된다. 증발가스는 분사장치와 활성탄여과기 사이에 설치된 재생밸브(ON/OFF 밸브) 그리고 활성탄여과기에 설치된 셧-오프밸브를 동시에 제어하여 재생한다.

증발가스제어의 목표는 모든 작동상태에서 주행특성을 침해하지 않으면서도 가능한 한 많은 증발가스를 기관으로 유입시키는 것이다. 기관으로 유입되는 증발가스량의 한계는 일반적으로 증발가스에 포함된 연료량이 각 운전점에서 기관이 필요로하는 연료량의 약 20%가 되는 점으로 알려져 있다. 혼합기 정밀제어기능의 정상적인 작동을 보장하기 위해서, 혼합기 정밀제어를 가능하게 하는 정상적인 작동모드 사이에 주기적으로, 활성탄여과기 재생모드로 절환하는 것이 절대적으로 필요하다. 또 필요할 경우, 예를 들어 활성탄여과기 재생단계에 활성탄여과기를 통과한 공기에 연료가 너무 많이 포함되어 있을 경우에는 이를 보정하여야 한다. 이는 공기비-제어기의 위치를 통해 혼합기를 정밀제어하는 경우와 똑같은 방법으로 재생밸브의 중간위치를 기준으로 제어한다.

증발가스의 농후도를 파악하게 되면, 사이클이 바뀔 때 그에 따라 분사시간은 연장 또는 단축된다. 그리고 이 과도기 단계에서도 혼합비는 $\lambda = 1$의 좁은 영역에서 벗어나지 않아야 한다.

기관의 작동상태에 따라 재생되는 증발가스의 양을 결정하기 위해 증발가스에 포함된 연료량을 적응시키는 방법과 마찬가지로, 스로틀밸브를 통과, 계측된 공기량과 유입되는 증발가스량 간의 비율을 감지하는 것이 필요하다. 유입되는 공기량과 유입되는 증발가스의 비율은 이들 각각의 통과단면적에 거의 비례한다.

스로틀밸브에 의해 열린 스로틀보디의 공기통과 단면적은 스로틀밸브개도로 측정하는 반면에, 재생밸브의 개구 단면적은 재생밸브에 작용하는 부압에 따라 변화한다.

재생밸브에 작용하는 차압의 크기는 기관의 작동점에 따라 다르며, 공기비 특성도에 저장되어있는 분사지속기간으로부터 계산된다.

스로틀밸브개도와 기관회전속도로부터 정해지는 각 작동점에서 유입되는 공기량과 증발가스량의 비율이 계산된다. 재생밸브를 ON/OFF 제어하여, 기관으로 유입되는 증발가스의 양을 더욱더 소량으로 감소시킬 수 있으며, 주행특성을 침해하지 않는 범위 내에서 허용가능한 비율이 보장되도록 정밀제어할 수도 있다.

② 증발가스 재생밸브

재생밸브는 흡기다기관과 활성탄여과기 사이에 설치되며, 활성탄여과기의 대기 유입구에 설치된 셧-오프밸브와 연동된다. 재생밸브에 작용하는 압력차가 비교적 작을 경우(전부하 부근에서 운전)에는, 활성탄여과기를 통과하여 기관으로 유입되는 증발가스의 양이 많고, 압력차가 클 경우(공전상태)에는 그 양이 적다. ON/OFF 모드에서는 ON/OFF 빈도를 증가시켜 재생밸브를 통과하는 유량을 더 감소시킨다(PP.216, 그림 6-13참조).

(7) 비상운전 기능 및 진단

① 비상운전 기능

ECU의 감시기능들이 모든 센서들로부터의 신호에 대한 타당성을 지속적으로 검사한다. 하나의 신호가 규정된 타당성 범위를 벗어나면, 해당 센서의 결함 또는 전기단자에 고장이 있게 마련이다.

하나의 센서가 고장이어도 자동차가 자력으로 계속 주행하기 위해서는, - 또 주행안락성이 침해될 경우에도 가까운 공장까지 주행할 수 있도록 하기 위해서는 - 고장난 또는 타당성이 불량인 신호를 대신하는 대체값을 사용하여야 한다.

온도센서가 고장일 경우에는 기관의 정상작동상태의 온도값, 예를 들면 흡기온도로는 20℃, 그리고 냉각수온도로는 100℃를 대체값으로 사용한다. 공기비센서 회로에 고장이 발생하면, 공기비제어를 중단한다. 즉, 공기비특성도로부터 연산한 분사지속기간은 경우에 따라 가능한 혼합기 정밀제어기능만을 이용하여 보정하게 된다.

스로틀밸브 포텐시오미터 신호의 타당성에 오류가 있으면 즉, 2개의 주요 변수 중 하나(α)가 빠지면 공기비특성도에 저장된 분사지속기간에 더 이상 접근할 수 없게 된다. 이와 같은 고장의 경우에는 분사밸브는 길이가 이미 정해진 분사펄스로 작동되는데, 회전속도에 따라 정의된 2개의 분사지속기간 중 하나에 의해 작동된다. 센서들 외에도 공전속도제어, 스로틀밸브 액추에이터의 서보부품도 지속적으로 감시된다.

② 고장 메모리

센서 또는 스로틀밸브 액추에이터의 고장을 감지하면, 진단-메모리에는 해당 고장에 대한 정보가 수록된다. 진단 – 메모리에 수록된 고장정보들은 다수의 운전 사이클에 걸쳐 그 기록이 유지된다. 따라서 정비공장에서는 이를 근거로 고장이 영구적인 것인지, 또는 산발적인 고장 예를 들면 접점에서의 접촉불량인지를 판별할 수 있다.

③ 진단 커넥터

진단지침에 따라 고장메모리에 수록된 고장을 점멸코드의 형태로 또는 진단기를 이용하여 판독하고, 제시된 정비방법에 따라 고장을 수리하게 된다.

7. BOSCH Mono-Motronic

(1) 시스템 구성(그림 7-32 참조)

연료분사장치와 점화장치를 1개의 컴퓨터로 제어하는 시스템으로서, 연료분사장치는 위에서 설명한 시스템을 기본으로 하며, 점화장치로는 완전 전자점화장치를 사용한다. MPI – 시스템에서와 마찬가지로 노크제어, 공기비제어, EGR제어, 2차공기분사, 증발가스제어, OBD, 시스템 간섭기능, 통신기능 및 자기진단기능 등을 포함하고 있다.

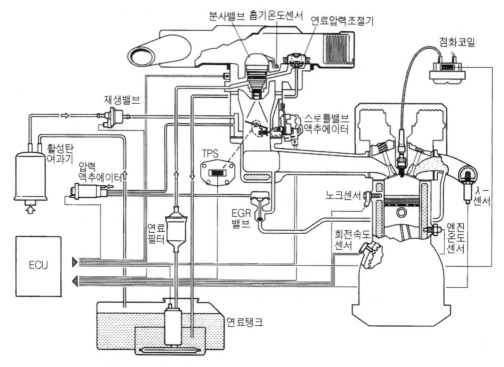

그림 7-32 Mono-Motronic 시스템 구성

(2) 전자제어 회로(그림 7-33 참조)

① 기관회전속도 신호(B5)

배전기에 내장된 홀센서로부터 ECU에 전송된다. ECU는 스로틀밸브개도(α)와 기관회전속도(n)로부터 분사밸브의 통전시간(분사량)을 결정한다.

회전속도 센서(B5)가 고장이면, 필요로 하는 분사량도, 분사횟수도 계산할 수 없기 때문에 기관운전은 더 이상 불가능하다. 회전속도센서(B5)는 ECU의 핀 26(단자7)과 핀 27(단자 8h) 그리고 접지단자 31(31d) 사이에서 점검할 수 있다.

② 스로틀밸브 스위치(B3)

스로틀밸브의 위치는 분사장치에 집적된 스로틀밸브 포텐시오미터가 파악하여, 전압신호의 형태로 ECU에 전송한다. ECU는 전송된 전압의 크기 및 저장된 특성곡선, 스로틀밸브 개도 그리고 회전속도를 이용하여 흡입공기량을 계산할 수 있다.

전압이 최대값에 이르면, ECU는 전부하 상태임을 인식하고, 또 단위시간 당 전압변화가 기준값을 초과하면 운전자의 가속요구를 인식하게 된다. 전부하와 가속 시에는 공기비제어는 중단되고 각 상황에 따라 요구되는 농후한 혼합기가 공급되게 된다.

센서(B3)가 고장일 경우, 모델에 따라서는 공기비센서의 신호를 이용하여 비상운전상태를 유지할 수 있다. 센서(B3)의 점검은 ECU의 핀7, 핀8, 핀 18 그리고 단자 31에서 실행할 수 있다.

③ 공전위치(Y2)

ECU는 이 정보를 스로틀밸브 액추에이터에 내장된 공전스위치(Y2)로부터 받는다. 스로틀밸브가 공전위치에 있을 때는 공전제어 또는 타행 시 연료공급 중단제어 상태 하에 놓이게 된다. 센서가 고장이면 공전위치에 대한 인식이 불가능하므로 위의 2가지 제어는 불가능하게 된다. 공전스위치(Y2)는 ECU의 핀 3과 31M 사이에서 점검할 수 있다.

④ 흡기온도(B1)

흡기온도는 분사장치에 설치된 NTC B1에 의해 감지된다. 저온에서 증량분사(약 20%까지)하기 위해서는 흡기온도신호가 필수적이다. 단자에서 접촉저항(예 : 부식에 의해)이 증가하게 되면, 혼합기 형성에 오류가 발생할 수 있다. 단선 또는 단락에 의해 신호가 전혀 공급되지 않으면, ECU는 저장된 대체값을 활용한다. NTC B1의 신호는 핀 14와 단자 31

사이에서 점검할 수 있다. → 주요 보정변수

⑤ 기관온도(B2)

기관온도센서(NTC B2)의 신호는, 기관온도가 낮을 경우 분사밸브의 개변지속기간을 70%까지 연장한다. 이를 통해 분사된 연료가 흡기다기관과 실린더에 응축되어 혼합기가 희박하게 되는 것을 방지한다. → 주요 보정변수

흡기온도센서와 마찬가지로 접속단자에서의 접촉저항이 증가하면, 혼합기 형성에 오류가 발생할 수 있다. 단선 또는 단락의 경우, ECU는 저장된 대체값을 활용하게 된다. 센서 B2는 핀 2와 단자 31M 사이에서 점검한다.

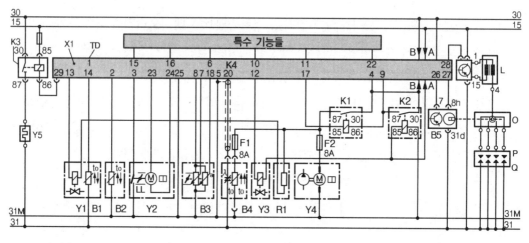

B1 : 공기온도센서
B2 : 기관온도센서
B3 : 스로틀밸브 포텐시오미터
B4 : 가열식 λ센서
B5 : 홀 센서

F1 : 퓨즈 8A
F2 : 퓨즈 8A
K1 : 연료펌프릴레이
K2 : 메인릴레이
K3 : 흡기다기관 예열릴레이

K4 : ECU
R1 : 저항
Y1 : 분사밸브
Y2 : 스로틀밸브액추에이터
   (공전접점 포함)

Y3 : 재생밸브
Y4 : 연료펌프
Y5 : 흡기다기관 히터

그림 7-33 Mono-Motronic 시스템 회로도(예)

⑥ 연료공급펌프 릴레이(K1)

ECU가 핀 17을 접지로 연결하면, 릴레이(K1)는 통전된다. 이제 연료공급펌프를 작동시키기 위한 전류는 단자 30으로부터 연료공급펌프(Y4)로 공급된다.

ECU는 기관회전속도신호를 3초 이상 공급받지 못하면, 릴레이를 차단하여 연료공급펌프의 작동을 정지시키게 된다. 이는 기관 작동이 정지된 상태에서 분사밸브가 열려, 연료

가 기관으로 또는 대기로 누출되는 것을 방지하기 위해서이다. → 안전회로

⑦ 분사밸브(Y1)

연료공급펌프 릴레이(K1)가 닫혀, 전류가 단자 30으로부터 릴레이(K1)와 저항을 거쳐 분사밸브에 공급되고, 동시에 ECU의 핀 13이 접지로 결선되면 분사밸브는 열린다(분사한 다). 분사밸브의 통전시간에 의해 분사량이 결정된다.

⑧ 스로틀밸브 액추에이터(Y2)

ECU는 이 액추에이터를 통해 공전속도를 제어한다. 규정공전속도는 기관온도에 따라 ECU가 결정한다. ECU가 공전제어를 시작하면, 스로틀밸브 액추에이터는 ECU의 핀 23과 핀 24를 통해 전류를 공급받는다.

ECU가 공전제어를 하기 위해서는 홀센서(B5) 신호, 기관온도센서(B2) 신호 그리고 스로틀밸브 액추에이터(Y2)에 내장된 공전접점 스위치의 신호를 필요로 한다.

⑨ 흡기다기관 히터 릴레이(K3)

기관이 냉각된 상태일 때, 흡기다기관 벽을 가열하는 기능을 한다. 이를 통해 차가운 흡기다기관 벽에 연료가 응축되는 것을 방지하거나 또는 감소시킨다. ECU가 핀 29를 접지로 연결하면, 흡기다기관 히터 릴레이(K3)는 통전된다. 전류는 단자 30으로부터 릴레이(K3)를 거쳐 흡기다기관 히터(Y5)로 흐르게 된다. → (+) 전원 공급.

히터(Y5)는 단자 31로 접지된다.

제7장 SPI(Single Point Injection)

제3절 GM의 TBI System
(TBI System from GM)

GM의 TBI(Throttle Body Injection) 시스템은 대우자동차에서 사용한 적이 있는 시스템으로 독일 Opel사의 Multec 시스템과 같다. 이미 단종된 시스템이지만 참고로 간략하게 설명한다.

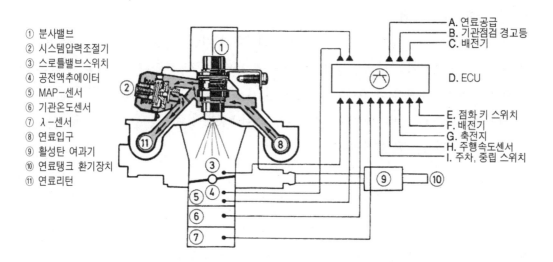

① 분사밸브
② 시스템압력조절기
③ 스로틀밸브스위치
④ 공전액추에이터
⑤ MAP-센서
⑥ 기관온도센서
⑦ λ-센서
⑧ 연료입구
⑨ 활성탄 여과기
⑩ 연료탱크 환기장치
⑪ 연료리턴

A. 연료공급
B. 기관점검 경고등
C. 배전기
D. ECU
E. 점화 키 스위치
F. 배전기
G. 축전지
H. 주행속도센서
I. 주차, 중립 스위치

그림 7-34 Opel-Multec-SPI 시스템

이 시스템은 MAP-n 제어 방식으로 공기량을 계량한다. 따라서 연료량 계산방식은 앞서 MAP-n 제어방식의 가솔린분사장치편에서 설명한바와 같다.

Opel사의 Multec 시스템은 연료분사제어는 물론이고 점화시기와 공전속도를 제어하고, 타행주행시 연료분사를 중단하며, 또 자기 고장진단기능도 갖추고 있다. 그리고 촉매기를 갖추고 있으며 공기비도 제어한다. 그림7-34는 Opel-Multec 시스템의 개략도이다.

1. 구성 부품

시스템의 주요 구성부품은 스로틀 보디(throttle body)와 스로틀보디에 설치되어 있는 분사밸브, ECU, 연료공급펌프, 공기비센서(λ-sensor), MAP센서, 스로틀밸브 위치센서(=스로틀밸브 스위치), 냉각수 온도센서, 기관회전속도센서, 공전 액추에이터 등이다. 구성부품 대부분의 기능은 앞서 L-Jetronic, 또는 BOSCH SPI-시스템에서 소개한 내용과 큰 차이가 없다. 따라서 일부 특별한 부품에 대해서만 설명하기로 한다.

(1) 연료계 구성부품

TBI(Throttle Body Injection)의 핵심부품인 스로틀보디와 분사밸브 어셈블리(throttle body and injection valve assembly)는 그림 7-35와 같다.

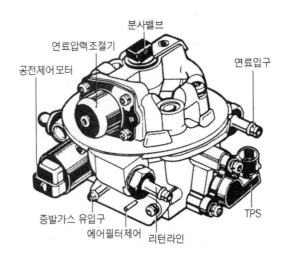

그림 7-35 TBI 본체(Opel-Multec system)

연료는 임펠러 펌프에 의해 압속되어 연료여과기를 거쳐 분사밸브에 공급된다. 펌프의 토출 압력은 0.7~0.8bar, 송출량은 80~100 l/h 정도이며 전원 전압은 13.5V이다. 여분의 연료는 최대 0.3bar 정도의 압력 상태로 다시 연료탱크로 복귀한다.

연료압력 조절기는 연료시스템의 압력을 약 0.75bar 정도로 항상 일정하게 유지한다.

압력조절기는 다이어프램(4)에 의해 스프링실과 연료실로 분리되어 있다. 스프링실에는 스프링장력과 대기압이 작용하고 연료실에는 연료압력이 작용한다. 연료압력이 0.75bar를 초과하면 리턴 - 포트(return port)가 열리기 시작하고 이어서 연료압력은 낮아지게 된다(그림 7-36 참조).

전자식 분사밸브는 스로틀밸브 바로 위에 설치된다. 분사밸브는 ECU에서 계산된 분사밸브 개변지속기간 신호에 따라 제어된다. 작동 원리는 다른 전자식 분사밸브와 같다.

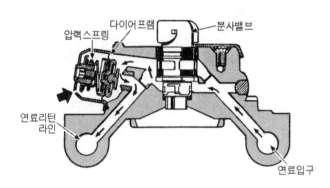

그림 7-36 연료압력 조절기(GM의 TBI)

(2) 공전속도 제어용 스텝 모터(idle speed control step moter)

공전속도 제어용 스텝 모터의 구조는 그림 7-37과 같다. 공전속도 제어용 스텝 모터는 ECU에 의해서 제어되며 정상 작동온도 시의 공전속도를 제어함은 물론이고 난기운전 시의 공전속도도 제어한다.

스텝 모터(step moter)는 0 - 255단계로 공전속도를 제어하며 그 능력은 1초당 160단계로 정밀 제어한다. 스텝모터가 255단계까지 열리면 공전속도는 최대가 된다는 것을 의미한다.

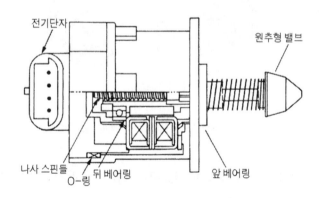

그림 7-37 공전속도 제어용 스텝 모터

(3) MAP센서(흡기다기관 절대압력 센서)

흡기다기관 절대압력 센서(MAP sensor)의 외형은 그림 7-38과 같고 압력센서에 내장된 압전소자는 그림 7-39와 같다.

MAP센서는 흡기다기관의 압력 변화, 즉 기관의 부하변동을 전기신호로 바꾸어 ECU에 전송한다. 압력변동은 압전소자(piezo sensor)를 이용하여 측정한다.

압전소자는 면적 3mm² 두께 약 250μm의 실리콘 칩에 몰딩(molding)되어있다. 실리콘 칩의 진공실은 흡기다기관 쪽과는 약 25μm 두께의 얇은 막을 사이에 두고 있다. 이 얇은 막은 다이어프램과 같은 역할을 한다. 그리고 바깥쪽은 파이렉스 글라스 기판(Pyrex - glas plate)으로 구성되어 있다(그림 7-39 참조).

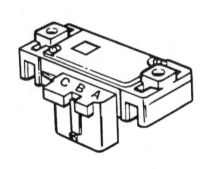

그림 7-38 MAP센서(외형)

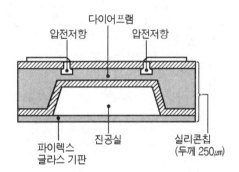

그림 7-39 MAP 센서에 내장된 압전소자의 구조

흡기다기관 절대압력이 변화하면 압전소자의 저항이 변화하고, 저항이 변화하면 전압이 변화하게 된다.

MAP센서는 이와 같이 압력의 변화를 전압변화로 대치하여 ECU에 신호를 보내게 된다. 앞서 D - Jetronic에서 설명한 기계식 MAP센서를 퇴장시킨 전자식 MAP센서가 바로 이것이다.

2. 제어 시스템과 ECU

(1) 시스템 블록선도(system block diagram)(그림 7-40)

ECU는 입력된 각종 정보를 처리하여 연료분사 지속기간, 점화시기, 그리고 공전속도를 제어하고 연료 공급펌프를 구동시킨다. 그리고 주행 중 센서들에 고장이 발생하여 ECU에 신호를 보내지 못할 경우에는 프로그램 되어 있는 특성도에 따라 기관을 운전한다.

그리고 자기진단(self diagnose) 기능을 갖추고 있어서 고장을 쉽게 발견할 수 있도록 되어 있다. 그림 7-42는 Multec-TBI 시스템의 회로도이다.

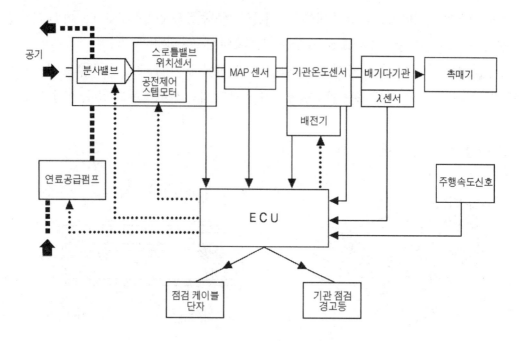

그림 7-40 TBI 시스템의 블록선도

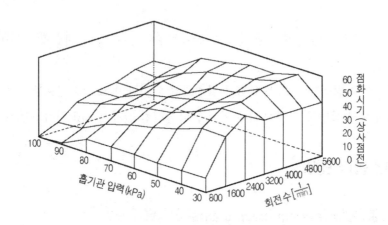

그림 7-41 프로그래밍된 점화시기와 연료분사량 특성도

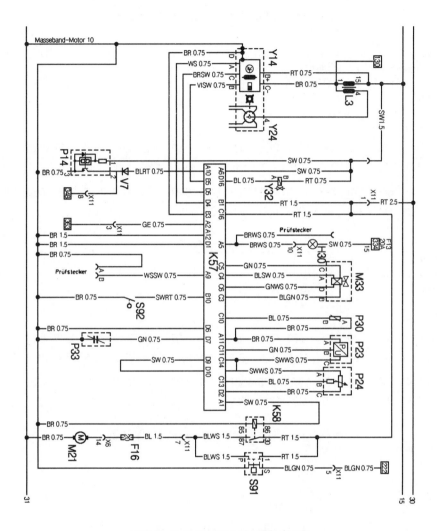

그림 7-42 Multec-TBI 시스템의 회로도

EPROM에 입력되어 있는 protocol data(예)

Label name = XXXXX   min.TL as f(YYYYY)
EPROM−Adress = 0AFC
Conversion formal = UTL16_HI
Max.Value = 130.6 ms
Min.Value =   0.0 ms
X1−interface = YYYY [1/min]

Phys	544	647	770	896	1089	1295	1507	1716	1997	2480	3013	3507	3993	4262	4959	6027
1	1.0	1.0	1.0	1.0	1.0	1.0	1.0	1.0	1.0	1.0	1.0	1.0	1.0	1.0	1.0	1.0

Hex	544	647	770	896	1089	1295	1507	1716	1997	2480	3013	3507	3993	4262	4959	6027
1	02	02	02	02	02	02	02	02	02	02	02	02	02	02	02	02

Label name = XXXXX   max.TL as f(YYYYY)
EPROM−Adress = 0B0C
Conversion formal = UTL16_HI
Max.Value = 130.6 ms
Min.Value =   0.0 ms
X1−interface = YYYY [1/min]

Phys	544	647	770	896	1089	1295	1507	1716	1997	2480	3013	3507	3993	4262	4959	6027
1	13.8	14.3	14.8	15.4	16.4	16.9	16.9	16.9	16.9	17.4	17.9	19.5	21.0	21.0	20.0	17.9

Hex	544	647	770	896	1089	1295	1507	1716	1997	2480	3013	3507	3993	4262	4959	6027
1	1B	1C	1D	1E	20	21	21	21	21	22	23	26	29	29	27	23

Label name = XXXXX   idle characteristic curves as f(YYYYY)
EPROM−Adress = 0B1C
Conversion formal = LD128
Max.Value = 1.410
Min.Value = 0.707
X1−interface = YYYY [1/min]

Phys	544	647	770	896	1089	1295	1507	1716	1997	2480	3013	3507	3993	4262	4959	6027
1	1.000	0.950	0.930	0.900	0.900	0.900	0.900	0.900	0.900	0.900	0.900	0.900	0.900	0.900	0.900	0.900

Hex	544	647	770	896	1089	1295	1507	1716	1997	2480	3013	3507	3993	4262	4959	6027
1	80	6D	65	59	59	59	59	59	59	59	59	59	59	59	59	59

Label name = XXXXX   full load curve as f(YYYYY)
EPROM−Adress = 0B2C
Conversion formal = LD128
Max.Value = 1.410
Min.Value = 0.707
X1−interface = YYYY [1/min]

Phys	544	647	770	896	1089	1295	1507	1716	1997	2480	3013	3507	3993	4262	4959	6027
1	1.093	1.093	1.093	1.093	1.093	1.108	1.127	1.127	1.127	1.093	1.093	1.133	1.133	1.127	1.136	1.157

제8장

가솔린 직접분사장치

(Gasoline Direct Injection ; Benzin-Direkteinspritzung)

제8장 가솔린 직접 분사장치

제1절 GDI 시스템 개요
(Gasoline Direct Injection : Benzindirekteinspritzung)

GDI - 시스템(Gasoline Direct Injection : Benzin-Direkteinspritzung)이란 SI - 기관에서 연료(=가솔린)를 실린더 내에 직접 분사하는 시스템을 말한다.

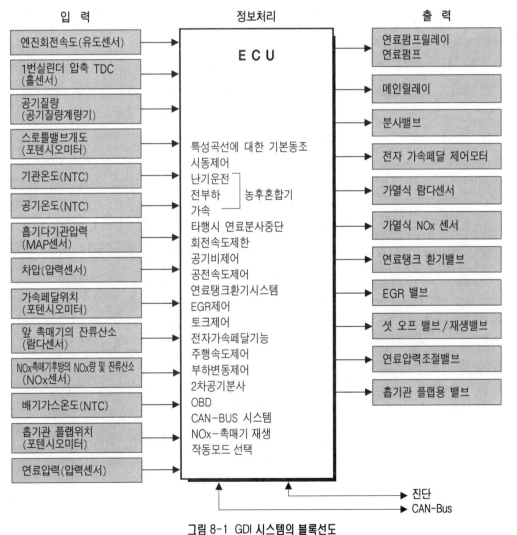

입 력	정보처리	출 력
엔진회전속도(유도센서)	**ECU**	연료펌프릴레이 연료펌프
1번실린더 압축 TDC (홀센서)		메인릴레이
공기질량 (공기질량계량기)		분사밸브
스로틀밸브개도 (포텐시오미터)	특성곡선에 대한 기본동조 시동제어	전자 가속페달 제어모터
기관온도(NTC)	난기운전 전부하 농후혼합기 가속	가열식 람다센서
공기온도(NTC)	타행시 연료분사중단	가열식 NOx 센서
흡기다기관압력 (MAP센서)	회전속도제한 공기비제어	연료탱크 환기밸브
차압(압력센서)	공전속도제어 연료탱크환기시스템	EGR 밸브
가속페달위치 (포텐시오미터)	EGR제어 토크제어	셧 오프 밸브 / 재생밸브
앞 촉매기의 잔류산소 (람다센서)	전자가속페달기능 주행속도제어	연료압력조절밸브
NOx촉매기후방의 NOx량 및 잔류산소 (NOx센서)	부하변동제어 2차공기분사	흡기관 플랩용 밸브
배기가스온도(NTC)	OBD CAN-BUS 시스템	
흡기관 플랩위치 (포텐시오미터)	NOx-촉매기 재생 작동모드 선택	
연료압력(압력센서)		

진단
CAN-Bus

그림 8-1 GDI 시스템의 블록선도

1. GDI 방식의 장·단점

GDI 방식은 간접분사방식에 비해 다음과 같은 장·단점이 있다.

(1) GDI 방식의 장점

① 내부냉각효과를 이용할 수 있다.

액상의 연료를 실린더 내에 직접 분사하기 때문에 연료가 모두 연소실 내에서 기화하게 된다. 따라서 내부냉각효과가 양호하기 때문에 충진률을 개선시킬 수 있다. → 출력 증가

② 층상급기모드를 통해 EGR 비율을 많이 높일 수 있다.

③ 부분부하 영역에서는 혼합기의 질을 제어하므로, 평균유효압력을 크게 높일 수 있다.

층상급기모드에서는 스로틀밸브를 완전히 열기 때문에 교축손실이 거의 없다. 따라서 효율은 높아지고, 출력은 증가하고, 연료소비율은 낮출 수 있다.

④ 직접분사식에서는 간접분사식에 비해 기관이 냉각된 상태일 때 또는 가속할 때 혼합기를 덜 농후하게 해도 된다. 이를 통해 연료소비율을 낮추고 유해배출물을 저감시키게 된다. 이는 흡기다기관 벽에 응축되어 발생하는 손실을 원천적으로 방지할 수 있기 때문이다.

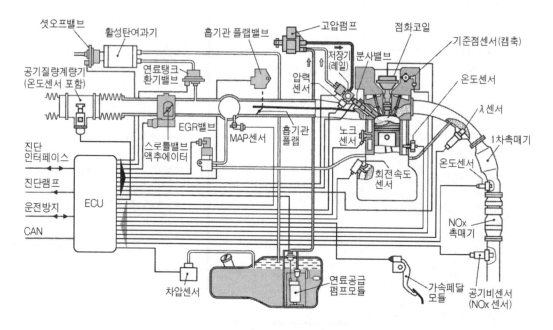

그림 8-2a GDI 시스템의 구성

(2) GDI 방식의 단점

① 제작 및 제어와 관련된 비용이 높다.

② 층상급기모드에서는 공기비 $\lambda = 2.7 \sim 3.4\,(\,40:1 \sim 50:1\,)$의 희박한 혼합기를 사용하기 때문에 NO_X의 배출이 현저하게 증가한다. 3원 촉매기만으로는 생성된 NO_X를 모두 환원시킬 수 없다. 따라서 NO_X-촉매기의 도입이 불가피하게 되었다. NO_X-촉매기는 일정한 시간 간격으로 재생시켜야 하며, 또 저유황연료를 사용해야 한다.

③ 연료분사압력이 상대적으로 높다(50~120bar).→ 작동전압(약 80V)도 높다.

2. GDI 시스템에서의 운전모드

GDI 시스템에서는 여러 가지 운전모드들이 사용된다. 이들 운전모드들은 각 운전상태마다 최적 혼합기 형성 및 연소가 가능하도록 조정된다. 운전모드가 절환될 때, 운전자에게 출력이나 토크의 급격한 변화가 감지되지 않도록 정밀제어가 보장되어야 한다.

주로 많이 이용되는 운전모드는 다음과 같다.

① 층상급기 모드(stratified mode : Schichtbetrieb)

② 균질 혼합기 모드(homogeneous mixture mode : Homogenbetrieb)

③ 균질-희박 모드(homogeneous-lean mode : Homogen-Mager-Betrieb)

④ 균질-층상급기 모드((homogeneous-stratified mode : Homogen-Schicht-Betrieb)

⑤ 균질-노크방지모드(homogeneous-antiknock mode : Homogen-Klopfschutz-Betrieb)

⑥ 층상급기-촉매기가열 모드(stratified-catalysator heating : Schicht-Katheizen-Betrieb)

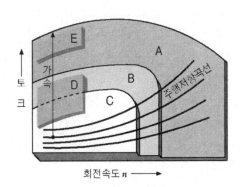

A : $\lambda = 1$ 균질모드.
    이 모드는 모든 영역에서 가능
B : 희박모드 또는 $\lambda = 1$에서 EGR시
    이 모드는 C 또는 D 영역에서는 가능
C : 층상급기+EGR, 더블 인젝션
C : 층상급기+촉매기 가열
    층상급기+EGR과 동일 영역
D : 균질-층상급기 모드
E : 균질-노크방지 모드

그림 8-2b GDI-시스템의 운전모드 특성도

(1) 층상급기 모드(stratified mode : Schichtbetrieb)

약 $3000min^{-1}$ 까지의 저속, 저회전
력 영역 즉, 부분부하상태에서는 층
상급기모드가 가능하다. 이때 연료는
압축행정 중 점화시기 직전에 연소실
에 분사된다. 점화되기까지의 시간간
격이 짧기 때문에 연료가 연소실에
존재하는 모든 공기와 균일하게 혼합
될 수 없다.

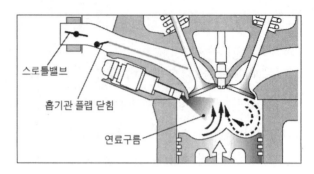

그림 8-3 층상급기 모드

연소실에서 발생하는 와류에 의해 분사된 연료는 구름상태로 스파크플러그 방향으로 몰려
간다. 이 혼합기 구름의 공기비는 약 $\lambda = 0.95\sim1$ 정도이다. 이 구름을 벗어나면 혼합기는
아주 희박하다. 전체적으로 희박한 혼합기에 의한 NO_x의 생성을 최대한으로 낮추기 위해
서는 다량의 배기가스를 재순환시켜야 한다.

층상급기 모드에서는 스로틀밸브를 완전히 열기 때문에, 이때 회전력의 형성은 혼합기의
질에 의해 좌우된다. 이 운전모드에서 회전력에 대한 요구가 아주 높아지게 되면, 늘어난 연
료분사량에 의해 매연이 생성되게 된다. 아주 고속에서는 연소실에서 형성된 와류가 공기비
$\lambda = 0.95\sim1$인 혼합기 구름을 더 이상 허용하지 않는다. 그렇게 되면 불완전 연소 및 실화
에 이르게 된다.

(2) 균질 혼합기 모드(homogeneous mixture mode : Homogenbetrieb)

고속 또는 고회전력 상태에서 기관
은 공기비 $\lambda \approx 1$의 균질 혼합기로, 또
는 고출력을 목표로 할 때는 공기비
$\lambda < 1$로 운전된다. 이를 위해서 분
사는 흡기행정 중에 이루어진다. 따
라서 연료/공기 혼합기가 점화될 때
까지 시간적인 여유가 충분하기 때문
에 분사된 연료는 흡입된 공기와 잘

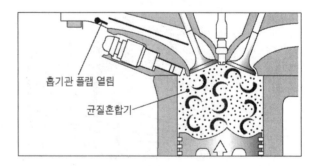

그림 8-4 균질 혼합기 모드

혼합되어 연소실 전체에 균일하게 분포될 수 있다. → 균질혼합기 형성

균질 혼합기 모드에서는 혼합기의 양을 제어하여 필요한 회전력을 생성한다. 즉, 흡입되는 공기의 양이 스로틀밸브에 의해 제어된다. 따라서 혼합기 형성 및 연소는 간접분사방식에서와 동일한 방식으로 이루어진다.

(3) 균질-희박 모드(homogeneous-lean mode : Homogen-Mager-Betrieb)

층상급기 모드와 균질 혼합기 모드 사이의 과도기 영역에서 기관은 균질이면서도 희박한 혼합기로 운전될 수 있다. 공기비 1 〈 λ 〈 1.2로 운전하는 경우, 공기비 λ = 1로 운전하는 균질혼합기 모드에 비해 연료소비율을 낮출 수 있다.

(4) 균질-층상급기 모드(homogeneous-stratified mode : Homogen-Schicht-Betrieb)

이 운전모드에서는 흡기행정 중에 조기 분사(분사량의 약 75%까지)하여 균질이면서도 희박한 혼합기를 형성할 수 있다. 잔량은 압축행정 중에 별도로 분사한다. 이를 통해 스파크플러그 주위에는 농후한 혼합기가 형성되도록 한다. 이 혼합기는 가연성이 좋으며 연소실 내에서의 완전연소를 지원하게 된다.

이 운전모드는 균질혼합기 모드에서 층상급기 모드로 전환하는 과정에서 회전력을 보다 더 잘 제어할 수 있도록 하기 위해 선택적으로 사용한다.

(5) 균질-노크방지 모드(homogeneous-antiknock mode : Homogen-Klopfschutz-Betrieb)

전부하 시에 연료를 2회로 나누어 분사함으로서 노크방지를 위해 점화시기를 지각시키지 않아도 된다. 혼합기가 층을 형성하여 연료의 위험한 자기착화를 방지한다.

(6) 층상급기-촉매기 가열 모드
(stratified-catalysator heating : Schicht-Katheizen-Betrieb)

2회로 나누어 분사하는 한 형태로서 촉매기의 급속한 가열을 가능하게 할 수 있다. 이때는 층상급기 모드와 마찬가지로 희박한 혼합기를 형성하게 된다. 혼합기가 점화된 다음, 폭발행정 진행 중에 연료를 다시 한번 분사한다. 이 연료는 아주 늦게 연소하므로, 배기장치를 급속하게 가열시킨다.

3. GDI 시스템의 연소실

GDI 시스템에서는 공기와 연료가 연소실에서 혼합되는 형태에 따라 연소실 형식을 크게 2가지로 구분한다.

① 분무 유도식 연소실(spray oriented combustion chamber : strahlgeführtes Verfahren)
② 벽 유도식 연소실(wall oriented combustion chamber : wandgeführtes Verfahren)
   • 스월 유동(swirl flow : Swirl - Strömung)
   • 텀블 유동(tumble flow : Tumble - Strömung)

(1) 분무 유도식 연소실(spray oriented combustion chamber : strahlgeführtes Verfahren)

이 형식의 연소실에서는 연료가 분사밸브에 의해 직접 스파크플러그 주변에 분사되며, 그 곳에서 기화된다. 그림에서와 같이 피스톤헤드의 중앙에 오목한 연소실 공간이 마련된다.

문제점으로는, 스파크플러그가 연료에 의해 젖게 되면 아주 높은 열부하를 받게 된다는 점, 그리고 연소실벽에 부착된 연료입자는 연소되지 않거나 불완전 연소될 수 있다는 점이다.

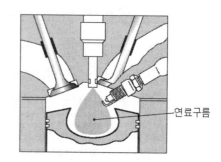

연료구름

그림 8-5 분무 유도식 연소실

(2) 벽 유도식 연소실(wall oriented combustion chamber : wandgeführtes Verfahren)

이 형식에서는 목표로 한 공기와류를 이용하여 공간적으로 제한된, 공기비 λ = 1인 혼합기 구름을 형성하고, 이 혼합기가 스파크플러그 주위를 유동하도록 한다. 주로 돔(dome)형 피스톤이 사용되며, 연소실에서 목표로 하는 와류는 스월과 텀블이다. 그러나 실제로는 와류를 형성하기 위한 여러 가지 대책들이 복합적으로 사용된다.

① **스월 유동**(swirl flow : Swirl-Strömung)
공기는 나선형 흡기관을 통해 실린더로 유입되며, 연소실에서 수직 축을 중심으로 선회 운동한다. 이 경우, 흡기통로는 흔히 두 갈래로 설계된다. 제 2의 통로(충진통로)는 층상급기 모드에서는 플랩(flap)에 의해 닫힌다. 균질혼합기 모드에서는 플랩을 열어, 충진률을 극대화시켜 고출력을 목표로 한다(그림 8-3, 8-4 참조).

② **텀블 유동**(tumble flow : Tumble-Strömung)

이 형식에서는 수평축을 중심으로 하는 원통 형상의 와류를 주 목표로 한다. 위쪽으로부터 연소실로 유입된 공기는 피스톤헤드에 가공된 분화구(crater) 모양의 특이한 부분에서 180° 방향을 바꾸어 다시 위쪽 즉, 스파크플러그를 향해 유동한다.

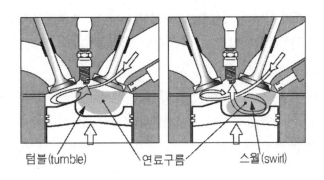

텀블(tumble) 연료구름 스월(swirl)

그림 8-6 스월유동과 텀블유동

제8장 가솔린 직접 분사장치

제2절 GDI 시스템의 구성 및 제어

(GDI-System and Control : Aufbau und Steuerung der Benzindirekteinspritzung)

1. GDI 시스템의 연료공급 회로

GDI 시스템의 연료공급 시스템은 특히 층상급기모드에서는 흡기다기관 분사방식과 비교해서 아주 높은 압력으로 연료를 연소실에 분사해야 한다. 이 외에도 연료분사시간이 현저하게 짧다. 따라서 GDI - 시스템에서는 연료를 아주 높은 압력으로 공급해야 한다. 연료시스템의 회로는 저압회로와 고압회로로 구성되어 있다.

(1) 저압회로

GDI 시스템에서 저압회로는 흡기다기관 분사방식에서의 연료공급시스템과 본질적으로 동일하다. 일반적으로 공급펌프로는 1차압력 3~5bar를 쉽게 형성할 수 있는 용적형 펌프가 주로 사용되며, 고온 재시동성이 양호하고, 고온 작동 시에도 연료의 비등에 의한 기포발생을 방지할 수 있을 만큼의 고압을 형성할 수 있어야 한다. 또 동시에 저압회로의 압력을 기관의 작동상태에 따라 쉽게 변화시킬 수 있어야 한다. 대부분 고온 재시동 시에는 압력을 단기간 내에 5bar까지 상승시킬 수 있다.

가장 이상적인 시스템은 복귀회로가 없이, 필요한 만큼만 연료를 공급하는 제어 가능한 저압회로 시스템이지만, 시스템에 따라서는 체크밸브(check valve : absperrventil)를 사용하여 리턴시키는 시스템 또는 항상 높은 공급압력을 일정하게 유지하는 시스템도 사용되고 있다.

(2) 고압회로

고압회로는 고압펌프, 연료분배관(rail), 압력센서 그리고 시스템에 따라서는 압력제어밸브 또는 압력제한밸브로 구성되어 있다. 고압회로는 계속공급시스템과 필요한 만큼만 공급하는 시스템으로 구분할 수 있다. ECU는 기관의 작동상태에 따라 연료압력조절기를 통해 연료압력을 50~120bar 범위에서 제어한다. 제어회로는 압력센서를 포함한 완벽한 피드백(feed back)회로를 구성하고 있기 때문에 실제값은 항상 ECU에 피드백된다.

① 계속 공급하는 시스템

기관의 캠축에 의해 구동되는 고압펌프, 예를 들면 3 – 실린더 레디얼 피스톤 펌프(그림 8-9 참조)는 시스템압력에 대항하여 계속해서 연료를 분배관(rail)에 공급한다.

고압펌프가 펌핑하는 연료량을 제어할 수 없다. 고압을 유지하는 데 필요한 연료와 분사량을 제외한 나머지 연료 즉, 과잉연료는 압력제어밸브를 통해 다시 저압회로로 복귀한다(그림 8-7 참조). 압력제어밸브는 ECU에 명령에 따라 기관의 각 운전점에서 필요로 하

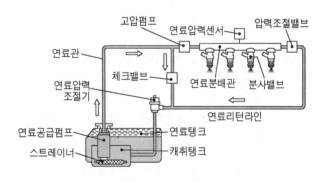

그림 8-7 GDI 시스템의 연료공급회로(계속 공급 방식)

는 압력으로 연료압력을 제어한다. 압력제어밸브는 동시에 기계식 압력제한밸브로서의 기능도 수행한다. 일반적으로 계속 공급시스템은 기관이 필요로 하는 분사량보다 많은 양의 연료를 고압으로 압축한다. 이는 에너지의 과소비를 유발하고 동시에 복귀하는 과잉연료에 의해 연료가 가열되게 되는 단점이 있다.

② 필요한 만큼만 공급하는 시스템

공급량을 조절할 수 있는 고압펌프, 예를 들면 1 - 실린더 레디얼 피스톤 펌프는 시스템 압력에 대항하여 레일(rail)의 고압을 유지하고 분사에 필요한 만큼의 연료만을 공급하게 된다. 펌프는 기관의 캠축에 의해 구동된다. ECU는 고압펌프가 기관의 각 작동점에서 필요로하는 고압을 생성하도록 제어한다. 레일에는 기계식 압력제한밸브가 필요하다.

고압연료를 지속적으로 공급하는 3 - 실린더 레디얼 피스톤 펌프에 비해 불연속적으로 고압연료를 공급하는 1 - 실린더 레디얼 피스톤 펌프는 분사량에 의한 레일압력의 맥동을 일정 수준으로 유지하기 위해서 체적이 큰 레일을 사용해야 한다.

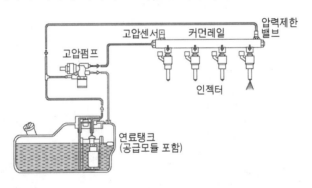

그림 8-8 GDI 시스템의 연료공급회로(불연속 공급 방식)

2. GDI 시스템의 구성 부품

(1) 고압 펌프

고압펌프는 1차 공급펌프의 공급압력 약 3~5bar를 약 50~120bar로 승압시켜 연료분배관(rail)을 통해 각 분사밸브의 고압파이프에 고압연료를 공급할 뿐, 분사량이나 분사시기와는 관계가 없다. 분사량과 분사시기는 ECU가 분사밸브를 전자적으로 제어하여 결정한다. 그림 8-9와 같은 3 - 실린더식 펌프가 주로 사용된다. 공급량이 소량일 경우에는 1 - 실린더식 펌프를 사용하기도 한다.

① 3-**실린더식 고압펌프**(그림 8-9 참조)

원리적으로는 3 - 실린더 레디얼 피스톤 펌프로서 각 실린더는 원주 상에 위상각 120°로 배열되어 있다. 기관의 캠축에 의해 편심축이 회전함에 따라 행정 링(stroke ring)은 각 피스톤에 행정운동을 전달한다. 피스톤이 하향 행정할 때 저압(약 3~5bar)연료는 흡입밸브를 통해 고압펌프의 압축실로 유입된다. 피스톤이 상향 행정할 때 이 연료는 압축되어 레일압력을 초과하게 되면 토출밸브를 통해 고압연료 분배관(rail)으로 공급된다.

피스톤의 배치 상, 각 피스톤의 고압연료의 토출은 교대적으로 오버랩 상태를 유지하면서 진행된다. 따라서 토출유량의 맥동이 적기 때문에 결과적으로 고압공급라인의 맥동도 작다. 공급량은 물론 회전속도에 비례한다.

기관의 필요 연료량에 대응하여 최대분사량의 경우에도 시스템압력을 순간적으로 충분히 변화시킬 수 있도록 보장하기 위해서, 고압펌프의 최대 토출유량은 일정한 값 이상으로 설계되어 있다.

일정한 레일압력으로 운전할 경우 또는 부분부하 시에는 과잉 공급된 연료는 압력제어밸브를 통해 1차공급압력(=저압) 수준으로 낮아져 고압펌프의 흡인측으로 되돌아간다.

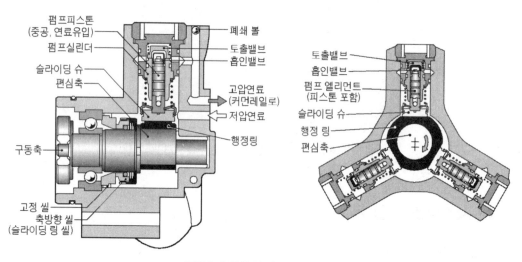

그림 8-9 고압 펌프(3-실린더 식)

② 1-**실린더식 고압펌프**(그림 8-10 참조)

1 - 실린더 펌프는 기관의 캠축에 의해 직접 구동되는 플러그-인(plug-in) 펌프이다. 실린더헤드에 설치된 리프터가 캠축 상의 펌프 구동캠의 양정에 해당하는 행정운동을 직접

고압펌프 피스톤에 전달한다. 펌프에는 흡인밸브와 토출밸브 외에도 토출회로에 설치된, 전기적으로 제어 가능한 솔레노이드밸브가 흡인회로와 연결되어 있다. 솔레노이드밸브에 전류가 공급되지 않을 경우에, 펌프는 고압을 전혀 생성하지 않으며, 압축실에 유입된 연료는 모두 다시 흡인측으로 되돌아간다. 활성화 모드에서 솔레노이드밸브는 피스톤이 하사점에 도달했을 때 닫히고, 일정한 레일압력에 도달한 다음에는 고압연료의 공급을 중단하기 위해 다시 열린다. 솔레노이드밸브가 열린 다음부터 피스톤이상사점에 도달할 때까지 배제된 연료는 다시 고압펌프의 흡인측으로 되돌아간다. 이와 같은 제어방식은 항상 기관이 필요로하는 만큼만 연료를 공급한다. 따라서 펌프의 소비일을 감소시키고 결과적으로 연료소비율을 낮추는 이점이 있다.

1 - 실린더 펌프의 공급특성에 의해 발생되는 압력맥동을 감쇠시키기 위해, 저압연료 흡인밸브의 바로 앞에 압력 댐퍼를 설치하였다. 압력 댐퍼로는 흡기다기관분사방식에서 잘 알려진 다이어프램 스프링식 댐퍼가 사용된다.

또 하나의 중요한 기능요소는 펌프 실린더에 설치된 피스톤 씰(seal)로서 연료영역과 엔진오일 영역을 분리, 차단하는 기능을 한다. 작동안전성을 증대시키기 위해 누설연료를 연료탱크로 복귀시키기 위한 누설회로가 씰링(real ring) 바로 위에 설치되어 있다.

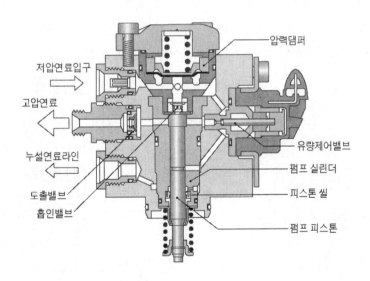

그림 8-10 고압 펌프(1-실린더 식)

(2) 연료분배관(rail)

공급펌프로부터 공급된 연료를 일시 저장하였다가, 분사밸브로 분배하는 기능을 한다. 연료분배관의 체적은 고압펌프에 의해 생성된 압력맥동을 계속적으로 흡수, 상쇄할 만큼 충분히 커야한다. 연료분배관에는 분사밸브로 가는 고압 파이프, 고압센서 그리고 압력제어밸브가 설치되어 있다.

(3) 압력제어밸브

이 밸브는 필요에 따라 저압회로로 가는 유로의 단면적을 변화시켜, 연료분배관 내의 연료압력을 원하는 수준으로 유지한다. ECU는 이 밸브를 펄스폭 변조된 신호로 제어하여 가변적으로 개/폐한다. 장치를 보호할 목적의 압력제한기능이 내장되어 있다.

(4) 고압 분사밸브와 분사과정

① 고압 분사밸브의 구조

고압 분사밸브의 기능 및 작동원리는 흡기다기관분사방식의 MPI - 시스템에 사용하는 분사밸브와 같다. 그러나 직접분사라는 전혀 다른 상황에 노출되기 때문에 요구조건의 수준이 높다. 연소실의 높은 열 부하, 그리고 120bar에 이르는 고압은 높은 강성 및 내열성을 필요로 한다. 또 분사지속간은 흡기다기관 분사방식에 비해 현저하게 단축되었다.

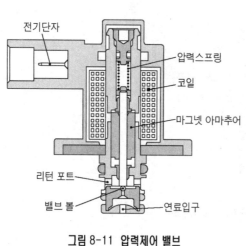

그림 8-11 압력제어 밸브

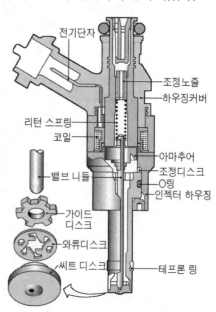

그림 8-12 고압 분사밸브

② **고압 분사밸브의 특성 및 분사과정**

분사지속기간은 공전 시에는 약 0.4ms 이내, 전부하 시에는 약 5ms 이내이다. 참고로 흡기다기관 분사방식에서 분사지속기간은 공전 시 약 3.5ms, 전부하 시 약 20ms 정도가 대부분이다. 분사밸브의 개방지연에 의한 고장은 흡기다기관분사방식에 비해 아주 크게 작용한다. 분사니들의 개/폐를 신속하게 하기 위해 솔레노이드를 약 90V까지의 고출력 콘덴서를 통해서 제어한다.

분사과정은 그림 8-13과 같다. 분사밸브가 열려 있을 경우(밸브니들의 행정 최대 상태), 밸브니들의 행정을 일정하게 유지하는 데 필요한 제어전류는 아주 작아도 된다. 밸브니들의 행정이 일정할 경우, 분사량은 분사지속기간에 비례한다.

분사밸브가 아직 열리지 않은 기간 동안의 사전 자화시간은 분사량계산에서 고려된다.

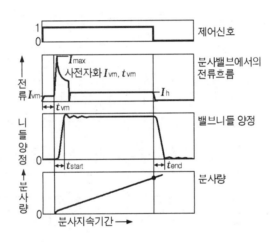

그림 8-13 고압분사밸브 제어신호의 변화과정

3. GDI 시스템의 전자제어

GDI 시스템도 흡기다기관분사방식의 MPI – 시스템과 마찬가지로 최신 전자제어 시스템으로 제어한다. 기존의 ME – Motronic과 같은 전자제어 연료분사시스템에 다수의 센서와 액추에이터가 추가된다. 추가되는 센서들과 액추에이터에 대해서만 간략하게 설명한다.

제시된 회로도는 직접분사방식의 가솔린분사장치, 전 전자식 점화장치, 노크제어기능, 공전제어기능, 흡기다기관 절환기능, 연료탱크환기제어기능 등을 갖춘 4기통기관이다.

(1) NOx-센서(B14)

이 센서는 NO_X-촉매기의 기능을 감시하고, 배기가스 중의 산소농도와 NO_X농도를 측정한다. 신호는 NO_X-센서의 ECU(K6)에서 평가되며, NO_X-촉매기의 재생은 필요에 따라 운전모드를 균질-농후혼합기 모드로 절환하여 실행한다.

(2) 배기가스 온도센서(B15)

이 센서는 배기가스온도를 측정한다. NO_X-촉매기의 유효 작동온도 범위는 $250\sim500℃$ 범위이다. 그러므로 배기가스 온도가 이 경계범위 내로 유지될 경우에만, 층상급기모드로 절환할 수 있다. 센서는 ECU와는 핀 57과 핀 49를 통해서 결선된다.

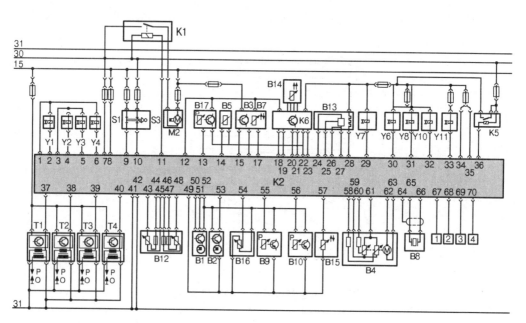

K1 : 연료공급펌프릴레이   B17 : 연료압력센서   B16 : 흡기관플랩 포텐시오미터   Y7 : EGR밸브
Y1~Y4 : 분사밸브   B5 : 기관온도센서   B9 : MAP센서   Y6 : 연료탱크환기밸브
T1~T4 : 싱글스파크점화코일   B3 : 공기질량계량기   B10 : 차압센서   Y8 : 셧오프밸브
S1 : 정속주행스위치   B7 : 흡기온도센서   B15 : 배기가스온도센서   Y10 : 흡기관 플랩용 밸브
S3 : 브레이크페달스위치   B14 : NOx센서   B4 : 스로틀밸브위치센서 및   Y11 : 연료압력제어밸브
   (정속주행)   K6 : NOx센서 ECU   전자가속페달제어모터   K5 : Motronic 전원릴레이
M2 : 연료공급펌프   B1 : 크랭크축회전속도센서 B8 : 노크센서   1~4 : 다른 시스템용 입/출력
B12 : 가속페달센서   B2 : 캠축TDC센서   B13 : 광대역 λ센서   K2 : 엔진 ECU

그림 8-14 GDI 시스템의 전자제어 회로(예)

(3) 광대역 공기비센서(B13)

이 센서는 넓은 공기비 범위에 걸쳐서 배기가스 중의 산소농도를 측정한다. 센서가 측정한 실제값이 특성곡선에 저장된 규정값을 벗어나면, 분사지속기간을 수정한다.

센서는 핀 24, 25, 26 그리고 핀 27을 통해 ECU와 결선된다. 센서의 가열은 릴레이 K5의 (+) 그리고 핀 28의 접지회로에 의해서 이루어진다.

(4) 흡기다기관 플랩용 센서(B 16)

이 센서는 포텐시오미터를 이용하여 흡기다기관 플랩의 위치를 감지한다. 흡기관 플랩은 층상급기 모드에서는 와류형성을 촉진시키기 위해서 닫히고, 균질혼합기 모드에서는 충진률을 극대화시키기 위해서 열린다.

플랩의 위치는 점화시기와 EGR에도 영향을 미치므로, OBD를 통해 감시하도록 되어있다. 포텐시오미터는 ECU의 핀 49, 52 그리고 54를 통해서 점검할 수 있다.

(5) 연료압력 센서(B 17)

이 센서는 연료분배관에 작용하는 연료압력을 측정한다. 신호정보는 전압신호의 형태로 ECU에 전송되며, ECU는 이 신호정보를 근거로 제어밸브를 통해 연료압력(고압)을 제어한다. 센서는 핀 12로부터 (+) 전원, 핀 22로부터 (−) 전원을 공급받는다. 신호는 핀 13을 통해 ECU에 전달된다.

(6) 연료압력 - 제어밸브(Y 11)

연료분배관 내의 연료압력을 기관의 운전상태에 따라 그때그때 약 50~120bar 범위에서 제어한다. 이를 위해 ECU는 핀 33으로 접지를 ON/OFF 제어한다. (+) 전원은 릴레이 K5를 통해서 공급된다.

(7) 흡기다관 플랩용 밸브(Y 10)

흡기다기관 플랩은 균질혼합기 모드에서는 완전히 열려, 충진률이 최대가 되게 한다. 층상급기 모드에서는 2개의 흡기통로 중 하나를 닫아 흡기의 유입속도를 높여 연소실에 강한 와류가 형성되게 한다. 이 와류는 연소실에 혼합기 구름의 형성을 촉진, 강화시킨다.

이 밸브는 ECU의 핀 32를 거쳐 접지된다. (+) 전원은 릴레이 K5를 통해서 공급된다.

EPROM에 입력되어 있는 protocol data(예)

Label name	= XXXXX	throttle valve mechanism as f(MO_TMP, and f(STARTTMP)
EPROM-Adress	= 07E4	
Conversion formal	= LD256	
Max.Value	= 1.995	
Min.Value	= 1.000	
X1-interface	= YYYY	[℃]
X2-interface	= YYYY	[℃]

Phys	130.5	100.5	75.1	64.2	50.1	40.2	30.2	17.3	10.0	0.2	-10.0	-15.0	-19.8	-25.7	-29.3	-39.0
130.5	1.151	1.000	1.000	1.000	1.000	1.000	1.000	1.000	1.000	1.000	1.000	1.000	1.000	1.000	1.000	1.000
100.5	1.000	1.000	1.000	1.000	1.000	1.000	1.000	1.000	1.000	1.000	1.000	1.000	1.000	1.000	1.000	1.000
75.1	1.000	1.000	1.000	1.133	1.164	1.164	1.164	1.164	1.164	1.164	1.164	1.164	1.164	1.164	1.164	1.164
64.2	1.000	1.000	1.000	1.133	1.164	1.205	1.205	1.205	1.205	1.205	1.205	1.205	1.205	1.205	1.205	1.205
50.1	1.000	1.000	1.000	1.133	1.164	1.205	1.272	1.272	1.272	1.272	1.272	1.272	1.272	1.272	1.272	1.272
40.2	1.000	1.000	1.000	1.133	1.139	1.205	1.272	1.343	1.343	1.343	1.343	1.343	1.343	1.343	1.343	1.343
30.2	1.000	1.000	1.000	1.133	1.139	1.205	1.380	1.469	1.521	1.521	1.521	1.521	1.521	1.521	1.521	1.521
17.3	1.000	1.000	1.000	1.082	1.105	1.205	1.272	1.332	1.418	1.501	1.501	1.501	1.501	1.501	1.501	1.501
10.0	1.000	1.000	1.000	1.050	1.079	1.127	1.192	1.242	1.286	1.332	1.433	1.433	1.433	1.433	1.433	1.433
0.2	1.000	1.000	1.000	1.050	1.079	1.127	1.192	1.242	1.286	1.332	1.433	1.534	1.534	1.534	1.534	1.534
-10.0	1.000	1.000	1.000	1.050	1.079	1.127	1.192	1.242	1.286	1.332	1.433	1.534	1.619	1.619	1.619	1.619
-15.0	1.000	1.000	1.000	1.050	1.079	1.127	1.192	1.242	1.286	1.332	1.433	1.534	1.619	1.752	1.752	1.752
-19.8	1.000	1.000	1.000	1.050	1.079	1.127	1.192	1.242	1.286	1.332	1.433	1.534	1.619	1.752	1.874	1.874
-25.7	1.000	1.000	1.000	1.050	1.079	1.127	1.192	1.242	1.286	1.332	1.433	1.534	1.619	1.752	1.874	1.941
-29.3	1.000	1.000	1.000	1.050	1.079	1.127	1.192	1.242	1.286	1.332	1.433	1.534	1.619	1.752	1.874	1.941
-39.0	1.000	1.000	1.000	1.050	1.079	1.127	1.192	1.242	1.286	1.332	1.433	1.534	1.619	1.752	1.874	1.941

Hex	130.5	100.5	75.1	64.2	50.1	40.2	30.2	17.3	10.0	0.2	-10.0	-15.0	-19.8	-25.7	-29.3	-39.0
130.5	34	00	00	00	00	00	00	00	00	00	00	00	00	00	00	00
100.5	00	00	00	00	00	00	00	00	00	00	00	00	00	00	00	00
75.1	00	00	00	2E	38	38	38	38	38	38	38	38	38	38	38	38
64.2	00	00	00	2E	38	45	45	45	45	45	45	45	45	45	45	45
50.1	00	00	00	2E	38	45	59	59	59	59	59	59	59	59	59	59
40.2	00	00	00	2E	30	45	59	6D	6D	6D	6D	6D	6D	6D	6D	6D
30.2	00	00	00	2E	30	45	77	8E	9B	9B	9B	9B	9B	9B	9B	9B
17.3	00	00	00	1D	25	45	59	6A	81	96	96	96	96	96	96	96
10.0	00	00	00	12	1C	2C	41	50	5D	6A	85	85	85	85	85	85
0.2	00	00	00	12	1C	2C	41	50	5D	6A	85	9E	9E	9E	9E	9E
-10.0	00	00	00	12	1C	2C	41	50	5D	6A	85	9E	B2	B2	B2	B2
-15.0	00	00	00	12	1C	2C	41	50	5D	6A	85	9E	B2	CF	CF	CF
-19.8	00	00	00	12	1C	2C	41	50	5D	6A	85	9E	B2	CF	E8	E8
-25.7	00	00	00	12	1C	2C	41	50	5D	6A	85	9E	B2	CF	E8	F5
-29.3	00	00	00	12	1C	2C	41	50	5D	6A	85	9E	B2	CF	E8	F5
-39.0	00	00	00	12	1C	2C	41	50	5D	6A	85	9E	B2	CF	E8	F5

연료와 연소

(Fuel & Combustion ; Kraftstoff und Verbrennung)

제9장 연료와 연소

제1절 자동차용 휘발유

(Automotive Gasoline : Benzin für Ottomotoren)

1. 자동차용 휘발유의 필요조건(KSM 2612)

자동차용 휘발유(automotive gasoline)는 주로 스파크점화기관(SI‒engine)에 사용된다.

대부분의 나라들은 보통 휘발유(regular gasoline : Normalkraftstoff : 2호)와 고급 휘발유 (premium gasoline : Superkraftstoff : 1호)로 구별하여 제조, 판매하고 있다.

고급 휘발유는 보통 휘발유에 비해 항노크성이 높다. 고압축비 기관을 사용하기 위해서는 먼저 연료의 항노크성(anti-knock quality)이 고려되어야 한다. 그리고 밀도와 부식 방지성 등도 중요하며, 계절에 따라 연료의 휘발성(volatility)이 서로 달라야 한다(표9-1 참조).

참고로 휘발유는 인화점이 21℃ 이하로서, 그룹A의 위험등급1(최고 등급)에 속한다.

2. 휘발유의 항 노크성(anti-knock quality : Klopffestichkeit)

자동차용 휘발유는 전통적으로 항 노크성에 근거하여 분류한다. 그리고 실제로 자동차용 휘발유는 항 노크성이 가장 중요하다.

오토사이클기관(Otto cycle engine)에서 이론적으로는 압축비를 높이면 열효율이 증가하고 급기압력을 높이면 출력이 증가하지만 실제로는 노크에 의한 장해 때문에 압축비가 제한된다는 것은 잘 알려진 사실이다.

연료의 항 노크성이 낮으면 연소 중 노크가 발생하기 쉽다. 노크(knock)란 급격한 금속성 타격음(high pitch metallic rapping noise)을 말한다. 노크는 금속성 타격음 외에도 심한 경우에는 피스톤헤드의 소손, 또는 밸브나 실린더 등의 손상을 동반하게 된다. 그리고 기관의 마멸률을 증가시킨다. 기관의 잠재적 내구성(potential durability), 출력, 연료의 경제성 등은 휘발유의 항 노크성이 적합할 경우에만 실현 가능하다. 그러나 기관의 필요옥탄가(ONR)보다 옥탄가가 높은 연료를 사용한다고 해서 이득이 있는 것도 아니다.

표 9-1 스파크기관용 무연 휘발유의 최소필요조건(EN 228(독일 적용)

종 별 필요조건	Super Plus	고급휘발유		보통휘발유		시험규격
		여름	겨울	여름	겨울	
밀도(15℃) kg/㎖	고급과 동일	0.720~0.775		0.720~0.775		EN ISO 3675 EN ISO 12185
항노크성 min. RON min. MON	98 이상 88 이상	95.0 이상 85.0 이상		91.0 이상 82.5 이상		EN ISO 25164 EN ISO 25163
납 함유량 max. mgPb/ l		5 이하				EN 237
ASTM 증류곡선 70℃까지 % by vol. 100℃까지 % by vol. 150℃까지 % by vol. 최종 비등점 max. ℃		20~40 46~71 min. 75 max.210	22~60 46~71 min.75 max.210	고급과 동일		EN ISO 3405
증류잔유물 max. % vol.		2		2		EN ISO 3405
증기압(Rvp) kPa		45~60	60~90	고급과 동일		EN13016-1
증발잔유물 max. mg/100㎖	고급과 동일	5 이하		5 이하		EN ISO 6246
황 함유량 max. mg/kg		max. 150이하		고급과 동일		EN 24260 EN ISO14596 EN ISO 8754
산화 안정성		min. 360분 이상				EN ISO 7536
벤졸함량 vol.%		max.1.0				EN 238 EN 12177
올 레 핀 vol.% 방 향 족 vol.%		max.18 max.42				ASTM D 1319 ASTM D 1319
동판부식성, 부식도		max. 1				EN ISO 2160
함산소성분 wt.%		max. 2.7				EN 1601 EN 13132

노크는 기관의 설계 및 작동상태와 밀접한 관련을 갖는 복잡한 물리적, 화학적 현상에 의존한다. 예를 들면 기관의 필요옥탄가는 고도(altitude)와 습도(humidity)가 상승함에 따라 감소하고, 기온이 상승하면 높아진다.

휘발유의 항 노크성을 어느 한 가지 측정방법으로 완전히 해석할 수는 없다. 휘발유의 항 노크성 측정에 주로 이용되는 방법으로는 리서치법(Research method : ASTM D2699, EN ISO 25164, KSM 2039)과 모터법(Motor method : ASTM D2700, EN ISO 25163, KSM 2045) 이 있다.

표9-2 각종 액체연료의 특성

연료 \ 항목	밀도 kg/l	주성분 % by wt.	비등점 ℃	증발잠열 KJ/kg	저발열량 MJ/kg	점화온도 ℃	이론공기량 kg/kg	착화한계 최저 % by vol. of gas in air	착화한계 최대 % by vol. of gas in air
SI- engine fuel									
Regular gasoline	0.715~0.765	86C.14H	25~215	380~500	42.7	≈300	14.8	≈0.6	≈8
Premium gasoline	0.730~0.780	86C.14H	25~215	-	43.5	≈400	14.7	-	-
Aviation gasoline	0.720	85C.15H	40~180	-	43.5	≈500	-	≈0.7	≈8
Kerosene	0.77~0.83	87C.13H	170~260	-	43	≈250	14.5	≈0.6	≈7.5
Diesel fuel	0.715~0.855	86C.13H	180~360	≈250	42.5	≈250	14.5	≈0.6	≈6.5
Crude oil	0.70~1.0	80~83C 10~14H	25~360	222~352	39.8~46.1	≈220	-	≈0.6	≈6.5
Lignite tar oil	0.850~0.90	86C.11H	200~360	-	40.2~41.9	-	13.5	-	-
Bituminous coal oil	1.0~1.10	89C.7H	170~330	-	36.4~38.5	-	-	-	-
Pentane.C_5H_{12}	0.63	63C.17H	36	352	45.4	285	15.4	1.4	7.8
Hexane C_6H_{14}	0.66	84C.16H	69	331	44.7	240	15.2	1.2	7.4
n-Heptane C_7H_{16}	0.68	84C.16H	98	310	44.4	220	15.2	1.1	6.7
Iso-octane C_6H_{18}	0.69	84C.16H	99	297	44.6	410	15.2	1	6
Benzene C_6H_6	0.88	92C.8H	80	394	40.2	550	13.3	1.2	8
Toluene C_7H_8	0.87	91C.9H	110	364	40.6	530	13.4	1.2	7
Xylene C_6H_{18}	0.88	91C.9H	144	339	40.6	460	13.7	1	7.6
Ether $(C_2H_5)_2O$	0.72	64C.14H.22O	35	377	34.3	170	7.7	1.7	36
Acetone $(CH_3)_2CO$	0.79	62C.10C.28O	56	523	28.5	540	9.4	2.5	13
Ethanol C_2H_5OH	0.79	52C.13H.35O	78	904	26.8	420	9	3.5	25
Methanol CH_3OH	0.79	38C.12H.50O	65	1110	19.7	450	6.4	5.5	26

표9-3 각종 기체연료의 특성

연료 \ 항목	밀도 0℃ 1013mb kg/m³	주성분 % by wt.	비등점 1013mbar ℃	저발열량 연료 MJ/kg[1]	저발열량 혼합기 MJ/m³[1]	착화온도 ℃	이론공기량 kg/kg	착화한계 하한 % by vol. of gas in air	착화한계 상한 % by vol. of gas in air
Liquefied gas	2.25[2]	C_3H_8, C_4H_{10}	-30	46.1	3.39	≈400	15.5	1.5	15
Municipal gas	0.56~0.61	50H, 8CO, 30CH4	-210	≈30	≈3.25	≈560	10	4	40
Natural gas	≈0.83	76C, 24H	-162	47.7	-	-	-	-	-
Water gas	0.71	50H, 38CO	-	15.1	3.10	≈600	4.3	6	72
Blast-furnace gas	1.28	28CO,59N,12CO2	-170	3.20	1.88	≈600	0.75	≈30	≈75
Sewage gas[3]	-	46CH4, 54CO2	-	27.2[3]	3.22	-	-	-	-
Hydrogen H_2	0.090	100H	-253	120.0	2.97	560	34	4	77
Carbon monoxide CO	1.25	100CO	-191	10.05	3.48	605	2.5	12.5	75
Methane CH_4	0.72	75C, 25H	-162	50.0	3.22	650	17.2	5	15
Acetylene C_2H_2	1.17	93C. 7H	-81	48.1	4.38	305	13.25	1.5	80
Ethane C_2H_6	1.36	80C. 20H	-88	47.5	-	515	17.3	3	14
Ethene C_2H_4	1.26	96C. 14H	-102	47.1	-	425	14.7	2.75	34
Propane C_3H_8	2.0[2]	82C. 18H	-43	46.3	3.35	470	15.6	1.9	9.5
Propene C_3H_6	1.92	86C. 14H	-47	45.8	-	450	14.7	2	11
Butane C_4H_{10}	2.7[2]	83C. 17H	-10 ; +1[4]	45.6	3.39	365	15.4	1.5	8.5
Butene C_4H_8	2.5	86C. 14H	-5 ; +1[4]	45.2	-		14.8	1.7	9

1) 단위체적 m³의 값=단위질량 kg의 값 × 밀도(kg/m³)
2) LPG의 밀도 0.54kg/ℓ :액체 프로판의 밀도 0.51kg/ℓ, 액체부탄의 밀도 0.58kg/ℓ
3) 정화가스(sewage gas)는 95%가 메탄(CH₄)이며 저발열량은 37.7MJ/kg
4) 첫 번째 값은 이소부탄, 두 번째 값은 n-부탄 또는 n-부텐의 것

표 9-4 디젤연료의 최소 필요조건(EN 590. 2003)

요구 조건			시험 규격
밀 도(15℃)	g/mℓ	0.820~0.845	EN ISO 3675 EN ISO 12185
증류곡선 250℃까지 증발량 350℃까지 증발량	 max. Vol.% min. Vol.%	 65 85	EN ISO 3405
40℃에서의 동점도	mm²/s	2.00~4.50	EN ISO 3104
인화점	℃ 이상	min. 55이상	DIN 51 755
유동성(CFPP) 　계절별	max. ℃ 04.15~09.30 10.01~11.15 11.16~02.28(29) 03.01~04.14	 max.　0 max. −10 max. −20 max. −10	EN 116
황 함유량	mg/kg	(2005년부터) max.　50	EN ISO 8745 EN 24260 EN ISO 14596
탄소 잔류량	max.wt.%	0.30	EN ISO 10370
세탄가 세탄지수	min. CN min. CI	51 이상 46 이상	EN ISO 5165 EN ISO 4264
회분함량	wt.%	max. 0.01	EN ISO 6245
동판부식		부식도 1	EN ISO 2160
전체 오염도	mg/kg	max. 24	EN 12662
수분함량	mg/kg	max. 200	EN ISO 12937

(1) 휘발유의 옥탄가(Octane Number : Oktanzahl) 측정

① 옥탄가의 정의

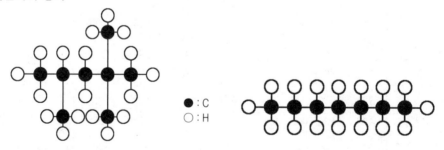

●: C
○: H

그림9-1 이소옥탄의 분자구조   그림 9-2 정 햅탄(normal Heptane)의 분자구조

　　옥탄가란 표준연료(standard fuel)에 대한 시험연료(test fuel)의 노크특성을 표시하는 척
도이다.　이소옥탄(iso-octane : trimethylpentane : C_8H_{18})의 옥탄가를 100, 정 - 헵탄

(normal heptane : C_7H_{16})의 옥탄가를 0으로 정한 항 노크성의 척도가 주로 이용된다.

옥탄가가 높으면 높을수록 연료의 항노크성은 상승한다. 옥탄가 100 이하에서 옥탄가는 이소옥탄과 정 - 헵탄의 체적비로 표시된다. 예를 들면 옥탄가 90인 표준연료는 체적비로 이소옥탄 90%와 정 - 헵탄 10%를 혼합한 연료이다.

$$표준연료의 \ 옥탄가 \ = \ \frac{이소옥탄}{이소옥탄 \ + \ 정 \ 헵탄} \times 100 \ \cdots\cdots\cdots\cdots\cdots\cdots \ (9\text{-}1)$$

② 옥탄가 측정 기관

일반적으로 옥탄가는 1실린더 가변압축비기관(sigle cylinder variable-compression-ratio engine)을 일정조건으로 운전하여 측정한다. 가변압축비 기관으로는 C.F.R(Cooperative Fuel Research)기관과 BASF(Badische Anilin-und Soda-Fabrik)기관이 있으나, C.F.R.기관을 주로 사용한다.

표 9-5 옥탄가 측정기관의 제원과 구조

	CFR-기관	BASF-기관
실린더 수	1	1
내경(d) [mm]	82.55	65
행정(s) [mm]	114.3	100
행정/내경 비	1.38	1.54
배기량 [cc]	661.1	332
회전속도[min^{-1}], 정속	600±6 900±9	600±15 900±20
압축비, 가변	4~10	4~12
피스톤 재질	회주철	경금속
냉각수	증류수	
냉각수 순환방법	자연 순환	
기화기	연료의 절환이 가능한 3 - 부자실 기화기	

③ 옥탄가 측정조건 및 측정방법

옥탄가가 100이하인 시험연료의 옥탄가는 모터법 또는 리서치법에 명시된 조건하에서 측정기관(예 ; CFR기관)을 옥탄가를 측정해야 할 연료로 운전하여 노크의 경향성(tendency)과 강도(intensity)를 측정한다.

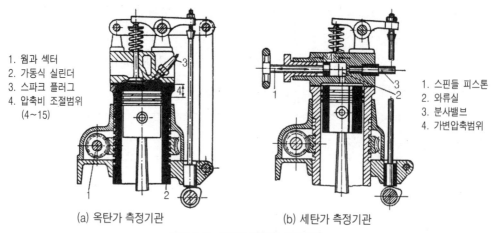

1. 웜과 섹터
2. 가동식 실린더
3. 스파크 플러그
4. 압축비 조절범위
   (4~15)

1. 스핀들 피스톤
2. 와류실
3. 분사밸브
4. 가변압축범위

(a) 옥탄가 측정기관 (b) 세탄가 측정기관

그림 9-3 옥탄가/세탄가 측정기관

옥탄가를 측정해야 할 연료의 노크 경향성 및 강도를, 이미 문서화되어 있는 표준연료의 노크 경향성 및 강도와 비교한다. 동일한 노크강도를 가진 표준연료의 이소옥탄 혼합비(체적%)가 바로 옥탄가를 측정하고자 하는 연료의 옥탄가이다.

표 9-6 CFR 기관의 옥탄가 측정조건

	리서치법	모터법
표시기호 ················	F-1	F-2
ASTM 측정방법 ······	D 908-59	D 357-59
옥 탄 가 ·················	RON	MON
회전속도(min⁻¹), 정속 점화시기(BTDC)······	600±6 13°, 일정	900±9 26°(기본) 압축비에 따라 자동적으로 다음과 같이 조정된다. 압축비 5.00일 때 BTDC 26° 5.41 24° 5.91 22° 6.54 20° 7.36 18° 8.45 16° 10.00 14°
혼합기 온도(℃)·········· 흡기 온도 (℃)··········	예열하지 않음 52±1	149±1 실내온도
냉각수 온도 (℃)········· 윤활유 온도 (℃)·········	100±0.5 49~65	

옥탄가 100 이상인 휘발유의 옥탄가를 측정하는 방법도 옥탄가 100 이하인 휘발유의 옥탄가 측정방법과 같으나, 표준연료로 4에틸납(T.E.L)을 첨가한 이소옥탄(iso-octane)을 사용한

다는 점이 다를 뿐이다. 그리고 ASTM 에서 발행한 환산표를 사용하여 이소옥탄에 첨가된 4에틸납의 함량을 100이상의 옥탄가로 환산한다(표 9-7 참조).

표 9-7 옥탄가 100 이상인 휘발유의 T.E.L 함량

옥탄가	옥탄의 TEL 함량(vol%)	옥탄의 TEL 함량(ml TEL/US Gall.)
100	0	0
101	0.0018	0.07
102	0.0039	0.15
103	0.0066	0.25
104	0.0095	0.36
105	0.0121	0.46
106	0.0157	0.60
107	0.0195	0.74
108	0.0238	0.90
109	0.0285	1.08
110	0.0338	1.28

옥탄가의 정의(定義)에 다르면 이소옥탄과 정헵탄 뿐만 아니라 4에틸납을 함유한 이소옥탄도 리서치법으로 측정하든, 모터법으로 측정하든 간에 옥탄가가 서로 같아야 한다. 즉 측정방법에 상관없이 동일한 연료는 동일한 옥탄가가 되어야 하지만 실제로는 그렇지 않다. 따라서 옥탄가를 말할 때는 측정방법이 고려되어야 한다. 그러나 옥탄가 100은 서로 일치한다. 그리고 옥탄가(ON)와 세탄가(CN)의 관계는 다음과 같다.

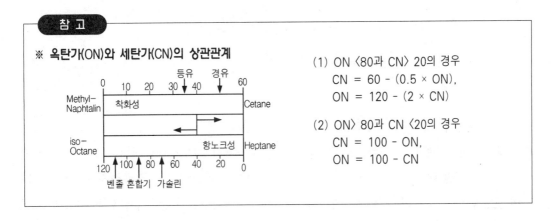

참 고

※ 옥탄가(ON)와 세탄가(CN)의 상관관계

(1) ON 〈80과 CN 〉20의 경우
CN = 60 - (0.5 × ON),
ON = 120 - (2 × CN)

(2) ON 〉80과 CN 〈20의 경우
CN = 100 - ON,
ON = 100 - CN

(2) 옥탄가의 종류

① 리서치 옥탄가(Research Octane Number : RON)

표 9-6의 리서치법에 의해서 측정된 옥탄가로서, 흔히 RON으로 표기한다.

리서치 옥탄가(RON)는 전부하 저속 예를 들면, 저속에서 급가속할 때 기관의 항 노크성을 표시하는 데 적당하다.

② 모터 옥탄가(Motor Octane Number : MON)

표 9-6의 모터법에 의해서 측정된 옥탄가로서 흔히 MON으로 표기한다.

모터법은 리서치법과 비교하면 혼합기를 약 150℃로 예열하며, 기관의 회전속도가 높고, 점화시기를 가변시킨다는 점 등이 다르다. 즉 시험조건이 좀더 가혹해지므로 시험연료가 열부하를 더 많이 받게 된다. 따라서 모터 옥탄가(MON)는 고속 전부하, 고속 부분부하, 그리고 저속 부분부하 상태인 기관의 항노크성을 표시하는 데 적당하다.

모터 옥탄가(MON)는 리서치 옥탄가(RON)보다 다소 낮다. 일반적으로 시판 휘발유의 MON은 RON보다 약 8~10 정도 낮다. 이는 기관의 운전조건이 항 노크성에 큰 영향을 미친다는 것을 의미한다. 모터 옥탄가(MON)와 리서치 옥탄가(RON)의 차이를 감도(sensitivity)라고 한다.

또 RON과 MON의 평균값을 항 노크지수(Anti-Knock Index : AKI)라고도 한다.

$$\text{감도 (sensitivity)} = RON - MON$$

$$\text{항노크지수 (AKI)} = \frac{RON + MON}{2} \quad \cdots\cdots\cdots\cdots\cdots\cdots\cdots \text{(9-2)}$$

③ 로드 옥탄가(road Octane Number)

실험실에서 1실린더 기관으로 측정한 실험실 옥탄가(laboratory octane number)는 편리하긴 하지만 다기통 자동차기관에서 직접 측정한 옥탄가보다는 정확하지 못하다. 따라서 표준연료를 사용하여 자동차기관을 운전하는 방법으로 자동차에서 휘발유의 항 노크성, 또는 로드 옥탄가(road Octane Number)를 직접 결정할 수 있다. 이때는 기관의 노크 경향을 변화시키기 위하여 수동으로 점화시기를 제어하는 방식이 이용된다.

가장 일반적으로 사용되는 방법은 CRC(Coordinating Research Council Inc)의 F-27법(Modified Borderline)과 F-28법(Modified Union)이 있다. 이들 방법을 사용할 경우 표준

연료와 시험연료의 노크 경향성은 항상 최저 가청수준의 노크(the lowest audible level of knock)로 비교된다.

로드 옥탄가(road Octane Number)도 일정 측정조건으로 운전할 때, 같은 노크강도를 발생시키는 표준 연료의 옥탄가로 정의(定義)된다. 휘발유의 도로 항노크성(road anti- knock quality)을 예측하는 자료로서 보통 리서치 옥탄가(RON)와 모터 옥탄가(MON)를 이용한다. 이는 실험실 옥탄가와 로드 옥탄가 간의 상관관계를 설명할 수 있음을 의미한다.

리서치 옥탄가(RON)와 모터 옥탄가(MON)의 평균값인 항노크지수(AKI)는 로드 옥탄가에 대한 합리적인 지표(guide)로 알려져 있다. 대부분 자동차의 경우, 여러 운전조건에서 로드 옥탄가는 그 연료의 리서치 옥탄가(RON)와 모터 옥탄가(MON)사이에 존재한다.

④ **프론트 옥탄가**(Front Octane Number : FON)

프론트 옥탄가(FON)는 연료의 구성 성분 중 100℃까지 증류되는 부분의 리서치 옥탄가(RON)로서, 가속노크에 관한 연료의 특성을 이해하는 데 중요한 자료이다.

(3) 퍼포먼스 수(Performance Number : PN)

옥탄가 100이상인 연료의 옥탄가를 측정할 때는, 표준연료로서 4에틸납(TEL)을 첨가한 이소옥탄(iso-octane)을 사용한다는 것은 앞에서 설명하였다. 그러나 옥탄가 100이상은 일반적으로 옥탄가로 표시하지 않고 퍼포먼스 수(PN)로 표시한다.

퍼포먼스 수(PN)란 동일한 운전조건하에서 시험연료(test fuel)로 운전한 경우와 표준연료(standard fuel)인 이소옥탄으로 운전한 경우에, 각각의 노크한계에서의 지시출력(Indicated Power)의 비(比)를 백분률(%)로 표시한 것을 말한다.

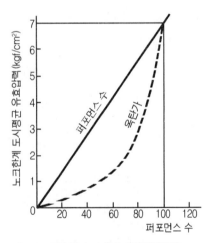

그림 9-4 퍼포먼스 수와 노크한계에서의 지시평균유효압력

옥탄가 100이상을 퍼포먼스 수(PN)로 표시하는 이유는 옥탄가와 노크한계에서의 지시평균 유효압력이 서로 1차비례 관계가 아니므로, 옥탄가가 노크한계와 지시평균유효압력 간의 관계를 정확히 반영하지 못하기 때문이다.

특히 옥탄가 100이상의 경우 이소옥탄에 항노크성 물질을 첨가해 이소옥탄보다 훨씬 높은 항노크성을 얻게 되는 데, 이소옥탄과 지시평균 유효압력이 서로 1차비례 관계에 있지않으므로 이를 옥탄가로 표시할 근거가 희박하다. 따라서 노크한계의 지시평균유효압력에 1차비례 관계를 갖는 척도, 즉 퍼포먼스 수(PN)가 더 합리적임을 이해할 수 있을 것이다.

최근에는 옥탄가 100 이하의 연료에 대해서도 PN이 사용되고 있는데 옥탄가 100이하와 PN과의 관계는 다음 식으로 표시된다.

$$PN = \frac{2800}{128 - ON} \quad \text{(9-3)}$$

그리고 이소옥탄에 첨가하는 4에틸납의 첨가량(cc/gal)과 PN과의 관계식은 보통 다음의 실험식으로 표시된다.

$$TEL = \frac{(PN - 100)}{42.42 - 0.736(PN - 100) + 0.0034(PN - 100)^2} \quad \text{(9-4)}$$

이 실험식은 4에틸납의 첨가량이 6cc/gal 이하에서 잘 맞으며 PN도 옥탄가처럼 측정 조건에 따라 그 값이 변한다. PN은 보통 F-3법과 F-4법으로 측정하는 데 일반적으로 측정방법을 함께 표시한다.

표 9-8 Summary of Operating Conditions for Supercharge Method ASTM 9.9T

기관 회전속도(min^{-1})	1800±45
엔진오일(SAE 등급)	50
정상작동시 오일압력 PSI(MPa)	60±5
오일통로 입구에서의 오일온도	165±5℉(74±3℃)
냉각수 온도	375±5℉(191±3℃)
흡기온도(오리피스)	125±5℉(52±3℃)
흡기온도(서지탱크)	225±5℉(107±3℃)
흡기의 습도	70(0.00971)max
점화 시기(BTDC)	45
스파크 플러그 간극(인치)	0.020±0.0003
브레이커 포인트 간극(인치)	0.020
밸브 간극(인치)	
흡입	0.008
배기	0.010
공기비	가변, 0.08 ~ 0.12
연료 공급 압력 Psi(kPa)	15±2(103±14)
분사 압력 Psi(MPa)	
보쉬	1200±100(8.2±0.69)
엑셀로	1450±50(10±0.34)

(4) 항 노크제(anti-knock additives)

보통의 증류 휘발유는 항노크성이 아주 낮기 때문에 여러 가지 항노크제를 첨가하여 충분한 옥탄가가 유지되도록 한다. 이때 증발영역 전범위에 걸쳐서 가능한 한 적당한 수준의 옥탄가가 유지되도록 하여야 한다.

반지(ring)형 방향족(aromatics)과 옆사슬형 파라핀(iso-Paraffine)은 직선 사슬형 파라핀(normal-Paraffine)에 비해서 항노크성이 높다.

① 제1종 첨가제

벤젠(benzene ; C_6H_6, 상업용 명칭 benzole), 톨루엔(toluen ; C_7H_8), 크실렌(Xylene ; C_8H_{11}) 등과 같은 방향족 탄화수소처럼 자신이 연료인 첨가제를 1종 첨가제라 한다. 옥탄가는 RON 108~112 범위이다.

1종 첨가제 중에서 벤젠은 발암물질이라는 이유로 첨가량을 최대 5%(vol)로 제한하는 나라가 대부분이다. 우리나라의 석유품질기준(2000년)에서는 2%(vol) 이하로 제한하고 있다. 메탄올(CH_3OH), 에탄올(C_2H_5OH), 에테르($(C_2H_5)_2O$), MTBE($(CH_3)_3$-$COCH_3$), ETBE($(CH_3)_3$-COC_2H_5), TAME($C_5H_{12}OCH_3$), TBA(C_4H_9OH) 등과 같은 함산소 1종첨가제는 옥탄가를 높인다는 측면에서는 좋지만, 휘발유에서의 용해성이 불량하고, 냄새가 나고, 발열량이 낮다는 단점이 있다. 또 연료성분 중 산소함량이 증가되면 CO 감소효과는 크지만 NO_x가 증가하는 것으로 보고되고 있다. 그리고 알콜의 경우는 비점이 낮아 휘발성을 크게 상승시키며, 메탄올은 특히 금속부식성도 아주 강하다.

② 제2종 첨가제

가장 효과적인 항노크제로 사용되었든 4에틸납(Tetra Eethylene Lead ; TEL ; $Pb(C_2H_5)_4$)이나 4메틸납(Tetra Methylene Lead : TML ; $Pb(CH_3)_4$)과 같은 유기금속화합물(metallo-organic base)을 제2종 첨가제라 한다. 납화합물은 독성이 강한 공해물질이기 때문에 오늘날은 첨가 허용량을 법적으로 크게 제한하거나, 금지하는 나라가 대부분이다. 4에틸납은 연소 중 분해하여 산화납으로 되어 실린더벽에 퇴적되므로 할로겐 화합물(organic halides)을 연료에 첨가하여 산화납을 할로겐화납으로 변화시켜 배기가스와 함께 외부로 배출시키는 방법을 사용한다. 그러나 할로겐 화합물도 공해물질이다.

③ MTBE(Methyl Tetiary Butyl Ether : MTBE; $(CH_3)_3$-$COCH_3$)

메틸 타샤리 부틸 에테르(MTBE)는 메탄올과 이소－부틸렌(iso-butylene)의 화학반응으로 제조하며, 리서치 옥탄가(RON)가 110~119로서 소량을 첨가해도 옥탄가를 크게 높일 수 있다. 또 비점(55℃)이 낮기 때문에 특히 비등점이 낮은 영역에서 연료의 옥탄가를 크게 개선시킨다. 혼합비율은 약 10~15% 범위이다. 그러나 MTBE 자체에 포함된 이소-부텐, 메탄올 등이 불완전 연소될 경우, 포름알데히드(HCHO)가 생성되는 것으로 알려져 있다.

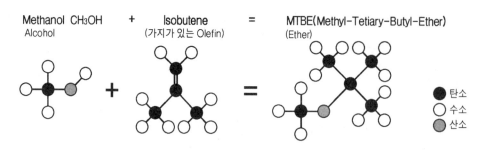

그림 9-5 MTBE의 분자구조

(5) 무연 휘발유(unleaded gasoline)의 항노크성

촉매기가 장착된 자동차에는 납화합물(제2종 첨가제)이 들어있지 않은 무연연료를 사용해야 한다. 유연 휘발유를 사용할 경우에는 배기가스 중의 납화합물이 촉매기의 촉매층을 덮어버리게 되어, 촉매기가 더 이상 촉매작용을 할 수 없게 된다. 이와 같은 이유에서 무연휘발유의 납함량은 제한된다(석유품질기준에서는 13mg/ℓ 이하, EN에서는 5mg/ℓ 이하).

무연 휘발유에는 주로 1종 첨가제를 첨가하여 옥탄가를 개선한다. 주로 방향족(aromatics) 및 올레핀(olefins)계와 같은 다원자가(多原子價 : multivalent) 성분, 비점이 낮은 함산소연료 그리고 MTBE와 같은 별도의 항 노크제를 첨가한다. 이들의 첨가로 옥탄가는 개선되었으나 동시에 휘발성이 높아져 증발가스의 발생량이 증가하는 등의 문제점도 있다.

유연 고급휘발유의 리서치 옥탄가(RON)가 98~100인데 비해 무연 고급 휘발유는 대부분 RON 95~96정도로 하여 생산하고 있다. 이와 같이 무연 휘발유는 유연 휘발유에 비해 옥탄가가 낮으므로 무연 휘발유로 기관을 운전하기 위해서는 기관의 개념(engine concepts)들을 일부 수정해야 한다. 즉, 옥탄가의 저하를 고려하여 압축비를 낮추고 점화시기도 조정해야만 한다. 그러나 이렇게 하면 연료소비율이 증가하게 됨은 물론이다.

납화합물 첨가제는 흡/배기 밸브의 밸브 페이스와 실린더 헤드의 밸브시트 간의 접촉면에 퇴적, 얇은 막을 형성하여 윤활제와 같은 역할을 함으로써 이들 두 부품 간의 접촉 마찰에 의한 마멸을 감소시킨다. 따라서 무연 휘발유를 사용하기 위해서는 밸브와 밸브시트의 재질을 유연 휘발유를 사용하는 경우와는 다르게 해야 한다.

1980년 이후의 차량들은 대부분 무연 휘발유로도 운전할 수 있는 구조로 생산되고 있다. 그러나 항 노크성 관점에서 볼 때, 각 차량의 무연 휘발유에 대한 적합성 여부는 제작사에서 제시하는 기관의 필요 옥탄가(ONR)를 기초로 시험하여야 할 것이다.

3. 휘발유의 휘발성(volatility : Flüchtigkeit)

휘발유, 등유, 경유 등은 여러 종류의 탄화수소 혼합물이므로 단체(單體) 화합물과 같은 일정한 비등점(boiling point)을 가지고 있지 않다.

기관의 다양한 운전조건과 기온, 기압 등의 변화에 대응하여 최적 성능을 얻기 위해서는 연료의 휘발성에 제약이 따르게 된다.

연료의 휘발성이 낮으면 냉시동이 어렵고 난기운전기간 중이나 가속 시에 차량의 주행성능이 불량해짐은 물론, 연료 분배의 불균일을 유발할 수 있다. 반대로 휘발성이 너무 좋으면 연료공급펌프나 연료라인, 기화기 등에서 증기폐쇄현상을 일으켜 기관이 정지하게 된다. 연료의 기화가 지나치게 빠르면 특정 대기압 상태하에서는 스로틀 보디(throttle body)에 결빙을 일으켜 기관의 작동상태가 불량해지게 된다.

디젤기관에서도 연료의 휘발성이 착화지연에 관계하여 디젤노크(diesel knock)를 좌우하므로 휘발성이 중요시됨은 물론이다.

(1) 연료의 휘발성을 표시하는 방법

연료의 휘발성을 표시하는 방법에는 여러 가지가 있으나 특히 많이 사용되는 방법으로는 ASTM 증류법과 리드 증기압(Reid vapor pressure) 그리고 기체/액 비율(Vapor/Liquid ratio) 등이 있다.

① ASTM 증류곡선(ASTM-distillation curve)

증류방법은 ASTM D86에 규정되어 있으며 DIN5171, KSM2031 등에도 명시되어 있다.

ASTM 증류방법은 그림 9-6에 도시한 바와 같이 증류 플라스크(flask), 응축장치, 계량컵 등을 사용하여 증류온도와 증류량의 관계를 알아내는 방법이다.

증류 플라스크에 100cc의 시료(試料)를 넣고 가열하면 플라스크 내의 연료는 비등하여 연료증기를 발생시킨다. 이 증기는 응축장치를 통과하면서 다시 액체 상태로 변하여 계량컵에 모이게 된다. 계량컵에서는 증류량을, 플라스크에 설치된 온도계에서는 증류온도를 측정하여 증류온도와 증류량의 상관관계를 도시한 것을 증류곡선이라 한다.

그리고 계량컵에 처음 한방울의 시료가 떨어질 때를 초류점(initial boiling point), 10%가 모였을 때의 온도를 10%점, 플라스크의 시료가 모두 완전히 증류될 때의 온도를 종점(終點 : end point)이라 한다.

일반적으로 ASTM증류곡선에서는 연료의 휘발성을 다음과 같이 평가한다.

10%점은 기관의 시동성에 큰 영향을 미친다. 10%점의 온도가 높으면 냉 시동성이 불량하고, 10%점의 온도가 너무 낮으면 증기폐쇄(vapar lock) 현상이나 퍼컬레이션(percolation)을 유발하며 동시에 연료탱크에서의 증발손실도 크다. 따라서 10%점이 적당한 것이 요구된다.

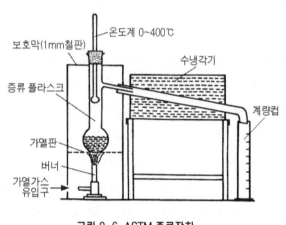

그림 9-6 ASTM 증류장치

30～60%점은 가속 성능에 중대한 영향을 미친다. 이 점의 온도가 높을수록 가속성이 불량해지며, 난기운전기간이 길어진다. 그러나 30～60%점의 온도가 너무 낮으면 여름철과 같이 기온이 높은 경우에는 퍼컬레이션(percolation) 현상으로 저속운전에 장해가 발생하게 된다.

90%점의 온도가 너무 높으면 기화불량으로인해 불완전 연소에 의한 유해물질의 배출량이 증가하며, 또한 미기화된 연료가 실린더 벽을 타고 크랭크 케이스로 흘러내려 윤활유를 희석시키는 원인이 된다(자동차연료품질기준(2000년)에서 175℃ 이하).

참고로 DIN에서는 휘발유의 휘발성을 다음과 같이 설명하고 있다.

70℃까지 증발되는 연료량은 기관이 냉시동하기에 충분할 만큼 많아야 한다. 그러나 기관이 정상 작동온도일 때 증기폐쇄현상을 유발할 만큼 많아서는 안된다. 또 기관이 차거울 때 윤활유의 희석을 방지하기 위해서는 180℃까지 증발되는 연료의 양이 너무 적어도 안

된다. 그리고 100℃까지 증발되는 연료의 양은 기관의 난기 운전특성 뿐만 아니라 정상 작동온도 일 때, 기관의 가속성과 작동준비성(Operating readiness : Betriebsbereitschaft)을 결정한다(그림 9-7참조).

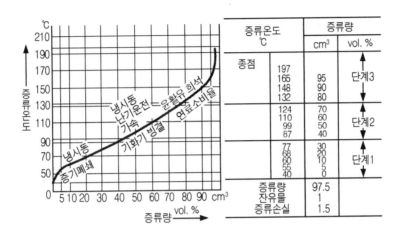

증류온도 ℃		증류량	
		cm³	vol. %
종점	197		
	165	95	단계3
	148	90	
	132	80	
	124	70	
	110	60	단계2
	99	50	
	87	40	
	77	30	
	68	20	단계1
	60	10	
	50	5	
	40	0	
증류량		97.5	
잔유물		1	
증류손실		1.5	

그림 9-7 ASTM 증류곡선에서 온도의 영향

② **리드 증기압**(Reid vapor pressure : Rvp)

ASTM D323, EN13016 - 1, KSM 2030 등에 규정되어 있다. 밀폐된 용기안에 들어있는 액체의 증기화된 부분에 의해서 밀폐된 용기의 벽면 단위면적에 작용하는 힘으로 표시된다.

측정은 그림 9-8과 같이 공기와 연료를 일정비율(체적비로 4 : 0.2)로 넣고 밀폐시킨 다음에 장치를 수조(water bath)에 담그고 물을 서서히 가열시키면서 증기압을 측정한다.

37.8℃(100℉)에서 용기내의 공기와 액체의 비율이 4 : 1일 때의 증기압을 리드 증기압(Reid vapor pressure : Rvp)이라 한다. EN 13016-1에서는 리드 증기압을 여름용 휘발유는 0.7bar, 겨울용 휘발유는 0.9bar로 제한하고 있다. 리드 증기압이 높을수록 휘발성이 좋다(자동차연료품질기준(2000년)에서는 82kPa(0.82bar)이하).

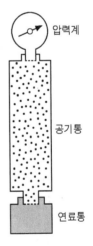

압력계

공기통

연료통

그림 9-8 리드 증기압 시험기

증기압/온도 곡선(vapor pressure/temperature curve)은 연료의 조성에 따라 각각 다르다. 예를 들면 알코올이 혼합된 연료의 경우는 순수 탄화수소혼합물 연료의 곡선보다는 그 기울기가 가파른 데 이는 알코올이 탄화수소 혼합물로만 조성된 연료에 비해 고온에서는 증기폐쇄 현상으로 고장을 일으키는 경향이 있음을 뜻한다.

최근에는 연료의 리드 증기압을 높게 하는 경향이 있다.

③ 기체/액 비율(Vapor/Liquid ratio : V/L)

ASTM D2533에 규정된 방법으로서 연료의 기포발생 경향을 나타내는 척도이다. V/L 비율이란 휘발유와 생성된 증기가 평형상태에 있을 때, 기체상태의 휘발유와 액체상태의 휘발유와의 비율을 말한다. 이는 특정 온도에서 연료 1단위가 발생시킨 증기량을 말하며, 여기서 대기압이 중요한 의미를 갖는다. 만약 대기압이 낮으면, 예를 들어 똑같은 온도에서도 고도(高度)가 높은 곳에서는 해면(海面)에서 보다도 증기발생량이 더 많아진다.

이러한 이유에서 산악지대를 주행할 때는 평지를 주행할 때보다 증기폐쇄현상에 의한 고장 가능성이 증대된다. 그리고 알코올, 특히 메탄올을 첨가하면 기체/액 비율은 상승한다.

(2) 휘발성과 구동능력(drive ability)

연료의 휘발성은 대기온도, 기관의 조정상태, 점화시기, 배기가스재순환(EGR) 등의 영향을 받으며, 기관성능에 큰 영향을 미친다.

스털링, 스텀블, 헤지테이션, 서징, 스트레치 등은 주로 연료의 휘발성과 관련된 현상으로 기관의 구동능력을 현저하게 악화시킨다.

- 스털링(stalling) : 기관이 더 이상 운전을 계속할 수 있는 능력이 없는 상태, 즉 정지를 뜻한다.
- 스텀블(stumble) : 가속 시에 발생하는 짧고(short) 급격한(sharp) 감속현상이며,
- 헤지테이션(hesitation) : 스로틀밸브가 열려있는 상태에서 가속할 때 일시적인 가속 지연 현상이다.
- 서징(surging) : 기관의 출력이 주기적으로 맥동을 반복하는 현상이며,
- 스트레치(strech) : 가속 시에 발생하는 비정상적인 출력부족 현상이다.

① 냉시동성과 구동능력(cold start and drive ability)

어떤 기온하에서나 냉시동 후에는 위에서 열거한 고장현상 중 한/두 가지 또는 모두가 복합적으로 발생할 수 있다. 일반적으로 고장의 정도나 빈도는 기온이 낮아지면 증가한다.

CRC(Coordinating Research Council)의 시험결과에 의하면 ASTM 증류곡선상에서 10%, 50%, 90%점의 변화에 따라 냉시동성과 추운 날씨하에서의 구동능력이 변화하는 것으로 나타났다. "0.5×(10%점 온도)+50%점 온도+0.5×(90%점 온도)"의 값이 높으면 연료의 휘발성이 낮고 구동능력이 부족한 것으로 알려져 있다. 이는 50%점 온도가 구동능력에 가장 큰 영향을 미치지만, 동시에 각 점의 증발온도들이 모두 구동능력에 영향을 미치고 있음을 나타내는 것이다. 그러나 정확한 상관관계는 차량에 따라 각기 다르다.

② 증기폐쇄(vapor lock) 현상

증기폐쇄현상이란 연료시스템(주로 연료탱크 ↔ 연료공급펌프 사이)에 증기가 과도하게 발생하여 기관에 연료를 충분히 공급하지 못하는 연료공급 부족 현상으로 정의된다.

따라서 증기폐쇄현상은 약간 희박한 공연비에서부터 연료부족으로 인한 기관 정지에 까지 영향을 미치는 것으로 보아도 좋을 것이다.

증기 폐쇄현상은 연료시스템의 온도가 높을수록, 또 압력이 낮을수록 발생하기 쉽고 또 연료의 휘발성이 너무 크면 발생하기 쉽다. 그러나 실제로 증기폐쇄현상의 발생여부에 관한 판단은 연료시스템의 증기수송능력에 따른다.

증기수송능력이란 증기폐쇄를 일으킬 때의 기체/액 비율을 말하는데, ASTM D 439에서는 기체/액체 체적비율(V/L) 20에서의 온도를 증기폐쇄의 통제지표로 사용하고 있다. 즉 연료시스템내의 증기발생량이 증기수송능력의 한계를 넘어서면 이때부터 증기폐쇄현상이 발생한다. 그림 9-9에서 점6을 제외한 모든 위치에서 시험연료의 V/L이 증기수송능력보다 낮으므로 증기폐쇄현상은 발생되지 않는다. 점6(V/L=20)은 증기폐쇄를 일으키는 경계에 있다.

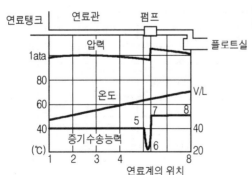
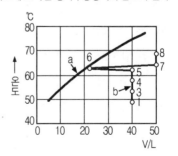

a: 주어진 연료의 이 연료계에 있어서 V/L과 온도와의 관계
b: (A)도에 표시한 증기수송능력과 온도의 관계

그림 9-9 연료계의 특성

연료 시스템의 증기수송능력은 온도·(증기/액)비율의 특성이 각각 다른 휘발유를 사용하여 여러 운전조건에서 기관을 운전하면서 이때 연료시스템의 각 위치에서 증기폐쇄를 일으킬 때의 온도와 압력을 구함으로서 정의할 수 있다. 증기폐쇄현상에 영향을 미치는 차량 설계요소는 증기 리턴라인, 연료탱크와 연료파이프의 배치, 연료공급 펌프의 설치위치와 용량 등이다.

③ 고온시동성과 구동능력(hot start and drive ability)

자동차기관의 고온시동특성이란 기관을 운전하다가 일단 정지한 후 일정 시간이 지난 다음, 기관 각부의 온도가 상승한 상태에서의 기관 재시동능력을 말한다.

고온시동성과 구동능력에 가장 크게 영향을 미치는 것은 기체/액 비율(V/L) 20에서의 온도이다. 그러나 기체/액 비율(V/L) 20의 온도한계는 각 차량에 따라서, 또는 두 변수

- 증기폐쇄현상 그리고
- 고온시동성과 구동능력에 따라 각각 다르다.

4. 기관의 필요옥탄가(Octane Number Requirement : ONR)

기관에서의 노크발생 여부는 두 가지 변수 - "연료의 옥탄가와 기관의 필요옥탄가"- 에 의해서 결정된다. 연료의 옥탄가가 기관의 필요옥탄가보다 높으면 노킹은 발생하지 않는다.

기관의 필요옥탄가(ONR)는 기관의 기본설계요소와 운전조건에 따라 결정된다.

기관의 필요옥탄가(ONR)는 표준연료(reference fuel)로 표시한다. 일정한 자격을 갖춘 평가자에 의해서 판단되는 가청 노크(audible knock)를 발생시키는 고품질 연료의 옥탄가로 기관의 필요옥탄가(ONR)를 정의한다.

그림 9-10은 압축비 9.7 : 1, 배기량 2.5 ℓ 인 V-6기통 기관을 전부하 운전하였을 경우, 전부하 시 연료와 회전속도에 따른 필요 옥탄가를 나타낸 것이다.

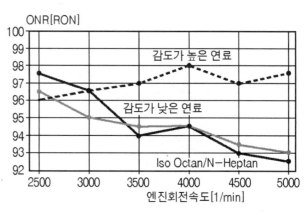

그림 9-10 연료와 회전속도에 따른 기관의 필요옥탄가(전부하)

(1) 기관의 필요옥탄가에 영향을 미치는 요소들

기관의 설계와 운전이라는 관점에서 볼 때, 기관의 노크 경향과 필요 옥탄가에 영향을 미치는 요소에는 여러 가지가 있다.

기관설계요소는 압축비, 점화시기, 공연비, 밸브 개폐시기, 체적효율, 흡기다기관 가열정도, 냉각수온도, 배기가스 재순환률 그리고 연소실 형상 등이다.

운전요소는 대기의 상태(기압, 습도), 연소실내 퇴적물, 그리고 기관의 부하 및 회전속도 즉, 운전조건 등이다.

(2) 기관설계요소

① 압축비(compression ratio)

그림 9-11은 주어진 기관의 압축비에 따라 연료에 요구되는 항노크성을 개략적으로 보여 주고 있다.

이 곡선은 다른 요소들은 각 압축비에 따라 최적화시키고, 압축비만을 광범위하게 변화시킨 실험을 다수의 기관에서 실시한 자료로부터 얻은 것이다.

필요옥탄가와 압축비의 관계는 직선적이 아니고, 약간의 곡선으로 나타나 있다. 이는 고옥탄가 수준에서는 각 옥탄가에 대응하는 허용 압축비의 증가폭이 저옥탄가 수준에서

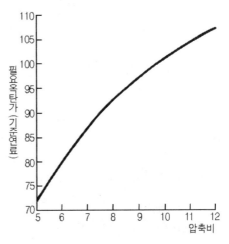

그림 9-11 압축비와 연료의 필요 옥탄가

보다 크다는 것을 의미한다. 그러나 압축비가 기관의 필요옥탄가에 미치는 영향은 기관이 다르면 달라지게 된다. 그 이유는 연소실의 형상, 실린더 내경, 점화시기, 그리고 다른 요소들이 서로 다르기 때문이다.

② 점화시기(ignition timing)

기관에 따라 점화시기의 변화가 기관의 필요옥탄가에 미치는 영향이 다르긴 하지만 모든 기관에서 점화시기를 빠르게 하면 기관의 필요옥탄가가 증가하는 것으로 보고되고 있다.

현재는 노크가 감지되면 점화시기를 단계적으로 낮추어, 노크를 허용수준 이하로 감소시키는 노크제어시스템(knock control system)이 일반화되어 있다.   이 방식은 사용연료의 옥탄가에 따라 차량의 필요옥탄가를 제한할 수 있다는 장점이 있다. 그러나 사용연료의 옥탄가가 기관설계 수준보다 아주 낮다면 노크가 발생하는 점화시기는 현저하게 낮아지게 되고, 그렇게 되면 기관의 성능은 저하하고 반면에 연료소비율은 상승하게 될 것이다.

③ 공연비(air/fuel ratio)

기관의 필요 옥탄가에 영향을 미치는 또 하나의 주 요소는 각 실린더에 공급되는 공기/연료 혼합비 즉, 공연비이다.

일반적으로 기관의 필요옥탄가의 최대값(maximum ONR)은 공연비가 무게비로 약 14.5 : 1일 때이다. 혼합기가 농후해지거나 희박해지면 기관의 필요옥탄가는 최대값을 기준으로 할 때 감소하는 경향을 나타내게 된다. 그러나 혼합기가 과농 또는 과박하게 되면 출력이 크게 감소할 것이다.

통상적으로 최대출력을 얻기 위한 농후 혼합비는 전 스로틀 운전시의 임계상황에서 노크를 감소시키기 위해, 또 기관의 가속성과 차량의 등반능력을 향상시키기 위해 사용된다.

배기시스템에 공기비 센서를 설치하여 부분부하시 공연비를 최대 노크 혼합비에 가까운 화학적 이론혼합비 부근에서 유지되도록 한다. → 공기비 창(λ - window)

④ 연소실 형상(combustion chamber design)

연소실 형상도 기관의 필요옥탄가에 영향을 미친다. 그러나 연소실 형상의 변화가 기관의 필요옥탄가에 미치는 영향은 앞서 설명한 요인들처럼 쉽게 예측할 수 없다.

일반적으로 스파크 플러그로부터 연소되어야 할 혼합기의 최종 부분까지의 화염전파 거리가 짧고, 강한 와류(turbulence)가 동반될 때, 기관의 필요옥탄가가 낮아지는 것으로 보고되고 있다. 따라서 연소실에 강한 와류가 일어나고 화염전파 거리가 짧다면 일정한 옥탄가를 가진 연료로 노크없이 운전할 수 있는 압축비의 한계는 높아질 것이다.

⑤ 온도제어 시스템(temperature control system)

기관의 필요옥탄가는 연소온도의 영향을 크게 받는다. 그리고 연소온도는 냉각수 온도, 흡기 온도, 흡기다기관으로 부터의 유입열량(heat input) 등의 영향을 받는다.

연소온도가 높아지면 기관의 필요옥탄가도 상승한다. 따라서 냉각수온도 조절기의 조정, 공기가열기의 설계, 흡입다기관 가열시스템의 설계 등은 모두 중요한 변수이다.

(3) 운전중의 상태요소(in-use factor)

① 대기 또는 기후 조건(atmospheric or climatic conditions)

차량의 필요옥탄가는 세 가지 대기변수(기압, 온도, 습도)의 변화에 의한 영향을 받는다. 일반적으로 기압이나 기온이 상승하면 필요옥탄가는 상승하고, 반면에 절대습도가 증가하면 필요옥탄가는 낮아진다. 평균적으로 볼 때 차량의 필요옥탄가는 리서치 옥탄가 기준으로 고도 300m 당 약 1~2 정도 감소하는 것으로 보고되고 있다.

이 경우 필요옥탄가의 변화는,

첫째로 고도에서는 공기밀도가 낮으므로 연소압력과 연소온도가 낮아지며,

둘째로 공기밀도가 낮아지기 때문에 혼합비가 농후해지고, 기계식 점화장치에서는 부분부하 시에 점화진각장치에 작용하는 진공도가 감소하는데 그 원인이 있다. 따라서 고도의 변화에 따라 점화시기와 공연비를 함께 제어하는 방식을 주로 사용한다.

경험적으로 볼 때 기압은 해면에서부터 고도 1,500m까지는 300m 당 약 3.4kPa정도 낮아진다. 물론 필요옥탄가도 기후의 변화에 따라 함께 변화하는 기압의 영향을 받는다. 그러나 이 변화는 불규칙적이고 예측 불가능하다.

제작사 및 모델이 각각 다른 차량을 사용하여 실험한 결과, 평균적으로 볼때 기온이 약 5.6℃(10℉) 상승하면, 차량의 필요옥탄가는 모터옥탄가(MON) 기준으로 약 0.54정도 상승하고, 반면에 절대습도에서 수분이 0.00065kg H_2O 증가하면 필요옥탄가는 약 0.35단위 감소하는 것으로 보고되어 있으나 차종에 따라서는 평균값에서 훨씬 벗어나는 경우도 있으므로 이 값을 사용하는 데는 상당한 고려를 해야 할 것이다. 그러나 날씨에 관련된 이들 두 변수―"습도와 기온"―가 필요옥탄가에 직접적인 영향을 동시에 미치고 있음은 사실이다.

② 연소실 퇴적물(combustion chamber deposits)과 운전조건(operating condition)

자동차를 사용함에 따라서 운전 시 필요옥탄가는 대기요소에 추가하여

- 신품 기관(new engine)에서의 필요옥탄가와,
- 기관을 계속 사용함에 따라 연소실 퇴적물의 증가에 기인하는 필요옥탄가의 증가분 (Octane Requirement Increase : ORI)에 의해서 결정된다.

같은 회사에서 제작된 같은 모델의 차량인 경우에도

- 제작오차에 의해 신품 기관에서 나타나는 필요옥탄가의 차이

● 운전조건

● 사용연료와 윤활유에 따라 운전시 필요옥탄가가 다르게 나타나게 된다.

차량이 주행속도, 부하, 그리고 온도 등이 다양한 상태에서 운전됨에 따라 연소실 표면에는 연료와 윤활유의 연소에 의한 부산물이 퇴적되게 된다. 이들 퇴적물은 연소실 내의 체적을 점유하게 되므로 연소실 체적이 감소하는 만큼 압축비를 상승시키게 된다. 그러나 보다 중요한 점은 사이클과 사이클 사이의 열을 저장하여 연소실 벽으로부터 냉각수로 열이 이동하는 것을 방해하는 장벽으로서의 기능이다.

결과적으로 압축비가 높아지고, 열이 저장되고, 열전달이 방해를 받음으로서 노크경향은 차량주행거리 약 8,000~24,000km 사이에서 현저하게 증가한다. 이 후부터는 평형상태를 파괴하는 기계적 변화 또는 운전조건의 변화가 없는 한, 필요옥탄가도 안정되는 것으로 알려져 있다.

제2절 자동차용 대체연료

(Alternative Fuels for Automobiles : Alternative Kraftstoffe)

전 세계적으로 급속한 공업화와 경제규모의 확대, 차량대수의 증가 등으로 석유수요는 계속적으로 증대되고 있다. 따라서 대체에너지 개발은 절실한 문제이다. 특히 자동차 배출물규제가 크게 강화됨에 따라 저공해 내지 무공해 에너지에 관심이 집중되고 있다.

자동차용 대체에너지로 사용되고 있거나 연구가 진행되고 있는 주요한 에너지는

① 합성 가솔린(synthetic gasoline)이나 합성경유(synthetic diesel),

② 알코올(alcohol) → 에탄올과 메탄올,

③ 액화석유가스(LPG ; Liquefied Petroleum Gas),

④ 압축천연가스(CNG : Compressed Natural Gas) 및 합성천연가스(SNG : Synthetic Natural Gas)

⑤ 유기연료(bio – fuel)

⑥ 수소(hydrogen) 그리고

⑦ 전기(electricity) (연료전지 포함) 등이 있다.

1. 액화석유가스(Liquefied Petroleum Gas : LPG)

LPG는 프로판(Propane : C_3H_8)과 부탄(Butane : C_4H_{10})의 혼합물로서 제한된 범위이긴 하지만 자동차기관의 연료로 사용되고 있다. LPG는 원유와 함께 얻어지거나 정유과정에서 얻어진다. 주요 특성은 표 9-9와 같다.

자동차 기관용 연료로서 LPG는 다음과 같은 특성이 있다.

① 증기압에 의한 연료공급이 가능하다(공급펌프가 없다) → 증발기 방식에서

LPG 액체분사방식이 아닌 증발기방식의 LPG – 기관에서는 LPG가 자신의 증기압에 의해 연료탱크로부터 혼합기형성장치에 공급되기 때문에, 혹한의 날씨(외기온도 5℃ 이하)

에도 연료공급이 가능한 최저증기압(약 0.5bar)을 확보하여야 한다. 여름철에는 부탄 100%의 LPG라도 시동 가능한 증기압을 유지할 수 있으나 겨울철에는 부탄만으로는 연료 탱크의 증기압이 너무 낮기 때문에 부탄보다 비점이 훨씬 낮은 프로판을 일정 비율(보통 20~60 %)로 혼합하여 사용한다. 프로판의 증기압은 15℃에서 약 7.5bar, 20℃에서 8bar, 21℃에서 8.5bar, 55℃에서 약 18bar 정도이다.

고압가스 관련법규에 LPG - 탱크(봄베)는 탄소강판(두께 3.2mm이상의 SS41)으로 제작하며, 내압시험($31kgf/cm^2$)과 기밀시험($18.6kgf/cm^2$)을 만족시키도록 명시되어 있다. 기밀시험 기준압력은 55℃에서의 프로판 증기압(18bar)을 고려한 것이다.

표 9-9 L.P.G의 특성

항 목 \ 명 칭	L.P.G				gasoline (보통 기준)
	Propane	Propene	N-Butane	I-Butane	
분자식	C_3H_8	C_3H_6	C_4H_{10}	C_4H_{10}	
비점(℃), 1013hPa에서	-43	-47	-0.5	-10	25~215
증기압(bar), 20℃	8.0	9.8	2.0	2.95	-
비중 · 액체 상태, 물=1(15℃)	0.507	0.522	0.584	0.563	0.715~0.765
비중 · 기체 상태, 공기=1(15℃)	1.548	1.453	2.071	2.067	-
착화온도 (℃)	481	458	365	365	≈300(보통) ≈400(고급)
발열량 (MJ/kg)	46.3	45.8	45.6	45.6	42.7(보통) 43.5(고급)
가연범위 공기중 가스 Vol.%	2.1~9.5	2.4~11	1.5~8.5	1.5~8.5	≈0.6~≈8
최고화염속도 (m/s) ∅1″파이프 속에서	0.81	1.01	0.825	0.825	0.83
이론공기량 (kg/kg)	15.6	14.7	15.4	15.4	14.8(보통) 14.7(고급)
증발잠열 (kJ/kg)	448	438	380.0	366.5	380~500
옥탄가(RON)	110	85	94	102.4	80~90

② 액체발열량과 기체발열량

LPG는 액체상태에서 단위질량 발열량은 휘발유보다 크지만, 공기와 혼합상태에서의 단위체적 발열량은 휘발유보다 약 5% 낮다. 따라서 동일 기관을 똑같은 조건하에서 운전한다면 LPG로 운전할 경우의 출력이 휘발유로 운전할 경우에 비해 다소 낮아지게 된다.

또 증발기방식에서는 LPG가 완전한 가스상태로 기관에 공급되므로 충진효율의 저하에 의한 출력저하 현상이 나타나는 데, 특히 고속에서는 출력이 약 5~10% 저하하지만 흡기량이 적은 저속에서는 거의 영향을 받지 않는다. 이와 같은 결점을 보완하기 위해 흡기밀도를 높게 유지할 수 있는 구조로 흡기다기관을 개조하거나, 압축비를 높게 하거나, 점화진각특성을 변화시키는 방법 등이 사용된다.

③ 색, 맛, 냄새, 밀도

순수 LPG 자체는 무독, 무미, 무색, 무취이지만 다량 흡입하면 마취성이 있다. 유독성 납화합물이나 자극성 알데히드(aldehyde)가 함유되어 있지 않으며 유황분도 적기 때문에 유해물질 배출수준은 가솔린에 비해 훨씬 낮다. 또 LPG기관의 경우, 각 실린더 간의 혼합기 분배가 양호하고 혼합비도 높게 할 수 있기 때문에 일산화탄소나 탄화수소도 적게 배출된다. 액체 LPG의 무게는 물의 0.51~0.58배이지만, 기체 LPG는 공기보다 약 1.5~2배 정도 무겁기 때문에 공기 중에 누출되면 낮은 장소에 모여 인화사고의 원인이 될 수 있다. 따라서 극소량의 착취제(유기황(CP-630), 질소, 산소화합물 등)를 첨가하여 누설을 판별할 수 있게 하고 있다.

④ 압력과 온도에 의한 상변화와 체적변화

LPG는 대기압, 상온에서는 기체상태이다. 프로판의 경우 20℃에서 8bar로 가압하면 액화하며, 그 용적은 가스체적의 1/270로 감소한다.(부탄의 경우 1/240로 감소)

액체 LPG의 체적팽창률은 물의 15~20배, 금속류의 약 100배이다. 15℃에서 탱크용적의 85%를 충전할 경우, 탱크 내부온도가 60℃로 상승하면 탱크내부는 완전히 액체로 가득 차게 되며, 온도가 80℃ 이상으로 상승하면 탱크는 파열되게 된다. 이 때문에 LPG는 탱크 용량의 85%까지만 충전하도록 법으로 규제하고 있다.

2. 압축천연가스(CNG : Compressed Natural Gas)

압축천연가스의 주성분은 메탄(CH_4)이며 그 특성은 LPG와 큰 차이가 없다. 메탄은 비점 −162℃, 저발열량 50MJ/kg, 혼합기발열량 3.22MJ/m^3, 착화온도 650℃, 이론 혼합비 17.2, 공기 중의 가연한계범위 5~15%이다. 따라서 디젤기관 보다는 SI－기관의 연료로 더 적합하다.

−162℃ 이하로 냉각시키면 액화천연가스(LNG) 상태로 수송 및 저장이 가능하지만, 자동차에서는 약 200bar로 압축한 CNG 상태로 저장하였다가, 다단계 감압장치를 거쳐 최종적으로 약 9bar 정도로 감압하여 흡기다기관에 분사한다.

휘발유 및 경유와 비교했을 때, 자동차기관 연료로서 압축천연가스의 장점은 다음과 같다.
① 연소 시 매연이나 미립자(PM : Particulate Matters)를 거의 생성하지 않는다.
② CO 배출량이 아주 적다(평균적으로 40~50% 정도).
③ 질소산화물이 적게 생성된다.
④ 오존을 생성하는 탄화수소에서의 점유율이 낮다.
⑤ 디젤기관에서보다는 소음이 적다.
⑥ 옥탄가가 높다(RON 135)
⑦ 천연가스로부터 직접 얻는다.

　　비용이 많이 드는 정제과정을 필요로 하지 않는다. 따라서 생산공정에서도 CO_2를 적게 배출한다. → 온실가스 감소 효과
⑧ 공기보다 가벼워 누설 시 대기 중으로 쉽게 확산되므로 안전성이 높다.
⑨ 매장량이 풍부하다. 전 세계적으로 약 170년 정도 사용할 수 있을 것으로 예측하고 있다.

단점은 다음과 같다.
① 출력이 낮다.

　　혼합기 발열량이 휘발유나 경유에 비해 크게 낮다. 가솔린기관에 비해 하이브리드 기관(휘발유와 압축천연가스로 운전)에서는 약 15%까지, 압축천연가스로만 운전되는 기관에서는 약 12% 정도까지 출력이 낮다.
② 1회 충전에 의한 주행거리가 짧다.
③ 가스탱크의 내압(약 400~500bar)이 높고, 또 큰 설치공간을 필요로 한다.
④ 현재로서는 충전소 인프라(infra structure)가 부실하다.

3. 석탄 석유(coal liquefaction)

기초원료는 석탄과 코크스(Coal & Coke)이다. 이들을 먼저 가스(H_2+CO)상태로 만든 다음에 다시 촉매처리하여 탄화수소로 만든다. 이 탄화수소에서 휘발유와 경유를 얻고 부산물로 액화가스와 파라핀 등이 얻어진다. Fischer – Tropsch synthesis process에 따른 대단위 공장을 건설하여 석탄석유를 생산하고 있는 나라는 남아프리카(South-Africa)이다.

4. 알코올(alcohols)

알코올은 초기부터 기관의 연료로 사용되어 왔으나 석유의 등장으로 그 이용가치를 상실하게 되었다. 그러나 최근에 공해문제와 석유자원의 고갈에 대한 대책으로 다시 그 이용가치를 재인식하게 되었다. 특히 메탄올은 미래의 연료전지 자동차에서 화학공정을 통해 자체적으로 수소를 생산하게 될 경우의 소스 에너지(source energy)로 기대되고 있다.

석탄, 천연가스, 또는 산림자원 등이 풍부하고 고도의 산업기술을 보유하고 있을 경우에는 메탄올(CH_3OH)이, 그리고 식물의 성장속도가 빠르고 경제구조가 농업에 더 비중이 주어진 나라에서는 에탄올(C_2H_5OH)이 장래성이 있는 대체연료가 될 것으로 예상된다.

가솔린에 에탄올을 약 10% 정도 혼합한 연료, 소위 가소홀(gasohol)은 1970년대부터 사용되고 있으며, 100% 에탄올기관과 100% 메탄올기관도 양산단계에 있다. 특히 각국의 배기가스 규제가 더욱더 강화됨에 따라 알코올기관에 대한 관심이 증대되고 있다.

스파크점화기관의 연료로서 알코올의 장점은,

① 상온에서 액체이고,

② 취급이 용이하고,

③ 현재 사용되고 있는 기관의 구조를 크게 바꾸지 않고도 운전조건에 따라 연료를 정확하게 계량, 분배할 수 있다. 에탄올 20% – 혼합연료까지는 가솔린기관의 구조를 바꾸지 않고 그대로 사용할 수 있다. 또 알코올 연료는 빙결방지제(anti-freezer) 기능과 엔진 세정제(cleaner) 기능도 가지고 있다.

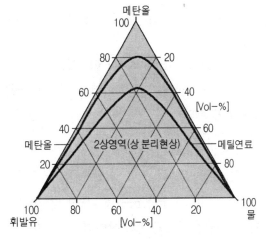

그림 9-12 메탄올-휘발유-물 혼합액의 안정성

④ 옥탄가(RON 106)가 높기 때문에 기존의 가솔린기관보다 압축비를 높일 수 있어 열효율 측면에서는 가솔린기관보다 우수하며, 특히 배기가스 유해물질은 가솔린기관의 1/10정 도까지 낮출 수 있으며,

⑤ 가격 측면에서 석유연료와 경쟁이 가능하다는 점 등이다.

그러나 순수 알코올이나 알코올 혼합연료를 사용하기 위해서는 선결되어야 할 문제점들 또한 많다. 문제점은 다음과 같다.

① 낮은 발열량(휘발유 : 42~43MJ/kg, 에탄올 : 26.8MJ/kg, 메탄올 : 19.7MJ/kg)

알코올은 가솔린에 미해 발열량이 크게 낮기 때문에 특히 100% 알코올을 사용할 경우에 는 연료탱크를 거의 2배 정도 크게 해야 한다(동일한 주행거리 기준).

② 금속과의 친화력(material compatibility)

메탄올은 가솔린에 비해 찌꺼기(sludge)나 바니쉬(varnish)의 생성은 적으나, 연소 시에 생성되는 수분(H_2O)의 양은 가솔린이 13%mol, 메탄올이 23%mol로서 메탄올의 경우에 더 많은 수분이 생성된다. 에탄올의 경우는 메탄올에 비해 문제가 적다. 그러나 메탄올은 금속부식성이 아주 강하기 때문에 연료공급계통, 밸브 그리고 피스톤 등의 재질을 개선해 야 한다.

③ 연소 시 포름알데히드(HCHO)나 포름액시드(HCOOH)의 생성

Form-aldehyde의 생성　　$CH_3OH + \dfrac{1}{2}O_2 \rightarrow HCHO + H_2O$

Form-acid의 생성　　　　$HCHO + \dfrac{1}{2}O \rightarrow HCOOH$

④ 높은 증발열(에탄올 : 904kJ/kg, 메탄올 : 1110J/kg, 휘발유 : 380~500kJ/kg 경유 : 약 250kJ/kg)

증발을 촉진시키기 위해서는 흡기관에 증발열에 해당하는 열을 공급(석유계에 비해 3~ 6배)해야 한다.

⑤ 낮은 단일 비등점

비등점 측면에서 보면, 휘발유는 25~215℃, 경유는 180~360℃로서 그 범위가 넓지만 에탄올은 78℃, 메탄올은 65℃로서 알코올은 모두 단일 비등점을 가지고 있으며, 그 온도 또한 석유계 연료에 비해 상대적으로 낮다. 따라서 알코올연료를 휘발유에 혼합할 경우 특 히 ASTM 증류곡선상의 50% - 비등점의 조절이 어려우며, 증기압의 상승으로 인해 증기폐

쇠(vapor lock)현상이 유발되고, 증발가스가 증가하는 등의 문제점이 있다. 예를 들면 메탄올 3~4% 혼합 시 리드증기압(Rvp)은 2.5~3.0psi, 에탄올 10% 혼합 시 리드증기압(Rvp)은 0.5~0.7psi 정도 상승하는 것으로 보고되고 있다. 이와 같이 기존의 연료와 다른 특성 때문에 시동성, 가속성, 출력 등에서의 문제점을 해결하기 위해서는 점화시기 및 혼합비의 조정, 기관구조의 변경 또는 일부 부품의 수정 내지는 교환을 필요로 한다.

5. 유기 연료(Bio-fuel : Pflanzenöl)

(1) 식물유

식물유 예를 들면, 유채유는 디젤기관의 연료로 사용할 수 있다. 그러나 유채유는 경유에 비해 점도가 높고, 세탄가가 낮기 때문에 디젤기관을 개조해야 한다. 추가로 연료예열장치 및 전기가열식 연료필터를 장착해야 하고, 기관의 형식에 따라서는 연료분사장치도 개조해야 한다.

(2) 바이오- 경유(RME : Rape oil-Methyl-Ester : Rapsöl-Methyl-Ester)

RME는 메탄올을 이용하여 유채유를 에스테르화한 연료로서 흔히 RME라고 한다. 세탄가와 점도가 기존의 경유와 거의 비슷하다. 바이오 - 경유는 개스킷, 파이프, 펌프 등의 합성수지 재료에 대한 침식성이 아주 강하다. 그러므로 바이오 - 경유는 기관제작사가 승인한 기관에만 사용해야 한다.

6. 수소연료

SI - 기관을 수소로 작동시키기 위해서는 수소를 계량하고 이를 부하변화에 일치시키기 위한 특수한 장치를 필요로 한다. 현재의 기술수준으로도 고성능 수소기관을 제작할 수 있다.

수소는 휘발유에 비해 체적발열량이 낮다. 따라서 1회 주행거리를 최대화하기 위해서는 단열이 잘된 탱크에 수소를 액체상태로 저장할 수 있어야 한다. 그러기 위해서는 -250℃의 저온을 유지하여야 한다(PP.357, 표9-3 참조). 탱크에 저장된 수소는 필터 → 감압기 → 차단밸브와 분배기 → 각 실린더의 분사밸브로 공급된다. 연소는 기본적으로 공기과잉 상태에서 진행된다. 과잉공기가 열을 흡수하도록 하여 연소온도를 낮추므로서 질소산화물의 생성을 억제한다. 수소기관은 유해물질을 거의 생성하지 않는다. ← 질소산화물의 발생

제9장 연료와 연소

제3절 연소 기초이론
(Combustion Basics : Verbrennungsgrundlage)

1. 연소반응과 발열량

연료의 연소는 연료의 구성성분이 급격히 산화하는 현상이다. 자동차용 휘발유는 대부분 탄소와 수소로 구성된 탄화수소계의 혼합물이며, 약간의 유황을 포함하고 있다.

(1) 성분 원소의 완전연소 반응식

① 탄소의 완전 연소

반 응 식 : $C + O_2 \rightarrow CO_2$ + 열에너지
몰   비 : 1kmol + 1kmol → 1kmol탄산가스 + 406.68MJ/kmol ········ (9-5)
질 량 비 : 12kg + 32kg → 44kg
탄소기준 : 1kg + 2.67kg → 3.67kg + 33.89MJ/kg ······························ (9-5a)

② 수소의 완전 연소

반 응 식 : $H_2 + \frac{1}{2} O_2 \rightarrow H_2O$(기체) + 열에너지
몰   비 : 1kmol + ½ kmol → 1kmol증기 + 241.42MJ/kmol ··········· (9-6)
질 량 비 : 2kg + 16kg → 18kg
수소기준 : 1kg + 8 kg → (9kg)증기 + 120.71MJ/kg ·····················(9-6a)

③ 유황의 완전 연소

반 응 식 : $S + O_2 \rightarrow SO_2$ + 열에너지
몰   비 : 1kmol + 1kmol → 1kmol 아황산가스 + 334.8MJ/kmol ····· (9-7)
질 량 비 : 32kg + 32kg → 64kg
유황기준 : 1kg + 1kg → 2kg + 10.46MJ/kg ·······························(9-7a)

(2) 탄화수소계 액체연료의 발열량

발열량(calorific value : Heizwert)이란 단위량(kg, Nm^3, kmol)의 연료가 온도 T에서 연소를 시작하여 연소가스가 최초의 온도 T까지 다시 냉각될 때 유리하는 열량을 말한다.

액체연료는 복잡한 분자구조 및 결정구조를 갖는 다수의 성분으로 구성되어 있기 때문에 유리 상태에 있는 각 성분원소의 발열량을 이용하여 총발열량을 구할 수 없다. 따라서 실측에 의존할 수 밖에 없으나, 0.4MJ/kg의 오차를 각오할 경우 Dulong의 식을 사용하여 근사값을 개략적으로 구할 수 있다.

연료 1kg에 포함된 탄소, 수소, 산소, 유황 그리고 연소 후 생성된 수분을 각각 c, h, o, s 그리고 w라고 하면,

고발열량
$$H_H = 33.8c + 144.3\left(h - \frac{o}{7.94}\right) + 9.42s \ [\text{MJ/kg}] \quad \cdots\cdots\cdots\cdots (9\text{-}8)$$

저발열량
$$H_L = H_H - G_S = H_H - 2.44(8.94h + w)$$
$$= 33.8c + 122.5h - 18.2o + 9.42s - 2.44w \ [\text{MJ/kg}] \quad \cdots\cdots (9\text{-}9)$$

(3) 탄화수소계 기체연료의 발열량

기체연료 1Nm^{3}에 일산화탄소(CO), 수소(H), 메탄(CH$_4$), 에틸렌(C$_2$H$_4$), 에탄(C$_2$H$_6$), 프로판(C$_3$H$_8$), 부탄(C$_4$H$_{10}$), 벤젠(C$_6$H$_6$)이 포함되어 있고 수분은 들어있지 않다면, 저발열량과 고발열량은 각각 다음 식으로 표시된다.

고발열량
$$H_H = 12.63\text{CO} + 12.75\text{H}_2 + 39.72\text{CH}_4 + 62.95\text{C}_2\text{H}_4 + 69.64\text{C}_2\text{H}_6$$
$$+ 99\text{C}_3\text{H}_8 + 128.4\text{C}_4\text{H}_{10} + 147.3\text{C}_6\text{H}_6 \ [\text{MJ/Nm}^3] \quad \cdots\cdots\cdots(9\text{-}10)$$

저발열량
$$H_L = 12.63\text{CO} + 10.79\text{H}_2 + 35.79\text{CH}_4 + 59.03\text{C}_2\text{H}_4 + 63.76\text{C}_2\text{H}_6$$
$$+ 91.15\text{C}_3\text{H}_8 + 118.5\text{C}_4\text{H}_{10} + 141.4\text{C}_6\text{H}_6 \ [\text{MJ/Nm}^3] \quad \cdots\cdots(9\text{-}11)$$

2. 공기의 조성과 완전연소에 필요한 이론 공기량

(1) 공기의 조성

건조공기의 대략적인 성분조성은 표 9-10과 같으며, 이 외에도 네온, 헬륨, 크립톤, 크세논 등이 포함되어 있으나 함유율은 0.001% 이하이다.

표 9-10 건조공기의 성분 조성   (평균분자량 28.97kg/kmol)

	산소	질소	탄산가스	아르곤	수소
분자식	O_2	N_2	CO_2	Ar	H_2
질량분률(%)	23.20	75.47	0.046	1.28	0.001
체적분률(%)	20.99	78.03	0.030	0.933	0.01

건조공기의 대략적인 성분조성은 표 9-10과 같으나 편의상 질소와 산소만으로 이루어진 것으로 가정하고, 산소를 제외한 성분은 모두 질소로 취급한다. 따라서 공기는 체적분률로 산소(O_2) 21%, 질소(N_2) 79%, 질량분률로 산소(O_2) 23.2%, 질소(N_2) 76.8%로 취급하고 공기의 상당 분자량은 28.97kg/kmol로 계산한다.

(2) 완전연소에 필요한 공기량

표 9-11 연료구성원소의 완전연소에 필요한 공기량

원소명	원자량	고발열량 (MJ/kg)	저발열량 (MJ/kg)	필요산소량		필요공기량		연소생성물	
				kg/kg	m^3N/kg	kg/kg	m^3N/kg	kg/kg	m^3N/kg
탄소 C	12.01	32.76	32.76	2.66	1.87	11.48	8.89	3.66	1.87
수소 H	1.01	141.8	120.0	7.94	5.56	34.21	26.48	8.94	11.12
유황 S	32.06	9.26	9.26	1.00	0.70	4.30	3.33	2.00	0.70
산소 O	16.00	0	0	−1.00	−0.70	−4.31	−3.34	0	0
질소 N	14.01	0	0	0	0	0	0	1.00	0.80

임의의 액체연료 1kg에 탄소(c), 수소(h), 유황(s) 등이 포함되어 있다고 가정할 경우, 완전
연소에 필요한 산소량 (O_{th})은 표 9-11로부터 식 9-12와 같이 표시된다.

$$O_{th.m} = \{2.66c + 7.94\left(h - \frac{o}{7.94}\right) + s\} \quad [kg/kg] \quad \cdots\cdots (9\text{-}12)$$

$$O_{th.v} = \{1.87c + 5.56h + 0.7(s - o)\} \quad [m^3{}_N/kg] \quad \cdots\cdots (9\text{-}12a)$$

식(9-12)에서 $\left(h - \frac{o}{7.94}\right)$는 연료 중의 수소 h kg에서 연료 중의 산소 o kg과 이미 화

합되어 물의 상태로 존재하는 수소의 양 $\frac{o}{7.94}$를 뺀 값이다. 따라서 $\left(h - \frac{o}{7.94}\right)$는 연소

할 때 유효하게 작용하는 수소 또는 자유롭게 연소될 수 있는 수소라는 의미에서 유효 수소
(available hydrogen) 또는 자유수소(free hydrogen)라 한다.

연료를 연소시킬 때 필요한 산소는 대기 중의 산소를 이용하며, 대기 중에는 산소가 무게
비로 23.2%, 체적비로 21% 들어 있으므로 소요 이론공기량 (L_{th})은 다음과 같다.

$$L_{th.m} = \frac{\text{필요 산소질량}}{0.232} = \frac{1}{0.232}\{2.66c + 7.94\left(h - \frac{o}{7.94}\right) + s\} \quad [kg/kg]$$

$$= 11.48c + 34.2h + 4.31(s - o) \quad [kg/kg] \quad \cdots\cdots (9\text{-}13)$$

$$L_{th.v} = \frac{\text{필요 산소체적}}{0.21} = \frac{1}{0.21}\{1.87c + 5.56h + 0.70(s - o)\} \quad [Nm^3/kg]$$

$$= 8.89c + 26.5h + 3.33(s - o) \quad [m^3{}_N/kg] \quad \cdots\cdots (9\text{-}13a)$$

어떤 연료 1kg을 완전 연소시키는 필요한 이론 공기량 (L_{th})을 그 연료의 이론공연비
(理論空燃比)라 한다. 각종 탄화수소의 이론공연비와 시판연료의 이론공연비는 표 9-12와
같다.

특히 시판 휘발유 1kg의 완전연소에 필요한 공기량은 질량으로 약 14.7~14.9kg이며, 체
적으로는 약 12m³의 공기($\rho = 1.29 \text{ kg/m}^3$를 적용할 경우)를 필요로 한다.

표 9-12 각종 연료의 탄소와 수소의 구성비 및 이론공연비

연 료	무게비(%)			이론혼합비 공기kg / 연료kg
	C	H	C/H	
메탄(CH_4) ………………	75.0	25.0	3.0	17.2
프로판(C_3H_8) …………	81.8	18.2	4.5	15.6
부탄(C_4H_{10}) ……………	82.8	17.2	4.8	15.4
정햅탄(C_7H_{16}) ……………	84.0	16.0	5.25	15.3
이소옥탄(C_8H_{18}) …………	84.2	15.8	5.33	15.2
세탄($C_{16}H_{34}$) ……………	85.0	15.0	5.67	15.1
크실렌(C_8H_{11}) ……………	90.6	9.4	9.61	13.8
톨루엔(C_7H_8) ……………	91.3	8.7	10.5	13.4
벤젠(C_6H_6) ……………	92.3	7.7	12.0	13.3
고급 휘발유 ……………	~86.5	~13.5	~6.4	~14.7
보통 휘발유 ……………	~85.5	~14.5	~5.9	~14.8
경유 ……………………	~86.3	~13.7	~6.3	~14.5
에탄올(C_2H_5OH) …………	52C, 13H, 35O			9.0
메탄올(CH_3OH) …………	38C, 12H, 50O			6.4

3. 공기비(air ratio = Lambda : λ)

가솔린분사장치 또는 기화기와 같은 혼합기 형성장치의 목적은 기관이 흡입한 공기와 연료를 혼합하여 자동차의 모든 운전조건에 알맞은 공기 – 연료 혼합기를 형성하는 것이다.

연료의 질의 따라 다소 차이는 있으나, 시판 가솔린의 이론 혼합비는 연료 1kg에 약 14.7~14.9kg의 공기를 혼합시켜야 하는 것으로 알려져 있다.

실제로 기관이 흡입한 공기량을 기관에 공급된 연료를 완전 연소시키는 데 필요한 이론공기량으로 나눈 값을 공기비(air ratio) 또는 공기과잉률(excess air factor)이라 하고, 일반적으로 그리스 문자 람다(Lambda : λ)로 표시한다.

$$\lambda = \frac{\text{실제로 흡입한 공기량}}{\text{이론적으로 필요한 공기량}} = \frac{\text{실제 공연비}}{\text{이론 공연비}} \quad \text{……………} \quad (9\text{-}14)$$

이론 혼합비는 공기비 1 즉, λ=1이다.

① λ 〈 1 이면 공기 부족 상태, 즉 혼합기가 농후하고

② λ 〉 1 이면 공기 과잉 상태, 즉 혼합기가 희박하다.

③ λ = 1 은 이상적인 값이지만 기관의 전운전영역에 걸쳐 적절한 값은 아니다.

공전시에는 기관의 원활한 작동을 위해서, 그리고 전부하 시에는 출력증대를 목표로 하기 때문에 공기부족상태(λ = 0.95~0.90) 즉, λ 〈 1로 운전한다. 공기부족 시에는 연료를 모두 완전히 연소시킬 수 없다. 이와는 반대로 부분부하 시에는 경제성 측면에서 연료를 저감시킬 목적으로 공기 과잉상태, 즉 λ 〉 1을 목표로 한다.

연료의 혼합량이 증가하면 할수록 공기비(λ)는 낮아지고 혼합기는 농후해진다. 그림 9-13 에서 기관의 최대 출력범위에서는 CO의 양이 급격히 증가함을 보여주고 있다. 그리고 공기 비 λ=1부근에서는 CO는 거의 발생되지 않는 반면에 NOₓ는 최대를 기록하고 있다.

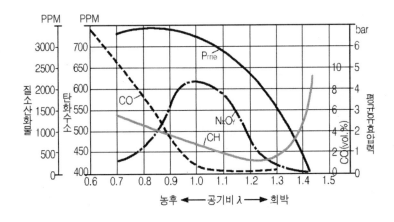

그림 9-13 배기가스 중의 유해물질과 공기비의 관계 (Pierburg GmbH & Co. KG)

혼합기가 급격히 희박해질 때, 예를 들면 자동차를 타행운전할 때는 미연소 HC의 발생량 이 급격히 증가하는 것을 나타내고 있다.

흡입 공기량에 대응하는 연료량을 정확하게 계량하는 것만으로 문제가 해결된 것은 아니 다. 흡입한 또는 분사된 연료를 미세하게 무화시켜 흡입공기와 완전히 혼합되게 하는 것도 마찬가지로 중요하다. 이 두 조건을 동시에 만족하는 균질의 혼합기가 형성되어야만 기관의 최대출력이 보장되고 배기가스 유해물질을 허용값 이내로 유지할 수 있다.

혼합기를 균질화하는 측면에서 보면 기화기기관은 혼합기 이동경로가 길다는 것이 장점이 된다. 반면에 대체적으로 혼합기 이동경로가 짧은 분사장치에서는 충진효율을 높일 수 있기 때문에 행정체적 출력이 높고, 기관의 탄성영역을 넓게 할 수 있다. 그리고 기관이 차가울 때의 혼합기형성상태는 일반적으로 기화기기관에 비해서 분사기관이 더 좋다.

공기비(λ)의 값은 촉매기를 이용하게 되면서 특별한 의미를 가지게 되었다. 3원 촉매기가 적당한 정화작용을 하도록 하기 위해서, 또 촉매기의 파손을 방지하기 위해서는 배기가스의 성분조성이 정확하게 일정한 범위내로 유지되어야 한다.

배기가스의 성분조성은 공연비의 변화에 크게 좌우된다. 촉매기를 사용할 경우에 공기 - 연료 혼합비는 항상 이론혼합비 부근에서 유지되어야 한다. 그러므로 기관과 촉매기 사이에 공기비 센서(λ - sensor)를 설치한다. 공기비 센서는 배기가스에 포함된 산소량을 계량하여 ECU에 신호를 보내 모든 운전상태에서 공기 - 연료 혼합비가 $\lambda=1$ 부근에서 유지되도록 한다.

제10장

배출가스 제어 테크닉
Emission Control Technique : Abgastechnik

제10장 배출가스제어 테크닉

제1절 배출가스
(Emissions : Schadstoff)

1. 배출가스의 배출원 및 그 성분

가솔린기관 또는 디젤기관 자동차의 배출가스는 그 배출원에 따라 증발가스, 블로바이 가스 및 배기가스로 구분한다.

(1) 증발가스(evaporation gas : Verdunstungsgas)

혼합기형성장치나 연료탱크에서 연료가 증발, 방출되는 가스를 말한다. 주성분은 사용 연료와 같다. 석유계 연료에서는 주로 미연 탄화수소(unburned HC)로서 파라핀 -, 올레핀 -, 방향족 - 탄화수소가 대부분이다.

(2) 블로바이 가스(blowby gas : Kurbelgehaeusegase)

연소실의 혼합기 또는 부분적으로 연소된 가스가 피스톤과 실린더 사이의 틈새를 통해 크랭크 케이스로 누설된 것을 말하며, 크랭크케이스 배출물(crankcase emission)이라고도 한다. 대부분 미연 - HC이고 일부가 완전 연소가스 및 불완전 연소가스이다.

(3) 배기가스(exhaust gas : Abgas)

탄화수소 혼합물인 석유계 연료는 완전 연소의 경우, 산소와 결합하여 수증기(H_2O)와 탄산가스(CO_2)를 생성한다. CO_2는 지구 온난화에 결정적인 영향을 미치는 물질로서, 총량규제 대상이다. 장기적인 저감목표로 2008년 140g/km, 2012년 120g/km가 제시되어 있다. 기관의 작동상태가 최상이어도 혼합기를 완전 연소시킬 수는 없다. 따라서 배기가스 중에는 유해물질이 포함될 수밖에 없다. → 불완전 연소

중부하 중속으로 가솔린기관을 운전할 때, 배기가스의 대부분은 질소(71%), 탄산가스 (18%), 수증기(9.2%)이고 유해물질은 배기가스 총량의 약 1% 정도가 된다(그림10-1 참조).

이 1%가 포함하고 있는 유해물질의 대부분은

① 일산화탄소(carbon-monoxide : Kohlenmonoxid : CO)

② 미연 탄화수소(unburned hydrocarbon : unverbrannte Kohlenwasserstoffe : HC)

③ 질소산화물(oxides of nitrogen : Stickoxid : NO_x)

④ 납화합물(연료에 납화합물이 첨가되었을 경우만) 등이다.

〔주〕 디젤기관의 경우에는 황산화물(sulfurous oxides), 매연 및 PM(Particulate Matters) 등이 추가된다.

배기가스가 대기 중에 배출되어 햇빛에 노출되면 유기 과산화물(organic peroxides), 오존 (ozone) 그리고 질산 과산화 아세틸(peroxy-acetyl nitrates)과 같은 산화물이 생성된다.

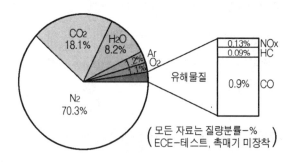

그림 10-1 가솔린기관의 배기가스 평균조성(예)

① **일산화탄소**(carbon-monoxide : Kohlenmonoxid : CO)

CO는 무색, 무취의 유독성 가스로서 호흡을 통해 인체에 유입되면 혈액 중의 헤모글로빈(Hb)과 결합하여 혈액의 산소운반작용을 방해한다. CO가 체적비로 0.3% 이상 함유된 공기를 장시간(30분 이상) 호흡할 경우에는 목숨까지도 잃게 된다.

CO는 혈액과의 친화력이 산소의 약 300배 이상이다. 개인차가 있으나 일산화탄소 - 헤모글로빈(CO-Hb)의 포화도가 10% 정도이면 자각 증상이, 20% 이상이면 두통이나 현기증이, 40% 전/후에서는 구토나 판단력 감퇴, 60% 전/후에서는 경련 또는 혼수상태, 70% 이상이면 사망하는 것으로 알려져 있다.

배기가스 유해물질 중 CO는 공기부족상태($\lambda < 1$)에서 연소가 진행될 때 발생된다. 즉 혼합기가 농후하면 농후할수록 CO의 발생량은 증가한다. 그러나 공기 과잉상태($\lambda > 1$)일지라도 공기와 연료가 잘 혼합되지 않은 상태에서 연소가 진행되면 CO는 생성된다.

② **미연 탄화수소**(unburned hydrocarbon : unverbrannte Kohlenwasserstoff : HC)

탄화수소(HC)란 탄소(C)와 수소(H)로 조성된 화합물을 총칭한다. HC는 배기가스뿐만 아니라 블로바이가스나 증발가스 중에도 포함되어 있다. 특히 배기가스 중의 불완전 연소된 탄화수소는 그 형태가 다양하다.

부분적으로 연소가 진행된 HC들로는 예를 들면, 알데히드(aldehydes ; $C_nH_m \cdot CHO$), 케톤(ketones ; $C_nH_m \cdot CO$), 카르복실 산(carboxylic acids ; $C_nH_m \cdot COOH$) 등이 있으며, 열분해 생성물(thermal crack products)과 그 파생물로는 아세틸렌(acetylene ; C_2H_2), 에틸렌(Ethylene ; C_2H_4), 다환 탄화수소(polycyclic hydrocarbons) 등이 있다.

불완전 연소된 HC는 CO와 마찬가지로 공기부족 상태에서 또는 아주 희박한 상태($\lambda > 1.2$)에서 연소가 진행될 때 주로 발생한다. 또 연소실 표면 근처, 화염이 전달되지 않는 경계면에서도 발생한다(그림 10-2참조).

HC는 저농도에서 호흡기계통을 자극하고, HC의 1차 산화에 의해 생성되는 알데히드는 점막이나 피부 등을 자극하고, 다시 산화되면 과산화물이 형성된다. 이 과산화물은 질소산화물(NO_x)과 함께 광화학 스모그(smog)를 발생시키며 눈을 심하게 자극하고, 암을 유발시키거나, 악취의 원인이 되기도 한다. 특히 알데히드는 함산소연료(예 : 알코올)의 연소 시에 다량 발생하며, 그 중에서 포름알데히드(HCHO)는 이미 규제 대상물질이다.

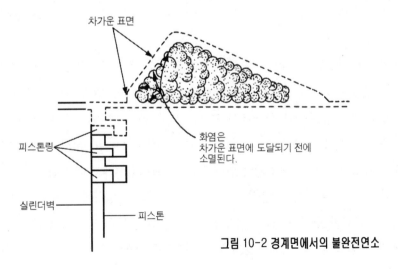

그림 10-2 경계면에서의 불완전연소

③ **질소산화물**(oxides of nitrogen : Stickoxid : NO_x)

NO, NO_2, N_2O 등 여러 가지 질소산화물을 총칭하며, NO_x로 표기한다. 90~98%가 NO이다. NO는 무색, 무미, 무취인 물질로서, 대기 중에서 서서히 산화되어 대부분 NO_2로 변환된다.

NO_2는 적갈색이며 독성이 있고 자극적인 냄새가 난다. 특히 호흡을 통해 점막 분비물에 흡착되면, 산화성이 강한 질산을 형성한다. 이렇게 생성된 질산은 호흡기 질환(기관지염, 폐기종 등)을 유발하고 폐에 수종 또는 염증을 유발할 수도 있으며, 눈에 자극을 주는 물질이다. NO_x는 이 외에도 오존(ozone)의 다량 생생, 광화학 스모그(smog) 및 수목의 고사(枯死)에 영향을 미치는 것으로 알려져 있다. NO_x는 연소실의 온도와 압력이 높고, 동시에 공기과잉 상태일 때 주로 생성된다.

④ **납화합물**(lead compounds : Bleikomponente)

납화합물은 인체의 장기(organs)에 악영향을 미치는 물질로서 혈액과 골수에 작용한다.

가솔린의 옥탄가를 높일 목적으로 연료에 4에틸납($Pb(C_2H_5)_4$)이나 4메틸납($Pb(CH_3)_4$)을 첨가할 경우에, 배기가스에서 납화합물이 검출된다. 납화합물은 불활성으로서 연소 중에 연소되지 않고 대부분 그대로 배기가스와 함께 대기 중에 방출되며 일부는 흡기관, 밸브, 연소실 등에 퇴적되거나 또는 블로바이가스를 통해 윤활유에 섞이게 된다. 납화물의 약 75%정도가 배기가스와 함께 대기 중으로 방출된다.

국내에서는 납화합물의 첨가가 제한된 무연(unleaded) 휘발유만이 시판되고 있다.

⑤ **입자상 고형물질**(PM ; Particulate Matters : Feststoffe)

가솔린기관에서는 디젤기관에 비해 PM이 무시해도 좋을 만큼 적게 생성된다.(디젤기관의 1/20 ~ 1/200 수준)

자동차용 디젤연료는 대부분 수소/탄소의 원자수 비가 약 2 정도이며 탄소원자수 12~22개 범위인 연료이다. 이 연료가 연소실온도 1000~2800K, 압력 50~100bar 그리고 동시에 국부적으로 공기가 부족한 상태에서 연소되면 수 ms 사이에 고형 탄소핵이 생성된다. 이 탄소핵은 수소/탄소의 원자수 비 약 0.1 정도인 직경 20~30nm의 입자 수백 개가 뭉쳐진 고형 미립자(ash, carbon 등 ; 평균 입경 0.1~0.3㎛)의 형태로 석출된다. → 입자상 물질

탄소핵에 HC - 결합이 응집된 입자상 고형물질은 발암물질로서 호흡기질환을 일으키며, 폐암의 원인이 될 수도 있는 것으로 알려져 있다. 특히 직경이 nm급인 초미립 입자상 물질이 건강에 악영향을 미치는 것으로 밝혀져, 중량규제에서 수량규제로 전환되고 있다.

2. 유해가스 배출 특성

유해가스는 기관의 형상, 작동조건 및 작동상태, 공기비, 점화시기, 점화장치, 노크 발생여부, 그리고 혼합기 형성장치 등에 따라 그 배출특성이 다양하다.

(1) 기관의 형상과 유해 배출가스

기관의 기계적 형상 및 조건에 따라, 예를 들면 압축비, 연소실 형상, 밸브 개폐시기, 흡기다기관 형상, 급기방법(charge method) 등에 따라 유해가스 배출특성이 변화한다.

① 압축비(compression ratio)

압축비는 기관의 열효율에 결정적인 영향을 미치지만, 이를 높이면 스파크점화기관에서는 노크가 발생되기 쉽고 동시에 배기가스 중의 유해물질이 크게 증가한다.

고압축비는 연소실의 온도수준을 높여 연료의 조기반응(pre-reaction)을 유발시킨다. 연료가 조기반응하게 되면 정상 화염면이 도달되기 전에 혼합기가 국부적으로 자기착화를 일으키게 된다. 따라서 노크 경향성은 증대되고 기관의 필요 옥탄가(ONR)는 상승하게 된다.

연소실 온도가 높고 고압축비일 경우에는 NO_x의 생성이 증대되는 방향으로 반응이 진행되며 그 반응 속도도 높다. NO_x는 연소실 온도가 약 1,300℃부터 생성되기 시작하며 2,000℃가 넘으면 그 생성량이 급격히 증대되는 것으로 알려져 있다.

② 연소실 형상(form of combustion chamber)

연소실 형상은 특히 미연 탄화수소(HC)의 발생에 큰 영향을 미친다. 미연 HC는 실린더벽 경계나 연소실벽 경계 그리고 후미진 구석이나 틈새(crevice)와 같이 화염면이 전달되기 어려운 경계층에서 많이 발생된다(그림 10-2). 즉, 연소실 표면적이 넓으면 넓을수록 미연 HC의 발생량은 증가한다.

따라서 표면적이 작고, 체적도 조밀하면서도 와류를 동반하는 연소실이 이상적이다. 특히 연소실 중앙에 스파크플러그를 설치하면 화염전파거리가 짧아지기 때문에 빠르고 완벽한 연소가 가능하게 되어 HC 배출물과 연료소비율 측면에서 유리하게 된다. 이와 같이 최적화된 연소실은 기관의 희박연소능력과는 관계없이 $\lambda=1$에서도 HC의 배출수준이 아주 낮다. 또 충진와류가 강하면 연소속도가 빨라져 기관의 필요옥탄가도 낮아진다. 결과적으로 압축비를 높일 수 있고, 희박연소(lean burn)도 실현시킬 수 있다(그림 10-3참조).

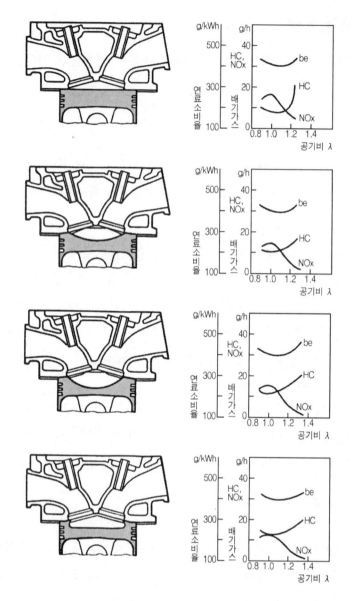

그림 10-3 연소실의 형상과 유해 배출물, 연료소비율의 상관관계

스파크플러그 전극영역에서의 와류는 대단히 중요하다. 와류의 강도가 낮아 전극영역의 혼합기가 불균일하거나 잔류가스가 많이 남아있을 경우에는 점화가 원활하지 못하게 된다. 이렇게 되면 점화지속기간이 사이클마다 변하게 되어, 연소 사이클의 맥동을 유발시키게 된다.

　　스파크플러그의 설치위치는 연료소비율과 유해배출물에 큰 영향을 미친다(그림 10-4참
조). 4 - 밸브기관은 연소실을 조밀하게 설계할 수 있으며, 또 스파크플러그를 연소실 중앙
에 설치할 수 있으므로 연료소비율이 낮아지고 HC - 배출량도 감소한다(그림 10-5참조).

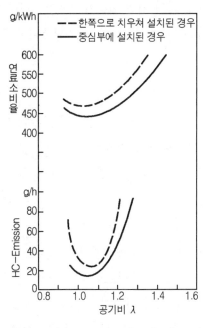

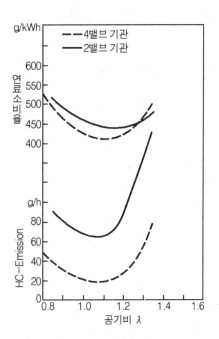

그림10-4　스파크　플러그의　설치위치가
연료소비율과 HC에 미치는 영향(예)

그림10-5 4-밸브 기관에서의 연료소비율과
HC-발생량(예)

　　연소실의 형상과 유입와류에 의해 개선된 희박연소능력은 λ=1로 설계된 기관에서 EGR
율을 개선하는데 이용할 수 있다. 희박연소기관에서와 동일하지는 않지만 EGR에 수반되
는 문제점 없이 연료소비율을 개선시킬 수 있다.

③ **밸브개폐시기**(valve timing)

　　충진사이클 - "연소실 내의 연소가스가 방출되고 새로운 혼합기로 대체되는 과정" - 은
흡/배기 밸브가 교대로 개폐되면서 이루어진다.

　　밸브개폐시기는 충진사이클에 영향을 미치며, 기본적으로 캠축에서 흡/배기 캠의 상대
위치 및 형상에 의해서 결정된다. 충진된 혼합기의 양은 기관출력을 결정하며, 잔류가스량
은 점화와 연소에 영향을 미친다. 이 외에도 잔류가스량은 탄화수소와 질소산화물의 발생
그리고 기관효율과 관련하여 중요한 의미를 갖는다.

밸브개폐시기를 제어하지 않을 경우, 기관은 특정 회전속도 영역에서만 그 성능을 최적화 시킬 수 있다. 예를 들면 고속에서 흡기밸브가 열려있는 기간을 길게 하면 출력이 증대되지만, 공전속도와 같은 저속에서는 밸브의 오버랩(over lap)이 길어지는 결과가 되어, 미연-HC의 양이 증가하고 잔류가스량도 증가하게 되어 기관의 작동상태가 원활하지 못하게 된다. 밸브의 오버랩을 고속에서는 크게, 저속에서는 작게 하면, 기관효율은 증대되고 유해가스 배출량도 감소한다.

④ 흡기통로 형상(intake passage design)

충진효율은 밸브개폐시기는 물론이고 흡기통로와 배기관의 형상의 영향도 받는다.

흡기행정에 의해 흡기통로에는 주기적으로 맥동현상이 발생한다. 이 압력파(pressure wave)는 흡기통로를 통과한 후, 흡기다기관 끝에서 반사된다. 흡기다기관의 통로가 밸브개폐시기와 조화를 이루도록 설계되어 있다면 이 압력파는 흡입행정이 끝나기 바로 직전에 흡기밸브에 도달할 것이다. 이 경우, 압력파에 의한 부스트 효과(boost effect)는 다량의 혼합기가 연소실에 유입되도록 한다. 그리고 비슷한 현상이 배기관에도 적용된다.

흡기통로와 배기관이 밸브오버랩 기간 중 압력파를 효과적으로 이용할 수 있도록 설계되어 있다면 충진효율이 개선되어 출력이 증가하고, 유해가스가 저감되고, 연료소비율이 개선될 것이다. 특히 MPI기관에서는 흡기다기관을 이 개념에 맞도록 설계할 수 있다.

⑤ 층상급기(charge stratification)

대부분의 가솔린기관은 균질 혼합기를 사용하도록 설계되어 있다. 그러나 스파크플러그 영역에 농후한 혼합기를 공급하여 먼저 농후한 혼합기를 점화시킨 다음, 점화된 혼합기가 와류에 의해서 다시 희박한 혼합기와 혼합, 주연소(main combustion)가 이루어지도록 하는 방법도 사용되고 있다. → 층상급기(불균질 혼합기)

초기의 층상급기방식으로는 혼다(Honda)사의 CVCC-기관이 있다. 이 기관은 작은 예연소실(pre-chamber)에 스파크플러그를 설치하고 별도의 공급장치로 여기에 농후한 혼합기를 공급한다. 이 방식은 매우 농후한 혼합기와 매우 희박한 혼합기에서 연소가 이루어지기 때문에 NO_x는 크게 감소하지만, 연소실의 표면적이 커지므로 HC는 증가한다.

※ CVCC〔Compound Vortex Controlled Combustion〕

오늘날은 연료를 실린더 내에 직접 분사하는 GDI(Gasoline Direct Injection) 방식으로 층상급기한다. 이 방식은 연소실 형상, 피스톤 형상, 흡기다기관의 형상 등을 조화시켜 적당한 충진작용과 와류작용을 유도하고 연료를 실린더 내에 직접 분사한다.

⑥ **희박연소방식**(lean-burn combustion system)

희박연소(lean burn)기관에서는 연소실 형상의 최적화에 대한 보조수단으로서 예를 들면, 흡기통로에 와류형성기구를 설치하여, $\lambda \approx 1.4 \sim 1.6$에서도 연소가 가능하도록 한다. 또 GDI 방식에서는 희박연소가 기본이다. 희박연소기관은 유해배출물 수준이 낮고 연료 소비율도 낮으나, 강화된 배기가스 규제수준을 만족시키기 위해서는 NO_x의 후처리가 필수적이다. → $DeNO_x$ - 촉매기 장착 필요

(2) 작동조건과 유해 배출가스(operating conditions and emissions)

① **기관의 회전속도**(engine speed : Motordrehzahl)

고속에서는 기관 자신의 마찰출력이 증대되고 또 보조장치의 출력소비도 증가한다. 따라서 연료소비율이 증가한다. 연료소비율이 증가한다는 것은 연료소비율에 비례해서 유해물질의 배출량도 증가한다는 것을 의미한다.

② **기관의 부하**(engine load : Motorbeladung)

기관의 부하가 증가하면 연소실의 온도수준도 상승한다. 따라서 화염면이 전달되지 않는 연소실벽 근처의 경계층(boundary layer) 두께도 그 만큼 얇아진다. 그리고 배기가스 온도가 높기 때문에 동력행정과 배기행정에서의 후-반응(post-reaction)이 활성화된다. 따라서 부하가 증가함에 따라 HC와 CO의 발생량은 감소한다. 그러나 부하가 증가함에 따라 연소실의 온도도 상승하므로 NO_x는 급격히 증가하게 된다.

③ **차량의 주행속도**(vehicle speed : Kfz-geschwindigkeit)

스로틀밸브가 급격히 열리면 기화기기관이나 SPI시스템의 경우엔 공급된 연료 중의 일부가 흡기관 벽에 점착된다. 이를 보상하기 위해서는 가속 시 농후혼합기를 공급해야한다. 농후혼합기를 공급하면 불완전 연소된 HC와 CO의 배출량이 증가한다.

MPI-시스템은 기화기관에 비해 분사압력이 높고, 분사된 연료가 흡기다기관 벽에 부착되지 않고 즉시 기화되므로 기관이 정상 작동온도에 도달한 다음에는 대부분의 경우에 가속을 위한 농후혼합기를 별도로 공급할 필요가 없다.

(3) 공기비와 유해 배출가스(air ratio and emissions)

가솔린 기관의 배기가스에 포함된 유해물질은 공기비(λ)의 영향을 크게 받는다.

일반적으로 가솔린기관은 5~10% 공기부족($\lambda = 0.9$~0.95 : 농후혼합기) 상태에서 최대출력을 발생시키므로, 전부하시에는 대부분 농후혼합기를 공급한다. 공기부족 시에는 연료를 완전 연소시킬 수 없기 때문에, 연료소비율은 증가하고 동시에 배기가스에서 CO와 미연 HC의 비율이 크게 증가한다. 가솔린기관은 약 10%정도의 공기과잉($\lambda=1.1$: 희박혼합기)상태로 운전될 때, 연료소비율은 가장 낮지만 반대로 기관의 출력은 감소하며, 또 연소속도가 느리기 때문에 기관온도도 상승한다. 약 10%정도의 공기 과잉상태에서는 배기가스 중의 CO와 미연 HC의 비율은 감소하지만 NO_x의 비율은 크게 증가한다.

공전상태에서는 공기비 범위 $\lambda = 0.995$~1.005가 주로 이용된다. 지나치게 희박한 혼합기는 기관의 실화한계(LML ; lean mixture limit)에 도달하거나 또는 초과하게 된다. 혼합기가 점점 희박해져 실화에 이르게 되면, HC 배출물이 급격히 증가하게 된다.

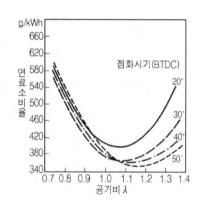

타행주행 시에는 기화기기관에서는 점화 가능한 혼합기를 유지하기 위해 농후 혼합기($\lambda \approx 0.9$)를 공급하고, 동시에 흡기다기관에 과도한 진공이 작용하는 것을 방지하기 위해 공기를 공급하였다. 현재는 타행 시에 실린더 선택적으로 연료분사를 중단하는 방식이 대부분이다.

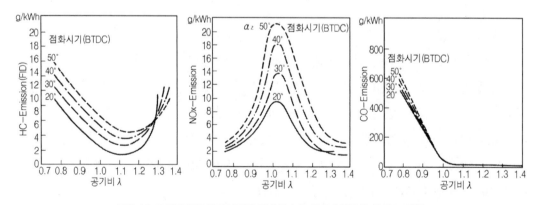

그림 10-6 공기비와 점화시기가 배출가스와 연료소비율에 미치는 영향

(4) 점화장치와 유해 배출가스(ignition system and emissions)

스파크플러그의 형상과 설치위치, 점화에너지 그리고 점화지속기간은 연소에 결정적인 영향을 미친다. 점화에너지가 충분하면 점화특성이 안정되고 동시에 강력한 불꽃을 발생시킬 수 있기 때문에 혼합기의 연소과정이 안정되며, 따라서 유해배출물 수준도 낮아지게 된다. 기관을 아주 희박한 혼합기($\lambda > 1.1$)로 운전하고자 하면 할수록 점화장치의 성능은 중요한 의미를 갖는다.

점화시기는 배기가스와 연료소비율에 결정적인 영향을 미친다. 연료소비율 최소화 점화시기를 지나서, 점화시기를 지각시켜 배기밸브가 열릴 때까지도 연소가 완료되지 않도록 하면, 배기시스템에서는 열적 후반응이 활성화되어 NO_x는 물론이고 미연 HC도 크게 감소하지만 대신에 연료소비율은 상승하게 된다. 역으로 연료소비율 최소화 점화시기보다 점화시기를 진각시키면 HC, NO_x 그리고 연료소비율 모두 증가한다. 참고로 CO는 점화시기와는 거의 무관하며 공기비의 영향을 주로 받는다(그림 10-6참조).

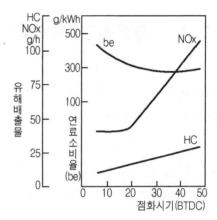

그림 10-7 점화시기가 배출물과 연료소비율에 미치는 영향

완전 전자제어 점화장치의 등장으로, 어떤 운전 조건하에서도 충분한 점화에너지(점화불꽃)를 확보할 수 있게 되었다. 충분한 점화에너지는 혼합기의 점화를 용이하게 할뿐만 아니라 연소과정을 안정시켜 유해배출물을 감소시킨다.

또 점화시기를 입체적으로 제어하여 기관의 운전조건에 따른 최적 점화시기를 선택하게 됨으로서, 유해배출물의 양을 크게 감소시킬 수 있게 되었다.

(5) 노크제어와 유해 배출가스(knock control and emission)

노크를 제어하면 기관의 이상연소를 크게 감소시킬 수 있다. 이상연소의 빈도가 감소하면 연료소비율이 낮아짐은 물론이고, 유해가스 배출량도 크게 감소한다.

노크제어 시 충진률을 낮추면 기관도 보호되고, 배기가스 중의 유해물질도 크게 감소된다. 특히 과급기관에서는 점화시기제어와 과급압력제어를 연동시켜 노크를 제어하는 방법을 주로 사용하고 있다. 이 시스템의 장점은 다음과 같다.

① 부분부하 영역에서는 과급일(charge work)을 적게 한다.

② 배기가스의 배압이 감소한다.

③ 실린더 내 잔류가스의 양이 감소한다.

④ 과급공기의 온도를 낮게 유지할 수 있다.

⑤ 과급응답이 유연하다.

⑥ 기관성능이 향상되고 구동능력이 개선된다.

(6) 혼합기 형성장치와 유해 배출가스(fuel induction system and emissions)

기화기기관은 분사기관에 비해 연료의 계량, 분배, 혼합기 형성 등에서 불리하다. 기화기기관에서는 실린더 간의 혼합기 분배가 불균일하고 미립화가 불량하기 때문에 분사기관에 비해 HC와 CO의 발생량이 많다.

혼합비 외에 연소실에 유입되는 혼합기의 질도 완전연소에 중요한 요소이다. 점화 시, 혼합기의 균질도 또는 층상형태, 그리고 혼합기의 온도는 연소능력을 결정하는 중요한 요소로서 연소과정과 배기가스의 성분 구성에 결정적인 영향을 미친다.

균질 혼합기 또는 층상급기는 서로 다른 개발목표를 가지고 있다. SPI(single point injection) 시스템에서는 흡기와 흡기다기관을 예열하여 흡기다기관 벽에 연료의 유막이 형성되는 것을 방지하기도 한다. 혼합기 균배 측면에서는 SPI - 시스템 보다는 MPI - 시스템이 더 유리하다.

3. 유해 배출가스 저감대책(emission reduction)

유해 배출가스의 배출원 및 발생기구에 따라 여러 가지 저감대책이 사용된다.

(1) 증발가스 저감대책

연료탱크 또는 혼합기 형성장치에서 발생된 증발가스를 일시 저장해 두었다가, 기관 작동 중 흡기계통으로 보내 연소시키는 활성탄 저장방식(charcoal canister)이 일반화되어 있다.

(2) 블로바이가스 저감대책

블로바이가스를 크랭크 케이스 또는 실린더헤드 커버로부터 흡기계통으로 되돌려 보내는 방법, 즉 블로바이가스 환원장치(=크랭크케이스 환기장치)가 사용된다.

(3) 유해 배기가스 저감대책

배출가스의 대부분은 배기가스이다. 배기가스 중에 포함된 유해물질을 최소화하기 위해서는 연료품질의 개선, 기관의 개량, 연료공급방법 및 점화장치 등을 개선하여 일차적으로 실린더 내에서의 연소품질을 개선하는 방법, 그리고 실린더로부터 배출되는 유해가스를 대기 중으로 방출시키기 전에 후처리하여 무해한 가스로 변환시키는 방법 등이 사용된다.

SI - 기관의 유해 배기가스 저감 핵심기술은 다음과 같다.

① **기관의 개량**(engine modification : EM)
   - 압축비, 연소실형상, 밸브개폐시기, 흡기관형상, 흡기관길이제어, 마찰감소, 층상급기.

② **혼합기 형성기구의 개선 및 공기비 제어**
   - 전자제어 연료분사장치(고압분사, 직접분사), 공기비 제어 등.

③ **점화장치의 개량 및 점화시기 제어**

④ **타행주행 시 연료공급 중단**
   (예) 약 $1600min^{-1}$ 이상에서 실린더 선택적으로 연료공급을 중단.

⑤ **후처리 시스템의 채용**
   - 3원촉매기, 공기비 제어, $DeNO_x$ - 촉매기, 2차공기 분사 등.

⑥ **배기가스 재순환**(EGR)
   - 내부 재순환 : 적절한 밸브 오버랩을 통해서
   - 외부 재순환 : EGR 밸브를 제어하여

⑦ **과급기 제어 및 과급공기 냉각**

EM + λ제어 + 촉매기 + 연료분사와 점화시기 제어 + 2차공기분사 + EGR

제2절 증발가스와 블로바이가스 제어장치
(Evaporation Gas and Blowby-Gas:Kraftstoffdämpfe und Blowby-Gase)

1. 증발가스 제어장치(evaporation gas control system)→ 활성탄 저장방식

활성탄 저장방식은 연료탱크와 혼합기형성장치에서 발생한 증발가스를 활성탄에 흡착시켰다가, 기관 작동 중 흡기관을 통해 연소실로 보내 연소시키는 방식이다.

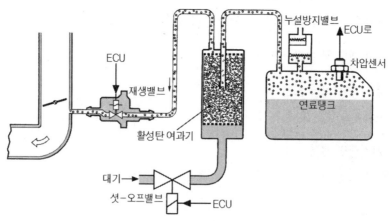

그림 10-8 증발가스 제어장치(누설감시 시스템 포함)

(1) 활성탄 캐니스터(charcoal canister)

캐니스터(canister) 내에는 활성탄 입자들이 가득 들어있다. 기관이 정지한 후에 연료탱크와 혼합기 형성기구에서 발생하는 연료의 증발가스는 가는 호스(hose)를 통해 모두 캐니스터로 유입된다. 캐니스터에 유입된 증발가스는 곧바로 활성탄 입자의 표면에 흡착된다.

기관작동 중 ECU가 셧-오프(shut-off)밸브의 대기 유입구와 재생밸브(regenerative valve)의 소기공을 동시에 열면, 활성탄에 흡착된 상태인 증발가스는 다시 활성탄으로부터 분리되어 흡기다기관으로 유입된다. 따라서 증발가스는 곧바로 대기 중으로 방출되지 않고 반드시 연소과정을 거치게 된다.

(2) 재생밸브(regenerative valve)와 셧-오프(shut-off) 밸브

캐니스터에 포집된 증발가스를 제어하는 밸브들로서 공전 시와 난기운전 중에는 작동되지
않는다. 공전 시와 난기운전 중을 제외하고는 ECU의 명령에 따라 동시에 ON/OFF 제어된다.
그러나 OBD에서 연료탱크 시스템의 누설여부를 감시할 때는 공전 시에 재생밸브만 연다.
그러면 흡기다기관의 압력이 전체 시스템에 작용하게 된다. 이때 연료탱크에 설치된 압력센
서가 압력변화를 감시하고, 이 압력변화로부터 연료탱크시스템의 누설여부를 판정한다.

2. 블로바이가스 제어장치(blowby gas control system)(그림 10-9)

블로바이가스 제어장치는 엔진오일이 분리된 블로바이가스를 계속해서 흡기다기관으로
유도하고, 동시에 기관내부(예 : 크랭크실)에 고압이 걸리지 않도록 하여, 오일소비를 감소시
키는 역할을 한다.

GDI - 기관이나 과급디젤기관에서는 블로바이가스에 포함된 오일성분 및 고형 미립자
(PM)들이 과급기에, 분사밸브에, 과급공기 냉각기에, 그리고 경우에 따라서는 뒤에 접속된
매연필터에 악영향을 미치는 것으로 알려져 있다.

① 크랭크케이스 강제 환기장치(positive crankcase ventilation system)

이 시스템에서는 공기여과기를 통과한 새로운 공기가 지속적으로 또는 부하에 따라 제
어되어 크랭크케이스로 유입된다. 이 새로운 공기는 블로바이가스와 미세한 오일입자들이
혼합된 가스에 추가로 혼합된다. 시스템제어는 조정된 스로틀과 밸브를 통해 이루어진다.
오일분리는 기존의 시스템에서와 동일한 방법으로 이루어진다. 블로바이가스는 흡기계로
유도되어 재 연소된다. → 밀폐시스템

블로바이가스에 포함된 수증기와 연료증기는 유입되는 새로운 공기에 흡수되므로, 결과
적으로 응축 가능한 증기(연료 및 수분)의 농도가 낮아져, 아주 낮은 온도에서도 전혀 응축
되지 않거나, 또는 최소한으로 극히 일부만이 크랭크케이스 내에서 응축된다. 외기온도가
아주 낮고, 주위공기가 건조하면 특히 효과가 크다. 응축액에 포함된 수분이 추위에 의해
빙결될 경우, 최악의 경우에는 윤활회로를 차단하여 기관을 완전히 파손시킬 수 있다. 결
빙은 또 크랭크케이스 환기통로를 부분적으로 막아 크랭크케이스의 압력상승을 유발할 수

있다. 크랭크케이스의 압력이 상승하면 유면게이지, 베어링 씰, 밸브커버 개스킷 등을 통해 오일이 누설되게 된다. → 오일 소비량의 증대

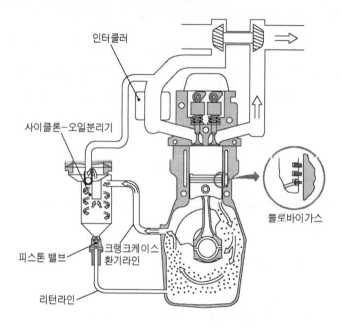

그림 10-9a   **크랭크케이스 환기장치**

여과되지 않은 블로바이가스가 PCV 라인을 통해 역류하는 것을 방지하기 위해 시스템에 PCV밸브(체크밸브)를 설치한다.

PCV - 시스템의 단점으로는 경우에 따라서 산화에 의해 오일의 노화가 촉진되고 흑색슬러지(black sludge : Schwarzschlamm)의 생성도 촉진된다는 점이다. 유입되는 새로운 공기에 포함된 산소는 오일의 산화를, 잔류물은 오일 찌꺼기의 생성을 촉진시킨다.

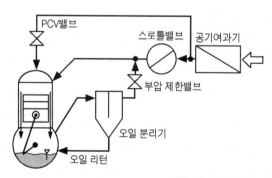

그림 10-9b **체크밸브를 포함한 PCV 시스템**

② **부압 제어식 크랭크케이스환기장치**(vacuum controlled crankcase ventilation system)

이 시스템에서 블로바이가스는 오일분리기로부터 부압제한밸브를 거쳐 스로틀밸브 후방의 흡기다기관으로 유입된다. 기존의 시스템과 비교하여 오일분리기와 스로틀밸브 전방의 흡기다기관 사이의 연결라인, 그리고 스로틀밸브 후방의 흡기시스템과 기관 사이의 스로틀(throttle) 라인도 생략되었다(그림10-9와 10-10을 비교해 볼 것).

부압제한밸브는 스프링 부하된 다이어프램밸브인데, 조정된 바이패스 통로를 갖추고 있다. 이 밸브는 기관의 거의 모든 부하 상태에서 기관 내부의 부압을 허용 최대값 이하로 제어한다. 기관내부의 부압이 지나치게 높아도, 기존의 크랭크케이스 환기장치에서의 부정적인 현상들이 나타날 수 있다.

이 시스템을 이용하여, 기관의 전체 작동범위에 걸쳐 크랭크케이스의 부압 수준을 일정한 범위로 유지할 수 있다. 기존의 크랭크케이스 환기장치에 비해 부품수가 적으며 호스 내부에서의 결빙 위험도 낮다. 블로바이가스를 스로틀밸브 후방의 흡기다기관에 유입되게 함으로서 공기질량계량기와 공전 액추에이터의 오염도 방지한다.

이론적으로는 부압제한밸브의 다이어프램에 고장이 발생할 수 있다는 점이 단점이다. 그러나 실제로 그러한 경우는 보고 되지 않고 있다.

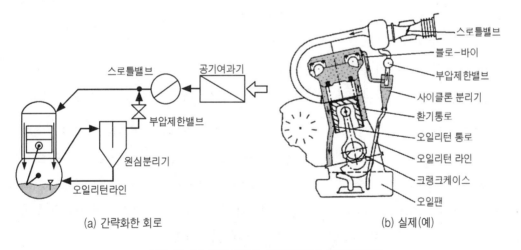

(a) 간략화한 회로　　　　　　(b) 실제(예)

그림 10-10 부압 제어식 크랭크케이스 환기장치(예)

제10장 배출가스제어 테크닉

제3절 배기가스 재순환장치
(Exhaust Gas Recirculation(EGR) : Abgasrückführung(AGR))

1. 배기가스 재순환(EGR)과 재순환률

배기가스를 완전히 방출시키지 않고 기관내부에 일부 잔류시키는 경우를 내부 재순환이라고 한다. 여기서 말하는 재순환장치는 배기가스 중의 일부(SI-기관에서는 대부분 혼합기의 5~10%, 최대 약 20% 정도까지)를 배기다기관 하부의 배기관에서 끌어내 이를 다시 흡기다기관으로 보내 연료/공기 혼합기에 혼합시켜 연소실로 유입되게 하는 외부 재순환시스템이다.

배기가스를 재순환시키면 새 혼합기의 충진률은 낮아지는 결과가 된다. 그리고 재순환된 배기가스에는 N_2에 비해 열용량이 큰 CO_2가 많이 함유되어 있어, 동일한 양의 연료를 연소시킬 때 온도상승률이 낮다. 또 공기에 비해 산소함량이 적은 배기가스가 연소에 관여하게 됨으로 연소속도가 감소하여 연소최고온도가 낮아지게 된다. 그렇게 되면 NO_x의 양은 현저하게 감소한다(약 60%까지). 그러나 배기가스 중의 HC와 CO의 양은 감소되지 않는다.

EGR은 NO_x의 저감대책으로는 효과가 있으며, 배기가스를 냉각시켜 재순환시키면 효과가 더욱 크지만, 반면에 혼합기의 착화성을 불량하게 하고 기관의 출력은 감소한다. 또 EGR률이 증가함에 따라 배기가스 중의 CO, HC 그리고 연료소비율은 증가한다. 이 외에도 EGR률이 너무 높을 경우에는 기관의 운전정숙도가 불량해지게 된다. 따라서 NO_x의 배출량이 많은 운전영역에서만 선택적으로 적정량의 배기가스를 재순환시킨다.

일반적으로 정상 작동온도이면서 동시에 부분부하 상태이고 또 공기비가 $\lambda \approx 1$일 경우에 한해서 EGR시킨다. 최대 EGR률은 HC의 배출량과 연료소비율, 기관의 운전정숙도 등에 의해 제한을 받게 된다(최대 15~20%).

EGR률은 다음 식으로 표시된다.

$$EGR률 = \frac{EGR \; 가스량}{흡입공기량 + EGR \; 가스량} \times 100(\%) \quad \cdots\cdots\cdots\cdots\cdots(10\text{-}1)$$

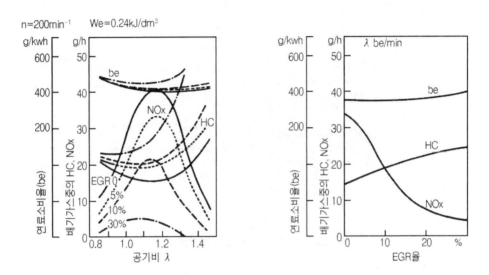

그림 10-11 EGR률이 배기가스 조성과 연료소비율에 미치는 영향

혼합기가 농후하여 NO_x가 적게 발생할 때, 예를 들면 냉시동, 난기운전, 공전, 가속 그리고 전부하에서는 EGR시키지 않는다. 특히 전부하에서는 출력증대라는 기본목표 때문에, 공전시에는 기관의 운전정숙도 때문에 EGR시키지 않는다. 즉 농후한 혼합기로 운전해야 할 경우에는 EGR시키지 않는다.

2. 배기가스 외부 재순환(EGR)장치의 구성

EGR밸브는 배기다기관과 흡기다기관 사이의 배기가스 재순환 통로에 설치된다. EGR밸브 제어방식에는 부압식과 전자제어식이 있으나, 현재는 OBD에서 전제조건으로 하는 전자제어방식이 대부분이다.

전자제어방식의 EGR시스템에서는 EGR밸브의 밸브롯드(valve rod)의 위치를 검출하는 위치센서(position sensor)가 부착된다. EGR밸브의 밸브롯드의 위치는 미리 프로그래밍 되어 있는 특성곡선에서 기관의 회전속도와 부하, 흡기다기관의 진공도 그리고 기관의 온도에 따라 제어된다. 즉, EGR밸브의 밸브롯드 위치를 제어하여 EGR률을 제어한다.

시간이 경과함에 따라 배기가스 중의 고형물질이 EGR밸브나 파이프 등에 퇴적된다. 이렇게 되면 EGR률은 ECU가 지시한 값보다도 낮아지게 되는 단점이 있다.

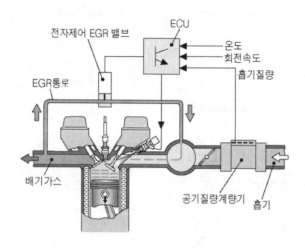

그림 10-12 EGR-시스템(전자제어식)

제10장 배출가스제어 테크닉

제4절 3원촉매기

(3-way Catalytic Converter : Dreiwege Katalysator)

1. 촉매반응(catalytic reaction)

촉매(catalyst)란 그 자신은 변화하지 않으면서 다른 물질의 화학반응을 촉진시켜 주는 물질을 말한다. 자동차에서 촉매기란 배기가스 중의 유해물질을 산화(oxidation) 또는 환원(reduction)반응을 통해 무해한 물질로 변환시켜 주는 장치를 말한다.

촉매기에서의 화학반응은 다음과 같다.

$$2NO \rightarrow N_2 + O_2 \qquad (환원)$$
$$2CO + O_2 \rightarrow 2CO_2 \qquad (산화)$$
$$2C_2H_6 + 7O_2 \rightarrow 4CO_2 + 6H_2O \quad (산화)$$
$$2NO + 2CO \rightarrow N_2 + 2CO_2 \qquad (환원/산화) \cdots\cdots\cdots\cdots\cdots (10\text{-}2)$$

NO_x 는 먼저 환원반응하여 N_2 와 O_2 로 분리되고, 분리된 O_2 는 다시 CO와 반응하여 CO_2가 된다. 그리고 CO와 HC는 산화반응하여 CO_2와 H_2O로 변환된다.

2. 촉매기 시스템의 분류

촉매기 시스템(catalysator system)은 다음 세 가지로 분류할 수 있다.

(1) 1상(床) 산화촉매기(single-bed oxidation catalytic converter)

산화촉매기는 공기과잉상태에서 CO와 HC를 H_2O와 CO_2로 산화 즉, 연소시킨다. 질소와 결합된 산소는 산화촉매기에서는 반응하지 않는다.

산화에 필요한 산소를 희박혼합비($\lambda > 1$)를 통해 공급하거나, 소위 2차공기(secondary air)를 촉매기 전방에 분사하는 방법이 주로 사용된다.

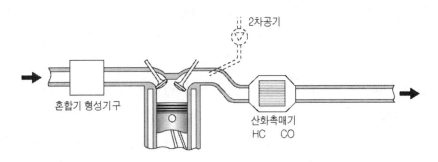

그림 10-13 1상 산화촉매기 시스템

(2) 2상(床) 촉매기(dual-bed catalytic converter)

초기의 2상 촉매기는 환원촉매기와 산화촉매기가 연이어 설치된 형식이 대부분이었으며, 2차공기는 두 촉매기 사이에 공급하였다. 앞 촉매기(환원촉매기)에서는 NO_x가 환원반응하여 N_2와 O_2로 분리되고, 뒤 촉매기(산화촉매기)에서는 HC와 CO가 산화반응하여 H_2O와 CO_2로 변환된다. 농후혼합기가 공급될 때에는 공기부족 상태이므로 질소산화물이 환원촉매기에서 환원반응할 때 암모니아(NH_3)가 생성될 수 있다. 이때 생성된 암모니아의 일부는 2차공기가 공급되면 다시 질소산화물로 변환되게 된다.

최근에는 앞에 3원촉매기, 뒤에 De-NO_x촉매기를 설치한 형식이 GDI - 기관에 도입되고 있다(그림10-20a 참조).

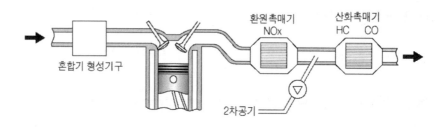

그림 10-14 2상 촉매기 시스템

(3) 1상(床) 3원촉매기(single-bed 3-way catalytic converter : Dreiwege Katalysator)

1상 3원촉매기는 1개의 촉매기에서 3종류의 유해물질(HC, CO, NO_x)이 동시에 산화 또는 환원반응한다는 의미를 가지고 있다. 3원촉매기에서의 화학반응은 공기비가 이론혼합비(λ=1)에 가까워야만 정화율이 높다. 그 이유는 다음과 같다.

환원반응에 의해서 NO_x로부터 분리된 산소의 양은 배기가스 중의 CO와 HC를 모두 산화반응시킬 수 있을 정도로 충분해야 한다. 따라서 공기비가 이론혼합비보다 낮으면($\lambda <$ 0.99), 산소부족이 되어 CO와 HC의 발생률이 높아진다. 반대로 공기비가 이론혼합비보다 높으면($\lambda > 1.00$), 산소과잉이 되어 CO와 HC의 발생률은 낮아지지만 NO_x의 발생률은 증가한다. 따라서 3원촉매기는 공기비센서와 함께 사용하는 것이 효과적이다.

공기비를 제어하지 않고 3원촉매기만을 사용할 경우에는 유해물질의 약 60%정도를 저감시킬 수 있을 뿐이다. 그러나 공기비제어 및 공기비 감시시스템이 설치된 경우, 촉매기에서의 정화율은 약 94~98% 정도에 이른다.

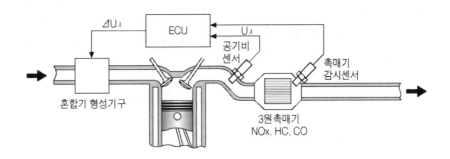

그림 10-15 1상 3원촉매기 시스템

3. 1상 3원 촉매기(single-bed 3-way catalytic converter)

(1) 촉매기의 담체(substrate)

촉매기는 금속제 하우징(housing)속에 들어있는 담체(substrate), 담체 위의 중간층 (wash-coat), 그리고 중간층 위에 얇게 도포된 촉매층(coating layer)으로 구성되어 있다.

담체는 촉매기의 골격으로 구슬형(pellet type), 세라믹 일체형(ceramic monolith), 금속 일체형(metal monolith) 등이 있다.

① 작은 구슬형 담체(pellet type substrate)

세라믹으로 된 다공성의 작은 구슬(pellet) 수 천 개를 그림 11-26과 같이 금속제 하우징 속에 넣어 구슬 사이 및 구슬 자체를 배기가스가 통과하도록 하였다. 일체형 담체와 비교 할 때, 배압(back pressure)이 많이 걸리고 또 마모에 의한 담체의 손실이 많다. 현재는 거 의 사용되지 않는다.

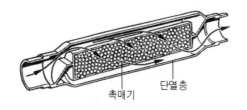

그림 10-16a **구슬형 담체**

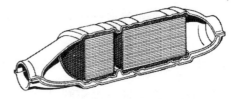

그림 10-16b 세라믹 일체형 담체

② 세라믹 일체형 담체(ceramic monoliths substrate)

오늘날 가장 많이 사용되는 형식이다. 재질은 내열성이 높은 마그네슘 – 알루미늄 실리케이트(magnesium-aluminium silicate : (예) $2MgO-2Al_2O_3-5SiO_2$)가 주성분이다. 이 형식의 담체는 벌집 모양으로 배기가스가 통과하는 수천 개의 통로 즉, 셀(cell)이 뚫려 있다.

셀 밀도(cell density)는 보통 $1cm^2$에 약 65개 정도(약 420 CPSI(Cell Per Square Inch))에서부터 120개(약 800 CPSI) 정도가 실용화되어 있으나, 점점 증가하는 추세에 있다. 셀 밀도가 증가할수록 셀의 벽두께는 그 만큼 얇아지고 촉매기의 성능은 상승한다.

세라믹 담체는 진동이나 충격에 아주 약하기 때문에 하우징과 담체 사이에는 금속섬유(metal wool) 등과 같은 탄성물질을 채워두고 있다. 이 탄성물질은 운전 중 담체와 하우징의 팽창계수차를 보상해주며 기계적 응력을 흡수한다.

③ 금속 담체(metallic monoliths substrate)

0.05~0.07mm정도의 가는 내열, 내부식성의 철선으로 짠 그물망의 띠를 감아서 만든 것으로 그 표면에 촉매물질을 도포하였다. 금속 담체는 벽 두께가 약 0.05mm정도, 세라믹 담체는 약 0.3mm정도이다. 따라서 금속 담체는 세라믹 담체에 비해 배압이 더 적게 걸리게 된다. 그리고 비열도 낮기 때문에 세라믹 담체에 비해 작동온도에 도달하는 시간이 현저하게 단축된다. 또 열전도율이 높기 때문에 용융위험이 적다.

그림 10-16c 금속 담체 형식의 촉매기

금속 담체는 배압의 감소, 단위체적 당 표면적의 증대, 높은 열전도율, 낮은 비열 등이 장점이 된다. 그러나 가격이 비싸고, 고온부식의 위험이 있으며(약 1,100℃부터), 정지와 출발을 반복하는 경우엔 낮은 비열 때문에 촉매기가 쉽게 냉각된다는 등의 단점이 있다.

(2) 중간층(wash-coat)과 촉매층(coating layer)

구슬 담체와 금속 담체는 그 표면에 바로 촉매물질을 도포하지만 세라믹 일체형 담체에서는 담체에 뚫린 수천 개의 작은 통로에 다공성(多孔性)의 중간층(wash-coat)을 만들어 촉매기의 유효표면적을 약 7,000배 정도 확대하는 효과를 얻도록 하고 있다.

그리고 이 중간층의 표면에 촉매물질인 백금(Platin : Pt)과 로디움(Rhodium : Rh) 또는 팔라듐(Palladium : Pd)과 로디움(Rh)을 얇게 입힌다.

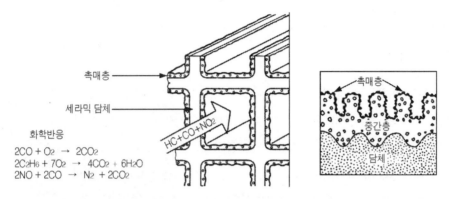

촉매층

세라믹 담체

화학반응

$2CO + O_2 \rightarrow 2CO_2$
$2C_2H_6 + 7O_2 \rightarrow 4CO_2 + 6H_2O$
$2NO + 2CO \rightarrow N_2 + 2CO_2$

HC+CO+NO₂

촉매층

중간층

담체

그림 10-17 3원촉매기의 구조와 작동원리(세라믹 일체형)

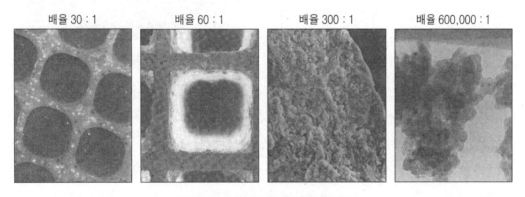

배율 30 : 1　　배율 60 : 1　　배율 300 : 1　　배율 600,000 : 1

그림 10-18 세라믹 촉매기의 표면 확대

일반적으로 촉매물질로는 산화촉매기에서는 백금과 팔라듐을, 3원촉매기에서는 백금과 로디움을 주로 사용한다. 그리고 중소형 승용자동차용 촉매기 1개에 사용되는 촉매물질의 양은 2~3g정도이며, 수명이 다한 촉매기를 재처리하여 촉매물질의 대부분을 다시 회수할 수 있다.

(3) 촉매기의 정상작동온도와 수명

공기비센서에서와 마찬가지로 촉매기에서도 작동온도가 중요한 역할을 한다. 세라믹 일체형 촉매기는 약 250℃ 이상으로 가열되어야만 촉매작용을 시작한다. 촉매기온도가 300℃ 이상이면, 촉매기의 변환효율은 50% 이상이 된다(light off point : Anspringtemperature).

냉시동 후에 이 온도에 빠르게 도달하기 위한 수단으로 다음과 같은 방법들이 사용된다.

- 촉매기를 기관에 근접 설치
- 촉매기에 히터 설치
- 단열된 2겹 배기다기관의 사용
- 점화시기의 지연(최대 약 15°까지)
- 2차 공기분사

촉매효율을 높게 유지하면서도 촉매기의 수명을 연장시킬 수 있는 최적 작동온도는 약 400~800℃ 범위이다. 이 범위에서는 온도변화에 따른 열적 노화현상(thermal aging)이 낮기 때문이다.

800~1,000℃ 범위에서는 열적 노화현상이 증대되어 촉매층과 담체의 산화알루미늄 층이 녹게 된다. 이렇게 되면 촉매작용을 할 수 있는 유효 표면적이 크게 감소된다. 특히 이 온도범위에서 작동하는 시간이 길면 길수록 큰 영향을 받게 된다.

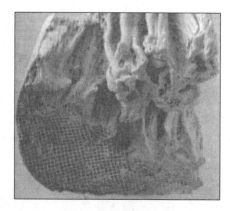

그림 10-19 세라믹 촉매기의 융착

1,000℃ 이상에서는 열적 노화현상이 극심하여 촉매기로서의 기능을 상실하게 된다. 이런 이유 때문에 촉매기의 설치위치는 제한된다. 촉매기의 설치위치는 기관의 어떤 운전조건에서도 촉매기가 임계온도(약 950℃) 이상으로 가열되지 않는 곳이어야 한다. 이상적인 운전조건에서라면 촉매기는 주행거리로 약 100,000km정도를 사용할 수 있다.

기관의 부조 예를 들면, 실화가 발생하면 촉매기 온도는 순간적으로 약 1,400℃ 이상까지 상승될 수 있다. 이 온도에서는 촉매기의 담체 층이 녹아 촉매기는 완전히 파손된다. 그리고 기관을 무부하 급가속시킬 경우에도 실화와 똑같은 결과를 유발시킬 수 있다. 그러므로 기관을 무부하 급가속시키는 일은 삼가야 한다.

차량을 견인한 다음에는 기관을 무부하 공전상태로 일정 시간 운전하여 촉매기 내에 들어있는 미연 탄화수소가 천천히 반응하면서 촉매기를 빠져 나가도록 해야 한다. 실화에 의해서 촉매기가 파손되는 것을 방지하기 위해서는 정비가 필요 없고 내구성이 높은 전자점화장치를 사용하고 또 운전자나 정비사가 기관을 무부하상태에서 급가속시키지 않도록 해야 한다.

촉매기가 설치된 차량에는 반드시 무연(unleaded) 가솔린을 사용해야한다. 가솔린에 첨가된 납화합물은 불활성으로서 그대로 배기가스와 함께 촉매기에 유입되어 촉매층을 덮어버리게 된다. 납화합물이 촉매층을 덮어버리면 촉매층은 더 이상 촉매작용을 할 수 없게 된다. 그리고 기관 윤활유가 연소실로 유입될 경우에도 윤활유에 의한 퇴적물이 촉매기의 다공층(多孔層)의 구멍들을 막게 되어 납화합물처럼 촉매기의 기능을 저하시키게 된다.

또 납화합물이나 윤활유의 연소생성물이 촉매기에 퇴적되면 배압(back pressure)이 증대되어 기관의 출력이 저하한다. 똑같은 출력(배기량)의 기관을 촉매기 없이 운전할 경우와 촉매기를 부착하고 운전할 경우를 비교하면, 후자가 전자보다 약 5~10%정도의 출력저하 현상을 나타내는 것으로 보고되고 있다. 이는 촉매기에 의한 배압 때문이다.

4. NOₓ-촉매기

가솔린 직접분사(GDI) 기관은 특정 운전영역에서 층상급기 또는 희박혼합기($\lambda > 1$)로 운전한다. 이 때는 공기과잉상태이므로 3원 촉매기만으로는 NOₓ를 완전히 환원시킬 수 없다. 따라서 이 경우에는 NOₓ를 후처리하기 위해 기관에 근접, 설치된 3원촉매기 후방에 별도의 NOₓ-촉매기를 설치한다.

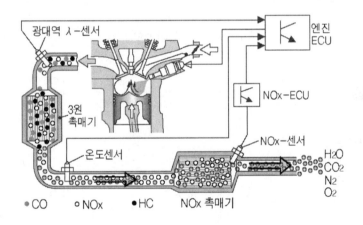

그림 10-20a GDI-기관의 촉매기 시스템(NOx-촉매기 포함)

(1) 구조

3원촉매기와 외형상 동일한 구조의 세라믹 담체 및 중간층에 촉매물질(Pt, Rh, Pa 등)이 도포되어 있으며, 여기에 추가로 NOₓ 저장(= 흡수) 능력이 우수한 산화 바리움(BaO ; Barium Oxide) 또는 산화칼륨(KO ; Kalium Oxide)이 도포되어 있다.

(2) 작동원리

① NO_x의 저장

희박혼합기로 운전할 때는 저장물질이 NO_x를 흡수한다. 저장물질의 NO_x 저장능력이 소진되면, 이 상태는 NO_x - 센서에 의해 감지된다.

② NO_x의 환원

1~5초 간격의 주기로 농후 혼합기가 공급되면, NO_x는 저장물질로부터 다시 분리되어 미연 HC 및 CO의 도움으로 촉매물질(예 : Rh)에 의해 질소(N_2)로 환원된다.

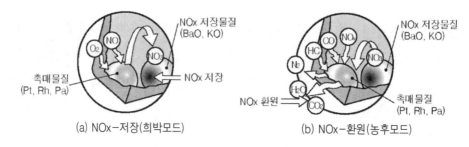

(a) NOx-저장(희박모드)   (b) NOx-환원(농후모드)

그림 10-20b NO_x의 저장과 환원

참 고

※ **반응식**
  (1) NOx - 저장단계
     $$2BaO + 4NO_2 + O_2 \rightarrow 2Ba(NO_3)_2$$
  (2) NOx - 분리단계
     $$Ba(NO_3)_2 + 3CO \rightarrow 3CO_2 + BaO + 2NO$$
  (3) 환원 / 산화단계
     $$2NO + 2CO \rightarrow N_2 + 2CO_2$$

---

(3) NO_x - 촉매기 사용조건

작동온도범위 250~500℃에서 NO_x의 80~90%가 환원된다. 촉매기의 온도가 500℃ 이상으로 상승하면 촉매기의 고온 열화가 시작된다. 그러므로 경우에 따라서는 바이패스 통로를 통해 배기가스를 냉각시켜야 한다. 그리고 연료 1kg당 황함량이 0.050mg(0.050ppm)이 하이어야만 한다. 황함량이 높으면 촉매기의 NO_x 저장능력은 현저하게 감소한다.

제10장 배출가스제어 테크닉

제5절 공기비 제어
(λ-Closed Loop Control : Geschloβener λ-Regel)

1. 공기비 제어의 필요성

기관이 이론혼합비($\lambda = 1$) 부근의 아주 좁은 영역에서 작동할 경우, 3원촉매기는 CO, HC, 그리고 NO_x 등의 배기가스 유해물질을 94~98% 정도 정화시킬 수 있다. 그러나 기관의 모든 운전조건에서 공기비를 "$\lambda = 1$" 부근의 좁은 영역으로 유지한다는 것은 최신식 분사제어장치도 불가능하다. 이런 이유에서 공기비 제어가 필요하다.

스파크 점화기관에서는 기본적으로 2종류의 공기비 제어 개념이 이용된다.

(1) "$\lambda = 1$"을 목표로 하는 공기비 제어

이 개념은 유해배출물을 최소화하는 데 중점을 두고 있다. 혼합비를 "$\lambda = 1$" 부근의 좁은 범위($\lambda = 0.995 \sim 1.005$) 내에서 제어하는데, 이 좁은 제어 범위를 공기비 창(λ-window) 또는 촉매기 창(catalytic converter window)이라고 한다.

공기비를 "$\lambda = 1$" 부근으로 유지하기 위해서 촉매기 전방에 공기비센서(일명 산소센서)를 설치하여 배기가스 중의 산소농도를 측정하고, 이 측정값에 근거하여 연료분사량을 제어한다. 촉매기 후방에 제 2의 공기비센서를 설치하여, 제어 정밀도를 높이는 방법이 주로 사용된다.

(2) "$\lambda \rangle 1$"을 위한 공기비 제어

이 개념은 희박연소를 실현하여 연료소비율을 낮추는 데 중점을 둔다. 이 개념의 성패는 희박연소 중 NO_x의 생생을 최소화할 수 있는 고효율 촉매기에 달려 있다. 스파크 점화기관에서는 적절한 설계 대책을 강구하여도 희박 실화한계(lean mixture limit)는 대부분 $\lambda \approx 1.7$ 정도이다.

그림 10-21에서 그림1은 3원 촉매기 전방의 배기가스 중의 유해성분이고, 그림2는 촉매기를 거친 후의 배기가스 중의 유해성분을 나타내고 있다. 그림 3은 지르코니아 공기비 센서의 출력특성이다.

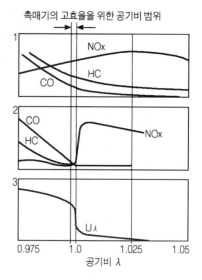

촉매기의 고효율을 위한 공기비 범위

그림 10-21 공기비센서의 제어영역과 그 성능

2. 공기비 센서(λ-sensor or O_2-sensor)

현재 실용화되고 있는 공기비 센서로는 지르코니아 – 공기비 센서(zirconia λ-sensor)와 티타니아 – 공기비 센서(titania λ-sensor)가 있다.

(1) 지르코니아(Zirconia) 공기비 센서(λ =1.0)

① **구조**(그림 10-22a)

가스가 통과할 수 없는 센서 세라믹 즉, 지르코니아(ZrO_2)와 이트륨(yttrium : Y)으로 제작된 고체 전해질 소자의 양쪽 표면에 아주 얇은 초미세 백금피막을 도금하였다.

센서 세라믹의 외부표면은 백금피막을 통해 센서 하우징에 접촉, (-)극을 형성하며, 산소농도가 낮은 배기가스에 노출된다. 따라서 백금피막 위에 다공성 세라믹을 코팅하고, 추가로 다수의 슬롯(slot)이 가공된 금속판으로 감싸, 외부충격으로부터 보호하였다.

센서 세라믹의 내부표면에는 산소농도가 높은 대기에 노출되어 있으며, 제 2의 백금피막을 통해 외부로 나가는 (+)배선과 연결되어 있다. 또 최근에는 센서 세라믹을 작동온도에 쉽게 도달하게 하기 위한 가열코일을 내장하는 경우가 대부분이다.

② **작동원리**

고체 전해질 소자(素子)는 고온(300℃ 이상)에서 양측 표면에서의 산소농도차가 크면 기전력을 발생시키는 성질이 있다. 대기 측의 산소농도와 배기가스 측의 산소농도 즉, 양쪽의 산소분압차가 크면, 산소이온은 산소분압이 높은 대기 측에서 산소분압이 낮은 배기가스 측으로 이동한다. 그 결과 두 전극 사이에는 네른스트 식(Nernst equation)에 의한 기전력(E)이 발생된다. 기전력(E)은 산소분압비의 대수(對數)에 비례한다. 즉, 공기비센서 양쪽 표면 간의 산소 농도차가 크면 클수록 기전력은 증가한다.

$$E \;=\; R \cdot \frac{T}{4F} \cdot \ln\left(\frac{P'_{O2}}{P_{O2}}\right) \;\cdots\cdots\cdots\cdots\cdots\cdots\cdots\cdots\cdots\cdots\cdots (10\text{-}3)$$

여기서 E : 기전력[V] R : 기체 상수[J/mol·K]

T : 절대온도[K] F : Faraday 정수[C/mol]

P'_{O2} : 대기의 산소분압[Pa] P_{O2} : 배기가스의 산소분압[Pa]

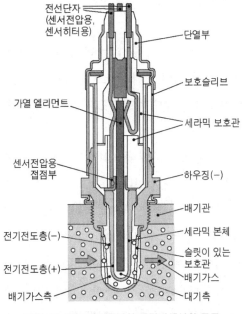

그림 10-22a 지르코니아 공기비센서의 구조

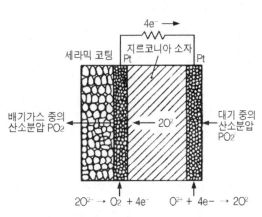

그림 10-22b 지르코니아 공기비센서 작동원리

이론 공연비보다 농후한 혼합기가 연소되었을 경우라도 배기가스 중에는 실제로 약간의 산소가 존재하기 때문에 충분한 기전력을 얻을 수 없다. 더구나 이론공연비 부근의 혼합기에 대한 기전력의 변화는 작기 때문에 이 전압을 검출하여 이론공연비를 정확하게 판별한다는 것은 어렵다. 이런 이유에서 촉매작용을 하는 백금을 전극으로 사용하여

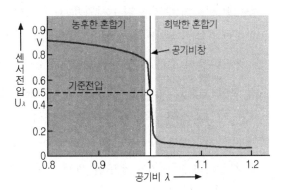

그림 10-22c 지르코니아 공기비센서의 출력 특성

이론공연비를 경계로 기전력이 크게 변화하도록 하는 방법이 사용된다(그림 10-22c 참조).

백금의 촉매작용이 기전력의 발생에 영향을 미치는 이유는 다음과 같다.

농후한 혼합기($\lambda < 0.99$)가 연소되었을 경우, 배기가스가 센서 소자 외부표면의 백금에 접촉되면 백금의 촉매작용에 의해 배기가스 중의 저농도의 O_2는 배기가스 중의 CO나 HC와 반응하여 거의 소진된다. 결과적으로 센서소자 외부표면의 산소농도가 크게 낮아지면, 센서소자 양측 표면 간의 산소농도차는 아주 커지면서 약 800mV~900mV 정도의 기전력을 발생시킨다. 이론 혼합비($\lambda = 1.0$)에서의 발생전압은 약 450~500mV 정도이다.

→ $\lambda = 1$에 대한 기준전압

희박한 혼합기($\lambda > 1.0$)가 연소되었을 경우에는 배기가스 중에 O_2는 많고 CO는 그 양이 적기 때문에 CO와 O_2가 백금에 접촉, 반응하여 CO_2가 되어도 배기가스 중의 O_2 농도는 크게 낮아지지 않는다. 즉, 센서소자 양측의 O_2 농도차가 상대적으로 크지 않기 때문에 약 300mV~100mV 정도의 기전력이 발생한다.

지르코니아 공기비센서는 공기비 "$\lambda = 1.0$"을 기준으로 하여 공기비가 그 보다 높거나 낮을 경우에 출력전압 신호가 급격히 변화하는 특성을 가지고 있다.

지르코니아 공기비센서는 저온에서는 산소 이온(ion)의 이동이 적기 때문에 그림 10-22c의 출력특성이 크게 변화한다. 공기비센서의 출력특성이 안정되는 작동온도는 약 600℃ 정도이다. 그리고 혼합비의 변화에 따른 전압변화의 응답속도는 온도의 영향을 크게 받는다. 센서 소자의 온도가 300℃ 이하일 경우에 반응속도는 초(second) 단위이지만, 약 600℃ 정도의 정상작동온도에서는 50ms이내에 반응한다. 이런 이유 때문에 공기비센서 온도가 300℃ 이하일 경우에는 제어회로가 기능하지 않도록 한다. 그러나 온도가 지나치게 높으면 센서의 수명을 단축시키게 된다. 그러므로 기관을 전부하로 계속 운전할 경우에도 센서의 온도가 850℃~900℃를 초과하지 않을 위치에 센서를 설치해야 한다.

공기비센서의 내부에 가열코일(heating coil)이 내장된 형식(그림 10-21a)에서는 기관의 부하가 낮을 때(예를 들면 배기가스 온도가 낮을 때)는 가열코일에 의해, 부하가 높을 때는 배기가스에 의해 가열된다. 따라서 계속되는 전부하 운전 중에도 센서가 과열되지 않도록 기관으로부터 상당히 멀리 떨어진 곳에 설치할 수 있다. 그리고 가열코일이 내장된 경우에는 20~30초 정도면 센서를 작동온도까지 가열시켜 곧바로 공기비제어를 시작할 수 있으며, 또 센서의 온도를 항상 일정 범위로 가열하여 공기비제어 정밀도를 높게 유지할 수 있다.

센서의 설치위치가 적당하다면 센서의 수명은 주행거리 약 100,000km 정도가 된다. 그러나 백금으로 도금된 전극층의 파손을 방지하기 위해서는 촉매기가 설치된 기관과 마찬가지로 공기비센서가 설치된 기관에서도 무연연료를 사용해야 한다.

(2) 평판형 공기비센서(plain Lambda-sensor : Planare Lambda-Sonde)

① 구조

평판형 공기비센서도 기능적으로는 $\lambda=1$ 을 기준으로 출력전압이 급격히 변화하는 기존의 ZrO_2 – 공기비센서와 동일하다. 그러나 고체 전해질은 아주 얇은 세라믹 – 필름이 여러 장 겹쳐 층을 이루고 있으며, 이 고체 전해질 층은 2중 벽구조의 보호관에 의해 열적, 기계적 부하(=영향)로부터 보호된다.

측정 – 셀(measuring cell)과 히터(heater)가 통합된, 이 평판형 세라믹 센서의 외형은 길이가 긴 얇은 직사각형 구조이다. 측정셀의 표면에는 미세한 다공성의 귀금속층이 도포되어 있다. 그리고 또 측정셀의 배기가스측 표면에는 다공성의 세라믹 보호층이 추가되어 있는데, 이는 배기가스의 퇴적물에 의한 부식성 손상을 방지하기 위한 대책이다. 히터는 귀금속을 함유한 박막으로서, 형상은 미로(迷路)처럼 꼬불꼬불하게 가공되어 있다. 히터는 절연층에 의해 절연된 상태로 세라믹층 사이에 내장되어 있으며, 센서를 급속히 가열하는 기능을 수행한다.

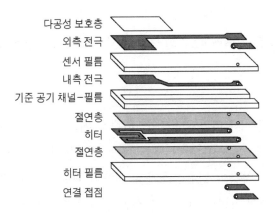

다공성 보호층
외측 전극
센서 필름
내측 전극
기준 공기 채널–필름
절연층
히터
절연층
히터 필름
연결 접점

그림 10-22d 평판형 ZrO_2 –공기비센서의 기능층

LSF4 - 공기비센서(그림 10-22e)내부의 기준 - 셀에는 외부공기가 출입할 수 있는 출입구가 있는 반면에, LSF8 - 공기비센서(그림 10-22f)의 산소 - 기준 - 셀은 외부와는 완전히 차단된 밀폐구조이다.

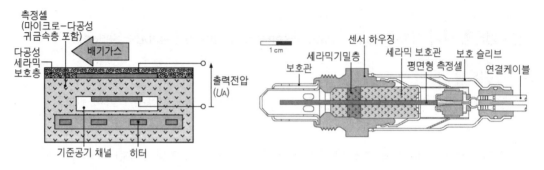

그림 10-22e 평판형 ZrO_2 - 공기비센서(LSF4)의 회로구성 및 외형

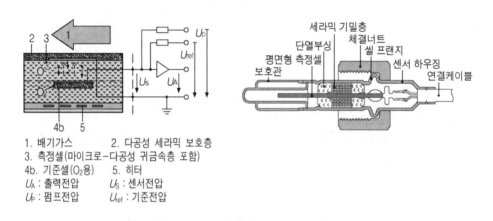

1. 배기가스
2. 다공성 세라믹 보호층
3. 측정셀(마이크로-다공성 귀금속층 포함)
4b. 기준셀(O_2용)
5. 히터
U_A : 출력전압
U_S : 센서전압
U_P : 펌프전압
U_{ref} : 기준전압

그림 10-22f 평판형 ZrO_2 - 공기비센서(LSF8)의 회로구성 및 외형

② 작동 원리

네른스트(Nernst) 원리에 따라 작동하는, $\lambda=1$을 기준으로 출력전압이 급격히 변화하는 공기비센서의 세라믹은 약 350℃부터 산소이온을 전도한다. 농후한 혼합기로 작동되는 경우에도 배기가스에는 약간의 잔류산소가 존재하기 때문에(예를 들면 $\lambda=0.95$에서도 약 0.2~0.3Vol.%), 센서의 양쪽면 사이의 산소농도 차이에 의해 양쪽 경계면 사이에는 전압이 유기된다. 이와 같은 이유에서 배기가스 중의 산소농도를 공기/연료 혼합비에 대한 척도로 사용할 수 있다.

BOSCH의 LSF8 센서(그림 10-22f)는 내부의 완전히 밀폐된 기준 - 셀에 들어 있는 산소와 배기가스 중의 잔류산소를 비교한다는 점이 특징이다. 2개의 전극 사이에 펌프전압 U_p 가 인가될 경우, 약 $20\mu A$의 전류가 흐르게 된다. 배기가스로부터의 영구적인(permanent) 산소는 산소를 전도하는 ZrO_2 - 세라믹을 통해 다공성 재질의 기준셀로 펌핑된다. 영구적인(permanent) 산소도 기준셀을 지배하는 산소함량에 따라 기준셀로부터 배기가스측으로 확산된다. 이와 같이 교대적인 반복작용의 결과, 그때마다 센서전압이 변화하게 된다.

배기가스 중의 잔류산소의 함량에 따라 센서로부터 생성되는 전압은, 농후한 혼합기 ($\lambda \langle \ 1$)의 경우, 800 - 1000mV, 희박한 혼합기($\lambda \ \rangle \ 1$)의 경우 약 100mV 정도이다. 농후한 혼합기에서 희박한 혼합기로 변화하는 순간에는 약 450 ~ 500mV의 전압이 생성된다.

세라믹 본체의 온도도 산소이온의 도전성에 영향을 미친다. 그러므로 그림 10-22c에 나타낸 공기비에 따른 센서전압은 센서 세라믹의 온도가 약 $600℃$일 때의 유효전압이다. 이외에도 혼합비가 변화할 때 센서의 전압변화에 대한 반응시간도 온도의 영향을 크게 받는다는 점, 그리고 온도와 수명관계는 앞서 설명한 원통형 ZrO_2 - 공기비센서와 동일하다.

(3) 저항 센서 → 티타니아(Titania) 공기비 센서(그림 10-23)

① 구조

센서 세라믹의 재질로는 티탄 - 디옥사이드(TiO_2) 또는 스트론튬 티탄산염(strontium titanate)이 주로 사용된다. 세라믹 절연체의 끝(tip)에 티타니아 소자(素子)가 설치되어 있다. 센서 세라믹의 표면은 다공성 백금전극으로 코팅되어 있다. 외형은 지르코니아 공기비센서와 비슷하지만, 작동원리는 지르코니아 공기비센서와는 크게 다르다.

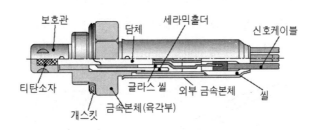

그림 10-23a 티타니아 공기비센서의 구조

② 작동 원리 및 특성

티탄 - 디옥사이드는 센서 세라믹의 온도 그리고 센서 세라믹의 산소 정공 농도의 변화에 따라 도전성(conductivity)이 변화한다. 즉, 전자 전도체(電子傳導體)인 산화 티타늄

(TiO$_2$)이 주위의 산소분압에 대응해서 산화 또는 환원되어, 그 결과 전기저항이 변화하는 성질을 이용하고 있다. 이 센서는 공기비 "λ=1"을 기준으로 저항값이 급격히 변화하는 특성을 가지고 있다.

센서의 저항 R은 다음 식으로 구한다.

$$R = A \cdot \exp\left(\frac{-E}{RT}\right) \cdot (P_{O_2})^{-\frac{1}{m}} \quad \cdots\cdots\cdots\cdots\cdots\cdots\cdots(10\text{-}4)$$

여기서 R : Boltmann 상수[J/K] A : 정수

E : 합성회 에너기[J]

$\frac{1}{m}$: 격자 결합의 성질에 의존하는 지수

R : 기체상수[J/mol K] T : 절대온도[K]

P_{O_2} : 산소분압[Pa]

산소분압(P_{O_2})은 이론공연비를 벗어나면 단계적으로 변화한다. 그러므로 산소분압, 즉 센서의 저항변화를 측정하여 이론공연비로부터의 편차를 판별할 수 있다.

ECU에는 센서 소자와 직렬로 측정저항(measuring resistance : Messwiderstand)이 연결되어 있다. 배기가스의 산소농도에 따라 티탄 세라믹 소자의 저항값이 변화하기 때문에, 측정저항에서의 전압은 0.4V(희박 혼합기)와 3.9~5V(농후 혼합기) 사이에서 변화한다. 지르코니아 - 센서와는 달리 기준 공기를 필요로 하지 않는다.

제어 주파수는 센서의 정상작동온도범위((600℃~700℃)에서 1Hz 이상이다. 센서는 200℃부터 작동을 시작하지만, 이때의 신호주파수는 혼합기의 정확한 수정을 위한 제어주파수로는 너무 낮다. 센서의 온도가 850℃ 이상일 경우, 센서는 파손될 수 있다.

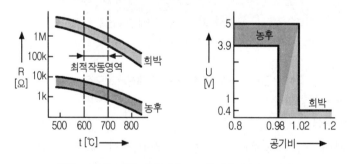

그림 10-23b 티탄-디옥사이드 공기비센서의 특성곡선

(4) 광대역 λ-센서(broad band lambda-sensor : Breitbandlambdasonde)

이 센서는 "07 〈 λ 〈 ∞, (∞ =산소를 21% 함유한 공기)"에서 공기비에 정비례하는 깨끗한
신호를 생성한다. 공기비가 증가함에 따라 신호전류도 증가한다. 공기비 0.7 이상을 무단계
로 측정할 수 있다. 따라서 희박연소 가솔린기관, 디젤기관 및 가스기관의 공기비제어에 적
합한 센서이다. 내장된 고성능 히터가 최소한의 작동온도 650℃를 유지한다. 최적 작동온도
범위는 700℃~800℃로 티탄-디옥사이드 센서에 비해 약 100℃ 정도 더 높다.

① 구조

이 센서는 1개는 네른스트-셀(Nernst cell)로서, 나머지 1개는 펌프-셀(pump cell)로
서 기능하는 2개의 지르코니아(ZrO_2) 공기비센서가 결합된 센서이다. 두 셀은 각각 다
공성 백금 전극으로 코팅되어 있으며, 두 셀 사이의 간극, 소위 확산간극(diffusion gap :
Diffusionsspalt)은 약 10~50㎛로 아주 작다. 이 확산간극은 측정간극으로 사용되며, 펌프
-셀의 고체 전해질에 가공된 배기가스 유입구를 통해 배기가스에 연결되어 있다.

네른스트-셀은 네른스트(Nernst)
식이 적용되는 산소농도-셀로서 측
정-셀 또는 센서-셀이라고도 하는
데, 대기와 연결된 기준공기
(reference air) 통로가 있으며, 히터
가 설치되어 있다. 그리고 두 셀 모두
피드백(feed back)제어 일렉트로닉
과 연결되어 있다.

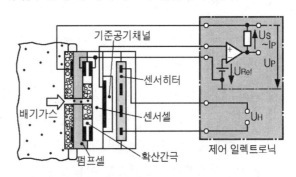

그림 10-24a 광대역 공기비센서의 구조

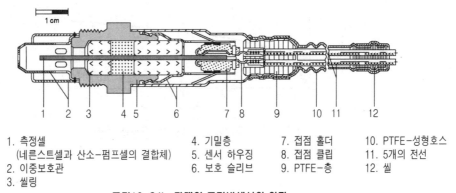

1. 측정셀	4. 기밀층	7. 접점 홀더	10. PTFE-성형호스
(네른스트셀과 산소-펌프셀의 결합체)	5. 센서 하우징	8. 접점 클립	11. 5개의 전선
2. 이중보호관	6. 보호 슬리브	9. PTFE-층	12. 씰
3. 씰링			

그림10-24b 광대역 공기비센서의 외관

② 작동원리

㉮ 펌프 셀(pump cell)의 작동원리

지르코니아 소자의 고체전해질에 설치된 2개의 전극에 외부로부터 전류(=펌프 전류)를 공급하여, 특정 온도부터 (−)극에서 (+)극으로 산소이온의 이동을 가능하게 할 수 있다. 이때 산소이온의 이동(=펌핑) 방향은 인가된 전압의 극성(+ 또는 −)에 따라 결정된다.

㉯ 측정-셀과 펌프-셀의 상호작용

지르코니아 센서와 같은 작동원리로 작동하는 측정 − 셀(네른스트 − 셀)에 의해 배기가스 중의 잔류산소의 농도가 측정된다.

예를 들어 혼합기가 희박하면($\lambda > 1 \rightarrow$ $U_\lambda < 300$ mV), 제어 일렉트로닉은 펌프 − 셀에 작용하는 전압의 극성이 배기가스 측에 (+), 측정 − 셀에 (−)가 인가되도록 제어한다. 그러면 산소이온은 확산간극(측정간극)으로부터 다공성 고체 전해질을 거쳐 배기가스 측으로 이동하게 된다(=외부로 펌핑한다.) 이 현상은 측정셀에서의 공기비가 $\lambda=1$이 될 때까지 계속된다. 이때 필요한 펌프전류는 배기가스 중의 잔류산소농도에 정비례한다.

반대로 배기가스가 농후할 경우, 제어일렉트로닉은 배기가스 측으로부터 확산간극(측정간극)으로 산소이온을 펌핑하도록 펌프 − 셀에 인가된 전압의 극성을 바꾸게 된다. 이 과정도 측정셀에서의 공기비가 $\lambda=1$이 될 때까지 계속된다. 이때 펌핑되는 산소는 배기가스 중의 CO_2와 H_2O를 분해하여 준비한다. 펌프전류는 O_2농도 또는 O_2 필요량에 정비례한다. 따라서 펌프전류를 순간 공기비의 척도로 사용할 수 있다.

광대역 공기비센서의 신호를 이용하여 엔진 ECU는 저장된 특성도에 따라 지속적으로 매 순간마다 필요로 하는 혼합비를 제어할 수 있게 된다.

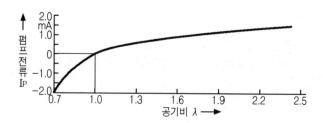

그림 10-24c 광대역 공기비센서의 특성곡선(예)

3. 공기비 제어(λ closed loop control)

공기비센서는 전압신호를 ECU에 전달한다. 제어기준 조건이 충족된 상태이면 ECU는 공기비센서의 전압신호에 따라 혼합비를 희박하게, 또는 농후하게 할지의 여부를 결정한다. 이때 기준이 되는 제어전압은 ECU에 프로그래밍 되어 있다. 예를 들면 λ=1에 대한 기준전압이 500mV일 경우, 공기비센서로부터 발생된 전압이 기준전압보다 낮으면(=혼합기 희박) 분사량을 증량하고, 센서전압이 기준전압보다 높으면(혼합기 농후) 분사량을 감소시킨다. 그러나 공연비의 변화가 너무 급격하게 진행되면 기관의 회전속도가 급강하 또는 급상승하게 되므로 ECU는 공연비가 시간함수에 의해 천천히 변화하도록 하는 적분회로(integrator)를 포함하고 있다.

공기비제어 블록선도에서 보면, 공기비제어 시스템은 공연비제어 시스템과 중복된다. 공연비제어 시스템에 의해 먼저 결정된 연료분사량을 공기비제어 시스템이 추가적으로 보정함으로서 최적연소를 실현시키게 된다.

흡기다기관에서 새로운 혼합기가 형성되는 시점과 공기비센서가 배기가스 중의 산소농도를 측정하는 시점 사이에는 불가피하게 약간의 무효시간(dead time)이 발생한다. 즉, 연료분사 후 혼합기가 실린더에 유입되기까지의 소요시간, 기관의 작동 사이클 소요시간, 연소된 가스가 공기비센서에 도달하기까지의 소요시간, 그리고 공기비센서의 반응시간 등 때문에 이 무효시간을 피할 수 없다. 따라서 공기비를 항상 정확하게 λ=1로 유지할 수는 없으나, 적분회로(integrator)가 정확하게 작동하면 혼합비를 공기비창 범위 내에서 제어하여 촉매기효율이 최대가 되게 할 수 있다.

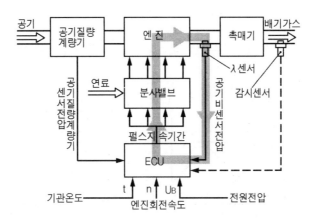

그림 10-25 공기비제어 블록선도

그리고 시동 시, 난기운전 시, 가속 시, 전부하 시 등에는 농후혼합기를 공급해야 하므로, 이때는 공기비제어 시스템의 제어기능은 일시적으로 중단된다. 그러면 기관은 공연비제어 시스템에 의해 결정된 연료분사량을 공급받게 된다.

공기비제어의 전제 조건은 다음과 같다.
① 센서온도가 적정온도 이상이어야 한다.

　　지르코니아 센서에서는 300℃ 이상, 티타니아 센서에서는 600℃ 이상, 광대역 센서에서는 700℃ 정도이어야 한다.
② 기관이 공전영역 또는 부분부하영역에서 운전되고 있어야 한다.
③ 기관(냉각수)온도가 40℃ 이상이어야 한다.

(1) 2단계(2-step) 제어

λ=1을 기준으로 출력전압이 급격히 변화하는 특성을 가진 지르코니아 센서는 2단계 제어에 적합하다. 전압 - 점프(jump)와 전압 - 램프(ramp)로 구성된 변조된 신호는, 희박 → 농후 또는 농후 → 희박으로의 변화를 나타내는 각 전압 - 점프에 대응하여 제어방향을 변경한다. 이 신호의 전형적인 진폭(amplitude)은 2~3%의 범위에서 결정된다. 이는 대부분이 무효시간(dead time)의 합계에 의해 결정되는 컨트롤러 응답이 제한되는 결과이다.

배기가스 구성성분의 변화에 기인하는 센서의 전형적인 "측정 오류"(false measurement)는 선택적 제어로 보정할 수 있다. 여기서, 변조된 변수 곡선은 고의적인 비동기성과 결합하도록 설계되어 있다. 이 때 센서전압의 점프(jump)에 후속되는 제어된 드웰(dwell)기간 동안 램프값을 유지하는 방법은 많이 이용하는 방법이다.

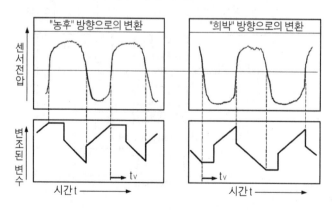

그림 10-26 변조된 신호파형(2단계 제어)

(2) 촉매기 후방에 제 2 공기비센서가 설치된 시스템에서의 2단계 제어

$\lambda=1$에서 전압이 점프하는 바로 그 시점에서 외란의 영향은 수정된(modified) 표면 코팅에 의해 최소화 되었다. 그럼에도 불구하고 노화와 환경적인 영향(오염)은 부정적인 결과를 가져오게 된다. 촉매기 후방에 설치된 제 2의 공기비센서는 이러한 부정적인 영향을 거의 받지 않는다. 2단계 제어의 원리는 제어된 농후 또는 희박으로의 전환이 "느린" 수정 제어루프에 의해 추가적으로 변경된다는 사실에 근거를 두고 있다.

장기간의 안정성은 강화되는 배기가스규제 수준을 준수하는 데 결정적으로 중요하다.

(3) 광대역 λ - 센서를 이용하는 지속적인 동작 제어

2단계 제어의 역동적인 응답특성은 $\lambda=1$로부터의 편차가 정확히 측정될 때에만 개선시킬 수 있다. 광대역 센서를 사용하면 $\lambda=1$ 제어 동작을 계속적으로 아주 안정되게, 아주 낮은 진폭으로 그러면서도 역동적으로 응답하게 할 수 있다. 이 제어의 변수들은 기관 작동점의 함수로서 계산되어 그 상태에 적합하게 수정된다. 무엇보다도 이 방식의 공기비제어는 정상(定常)적인 그리고 비정상(非定常)적인 파일럿 제어에서의 피할 수 없는 옵셋(off-set)을 더욱더 빠르게 보정할 수 있다. 기관의 작동상의 필요에 따라(예 : 난기운전), 더 나아가 배기가스 유해 배출물의 최적화 요구는 희박영역에서의 제어 설정점 ($\lambda\neq1$)에서의 고유 퍼텐셜(potential)에 적용된다.

제10장 배출가스제어 테크닉

제6절 2차공기 시스템
(Secondry Air Injection System : Sekundärluftsystem)

2차공기 시스템은 1차적으로 기관의 시동부터 난기운전기간까지 즉, 혼합기는 농후하고, 제어식 촉매기와 공기비센서는 아직 정상작동온도에 도달하지 않은 기간 중 미연소된 상태로 방출되는 다량의 HC와 CO를 열적 후연소방식으로 후처리하여, 저감시키는 데 그 목적이 있다.

2차공기 시스템에서는 공기를 (산화)촉매기 바로 전방의 배기관에 분사한다. 장점은 다음과 같다.

① 촉매기는 냉시동 후에 빠르게 자신의 작동준비상태에 도달하게 된다.

② 촉매기를 배기밸브로부터 상당히 먼 거리에 설치해도 된다.

　(심한 열적 노화를 방지하여 내구성을 증대시키기 위해)

그림 10-27은 전기식 송풍기가 장착된 2차공기 시스템이다. 이 시스템에서는 기관온도에 따라 2차공기 펌프와 전자공압식 절환밸브가 컨트롤 유닛에 의해 제어된다. 공기는 셧오프밸브와 체크밸브를 거쳐 촉매기 바로 전방의 배기관에 분사된다. 셧오프밸브는 전자공압식 절환밸브가 제어한다. 체크밸브는 2차공기 펌프에 배기가스압력이 작용하지 않도록 하며, 동시에 배기가스가 2차공기 시스템으로 역류하는 것을 방지한다.

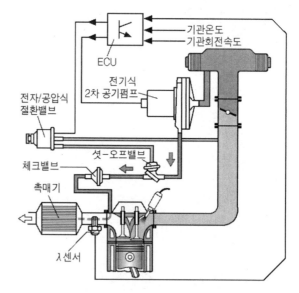

그림 10-27 2차공기 시스템

제10장 배출가스제어 테크닉

제7절 OBD
(On Board Diagnose)

1. 개 요

OBD는 기관제어시스템에 집적되어 있는, 법적으로 규정된 하위 진단/감시 시스템이다. OBD는 전 운전영역에 걸쳐 배기가스 및 증발가스와 관련된 모든 시스템을 감시한다. 감시하고 있는 시스템들에 고장이 발생할 경우, 고장내역은 ECU에 저장되며, 표준화된 인터페이스(interface) ─ 16핀 진단 컨넥터 ─ 를 통해 이를 조회할 수 있다. 이 외에도 추가로 계기판의 고장 지시등(MIL : Malfunction Indicator Lamp) 또는 메시지를 통해 운전자에게 고장 ─ 메시지를 전달한다.

OBD ─ 시스템은 다음과 같은 하위 ─ 시스템 및 센서들을 지속적으로 또는 주행 사이클마다 감시한다. 주행사이클은 기관을 시동, 일정한 회전속도와 주행속도로 주행하고 감속, 기관을 정지하는 것을 의미한다. 이때 기관냉각수온도는 최저 22℃ 에서 70℃ 까지 변화되어야 한다.

① 촉매기의 기능, 촉매기 히터
② 공기비센서의 기능
③ 기관 실화 감시 시스템
④ EGR ─ 시스템의 기능
⑤ 연료탱크 환기시스템(증발가스 시스템)의 기능
⑥ 2차공기 시스템의 기능
⑦ 배기가스 관련 부품의 전기회로

2. OBD-Ⅱ 시스템 하드웨어(hardware)의 전제 조건

OBD-Ⅱ 시스템을 적용하는 기관에서는 기본적으로 다음과 같은 장치들을 갖추고 있어야 한다.

① 공기 흡입계에는 흡기의 질량유량과 흡기다기관의 절대압력을 계측할 수 있는 센서들을 갖추어야 한다. → MAF(mass air flow) 센서와 MAP – 센서

② 산소센서(공기비센서)는 반드시 가열식이어야 한다. → heated Oxygen sensor 활성화 시간을 단축시키기 위하여

③ 각 뱅크(bank) 별로 설치되어 있는 촉매기에도 가열식 산소센서가 설치되어야 한다.

④ 촉매기의 전방/후방(up-stream/down-stream)에 각각 산소센서가 설치되어야 한다.

⑤ EGR – 시스템에는, 핀틀 포지션 센서(pintle position sensor)를 갖추고 있으며 전자적으로 제어되는, 선형 EGR – 밸브가 사용되어야 한다.

⑥ 연료분사제어방식은 순차(sequential) 분사방식이어야 한다.

⑦ 증발가스 시스템은 OBD-Ⅱ에 적합하게 수정되어야 한다.

벤트(vent) 솔레노이드, 연료탱크 압력센서 그리고 증발가스 누설 감지센서가 설치되어 있어야 한다.

3. OBD-Ⅱ의 감시 기능(발췌)

(1) 촉매기의 기능 감시

엔진 ECU는 촉매기의 앞/뒤에 설치된 2개의 λ – 센서의 출력신호를 서로 비교한다. 공기비제어는 촉매기 전방에 설치된 제1 λ – 센서의 신호에 근거해서 수행된다. 촉매기의 기능감시는 촉매기 후방에 설치된 제2의 λ – 센서가 담당한다.

제1 λ – 센서로는 배기가스 중의 산소농도에 비례하여 전압이 변화하는 특성을 가지고 있으며 정상작동온도 약 750℃인 λ – 센서가, 제2 λ – 센서로는 λ=1에서 전압값이 급격히 변화하는 특성을 가지고 있으며 정상작동온도 약 350℃인 λ – 센서가 주로 사용된다.

촉매기의 정화효율이 높으면 제2 λ – 센서의 출력전압은 중간값 부근에서 맥동하게 된다. 촉매기는 노후도에 비례해서 산소저장능력이 감소되므로, 노화되면 CO와 HC를 많이 산화시킬 수 없게 된다. 그렇게 되면 촉매기 전방/후방의 산소농도에 차이가 거의 없게 되고,

따라서 제2 λ - 센서의 신호는 제1 λ - 센서의 제어신호와 비슷한 형태가 되게 된다.

촉매기의 기능저하가 감지되면, ECU는 이를 고장으로 저장하고 동시에 운전자에게 고장을 알린다.

Non - LEV 시스템 : 40000mile 열화 후 HC-규제값의 1.5배 초과 시
TLEV 시스템 : 40000mile 열화 후 HC-규제값의 2.0배 초과 시
LEV 시스템 : 40000mile 열화 후 HC-규제값의 2.5배 초과 시
FTP NMHC 정화효율 50% 저하 시
ULEV 시스템 : 1998년 적용 잠정안으로 HC-규제값의 1.5배 초과 시
가열 촉매감시(heated catalyst monitoring) : 기관 시동 후, 촉매가 소정의 시간 내에
규정온도에 도달하지 않을 경우

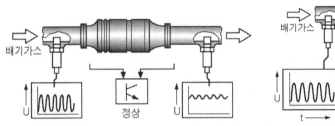
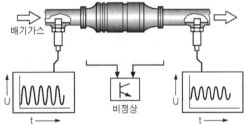

(a) 촉매기의 효율이 높을 때의 λ -센서 신호   (b) 촉매기의 효율이 낮을 때의 λ -센서 신호

그림 10-28 촉매기의 효율과 λ -센서 신호

(2) λ - 센서 감시

엔진 ECU에는 제1 λ - 센서의 공기비제어 주파수의 한계값이 저장되어 있다. 예를 들어 센서가 열적으로 노화되면, 공기/연료 혼합기의 변화에 대한 센서의 반응속도가 느려지게 된다. 즉 제어주파수가 감소하게 된다. 제어주파수가 한계값 이하로 낮아지게 되면 고장이 저장된다.

- 배기 규제값의 1.5배 초과 시, 센서의 전압과 응답속도 감시
- 시스템의 부품 고장으로, 기준 이내로 작동하지 않을 경우
- EGR-유량 제어가 불량하여 배기 규제값의 1.5배 초과 시

(3) 기관 실화 감시 시스템(engine misfire monitoring system)

실화에 의해 회전토크의 리듬이 파괴되면 즉, 회전토크가 순간적으로 함몰되게 되면 기관의 작동상태는 거칠어지게 된다. 유도센서가 크랭크축에 설치된 특수 기어휠(증분 기어휠)에서 이 작동상태의 거칠기를 감지하여 엔진 ECU에 맥동신호로 전송한다. 기관의 맥동이 한계값을 초과하게 되면 고장이 기록된다. 이 외에도 실화율이 일정 수준(5~20% 범위에서 다양)을 초과하게 되면, 해당 실린더의 분사밸브는 연료분사를 중단하게 된다. 이를 통해 촉매기가 열부하에 의해 손상되는 것을 방지한다.

> - 촉매기에 손상을 입히는 200회전 당의 실화율 감지 기능
> - 배기 규제값의 1.5배를 초과할 때의 1000회전 당 실화율 감지
> - I/M 테스트 불합격 시의 1000회전 당 실화율 감지

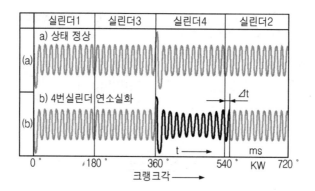

그림 10-29 4기통 기관에서의 실화 감지(예)

(4) EGR 기능 감시

EGR 기능은 타행주행 시 EGR밸브를 연 상태에서 흡기다기관압력을 측정하여 감시한다. EGR 시스템의 기능이 정상일 때 EGR밸브를 열면, 흡기다기관과 배기다기관이 서로 연결되므로 흡기다기관압력이 변화되어야 한다. 이때 흡기다기관압력이 변화하지 않으면 고장이 저장된다.

> - 시스템의 부품 고장으로 인하여 기준 이내로 작동하지 않을 경우
> - EGR 유량제어가 불량하여 배기 규제값의 1.5배 초과 시

(5) 증발가스제어장치의 기능 감시(evaporative system monitoring)

연료탱크 환기시스템의 기능은 λ-센서의 전압으로 점검할 수 있다. 점검은 대부분 공전속도에서 이루어진다. 먼저 연료탱크환기밸브를 닫은 상태에서 λ-값을 측정한다. 이어서 환기밸브를 열고 λ-값을 측정한다.

활성탄여과기에 증발가스가 많이 포집되어 있을 때 환기밸브를 열면, 연료/공기 혼합비는 농후해지게 된다.($U_{\lambda-sensor} = 800$ mV~900mV)

활성탄여과기에 증발가스가 포집되어 있지 않을 때 환기밸브를 열면, 연료/공기 혼합비는 희박해지게 된다.($U_{\lambda-sensor} = 300$ mV~100mV)

ECU는 이 값을 기록한다. 기능시험은 여러 번 반복된다. 일정 횟수의 기능시험에서 그 값이 타당한 것으로 나타나면, ECU는 연료탱크 환기시스템의 기능이 정상인 것으로 판정한다.

- 증발시스템의 공기유량 감시체계 도입
- 0.02 inch 구멍에 의한 누설 확인 시

---

(6) 2차공기 시스템의 기능감시

2차공기 시스템의 기능은 λ-센서의 전압으로 감시한다. 기관이 차가울 때, 그리고 난기운전 중 2차공기 공급펌프는 기관의 부하와 회전속도에 따라 자동으로 스위치 ON된다. 2차공기 시스템이 정상일 때 2차공기 공급펌프가 스위치 ON되면, λ-센서의 전압은 희박한 범위(300mV~100mV)를 지시해야 한다. 측정은 냉시동단계(약 1.5분)에서 일정한 시간간격으로 반복된다. λ-센서의 전압값이 낮게 나타나는 횟수가 충분히 많으면, ECU는 2차공기 시스템의 기능이 정상인 것으로 판정한다.

(7) 기타 기능 감시

에어컨 시스템으로부터 냉매의 누설, 기타 배출가스 누설방지 부품의 기능저하를 감시하도록 명시하고 있다.

제8절 배출가스 테스트
(Exhaust Gas Test : Abgasprüfung)

1. 일반사항

제작자동차와 운행자동차에 각기 다른 배출허용기준 및 테스트 방법이 적용된다. 제작자동차 배출가스 테스트와 관련된 내용을 먼저 설명하고, 이어서 운행자동차의 배출가스 테스트에 대해서 설명하기로 한다.

(1) 배기가스 테스트 프로그램(exhaust gas test program)

캘리포니아 주정부(state of california)는 1968년 최초로 승용차의 배출물을 규제하기 시작하였다. 오늘날 대부분의 국가에서는 제작자동차 확인검사 시에 반드시 배기가스 테스트를 거치도록 규정하고 있다.

자동차가 배출한 배기가스 중의 유해물질을 정확히 측정하고 또 , 측정과정을 재현할 수 있도록 하기 위해 시험차량을 배기가스 시험실(test cell)에서 일정 조건 하에서 운전한다. 시험실에서 도로를 주행할 때와 거의 같은 조건으로 자동차를 운전할 수 있기 때문에, 복잡한 각종 시험기를 연결하고 도로를 주행하지 않고도 신뢰할 수 있는 자료를 얻을 수 있다.

차대동력계(chassis dynamometer)에서는 차량중량, 공기저항, 가속저항, 도로의 구배저항과 전동저항 등 자동차의 모든 저항요소들을 정밀하게 모사(simulation), 재현할 수 있다. 차대동력계 상에서 주행시험하는 동안, 필요한 냉각은 냉각팬을 이용하여 차량의 전면(前面)에 냉각풍을 공급하는 방법이 주로 이용된다.

시험기간 전체에 걸쳐서 배기가스를 계속적으로 포집하고, 시험이 끝난 다음에 이를 분석하여 유해물질량을 측정한다.

배기가스 포집방법 및 유해물질 분석기법은 세계적으로 거의 합의가 이루어진 상태이다. 배기가스 채취방법으로는 1982년 이후에는 CVS 희석방식(Constant Volume Sampling dilution method)이 거의 표준화되어 있다.

유해물질 분석기법으로는 CO와 CO_2에 대해서는 NDIR(비 – 분산 적외선식), HC에 대해서는 화염 이온화 검출법(FID : flame-ionization detection), NO_x에 대해서는 화학 발광 검출법(CLD : Chemi-Luminescent Detection)이 일반화 되어 있다.

그러나 주행모드는 대륙별, 국가별로 차이가 있으며, 배기가스 규제수준도 나라마다 조금씩 다르며, 증발가스를 규제하는 나라들이 점점 증가하고 있다.

(2) 주행곡선(driving curves)

자동차의 구름저항과 공기저항 등과 같은 구동저항을 섀시동력계에 정확하게 모사하고, 차대동력계에서의 주행속도를 도로상에서의 주행속도와 일치시켜야만 배기가스 테스트의 정확성을 기할 수 있다. 이 목적을 위해서 주행 모드(driving mode)를 이용한다.

주행 모드는 가속과 감속, 그리고 정속주행 등의 특성이 정상적인 교통소통 상태에서의 주행거동(driving behavior)과 가능한 한 일치해야만 한다. 자동차 배기가스를 법적으로 규제하고 있는 나라들에서는 주행 테스트 사이클도 법적으로 규정하고 있다. 이를 테스트 모드(test mode)라고도 한다.

주행모드는 여러 가지 형태의 주행곡선(driving curve)을 종합하여 구성하는 데, 주행곡선은 다음 두 가지로 분류한다.

① 실제 도로상을 주행하여 기록한 주행곡선

② 등가속/등감속 부분과 정속주행 부분으로 구성된 주행곡선

주행곡선을 결정하기 위해서는 1단계로 모사해야 할 주행조건을 명확하게 정의해야 한다. 그 이유는 주행조건과 주행거리가 배기가스 유해 배출물에 결정적인 영향을 미치기 때문이다.

실제 도로상을 주행하여 기록한 주행곡선은, 배기량이 서로 다른 차량을 서로 다른 운전습관을 가진 운전자가 정해진 거리를 정해진 조건에 따라 여러 번 반복 주행하여 기록한 곡선 중에서 이들 주행곡선을 대표할 수 있는 것을 하나 선택한 것이다.

정속주행 부분과 등가속/등감속 부분으로 구성된 주행곡선은 실제로 도로상을 주행하여 작성한 주행곡선을 수많은 주행상태로 잘게 분해하여 각 상태의 빈도와 연속성을 조사한 다음에, 이들 중에서 가장 중요하다고 생각되는 구성요소들만을 발췌, 합성하여 실제 주행곡선의 형태에 가까운 새로운 주행곡선을 만든 것이다.

(3) CVS 희석방식(Constant Volume Sampling dilution method)에 의한 포집과 분석

시험차량을 주행사이클 곡선을 따라 운전하는 동안에 배출된 배기가스를 1차로 여과된 대기와 혼합, 희석시킨 다음에 특수펌프장치로 흡입한다. 이때 펌프장치에 의해 흡입되는 배기가스와 희석공기의 총 체적유량(total volume flow)은 일정비율을 유지한다. 즉, 임의의 순간에 배출된 배기가스의 양에 따라 혼합되는 공기량이 가감된다. 공기와 배기가스의 평균 혼합비는 약 8~10 : 1 정도가 된다. 희석된 배기가스는 시험이 계속되는 동안 계속적으로 일정비율로 채취되어 1개(또는 3개)의 포집낭(collection bag)에 저장된다.

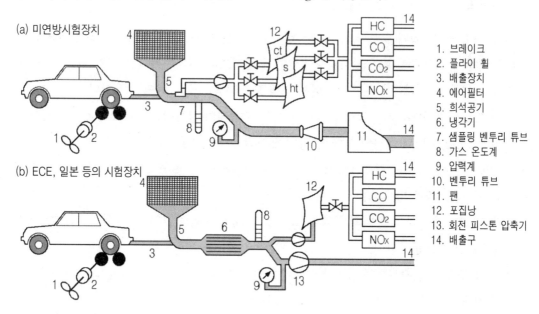

그림 10-30 배기가스 채취장치의 구성(CVS 방식)

이 방식으로 배기가스를 채취하면 시험종료 후 포집낭에 포집된 가스 중의 유해물질농도는 포집된 전체 배기가스-공기 혼합기에 포함된 유해물질의 평균값이 된다. 그리고 시험 진행 중 배기가스-공기 유동량(exhaust-air flow)이 검출되므로 총체적을 정확하게 계산할 수 있다.

시험기간 동안에 배출된 유해물질의 총량은 포집낭에 들어있는 가스 중의 유해물질농도와 배기가스의 총체적으로부터 계산할 수 있다. 그리고 희석공기에 포함된 유해물질 때문에 측정결과에 오류가 발생하지 않도록 하기 위해서 배기가스를 채취하는 방법과 비슷한 방법으로 주위공기를 포집하여 시험종료 후에 이를 분석, 시험결과를 보정한다.

CVS 희석방식은 배기가스 전량을 포집하여 분석하는 방식에 비해서 배기가스에 포함된 수증기가 응축되어 응축수가 되는 것을 방지할 수 있다는 장점이 있다. 포집낭에 응축수가 생성되면 유해물질 중 NO_x의 양이 현저하게 감소한다. 그리고 이 외에도 CVS 희석방식은 배기가스 구성 성분 간의 반응, 특히 HC의 반응을 방해한다.

CVS 희석방식의 단점으로는 희석비율(dilution factor)에 따라 각 유해물질의 농도가 낮아지므로 희석비율 만큼 측정장치의 정도(精度)와 성능이 우수해야 한다는 점이다.

시험기간 동안 일정체적유량(constant volume flow)을 펌핑하는 방법에는 두 가지가 있다. 희석된 배기가스를 보통 팬(fan)으로 임계유량 벤투리관(critical flow venturi)을 통해서 흡입하는 방법 그리고 회전피스톤 압축기(rotary-piston compressor)를 사용하는 방법이 있다. 두 방법 모두가 경계조건(boundary conditions)(예 : 온도, 압력 등)에서의 체적유량을 정확하게 계량할 수 있다.

(4) 연료시스템의 증발손실 측정(detection of evaporation loss)

연소에 의해 기관내부에서 발생하는 유해물질과는 별도로 연료시스템에서 증발가스(대부분 HC)가 발생한다. 이 HC – 배출물은 연료시스템의 밀폐 취약부분 예를 들면, 혼합기 형성기구나 연료 탱크캡 또는 불완전한 연료탱크 환기 시스템으로부터 배출된다. 따라서 연료 시스템의 증발손실을 방지하기 위해서 증발가스 제어장치를 부착한다.

연료시스템의 증발손실 측정은 SHED(Sealed Housing for Evaporative Determination)에서 일상 증발손실(diurnal breathing loss)과 고온 증발 손실(hot soak evaporation loss)을 측정하여, 합산한다.

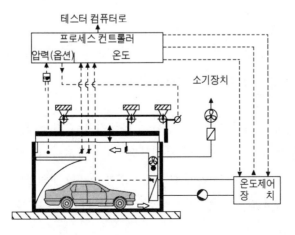

그림 10-31 SHED(Sealed Housing for Evaporative Determination)의 구성

표 10-1 배출가스 시험용 무연휘발유 규격

항 목	시험법	규격[ℓ, ℃]	규격[gal, °F]
옥탄가(RON), 최소	D-2699	93	93
감도, 최소	-	7.5	7.5
납(Pb) 함량	-	0.00~0.13g/ℓ	0.00~0.05g/gal
증류점 범위			
초류점	D 86	24~35℃	75~95°F
10% 점	D 86	48.9~57℃	120~135°F
50% 점	D 86	93.3~110℃	200~230°F
90% 점	D 86	149~163℃	300~325°F
종 점	D 86	213℃	415°F
황(S), wt.%(최대)	D 1266	0.1%	0.1%
인(P)	-	0.0013g/ℓ	0.005g/gal
최대 증기압(Rvp)	D 323	0.61~0.65kg/cm²	8.7~9.21lb/in²
탄화수소 조성 :			
올레핀, 최대	D 1319	10%	10%
방향족, 최대	D 1319	35%	35%

① **일상 증발손실**(diurnal breathing loss) **측정**

기관이 정지된 상태로 정차한 자동차의 연료탱크로부터의 증발손실을 측정한다.

측정하고자 하는 차량을 먼저 컨디셔닝(conditioning)시킨 다음에 연료탱크에 들어 있는 연료를 모두 빼내고 "시험연료(test fuel)"를 연료탱크 용량의 약 40%정도만 채운다. 이때 시험연료의 온도는 10~14℃ 범위이어야 한다. 연료를 주입한 다음에 기관이 정지한 상태의 시험차량을 SHED에 넣고 완전 밀봉한 다음, 연료를 식(10-5)에 따라 가열한다.

$$T = T_0 + \frac{2}{9} t \quad \cdots\cdots\cdots\cdots\cdots\cdots\cdots\cdots (10\text{-}5)$$

여기서 T : 시험연료 온도[℃] 　　　T_0 : 시험연료의 최초온도[℃]

　　　　t : 시험시작 이후의 경과시간[min]

시험연료를 가열하기 시작하여 시험연료의 온도가 16℃가 되면 이때부터 "SHED" 내의 HC 농도를 측정한다. 식(10-5)에 따라 가열하면 1시간에 약 14℃ 정도가 가열된다. 시험연료의 온도가 16℃가 된 다음부터 정확히 1시간 후에 SHED 내의 HC 농도를 다시 측정하여 증발손실(g/test)을 구한다. 전 시험기간에 걸쳐서 차량의 창문과 트렁크 덮개는 열어 두어야 한다.

② 고온증발손실(hot soak evaporation loss) 측정

기관이 충분히 워밍 – 업된 상태에서 기관으로부터의 열이 연료탱크나 연료공급시스템에 전달되어 발생하는 증발손실을 측정한다.

기관을 정상작동온도에 도달할 때까지 운전한 다음, 기관을 정지시킨 후 2분 이내에 차량을 SHED에 넣거나, FTP75모드 주행 후 7분 이내에 차량을 SHED에 넣고 1시간 후에 SHED 내의 HC 양을 측정한다. 이때 SHED 내의 온도는 23~31℃ 범위이어야 한다.

③ 총 증발손실 확정

일상 증발손실 측정과 고온 증발손실 측정에서 계측된 HC의 양을 합산하여 총 증발손실을 구한다. 국내 및 미국의 규제값은 2g/test이다.

(5) 강화된 증발손실 측정 방법

캘리포니아 주정부가 1995년 모델부터 적용한 증발가스 테스트 방법은 총 5일이 소요되며, 연료 재주유 시의 누설도 측정한다.

① 연료탱크에 시험연료를 용량의 약 40% 정도를 채운다.

② 20~30℃에서 12~36시간 그대로 방치한다.

③ FTP-75모드로 운전하여 사전 컨디셔닝한다.

④ 연료탱크의 연료를 모두 배출하고 다시 채운다. 규정된 방법에 따라 활성탄 캐니스터에 부탄/질소 가스를 가득 채우고 최소 12시간 동안 그대로 방치한다.

⑤ FTP-75모드로 배기가스 테스트를 수행한 다음, 자동차를 다시 35℃로 컨디셔닝한다.

⑥ 주행손실 시험(running loss test : RL test)을 행한다.

이 시험에서는 자동차가 정상 주행할 경우의 증발손실을 측정한다.

주행손실시험은 주위온도 40.6℃의 차대동력계 상에서 LA – 4모드를 3회 반복한다. 이 때 증발손실 측정은 밀폐된 SHED 또는 개방된 시험장치(자동차 연료장치 특정개소에서 측정 : point source measuring)를 이용한다.

⑦ 온도 35.5℃에서 1시간 고온증발손실(hot soak test)을 측정한다.

⑧ 자동차를 22.2℃로 컨디셔닝한다.

⑨ SHED에서 3회 연속 24시간 – 가열 테스트(=diurnal test)하여 증발손실을 측정한다.

이때 온도변화 사이클은 24시간 간격으로 22.2℃ → 35.6℃ → 22.2℃로 한다.

한계값(가솔린 자동차의 HC 또는 메탄올 자동차의 OMHCE)

- 주행손실시험(RL-test) : 0.05g/mile
- 고온손실시험(hot soak test)＋일상 증발손실시험(diurnal test) : 2.0g/test

〔주〕 OMHCE(Organic Material Hydro-Carbon Equivalent)

2. 배기가스 테스트 모드

주로 많이 알려져 있는 테스트 모드(test mode)에는 FTP 72, FTP 75, ECE/EC 모드, 그리고 일본 모드(10 mode와 11 mode) 등이 있다. 현재 우리나라는 승용자동차와 소형화물자동차는 FTP 75, 중량자동차는 D-13모드를 채택하고 있다.

(1) FTP 72 테스트 모드(Federal Test Procedure 72)

FTP 72 테스트 모드의 주행곡선은 미국 로스앤젤레스(Los-Angeles)시의 아침 출근길, 혼잡한 교통상태에서 실제로 측정한 주행곡선으로 구성되어 있으며, 과도기간(transient phase : 0~505초)과 안정기간(stabilized phase : 506~1372초)으로 구분한다.

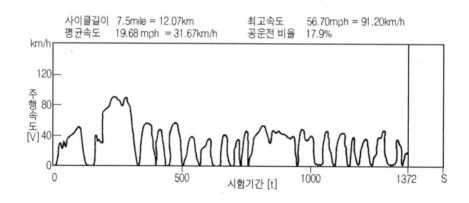

그림 10-32 FTP 72 테스트 모드

자동차를 20℃에서 30℃ 사이로 12시간 동안 방치해 두었다가 시동을 걸어 계속해서 테스트 모드에 따라 운전한다.(도중에 기관을 정지시키지 않는다.) 시험이 진행되는 동안에 배기가스를 CVS - 법에 따라 포집하고, 시험 후에 이를 분석하여 배기가스 중의 유해물질의 양을 계산한다. 유해물질의 양을 시험 중에 주행한 거리로 나누어 g/km 단위로 표시한다.

(2) FTP 75 테스트 모드(FTP 75 test mode) → 승용차 및 소형 화물자동차

FTP 75 테스트 모드를 LA-4, 또는 CVS-75 테스트 모드라고도 한다.

① FTP 75 테스트 모드의 주행곡선

FTP 75 테스트 모드는 FTP 72 테스트 모드의 한 사이클을 운전한 다음에 10분(600초)동안 기관을 정지시켰다가 다시 기관을 시동하여 FTP 72 테스트 모드의 0~505초 사이의 주행곡선에 따라 기관을 다시 운전한다.

즉, FTP 75 테스트 모드는 냉간 과도기간(cold transient : 0~505초), 안정기간(stabilized period : 506~1372초), 정지기간(engine soak : 1372~1972초), 고온시험기간(hot transient : 1972~2477초)으로 총 2,477초가 소요된다(그림 10-32, -33 참조).

② 배기가스 포집 방법(그림 10-30 참조)

온도 20~30℃의 장소에 12시간 이상 주차시켜 컨디셔닝(conditioning)한 시험차량을 밀어서 차대동력계에 진입시킨 후, 시동시점부터 테스트모드에 따라 운전한다. 냉간 과도기간에는 희석된 배기가스를 포집낭1(그림 10-30a의 포집낭 ct)에 포집한다. 안정기간에 접어들면 시료 포집 스위치를 포집낭 2(S)로 절환한다. 이 과정에서 테스트 모드는 중단 없이 계속된다. 안정기간이 종료되면 곧바로 기관을 정지시키고 10분간 방치한다(engine soak). 10분 후에 기관을 재시동(hot start)하고 단계3 고온 테스트모드(단계1의 냉간 과도기간 모드와 동일)로 다시 운전한다. 이 기간 동안에 배출된 배기가스는 포집낭 3(ht)에 포집한다.

포집낭 1, 2에 포집된 배기가스는 단계3 고온 테스트를 시작하기 전에 분석해야 한다. 포집한 배기가스를 포집낭에 20분 이상 그대로 방치해서는 안 된다. 포집낭 3에 포집된 배기가스는 시험종료 후에 곧바로 분석한다.

③ 배기가스 유해물질 총량 계산 방법

각 포집낭에 포집된 배기가스를 분석한 값에 평가계수를 곱한 다음에 모두를 합산하여 배기가스 중의 유해물질량을 구한다. 평가계수(evaluation factor)는 다음과 같다.

표 10-2 평가계수

테스트 영역	평가계수
과도기간(transient phase) ct ; cold transient	0.43
안정기간(stabilized phase) s ; stabilized	1.00
고온시험(hot test) ht ; hot transient	0.57

FTP 75 테스트 모드는 우리나라와 미국, 캐나다, 스위스, 오스트리아, 북유럽 3국, 멕시코, 브라질 등에서 사용한다. 유해배출물량은 g/mile로 표시하며 배출규제값은 나라에 따라 차이가 있다.

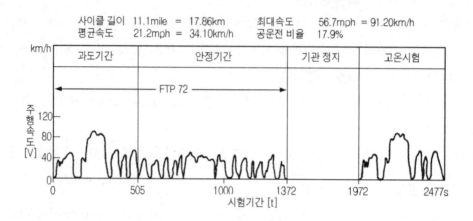

그림 10-33 FTP 75 테스트 모드(Korea, U.S.A., Canada)

차량의 배기량이나 중량에 관계없이 모든 신차는 반드시 배기가스 검사를 받아야하며 50,000mile 주행 후에도 규제수준을 초과하지 않아야 하도록 규정하고 있다. 추가로 100,000mile 주행 후에 보다 높은 배출물기준을 적용할 수 있다.

배기가스 규제 수준은 단계적으로 점점 더 강화되고 있다. 특히 배기가스 중의 HC의 오존 생성 퍼텐셜(ozone-generating potential)을 감안하여 NMOG(Non-Methane Organic Gases) - 값을 규제하기 시작하였으며, 지역에 따라서는 청정연료(clean fuel) 자동차의 비율을 높이도록 의무화하여 NMOG 규제를 더욱더 강화하고 있다.

④ FTP-75모드의 문제점

저온에서 냉시동할 때 사용하는 농후 혼합기는 특히 많은 유해물질을 배출한다. 그러나 FTP - 75모드는 주위온도 20~30℃에서 컨디셔닝된 자동차를 시동, 테스트하기 때문에 냉시동 시에 배출되는 유해물질의 양을 측정할 수 없다.

따라서 1994년부터 -6.7℃(20℉)에서 시동하여 테스트하는 방법을 제안하고 있다. 그러나 이 방법은 CO에 대한 규제값(예 : 배기량 3000cc 이하 승용차 기준, 3.4g/mile, 2003년부터) 만을 명시하고 있다. → cold CO

(3) 고속도로 사이클

사이클을 2회 반복하는 데 첫 번째 사이클은 프리‒컨디셔닝(pre-conditioning) 과정이다. 첫 번째 사이클 운전 후 15초 동안 공전시킨 다음, 두 번째 사이클 운전 시에 배기가스를 측정한다.

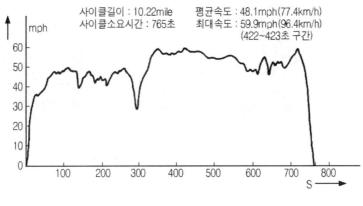

그림 10-34 고속도로 사이클(미국)

(4) SFTP(Supplemental Federal Test Procedure) → CO 규제

미국 환경청(EPA : Environmental Protection Agency)이 FTP‒사이클을 분석한 결과, 실제 운전상태와 전혀 일치하지 않는 부분(약 15%)을 발견하였다. 이를 보완하기 위하여 차대동력계를 2-roll 형식에서 48인치 single-roll 형식으로 바꾸고, FTP-75모드 외에 새로이 2개의 single-bag 운전모드를 추가한 보완된 FTP-모드를 도입하였다.

SFTP 모드에서는 CO 규제값만을 적용한다. 그리고 제작사가 US06 또는 SC03 모드를 각각 별도로 선택하거나, 복합모드를 선택할 수도 있다.

복합모드는 에어컨 부하를 적용할 경우(35% FTP + 37% SC03 + 28% US06)와 에어컨 부하를 적용하지 않을 경우(72%FTP + 28%US06)로 규정되어 있다. → 2004년부터 100% 적용

① US06 운전 모드(US06 driving schedule)

고속, 급 가/감속 운전모드로서, 기관이 충분히 가열된 상태에서 에어컨을 작동하지 않고 10분간 운전한다. 최고속도는 80mph(약 128km/h)이며, 급가속과 급감속이 포함되어

있다. FTP 75모드의 과도기간(505초) 운전 후 90초 동안 기관을 정지했다가 US06모드 운전한다.

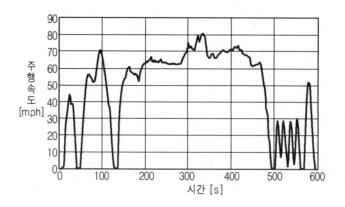

그림 10-35 EPA US06 운전 모드(미국)

② SC03 운전 모드(SC03 driving schedule)

자동차의 발진 직후의 전형적인 운전상태(예 : 기어 변속)를 나타내는 운전모드로서 표준시험모드에 에어컨 부하가 적용된다. 운전기간은 10분이며, 최고속도는 55mph(약 88km/h)이다. FTP 75 모드의 과도기간(505초) 운전 후, 600초 동안 기관을 정지했다가 SC03모드 운전한다.

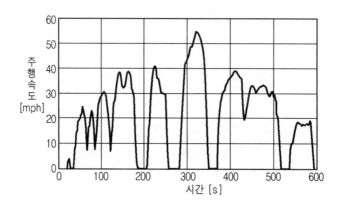

그림 10-36 EPA SC03 운전 모드(미국)

(5) 유럽의 ECE-15모드와 EUDC-모드

> ECE : Economic Commission of Europe(유럽 경제공동체)
> EUDC : Extra Urban Driving Cycle(시외 주행 사이클)

ECE/EC-모드(일명 ECE-15모드)는 일종의 합성 주행곡선으로서, 시내 주행특성을 잘 나타내고 있다. 1993년부터는 ECE-15 모드에 EUDC-모드를 추가한 새로운 모드를 도입하였다. 현재 이 새로운 모드를 사용하는 나라들은 독일, 프랑스, 네덜란드, 벨지움, 룩셈부르크, 아일랜드, 포르투갈, 스페인, 덴마크, 영국, 그리고 그리스 등이다(그림 10-37 참조).

새로운 ECE/EC 모드는 주행속도가 0~50km/h 범위인 ECE-15모드 사이클 4회(195초×4회), 최고속도가 약 120km/h인 시외주행 사이클(EUDC : Extra Urban Driving Cycle) 1회(400초)로 구성되어 있다.

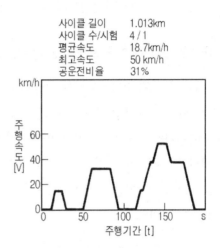

사이클 길이	1.013km
사이클 수/시험	4 / 1
평균속도	18.7km/h
최고속도	50 km/h
공운전비율	31%

그림 10-37 ECE/EC 테스트 모드(EU)

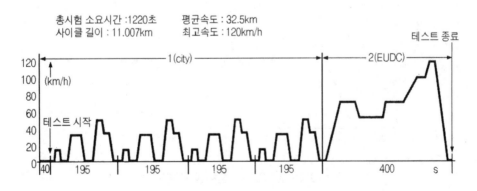

그림 10-38 새 ECE/EC 테스트 모드(EU)

새로운 ECE/EC 모드의 테스트 순서는 다음과 같다.

20~30℃로 컨디셔닝(conditioning)된 차량을 차대동력계에 진입시킨 후, 냉시동하여 테스트 모드에 따라 끝까지 주행시험(actual driving test)한다. 시험하는 동안(냉시동과 40초

동안의 워밍업 기간 제외)에 배기가스는 CVS법에 따라 1개의 포집낭에 포집한다.

　포집된 배기가스를 분석하여 배기가스 중의 유해물질을 g/km로 표시한다. 기관의 배기량에 관계없이 규제값을 초과해서는 안 된다. NO_x와 HC는 합산한다. 증발손실은 미국과 같은 방법으로 측정하고 제한한다. 그러나 EU 역시 장래에는 승용자동차 발진 직후의 HC와 NO_x, 낮은 대기온도($-7℃$)에서의 시동할 때의 CO, 즉, cold CO를 규제할 것으로 예상된다.

(6) 일본의 테스트 모드(Japanese test mode)

　11 - 모드와 10·15 모드를 사용하고 있다. 10·15 - 테스트 모드는 종래의 10 - 모드 사이클을 3회 반복하고 여기에 새로 15 - 모드를 1회 추가한 테스트 모드이다.

　배기가스는 모두 CVS법에 따라 1개의 포집낭에 포집한다. 냉간시험(cold test)인 11 - 모드에서는 유해물질의 양을 g/test로 표시하지만, 고온시험(hot test)인 10·15 - 모드에서는 g/km로 표시한다. 일본의 배기가스 규제법에도 증발손실 규제가 포함되어 있으며, 측정은 SHED법으로 한다.

① 11-모드(냉간 시험 : cold test)

　냉시동 후, 25초 동안 공운전한 다음, 테스트 사이클을 4회 반복하며, 4회 모두 배기가스를 측정한다.→ (g/test)

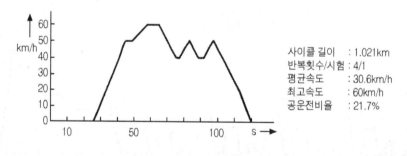

사이클 길이　: 1.021km
반복횟수/시험: 4/1
평균속도　　: 30.6km/h
최고속도　　: 60km/h
공운전비율　: 21.7%

그림 10-39 일본의 11 - 모드(냉간시험모드)

② 10·15 - 모드(고온시험 : hot test)

㉠ 프리 - 컨디셔닝(pre-conditioning)으로서 차량을 60km/h의 속도로 약 15분간 운전하여 기관이 정상작동온도에 도달한 다음에, 공전상태에서 배기가스를 측정한다. 공전 시 배기가스 측정은 HC, CO, 그리고 CO_2를 배기관 출구에서 직접 측정한다.

㉯ 다시 15분 동안 60km/h로 정속 운전한 다음에, 10 - 모드 3회, 15 - 모드 1회를 연속적으로 운전하는 동안에 배기가스를 포집, 배기가스를 측정한다. → (g/km)

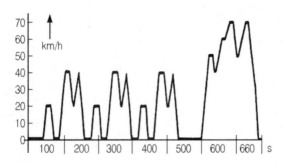

사이클 횟수/시험 : 1 / 1
총 시험 소요시간 : 660초
사이클 길이   : 41.6km
평균속도   : 22.7km/h
최고속도   : 70km/h

그림 10-40 10 · 15 - 모드(일본)

③ 공전 시 배기가스 테스트

공전 시 배기관 내에서 채취한 배기가스를 NDIR - 테스터로 분석하여 HC, CO, CO_2의 농도를 측정한다. → 비 희석식

희석식을 이용할 경우에는 다음 식으로 수정한다.

$$K_{수정(HC, CO)} = K_{(측정)} \cdot \frac{14.5}{18.6HC_M + 0.5CO_M + CO_{2.M}} \ (\%) \ \cdots (10\text{-}6)$$

추가로 공전속도, 흡기다기관 압력, 냉각수와 윤활유의 온도 등이 규정값에 일치하여야 한다. 자동변속기 장착 차량에서는 D - 위치와 N - 위치에서 각각 측정한다.

(7) 우리나라의 D-13 모드

중량 디젤자동차의 배출가스를 측정하는 방법으로 자동차의 기관만을 기관동력계에 설치하고 시험한다. 측정항목은 CO, THC, NO_x, PM이며, 단위는 [g/kWh]를 사용한다.

운전주기는 표 10-3과 같다.

표 10-3 D-13 모드 운전 주기

운전 모드	기관 회전속도[min⁻¹]	부하율(%)	가중계수
1	공전(idling)	-	0.25/3
2	최대출력 시 회전속도의 60%	10	0.08
3	"	25	0.08
4	"	50	0.08
5	"	75	0.08
6	"	100	0.25
7	공전(idling)	-	0.25/3
8	최대출력 시 회전속도	100	0.10
9	"	75	0.02
10	"	50	0.02
11	"	25	0.02
12	"	10	0.02
13	공전(idling)	-	0.25/3

3. 테스트 모드 비교(comparison of Modes)

주행곡선의 형태가 다르면 기관의 부하상태도 각각 다를 수밖에 없다. 그리고 또 시험 지속기간이 각각 다르기 때문에 분석결과를 서로 비교, 평가한다는 것은 별 의미가 없다. 그러나 캘리포니아(California) 규제수준이 가장 엄격하고 또, 그 수준을 만족하기 위해서는 현재의 기술수준으로는 촉매기를 필요로 한다. 그 다음으로는 미국(49주), 일본, 유럽의 순으로 규제가 엄격하다. 우리나라는 1990년 1월 1일부터 미국수준의 규제를 하고 있다.

각 테스트 사이클의 주요 차이점은 다음과 같다.

표 10-4 테스트 모드 특성 비교

사이클 주요항목	FTP-72	FTP-75	high way cycle	ECE/EC +EUDC	11-모드	10·15 모드
사이클 길이(km) (mile)	12.07 (7.5)	17.86 (11.09)	16.44 (10.22)	11.007	1.021	41.6
평균속도(km/h)	31.67	34.10	77.4	32.5	30.6	22.7
최고속도(km/h)	91.20	91.20	96.4	120	60	70
공운전비율(%)	17.9	17.9			21.7	
소요시간(s)	1372	2477	765	1220		660
사이클횟수/test	1	1	2	1	4	1
시험시작조건	cold	cold	warm	cold+40s공전	cold+25s공전	warm
적용국가	스웨덴	한국/미국	미국	EU	일본	일본

4. 운행 자동차의 배기가스 테스트 모드(북미지역)

대부분의 국가들에서 운행 중인 자동차에 대해서도 정기적으로 배출가스 테스트를 받도록 의무규정을 두고 있다. 규제 가스의 종류 및 배출허용수준, 테스트 방법 등은 국가에 따라 다르다. 국내에서는 안전검사 위주의 정기검사에서 배기가스 테스트를 시행하고 있다. 그리고 배출가스 검사 위주의 중간검사제도를 도입하였다.

북미지역에서 시행되고 있는 운행자동차 부하검사 방법에는 다음과 같은 모드들이 있다.

① ASM-2525모드   ② ASM-5015모드
③ I/M-240모드   ④ Lug-Down 모드

(1) ASM-2525모드(ASM : Acceleration Simulation Mode)

25%의 도로부하를 걸고 25mph(40km/h)의 정속도로 주행하면서 배출가스를 측정하는 방법이다. 우리나라에서는 휘발유와 가스사용 자동차에 이 모드를 적용하고 있다.

(2) ASM-5015모드

50%의 도로부하를 걸고 15mph(24km/h)의 정속도로 주행하면서 배출가스를 측정하는 방법이다.

(3) I/M-240모드(I/M : Inspection/Maintenance)

240초 동안 자동차 주행속도를 구간별로 가/감속하면서 주행하는 모드로서, ASM – 모드보다 실제 도로주행상태를 더 효과적으로 반영한 테스트 방법이며, 배출가스 배출량을 [g/km]로 표시한다. 그러나 ASM – 모드에 비해 검사에 소요되는 시간이 길고, 테스트 장비가격이 ASM – 모드의 테스트 장비보다 고가(약 7~8배)라는 점에서 국내에서는 채택되지 않은 검사방법이다.

(4) Lug-Down 모드

가속페달을 최대로 밟은 상태에서 기관 최대출력의 정격회전속도에서 1모드, 정격회전속도 90%에서 2모드, 정격회전속도 80%에서 3모드로 도로부하력을 가한다. 1모드에서 최대출력 및 회전속도 그리고 각 모드에서 배출가스를 측정한다. 우리나라에서는 경유자동차에 적용하며 매연농도를 측정한다.

5. 우리나라의 중간검사제도

정기검사(또는 수시검사)에서는 휘발유(가스, 알코올)자동차의 경우는 무부하 공전상태에서 CO와 HC, 공기과잉률을, 경유 자동차의 경우는 무부하 급가속하여 매연을 테스트한다. 무부하 측정방식은 자동차의 실제 주행상황의 대부분을 반영하고 있지 않으며, 오존 생성의 원인 물질인 NO_x의 측정이 곤란하다는 문제점이 있다.

이와 같은 문제점을 보완하기 위해 실제 주행상황이 일부 반영되는 부하검사방법으로 운행 자동차의 배출가스를 테스트하기 위한 제도가 바로 운행 자동차 중간검사제도이다.

대기환경보전법에 명시된 중간검사규정에서는 노후 자동차를 대상으로 배출가스를 측정하기 전에 배출가스 관련 부품 및 장치에 대한 관능 및 기능 검사를 먼저 실시한다. 그리고 자동차의 중량 또는 구조의 특수성에 따라 부하검사방법과 무부하검사방법을 구분하여 적용한다.

부하검사는 차량총중량 5.5톤 이하 자동차에 적용하며, 무부하 검사는 차량총중량 5.5톤 초과 자동차, 특수구조 자동차(상시 4륜구동, 2행정 원동기 자동차), 기타 특수한 구조로 검사장 출입이나 차대동력계에서 배출가스 측정이 곤란한 자동차에 적용한다.

(1) 관능검사 및 기능 검사

① 관능검사

자동차의 동일성(예 : 등록 번호판, 차대번호, 원동기 형식 등), 배출가스 관련 부품 및 장치의 망실, 변경, 손상, 결함이 있는지를 육안으로 검사한다. 예를 들면, 배기 장치, 촉매기, λ센서, EGR 시스템, 연료탱크 환기시스템, 2차공기 시스템, 크랭크케이스 환기장치, 공기 여과기 등에 대해 1차로 존재 여부, 설치상태, 외형적 완벽도, 누설, 손상 등을 점검한다. 이 외에도 기관이나 변속기의 기계적 결함이 있는 지 확인한다.

② 기능검사

배출가스 관련 제어부품 및 장치, 그리고 센서 등을 진단장치를 이용하여 점검, 진단하여 정상작동 여부를 판단한다.

(2) 운행 자동차 배출가스 검사 전 준비사항

① 기계적인 조건 확인

기관, 변속기, 브레이크, 배기장치 등에 안전상 위험과 검사결과의 신뢰성을 떨어뜨릴

우려가 있는 명백한 기계적인 결함이 있는 자동차는 검사를 실시해서는 안 된다.

② 기관의 예열

- 자동차는 검사 실시 전에 정상적인 온도로 충분히 예열되어 있어야 한다.
- 온도는 오일온도측정기 또는 자동차에 설치된 온도계를 통해 자동차의 과열상태가 확인되면 검사를 중지한다.

③ 자동차 냉각시스템

검사 자동차의 정면에 송풍기를 설치하여 냉각시스템을 보완한다.

④ 타이어 상태 및 공기압

타이어의 손상여부, 규격, 공기압 등을 점검, 확인한다. 구동축 타이어는 초기 가속시 미끄럼을 방지하기 위해 건조한 상태를 유지해야 한다.

⑤ 차대동력계에 자동차 진입

자동차의 구동축 타이어들이 차대동력계 롤러의 중심에 대해 대칭되도록, 그리고 정대상태가 되도록 롤러에 진입시킨다.

(3) ASM2525 모드(ASM : Acceleration Simulation Mode)
→ 휘발유/가스 사용 자동차에 적용

자동차중량에 의해 자동으로 설정된 관성중량에 따라 25%의 도로부하 상태에서 40km/h의 정속도로 주행하면서 배출가스를 측정한다. 즉, 차대동력계 위에서 2단 또는 3단기어(자동변속기의 경우 D)로 주행하여 차대동력계의 속도가 40km/h가 되도록 운전한다.

① 모드의 구성

충분히 예열된 자동차가 차대동력계 상에서 40±2km/h의 속도를 5초간 유지하면 모드가 시작된다. 이어서 10~25초 경과 후 10초 동안 배출가스를 측정하며, 그 산술평균값을 측정값으로 한다.

② 모드의 구성 요건

- 검사모드가 시작된 후 주행속도가 40±2km/h를 벗어나거나, 설정된 부하출력의 ±5%의 범위를 연속 2초 또는 검사모드 전체 구간에서 5초 이상 벗어나서는 안 된다.
- 검사모드 시작 이후, 모의 관성오차가 측정대상 자동차의 관성중량의 3%를 연속하여 3

초 이상 초과하면 검사모드는 다시 시작되며, 이러한 사태가 2회 이상 발생하면 검사는 중지된다.

③ 검사 결과의 판정

- 검사모드가 안정된 후, 10초 동안에 측정한 값이 배출허용기준 이하일 때에는 적합으로 판정되며, 검사모드는 종료된다.
- 측정값이 배출허용기준을 초과할 경우에는 10초 단위로 측정을 반복하여, 측정값이 허용기준 이내이면 적합 판정과 함께 검사모드는 종료된다. 배출허용기준을 계속 초과하면 최대 90초 동안 계속 측정을 반복한다.
- 10초 단위로 90초 동안 계속적으로 측정을 반복하여도 배출허용기준을 초과할 경우는 부적합 판정과 함께 검사모드는 종료된다.

④ 검사항목 및 검사기준

CO는 소수점 둘째 자리 이하는 버리고 0.1% 단위로, HC와 NO_x는 소수점 첫째 자리 이하는 버리고 1ppm 단위로 산출한 값을 최종 측정값으로 한다.
- 허용 기준 : 대기환경 보전법 시행규칙 제86조 별표 25 참조

(4) Lug-Down 3 모드 → 경유 사용 자동차에 적용

가속페달을 최대로 밟은 상태에서 기관 최대출력의 정격회전속도에서 1모드, 정격회전속도 90%에서 2모드, 정격회전속도 80%에서 3모드로 도로부하력을 가한다. 1모드에서 최대출력 및 회전속도 그리고 각 모드에서 매연농도를 측정한다.

① 변속기어의 선택

가속페달을 최대로 밟은 상태에서 자동차 주행속도가 70km/h에 근접하되, 100km/h를 초과하지 않는 변속기어로 운전한다. 자동변속기 장착 자동차의 경우에 오버드라이브기구를 사용해서는 안 된다.

② 모드의 구성

㉮ 1 모드

가속페달을 최대로 밟은 상태에서 기관 최대 회전속도에 도달하면 차대동력계의 부하를 증가시켜 기관회전속도가 정격회전속도의 ±5% 이내로 안정되면 10~25초 경과 후부터

10초간 구동력, 회전속도, 최대구동출력, 주행속도(차대동력계 속도), 매연농도 등을 측정하여 이들 각각의 평균값을 지시한다.

ⓝ 2 모드

1모드 상태에서 차대동력계의 부하를 증가시켜 기관회전속도를 정격회전속도의 90%±5% 이내로 안정되게 한 다음, 5초 후부터 10초간 구동력, 회전속도, 최대구동출력, 주행속도(차대동력계 속도), 매연농도 등을 측정하여 이들 각각의 평균값을 지시한다.

ⓓ 3 모드

2모드 상태에서 차대동력계의 부하를 증가시켜 기관회전속도를 정격회전속도의 80%±5% 이내로 안정되게 한 다음, 5초 후부터 10초간 구동력, 기관회전속도, 최대구동출력, 주행속도(차대동력계 속도), 매연농도 등을 측정하여 이들 각각의 평균값을 지시한다.

③ 모드의 구성 요건

모드 별 회전속도가 연속 2초 동안 ±5% 이내의 허용 범위를 벗어나거나, 기관회전속도 측정이 연속 1초 이상 검사장비 주제어장치와 단절된 경우, 모드 타이머는 재설정되며, 각 모드에서 이와 같은 현상이 2회 이상 발생되면 검사는 중단된다.

④ 검사 결과의 판정

각 모드에서의 측정한 배출가스의 값이 허용기준을 초과하면 부적합으로 판정된다. 단 차륜에서 측정된 최대출력이 최소 요구출력보다 낮으면 자동차검사 절차를 중단하고, 이때 측정된 값은 무효로 한다.

⑤ 검사항목 및 검사기준

기관회전속도 및 최대출력은 소수점 첫째 자리에서 반올림하여 각각 1rpm, 1PS 단위로, 매연농도는 소수점 이하는 버리고 1% 단위로 산출한 값을 최종값으로 한다.

ⓐ 최대 회전속도 : 1 모드에서 측정된 기관회전속도가 정격회전속도의 ±5% 이내일 것
ⓝ 최대 구동출력 : 1 모드에서 측정된 기관 보정출력이 기관정격출력의 50% 이상일 것
ⓓ 매연 농도기준 : 대기환경 보전법 시행규칙 제86조 별표 25 참조

(5) 무부하 검사 방법

① CO, HC 및 공기과잉률 검사 → 휘발유(가스, 알코올)사용 자동차

ⓐ 무부하 정지 가동(공전) 상태에서 시료 채취관을 배기관 내에 30cm 이상 삽입한다.

㉯ 측정기가 안정된 후 CO는 소수점 둘째 자리 이하는 버리고 0.1% 단위로, HC는 소수점 첫째자리 이하는 버리고 ppm 단위로, 공기과잉률은 소수점 둘째자리에서 0.01 단위로 측정값을 판독한다.

단, 측정값이 불안정할 경우에는 5초 동안의 평균값을 취한다.

◎ 검사 기준 : 대기환경 보전법 시행규칙 제86조 별표 25 참조

㉰ 공기과잉률(λ)의 계산

석유계 연료의 경우, 공기과잉률은 측정한 CO, CO_2, O_2 그리고 HC의 농도를 다음 식에 대입하여 구한다.

$$\lambda = \frac{CO_2 + \dfrac{CO}{2} + O_2 + \left(\dfrac{1.51}{3.5 + \dfrac{CO}{CO_2}} - 0.0088 \right) \cdot CO_2 + CO)}{1.42 \, (\, CO_2 + CO + (\, 8 \times HC \,) \,)}$$

$\cdots\cdots\cdots\cdots\cdots\cdots\cdots\cdots\cdots\cdots\cdots\cdots\cdots\cdots\cdots\cdots\cdots\cdots\cdots$(10.7)

계산의 예(소형 가솔린 승용자동차)

$CO_2 = 15.9\%$ (정상범위 경험값 : 14 ~ 15% 이하)

$CO = 0.011\%$ (정상범위 경험값 : 0.1% 이하)

$O_2 = 0.1\%$ (정상범위 경험값 : 1.0% 이하)

$HC = 15ppm = 0.0015\%$ (정상범위 경험값 : 20ppm 이하)

$$\lambda = \frac{15.9 + \dfrac{0.011}{2} + 0.1 + \left(\dfrac{1.51}{3.5 + \dfrac{0.011}{15.9}} - 0.0088 \right) \cdot (\, 15.9 + 0.011 \,)}{1.42 \, (\, 15.9 + 0.011 + (\, 8 \times 0.0015 \,) \,)}$$

$= 1.0042$

② 매연 검사 → 경유사용 자동차

정차한 상태에서 기관을 최대 회전속도까지 급가속시킬 때의 매연 배출량을 부분유량 채취방식의 광투과식 매연 측정기로 측정한다. → 무부하 급가속 매연 채취

검사방법은 다음과 같다.

- 정지가동 상태에서 급가속하여 최고회전속도에 도달한 후, 2초간 공회전 시키고 정지 가동상태로 5~6초간 그대로 둔다. 이 과정을 3회 반복한다.
- 측정기의 시료 채취관을 배기관의 벽면으로부터 5mm 이상 떨어지도록 설치하고 5cm 정도의 깊이로 삽입한다.
- 기관의 최고회전속도에 도달할 때까지 급가속하면서 시료를 채취한다. 가속페달을 밟는 시점부터 발을 뗄 때까지의 시간은 4초 이내로 한다.
- 위의 방법으로 3회 연속 측정한 매연농도의 산술평균값에서 소수점 이하를 버린 값을 최종 측정값으로 한다.

단, 3회 측정한 매연농도의 최대값과 최소값의 차이가 10%를 초과하거나, 최종 측정값 이 배출허용기준에 부적합 경우에는 순차적으로 1회씩 더 측정하여 최대 10회까지 측정하면서 측정할 때마다 마지막 3회의 측정값을 이용하여 최종 측정값을 구한다.

마지막 3회의 최대값과 최소값의 차이가 10% 이내이고 측정값의 산술평균값도 배출허용기준 이내이면, 이를 최종 측정값으로 하고 측정을 종료한다.

- 만약 위의 단서 규정에 의한 방법으로 10회까지 반복 측정하여도 최대값과 최소값의 차이가 10%를 초과하거나 배출허용기준에 부적합한 경우에는 마지막 3회(8, 9, 10회) 의 측정값을 산술평균하여 최종 측정값을 구한다.

◎ 검사 기준 : 대기환경보전법 시행규칙 제 86조 별표 25 참조

참고문헌

- F. Pischinger, "Verbrennungsmotoren-Vorlesungsumdruck, 12. Auflage" RWTH Aachen, 1991.
- Heinz Grohe, "Otto- und Dieselmotoren" Vogel Buchverlag, Wuerzburg 1990.
- Alfred Urlaub, "Verbrennungsmotoren" Springer-Verlag, Berlin 1994.
- Klaus Mollenhauer(Hrsg.) "Handbuch Dieselmotoren" Springer-Verlag, Berlin 1997.
- Volker Schindler, "Kraftstoff fuer Morgen" Springer-Verlag, Berlin 1997.
- Richard van Basshuysen/Fred Scharfer(Hrsg.) "Handbuch Verbrennungsmotor" Vieweg, Wiesbaden 2005.
- Hans-Hermann Braess(Hrsg.)/Ulrich Seiffert(Hrsg.), "Handbuch Kraftfahrtechnik" Vieweg, Wiesbaden 2003.
- Richard van Basshuysen/Fred Scharfer(Hrsg.), "Lexikon Motorentechnik" Vieweg, Wiesbaden 2004.
- Hermann Mettig, "Die Konstruktion schnellaufender Verbrennungsmotoren" Walter de Gruyter, Berlin 1973.
- Eduard Koehler, "Verbrennungsmotoren" Vieweg, Wiesbaden 1998.
- Wilfried Staudt, "Kraftfahrzeugtechnik, Technologie" Vieweg, Wiesbaden 1995.
- Joerg Schaeuffele/Thomas Zurawka, "Automotive Software Engineering" Vieweg, Wiesbaden 2003.
- Guenter Schmitz(hrsg), "Mechatronik im Automobil Ⅱ" Expert-Verlag, Renningen 2003.
- Robert Bosch GmbH, "Ottomotor-Management" Vieweg, Wiesbaden 2003.
- Robert Bosch GmbH, "Kraftfahr-technisches Taschenbuch, 25.Auflage" Vieweg, Wiesbaden 2003.
- Robert Bosch GmbH, "Autoelektrik/Autoelektronik, 4. Auflage" Vieweg, Wiesbaden 2002.
- Rolf Gscheidle, "Fachkunde Kraftfahrzeugtechnik" Verlag Europa-Lehrmittel, Haan-Gruiten 2004.
- H.Beyer, R.Grimme, "Fachkenntnisse für Kfz-mechaniker(Technologie)" Verlag Handwerk und Technik, Hamburg 1986.
- Friedrich Niese, "Kraftfahrzeugtechnik" 3.Auflage, Verlag Ernst Klett, Stuttgart 1984.
- Werner Schwoch, "Das Fachbuch vom Automobil" Georg Westermann Verlag, Braunschweig 1976.

- Jürgen Kasedorf "Benzineinspritzung - Einspritzsystems deutscher Hersteller" Vogel Buchverlag, Würzburg 1988.
- Buschmann / Koessler, "Handbuch der Kfz-technik" Band 1.2, Wilhelm Heyne Verlag, München 1976.
- Bussien, "Automobiltechnisches Handbuch" 18.Auflage, 2 Bände, Cram-Verlag, Berlin 1965.
- Forman A. Williams, "Combustion Theory" Addison-Wesley, Redwood city CA. 1985.
- Kenneth K. Kuo, "Principles of Combustion" John Wiley & Sons, Singapore 1986.
- Colin R. Ferguson, "Internal-Combustion Engine(applied Thermo-science)" John Wiley & Sons, New York 1986.
- Colin R. Ferguson/Allan T. Kirkpatrick, "Internal-Combustion Engine(applied Thermo-science)" John Wiley & Sons, New York 2001.
- Sandeep Dhameja, "Electric Vehicle Battery System" Newnes, Boston 2002.
- John B. Heywood, "Internal Combustion Engine Fundamentals", international edition, McGRAWHILL, Singapore 1988.
- Willard W. Pulkrabek, "Engineering Fundamentals of the Internal Combustion Engine", 2nd edition, Pearson Prentice-Hall, NJ 1997.
- John B. Heywood, "Internal Combustion Engine Fundamentals", international edition, McGRAWHILL, Singapore 1988.
- Richard Stone, "Introduction to Internal Combustion Engines" Macmillan, London 1992.
- Parker C. Reist, "Aerosol Science and technology" 2nd Edition, international edition, McGRAWHILL, Singapore 1993.
- V.L.Maleev, "Internal-Combustion Engine(theory and design)" 2nd edition, McGRAWHILL international book company 1982.
- Rowland S.Benson, N.D. White house, "Internal Combustion Engines" Pergamon Press Ltd., England 1979.
- James E. Duffy, "Modern Automotive Technology" The Goodheart-Wilicox Company,Inc. Illinois 2000.
- Jack Erjavec/Robert Scharff, "Automotive Technology, A System Approach" Delmar, New York 1992.
- Frank J. Thiessen/Davis N. Dales, "Automotive Principles & Service", 4th. ed., Regents Prentice Hall, NJ 1994.
- James A. Fay/Dan S. Golomb, "Energy and the Environment" Oxford University Press, 2002.

- D.N.Dales, F.J.Thiessen, "**Automotive Engines and Related Systems - principles and service**" Reston Publishing Company,Inc., Verginia 1981.
- William H.Crouse, Donald L.Anglin, "**Automotive Engines**" 6th edition, McGRAWHILL book company 1981.
- Frederick E.Peacock / Thomas E.Gaston, "**Automotive Engine Fundamentals**" Reston Publishing Company,Inc., Verginia 1980.
- P.W.Atkins, "**Physical Chemistry**" W.H.Freeman and company, san Francisco 1978.
- R.A.Day Jr./Ronald C.Johnson, "**General Chemistry**" Prentice-Hall, Inc., 1974.
- Hans Jörg Leyhausen, "**Die Meisterprüfung im Kfz-Handwerk 1,2**" 10.Auflage, Vogel-Buchverlag, Würzburg 1987.
- "**Bosch-Automotive Electric/Electronic system**" 1st Edition, VDI Verlag, Düsseldorf 1988.
- "**Autodata-Einspritz Handbuch für Benzinmotoren**" Fust, Wever & Co GmbH, 2004.
- "**Bosch Technical Instruction**" Robert Bosch GmbH, Stuttgart
   ◇ K-Jetronic 1981   ◇ KE-Jetronic 1985
   ◇ L-Jetronic 1985   ◇ LH-Jetronic 1985
   ◇ Motronic 1985   ◇ Engine Electronics 1985
   ◇ Battery Ignition System 1985
   ◇ Emission Control for Spark-Ignition System 1986
   ◇ Electronics and Micro-computers 1987
   ◇ Ignition 1999
- "**Schriftenreihe der Adam Opel AG**"
   ◇ Wege zum sparsamen Auto 1981
   ◇ Fahrzeugbetrieb mit Flüssiggas 1985
   ◇ Der Abgaskatalysator Aufbau, Funktion und Wirkung 1984
- Annual Book of ASTM Standards, part 23, 24, 25, 26, 47, ASTM 2004.
- SAE Handbook, Volume 3, SAE 2003.
- ATZ, Franckh'sche Verlagshandlung, Stuttgart
   Vieweg Verlag/GWV Fachverlag GmbH, Wiesbaden 1982-2005.
- MTZ, Franckh'sche Verlagshandlung, Stuttgart
   Vieweg Verlag/GWV Fachverlag GmbH, Wiesbaden 1985-2005.
- Information Materials from Automobile Companies
   ◇ BMW, DAIMLER-CHRYSLER, FORD, GM-DAEWOO, GM, HYUNDAI, KIA, MAZDA, MITSUBISH, OPEL, PEUGEOT, PORSCHE TOYOTA, VOLVO, VW.

Index

찾아보기

T

U

V

W

■   저자(Author)

공학박사 **김 재 휘(Kim, Chae-Hwi)**

ex-Prof. Dr. - Ing. Kim, Chae-Hwi
Incheon College KOREA POLYTECHNIC II. Dept. of Automobile Technique
E-mail : chkim11@gmail.com

최신자동차공학시리즈-5

◆ **자동차전자제어연료분사장치(가솔린)**   정가 25,000원

2007년 1월 9일 초 판 발 행	엮 은 이 : 김 재 휘
2020년 4월 20일 제3판2쇄발행	발 행 인 : 김 길 현
	발 행 처 : (주)골든벨
	등 록 : 제 1987-000018호
	ⓒ 2007 *Golden Bell*
	I S B N : 89 - 7971 - 628 - 1 - 94550
	I S B N : 89 - 7971 - 623 - 0(세트)

㉾ 043116 서울특별시 용산구 원효로 245(원효로 1가 53-1)
TEL : 영업부 (02) 713-4135 / 편집부 (02) 713-7452 • FAX : (02) 718-5510
E-mail : 7134135@naver.com • http : // www.gbbook.co.kr